U0003176

室內裝修工程管理必學1：

證照必勝法規篇

【增補修訂版2】

陳　鎔 ——— 著
郭珮汝

一本讓初學者與剛轉行設計師們都能看懂、讀懂的法規應試大全

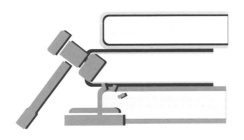

序 為美好的世界獻上祝福

我進入室內設計這個行業已經超過 30 個年頭了，回首當年室內設計的專業書籍並不多，許多專業知識，不論法規或工法大都是前輩口耳相傳下來。而當年工作步調緊湊，許多專業細節也就不求甚解的湊合過去了。

直到 2008 年在實踐大學教授室內設計課程，面對學生各式提問的課題，可不能隨便打馬虎眼敷衍過去了，於是我戰戰競競準備了五年完成著作「室內設計手繪製圖必學」系列三冊，感謝目前許多大學室內設計科系將此三本書列為教科書使用，能讓更多有志室內設計的學生更具有整體性的概念。

每年我也收到諸多讀者的迴響，除了在室內設計方面的意見外，也希望我能繼續撰寫有關工程管理方面的書籍，於是我找了郭珮汝老師，也是實踐大學教授室內裝修法規的專業老師來負責編纂此書，我們的目標很明確，就是希望幫助所有的室內設計師們，不要像我當年一樣似懂非懂走了不少冤枉路，能夠因為此書有更明確的策略，更具體的規劃，更實際的運作。

我跟珮汝討論後，決定將工程管理的專業分為法規和施工法二部分，分別出版。首先完成大家深覺繁雜但卻非常重要的基礎 -- 法規部分。我們都認為室內設計裝修勢必要先搞懂法規，因為法規多如牛毛，稍有不慎，輕則重新施工，重則違法受罰，衍生許多後續問題，未來會特別麻煩。但我們也希望本書不單論法條而已，更能具有實用性。因此首重在實務應用，將大家頭痛的法規化繁為簡，設計多重表格，用心的運用實際案例點出法規重點，讓大家好記活用，能夠確實更有效率地執行設計。

我很高興這本書能出版，在設計的行業，還是存在許多不確定的灰色地帶，也很多人云亦云，可能就算執業一些年頭的設計師對相關的法規還是一知半解，沒有信心。我真心期望這本書能幫助設計師們在面對業主及案子時毫不心虛，確實瞭解法規的規定，能很有底氣的、很有信心的去回答業主相關問題，符合法規設計案子，期許本書能成為設計師案前的最佳參考工具書。

另一本已經接近完工的施工法預計明年年初出版，也敬請期待，希望讀者們能不吝指教。我衷心期盼台灣的設計業越來越好，有很多人一起努力，能往更好的方向前進。

序 為美好的世界獻上祝福

在校時為台中商專二專部商業設計科畢業,投入職場 12 年,歷經平面設計、工業設計、公關活動執行等類型的設計,因先生木工工作關係,需要證照開立公司接案,到實踐大學進修證照課程而認識重要的恩師－陳鎔老師,這 10 年來老師無私的提攜,一路展開我的不同面向,也嘗試各種不同的挑戰;利用二專身分拿下北科大建築系在職碩士身分,三年期間下修學界最硬的北科大日間部建築設計 18 學分,擁有建築師考試的資格,並順利取得建築碩士學位;10 年間也進修各種工作上必要證照,提升自己的法學素養,塑造室內設計師應有的專業形象。

當年錄取率最低的 100 年考試,幸運一次就考上 2 張執業必要的室內設計及室內裝修工程管理證照後,從事室內裝修業已近 10 個年頭,現在回頭看當初考證照時,以為考上後就可以順利接案,後來才發現,室內裝修相關證照考試通過只是入門磚,考試的題目只是這行業中的一小部分,真正執業時才會發現需要懂得法規非常多,一個案件的難易度,往往在設計初期就要全面考量,包括法規的檢討在內,一旦事前的檢討不確實,後續衍生的法律糾紛及重複施工的損失,都是隱藏的成本,這些考試時不會考,但是一定會遇到。

本書的完成祈對室內裝修業有所助益,惟難免還有疏漏之處,盼學者先進們不吝賜教,俾能更臻完善。著作的出版最感謝重要的恩師 陳鎔老師一路無私的提攜,感謝老公林信義先生在我的任何決定都給予全力的奧援,家人在精神上的支持,並感謝「城邦集團漂亮家居」張麗寶小姐的鼎力支持與督促,許嘉芬小姐在出版作業上的協助,本書始得順利發行,謹誌謝忱。

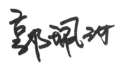

目錄 Contents

Ch1. 建築物室內裝修工程管理相關法規

Ch2. 防火避難及消防法相關法規

一 本書編輯特點及使用方式

特點

本書最大的特點在於讓讀者可以讀懂或看懂法律條文，了解法律條文的上下關係。所有的室內裝修相關規定皆源自於建築法（母法），而建築法之下有很多與建築相關的所有法規，對照現今考試題目範圍，越來越偏向考實務經驗的相關法規，本書中擷取的法規則，除了以往歷屆試題必出的範圍整理，再加入實務上進行裝修行為時常用的法條，讓讀者掌握考試重點以外，也能了解進行室內裝修送審時，會遇到的相關問題，該如何事先避免發生及解決問題，是室內裝修業必看的法規總整理法典。

使用方式

本書的使用方式，依照法規類別及特性分類，共分為六大類，各類依照母法與子法關係順序排列，每個子法都對應的到母法的法條，了解子法不能牴觸母法的正確上下關係，而對於 2 種法律有相同的法規時，特別法優於普通法原則的適用，在念法規時就會有邏輯，更了解法規規定的用意，不容易再被不懂的人誤導，而錯誤解讀法條。

第一章	總則	與室內裝修相關
條文編號 【94 B 卷】	條文內容	註明與室內裝修 相關之規定

★考過的頻率

條文的排列加入與室內設計相關的註解，讓讀者了解實際在執行室內裝修業務時，在運用法規上需注意的部分，除了讀懂法規，在實務應用時更能理解法規制定的原因，進而加深對法規的認識，未來考上證照後，在工作上也可以更加注意，不會輕易觸法。

本書只節錄與室內設計相關的法規，但是很多建築相關的法規，也許現在用不到，在往後接到不同案件時，在設計上不只侷限在室內設計，也許會接觸到更多與建築相關的案件，有了基本法律條文的邏輯，在看其他專業的法規時，就容易看懂法條的重點，進而做出正確的判斷。

二 建築物室內裝修工程管理
乙級技術士應試準備攻略

本書除了整理的歷屆考題的解說，依照範圍分類整理，讀者念起來比較不會搞混出處，也才能了解上下的法律關係，對於整套法規才會比較有邏輯的去理解，進而熟捻考題出題的目的。

另外重點整理部分，針對容易搞混的法規有詳盡的解說，類似的法條分類導讀，才容易了解立法的主要目的與規範重點，本書偏向實務操作時常會使用到的法規條列說明。

◎歷屆考古題

按照法規出處分類考古題，才能知道內容與法源間的關係，有時一樣的問題，在不同法源的解釋上有些落差，搞清楚題目出題來源，答題才不會用錯法源依據。

建築技術規則範圍	
一	請依建築法建築技術用語，解釋下列名詞： 1.耐火板、2.耐燃材料、3.不燃材料（97年B卷）
答：	（一）耐火板：耐燃二級材料；木絲水泥板、耐燃石膏板及其他經中央主管建築機 關認定符合耐燃二級之材料 （二）耐燃材料：耐燃三級材料；耐燃合板、耐燃纖維板、石膏板及其他經中央主 管建築機關認定符合耐燃三級之材料 （三）不燃材料：混凝土、磚或空心磚、瓦、石料等經中央主管建築機關認定符合耐燃一級之不因火熱引起燃燒、熔化、破裂變形及產生有害氣體之材料

◎重點整理

一、有下列行為應申請變更使用執照（題目類型）
建築法第73條（標註法規出處）

變更使用類組時	
建築法第9條 建造行為	一、新建：為新建造之建築物或將原建築物全部拆除而重行建築者。
	二、增建：於原建築物增加其面積或高度者。但以過廊與原建築物連接者，應視為新建。
	三、改建：將建築物之一部分拆除，於原建築基地範圍內改造，而不增高或擴大面積者。
	四、修建：建築物之基礎、樑柱、承重牆壁、樓地板、屋架及屋頂，其中任何一種有過半之修理或變更者。
涉及變更項目	主要構造、防火區劃、防火避難設施、消防設備、停車空間及其他與原核定使用不合之變更項目

建築物室內裝修
工程管理相關法規

　　整本書針對室內裝修業常用條文作整理，根據法律的上下關係作排列，了解母法與子法之間的相對關係，一般法與特別法的位階關係，讓讀者能了解怎麼讀懂法規，進而應用法規，再調整相關工程施工作法，如此檢討才能合法完成所有案件。

　　本章是室內裝修業在法規上必懂的重點項目，建築法為所有室內裝修法規的母法來源，而建築技術規則在規範所有設計及施工過程必遵守的法條，所有檢討都以建築技術規則為基準來審查，室內裝修管理辦法只是針對室內裝修送審這個動作內所包含的所有人、事、物的規範，所以室內裝修業者不應該只熟悉室內裝修管理辦法的相關條文，所有在規劃設計及施工管理的所有準則，應該熟讀建築法及建築技術規則的相關條文，才能做正確的規劃，避免錯誤設計進而錯誤施工而觸法。

1 建築物室內裝修工程管理相關法規

 一　法律基本概念與架構

法源位階表

憲法

法律
中央法規標準法 **§2**
法律得定名為法、律、條例或通則

命令
中央法規標準法 **§3**
各機關發布之命令，得依其性質，稱規程、規則、細則、辦法、綱要、標準或準則

職權命令 / **授權命令**
中央法規標準法 **§7**
各機關依其法定職權或基於法律授權訂定之命令，應視其性質分別下達或發布，並即送立法院

非法規命令
行政程序法 **§150**
本法所稱法規命令，係指行政機關基於法律授權，對多數不特定人民就一般事項所作抽象之對外發生法律效果之規定。
法規命令之內容應明列其法律授權之依據，並不得逾越法律授權之範圍與立法精神。

法規命令 / **實質法規命令**

1. 法律授權
2. 未對外部產生法律效果
　　如：組織章程、處務規程、辦事鋼則

1. 法律授權
2. 對外部產生法律效果

行政規則

行政程序法 **§159**
本法所稱行政規則，係指上級機關對下級機關，或長官對屬官，依其權限或職權為規範機關內部秩序及運作，所為非直接對外發生法規範效力之一般、抽象之規定。

（一）中華民國各行政機關相關法規法源

憲法第 61 條：行政院之組織，以法律定之。		
行政院組織法 中華民國 99 年 2 月 3 日總統華總一義字 第 09900024171 號令修正公布全文 15 條		
第一條 本法依憲法第六十一條制定之。		
第二條 行政院行使憲法所賦予之職權。		
第三條 行政院設下列各部：		
一、內政部	營建法規	國土計畫法、區域計畫法、都市計畫法、建築法、建築師法、政府採購法、住宅法
二、外交部	外交法	
三、國防部	國防法	
四、財政部	財政法	
五、教育部	教育法	國民小學及國民中學設施設備基準
六、法務部	刑法、民法	
七、經濟及能源部	經濟法、能源法	
八、交通及建設部		
九、勞動部	勞動基準法	職業安全衛生法
十、農業部	農業發展條例	
十一、衛生福利部		
十二、環境資源部		
十三、文化部	文化資產保護法	
十四、科技部		

（二）建管法規的主要形式

1. 行政法律

　　依中央法規標準法第二條定：法律得定名為法、律、條例或通則。同法第四條規定：法律應經立法院通過，總統公布。同法第六條規定：應以法律規定之事項，不得以命令定之。依照上述規定，建管法規凡屬經立法院通過，總統公布定名為法、為律、為條例或通則者，皆謂之行政法律。如建築法、公寓大廈管理條例、區域計畫法、

都市計畫法、國民住宅條例等，皆為建管法規中最重要的行政法律，應為建管人員所當知。

2. 行政規章

依中央法規標準法第三條規定：各機關發布之命令。得依其性質，稱規程、規則、細則、辦法、綱要、標準或準則。同法第七條規定：各機關依其法定職權或基於法律授權訂定之命令，應視其性質分別下達或發布，並即送立法院。依照上述規定，可知凡屬各機關法定職權或基於法律授權所制定，發布之命令如定名為規程、規則、細則、辦法、標準、準則、綱要者，均謂行政規章。

（三）建管法規之種類

1. 以適用地區範圍分類

(1) 中央法規：

指經中央制定，立法院三讀通過，由總統依法公布之法律，以及中央行政機關所發布之一切授權與職權行政命令，適用範圍為全國，具有強制性的與管制性的。如現行建築法、都市計畫法、建築技術規則、建築師法、違章建築處理辦法均為中央法規。

(2) 地方法規：

指直轄市、縣（市）等地方政府，在法律授權範圍內或基於行使之必要，而發布具有輔助法律性質之行政命令之總稱。限於該地區之局部性適用法規。如現行高雄市建築管理自治條例、高雄市畸零地使用自治條例、台北市建築管理自治條例、台北市畸零地使用自治條例。

2. 以法規性質命名分類

(1) 法律：

中央法規標準法第二條所指之法、律、條例或通則，雖皆有法律之效力，但四者之性質並不相同。區別的標準也不同，其性質用法，析述如次：

A. 法：

係指屬於全國性，一般性或長期性事項之規定者稱之。如建築法、都市計畫法、建築師法等。

B. 條例：

係指屬於地區性、專門性、特殊性或臨時性事項之規定者稱之。如公寓大廈管理條例、都市更新條例等。

C 通則：

係指屬於同一類事項共通適用之原則或組織之規定者稱之。如國家公園管理處組織通則，省（市）縣自治通則等。

D. 律：

指有正刑定罪之意，屬於軍事性質之罪刑較為嚴竣者稱之。如戰時軍律是也。

(2) 法規性命令：

關於中央法規標準法第三條所指之規程、規則、細則、辦法、綱要、標準或準則等法律性命令，乃各機關依其法律授權或基於法定職權所發布 或下達之國家的公之意思表示。此類形式之命令，其法定名稱共有七種。

1

建築物室內裝修工程管理相關法規

一、法律基本概念與架構

2

防火避難及消防法相關法規

3

職業安全衛生法規

4

綠建材及相關設備類法規

5

其他與建築物室內裝修相關法規

A. 規程：

指屬於規定機關組織，處務準據者稱之。

B. 規則：

指屬於規定應行遵守或應行照辦之事項者稱之。如建築技術規則。

C. 細則：

指屬於規定法規之施行事項或法規另作補充解釋者稱之。如都市計畫 法台灣省施行細則。

D. 辦法：

指屬於規定辦理事務之方法、時限或權責者稱之。如都市計畫定期通 盤檢討實施辦法、山坡地建築管理辦法、違章建築處理辦法等。

E. 綱要：

指屬於規定一定原則或要項者稱之。稱綱要者在建管法規中並不多見。

F. 標準：

指屬於規定一定程度、規格、或條件者稱之。如建築執照收費標準。

G. 準則：

係指屬於規定作為之準據、範式或程序者稱之。

3. 以建管法規體系分類

(1) 母法即基本法：

依建築法第一條：「為實施建築管理、以維護公共安全、公共交 通、公共衛生及增進市容觀瞻、特制定本法，本法未規定者，適用其他法律之規定。」前段說明實施建築管理，必須以建築法為依據，是為基本法，亦即建築管理法制之母法。

(2) 子法即附屬法：

依建築法第九十七條規定，有關「建築技術規則……由內政部定之。」故建築技術規則與建築法之關係，建築法為母法，亦即基本法；建築技術規則為子法，亦即附屬法。子法不可牴觸母法，牴觸者無效。

(3) 姊妹法：

建築法第三條規定：「本法之適用地區如下：一、實施都市計畫法。二、……。」講到都市計畫問題，自與都市計畫法有關。第十三條：「本法所稱建築物之設計人及監造人為建築師……」關於建築師的管理與其應負的責任如何等等，建築師法均有規定，故與建築師法亦有密切的關係。如就其體系來分析，則都市計畫法、建築師法與建築法的關係，皆居於同等之地位，是稱之為姊妹法。

(4) 關係法：

其他如國家公園法、水利法、土地法、平均地權條例、停車場法、水土保持法等，都與建築管理業務有直接關係，是謂之關係法。

（四）建管法規之應用

建管法規適用原則（關係當事人須知）：

1. 特別法優於普通法；例外法優於原則法。

2. 後法優於前法，新法優於舊法，後令推翻前令。

3. 新普通法不能變更舊特別法，狹義法優於廣義法。

4. 法律不溯既往。

5. 法律不得牴觸憲法，牴觸者無效。

6. 行政命令不得牴觸法律、憲法，牴觸者無效。

7. 地方法規不得牴觸中央法規，牴觸者無效。

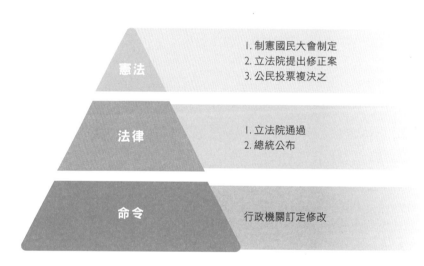

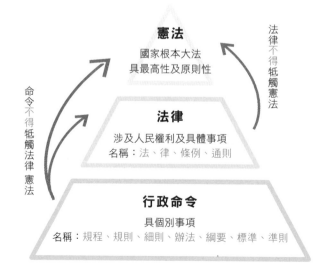

二、建築法相關法規

建築物室內裝修工程管理相關法規

防火避難及消防法相關法規

職業安全衛生法規

綠建材及相關設備類法規

其他與建築物室內裝修相關法規

二 建築法相關法規

法規名稱	與室內裝修相關內容
1.建築法★★★	所有建築管理法規的法源
2.(省)(市)畸零地使用規則	
3.建築物部分使用執照核發辦法★	變更使用執照或一定規模免辦變更程序
4.建築物第73條執行要點★★★	建築物使用各類組檢討標準
5.建築物公共安全檢查簽證及申辦規定	
6.原有合法建築物防火避難設施及消防設備改善辦法★	原有合法建築物防火避難設施或消防設備不符現行規定者,室裝送審時需配合消防技師依辦法改善
7.建築物室內裝修管理辦法★★★★★	室內裝修管理的主要法源
8.建築技術規則★★★★★	室內裝修送審時需要符合建築技術規則的相關規定
9.山坡地開發建築管理辦法	
10.違章建築處理辦法★★★★★	違建案件的處理原則
11.建築物使用類組及變更使用辦法★★★	建築物使用類別變更跨類組時,應注意相關條文規定
12.實施區域計畫地區建築管理辦法	
13.建築物昇降設備管理辦法	與無障礙設施規範相關聯
14.供公眾使用建築物範圍★	定義供公眾使用的建築及管制面積限制
15.公寓大廈管理條例★★	室內裝修時公共空間管制的相關規定
16.營造業法★	與營造業相關的施工規範及要求
17.建築基地法定空地分割管理辦法	
18.直轄市(縣)市建築管理自治條例★★	各直轄市(縣)市政府有各自的管理規範,需詳細了解規定不同處
19.機械遊樂設施設置及檢查管理辦法	
20.招牌廣告及樹立廣告管理辦法★	室內裝修業也需要了解相關規範,設計時才不會觸法
21.金門馬祖建築法適用地區外建築物管理辦法	

註：★常考題型出現比重

建築法（所有相關建築物管理的母法）

修正日期：民國 111 年 05 月 11 日

第一章　總則		與室內裝修相關
第 1 條	為實施建築管理，以維護公共安全、公共交通、公共衛生及增進市容觀瞻，特制定本法；本法未規定者，適用其他法律之規定。	
第 2 條	主管建築機關，在中央為內政部；在直轄市為直轄市政府；在縣（市）為縣（市）政府。 在第三條規定之地區，如以特設之管理機關為主管建築機關者，應經內政部之核定。	
第 3 條	本法適用地區如左： 一、實施都市計畫地區。 二、實施區域計畫地區。 三、經內政部指定地區。 前項地區外供公眾使用及公有建築物，本法亦適用之。 第一項第二款之適用範圍、申請建築之審查許可、施工管理及使用管理等事項之辦法，由中央主管建築機關定之。	
第 4 條	本法所稱建築物，為定著於土地上或地面下具有頂蓋、樑柱或牆壁，供個人或公眾使用之構造物或雜項工作物。	建築物的定義
第 5 條	本法所稱供公眾使用之建築物，為供公眾工作、營業、居住、遊覽、娛樂及其他供公眾使用之建築物。	供公眾使用之建築物的定義 與建築物使用類別有關係
第 6 條	本法所稱公有建築物，為政府機關、公營事業機構、自治團體及具有紀念性之建築物。	公有建築物的定義
第 7 條	本法所稱雜項工作物，為營業爐竈、水塔、瞭望臺、招牌廣告、樹立廣告、散裝倉、廣播塔、煙囪、圍牆、機械遊樂設施、游泳池、地下儲藏庫、建築所需駁崁、挖填土石方等工程及建築物興建完成後增設之中央系統空氣調節設備、昇降設備、機械停車設備、防空避難設備、污物處理設施等。	雜項工作物的定義 廣告招牌安裝位置及大小，應參照招牌廣告及樹立廣告管理辦法內容

第 8 條 【95 年】	本法所稱建築物之主要構造，為基礎、主要樑柱、承重牆壁、樓地板及屋頂之構造。	主要構造的定義 主要構造不能隨意變更，涉及需要區權會同意等問題
第 9 條	本法所稱建造，係指左列行為： 一、新建：為新建造之建築物或將原建築物全部拆除而重行建築者。 二、增建：於原建築物增加其面積或高度者。但以過廊與原建築物連接者，應視為新建。 三、改建：將建築物之一部分拆除，於原建築基地範圍內改造，而不增高或擴大面積者。 四、修建：建築物之基礎、樑柱、承重牆壁、樓地板、屋架及屋頂，其中任何一種有過半之修理或變更者。	建造行為的定義 要注意修建行為若超過法定過半範圍，則須提出申請修建建照
第 10 條	本法所稱建築物設備，為敷設於建築物之電力、電信、煤氣、給水、污水、排水、空氣調節、昇降、消防、消雷、防空避難、污物處理及保護民眾隱私權等設備。	建築物設備的定義

第二章　建築許可

與室內裝修相關

第 25 條	建築物非經申請直轄市、縣（市）（局）主管建築機關之審查許可並發給執照，不得擅自建造或使用或拆除。但合於第七十八條及第九十八條規定者，不在此限。 直轄市、縣（市）（局）主管建築機關為處理擅自建造或使用或拆除之建築物，得派員攜帶證明文件，進入公私有土地或建築物內勘查。	
第 28 條	建築執照分左列四種： 一、建造執照：建築物之新建、增建、改建及修建，應請領建造執照。 二、雜項執照：雜項工作物之建築，應請領雜項執照。 三、使用執照：建築物建造完成後之使用或變更使用，應請領使用執照。 四、拆除執照：建築物之拆除，應請領拆除執照。	建築執照種類 是否涉及變更使用執照？應注意一定規模以下免辦理變更使用執照相關規定，超出規定則變更使用執照法規需全部重新檢討

第 32 條	工程圖樣及說明書應包括左列各款：
	一、基地位置圖。
	二、地盤圖，其比例尺不得小於一千二百分之一。
	三、建築物之平面、立面、剖面圖，其比例尺不得小於二百分之一。
	四、建築物各部之尺寸構造及材料，其比例尺不得小於三十分之一。
	五、直轄市、縣（市）主管建築機關規定之必要結構計算書。
	六、直轄市、縣（市）主管建築機關規定之必要建築物設備圖說及設備計算書。
	七、新舊溝渠及出水方向。
	八、施工說明書。

第四章　建築界限		與室內裝修相關
第 51 條	建築物不得突出於建築線之外，但紀念性建築物，以及在公益上或短期內有需要且無礙交通之建築物，經直轄市、縣（市）（局）主管建築機關許可其突出者，不在此限。	違建部分不能突出建築線，超出部分一定必拆

第五章　施工管理		與室內裝修相關
第 58 條	建築物在施工中，直轄市、縣（市）（局）主管建築機關認有必要時，得隨時加以勘驗，發現左列情事之一者，應以書面通知承造人或起造人或監造人，勒令停工或修改；必要時，得強制拆除：	違反都市計畫必拆：主要針對工業宅
	一、妨礙都市計畫者。	違反公共安全必拆：影響主要構造、防火區劃、消防逃生及公有區域範圍
	二、妨礙區域計畫者。	
	三、危害公共安全者。	
	四、妨礙公共交通者。	
	五、妨礙公共衛生者。	
	六、主要構造或位置或高度或面積與核定工程圖樣及說明書不符者。	
	七、違反本法其他規定或基於本法所發布之命令者。	
第 62 條	主管建築機關派員勘驗時，勘驗人員應出示其身分證明文件；其未出示身分證明文件者，起造人、承造人或監造人得拒絕勘驗。	
第 63 條	建築物施工場所，應有維護安全、防範危險及預防火災之適當設備或措施。	
第 64 條	建築物施工時，其建築材料及機具之堆放，不得妨礙交通及公共安全。	

第六章　使用管理

		與室內裝修相關

第 72 條　供公眾使用之建築物，依第七十條之規定申請使用執照時，直轄市、縣（市）（局）主管建築機關應會同消防主管機關檢查其消防設備，合格後方得發給使用執照。

第 73 條　建築物非經領得使用執照，不准接水、接電及使用。但直轄市、縣（市）政府認有左列各款情事之一者，得另定建築物接用水、電相關規定：

一、偏遠地區且非屬都市計畫地區之建築物。

二、因興辦公共設施所需而拆遷具整建需要且無礙都市計畫發展之建築物。

三、天然災害損壞需安置及修復之建築物。

四、其他有迫切民生需要之建築物。

◎使用類組變更時的規定

◎一定規模免辦變更使用執照的規定

【94 年】　建築物應依核定之使用類組使用，其有變更使用類組或有第九條建造行為以外主要構造、防火區劃、防火避難設施、消防設備、停車空間及其他與原核定使用不合之變更者，應申請變更使用執照。但建築物在一定規模以下之使用變更，不在此限。

前項一定規模以下之免辦理變更使用執照相關規定，由直轄市、縣（市）主管建築機關定之。

【93 年】　第二項建築物之使用類組、變更使用之條件及程序等事項之辦法，由中央主管建築機關定之。

第 77-2 條　建築物室內裝修應遵守左列規定：

【93 年】
【94 年】
【95 年】
★★★★★

一、供公眾使用建築物之室內裝修應申請審查許可，非供公眾使用建築物，經內政部認有必要時，亦同。但中央主管機關得授權建築師公會或其他相關專業技術團體審查。

二、裝修材料應合於建築技術規則之規定。

三、不得妨害或破壞防火避難設施、消防設備、防火區劃及主要構造。

四、不得妨害或破壞保護民眾隱私權設施。

前項建築物室內裝修應由經內政部登記許可之室內裝修從業者辦理。

室內裝修從業者應經內政部登記許可，並依其業務範圍及責任執行業務。

前三項室內裝修申請審查許可程序、室內裝修從業者資格、申請登記許可程序、業務範圍及責任，由內政部定之。

建築物室內裝修管理辦法最重要的法源依據

第七章	拆除管理	與室內裝修 相關

第 81 條　直轄市、縣（市）（局）主管建築機關對傾頹或朽壞而有危害公共安全之建築物，應通知所有人或占有人停止使用，並限期命所有人拆除；逾期未拆者，得強制拆除之。

前項建築物所有人住址不明無法通知者，得逕予公告強制拆除。

第 83 條　經指定為古蹟之古建築物、遺址及其他文化遺跡，地方政府或其所有人應予管理維護，其修復應報經古蹟主管機關許可後，始得為之。

第 84 條　拆除建築物時，應有維護施工及行人安全之設施，並不得妨礙公眾交通。

第八章	罰則	與室內裝修 相關

第 91 條　有左列情形之一者，處建築物所有權人、使用人、機械遊樂設施之經營者新臺幣六萬元以上三十萬元以下罰鍰，並限期改善或補辦手續，屆期仍未改善或補辦手續而繼續使用者，得連續處罰，並限期停止其使用。必要時，並停止供水供電、封閉或命其於期限內自行拆除，恢復原狀或強制拆除：

一、違反第七十三條第二項規定，未經核准變更使用擅自使用建築物者。

二、未依第七十七條第一項規定維護建築物合法使用與其構造及設備安全者。

三、規避、妨礙或拒絕依第七十七條第二項或第四項之檢查、複查或抽查者。

四、未依第七十七條第三項、第四項規定辦理建築物公共安全檢查簽證或申報者。

五、違反第七十七條之三第一項規定，未經領得使用執照，擅自供人使用機械遊樂設施者。

六、違反第七十七條之三第二項第一款規定，未依核准期限使用機械遊樂設施者。

七、未依第七十七條之三第二項第二款規定常時投保意外責任保險者。

八、未依第七十七條之三第二項第三款規定實施定期安全檢查者。

九、未依第七十七條之三第二項第四款規定置專任人員管理操作機械遊樂設施者。

十、未依第七十七條之三第二項第五款規定置經考試及格或檢定合格之機電技術人員負責經常性之保養、修護者。

有供營業使用事實之建築物，其所有權人、使用人違反第七十七條第一項有關維護建築物合法使用與其構造及設備安全規定致人於死者，處一年以上七年以下有期徒刑，得併科新臺幣一百萬元以上五百萬元以下罰金；致重傷者，處六個月以上五年以下有期徒刑，得併科新臺幣五十萬元以上二百五十萬元以下罰鍰。

第 95-1 條
【93 年】
【94 年】
【101 年】

★★★

違反第七十七條之二第一項或第二項規定者，處建築物所有權人、使用人或室內裝修從業者新臺幣六萬元以上三十萬元以下罰鍰，並限期改善或補辦，逾期仍未改善或補辦者得連續處罰；必要時強制拆除其室內裝修違規部分。

違反 77-2	建築物室內裝修應遵守左列規定： 一、供公眾使用建築物之室內裝修應申請審查許可，非供公眾使用建築物，經內政部認有必要時，亦同。但中央主管機關得授權建築師公會或其他相關專業技術團體審查。 二、裝修材料應合於建築技術規則之規定。 三、不得妨害或破壞防火避難設施、消防設備、防火區劃及主要構造。 四、不得妨害或破壞保護民眾隱私權設施。 前項建築物室內裝修應由經內政部登記許可之室內裝修從業者辦理。

室內裝修從業者違反第七十七條之二第三項規定者，處新臺幣六萬元以上三十萬元以下罰鍰，並得勒令其停止業務，必要時並撤銷其登記；其為公司組織者，通知該管主管機關撤銷其登記。

違反 77-2-3	室內裝修從業者應經內政部登記許可，並依其業務範圍及責任執行業務。

經依前項規定勒令停止業務，不遵從而繼續執業者，處一年以下有期徒刑、拘役或科或併科新臺幣三十萬元以下罰金；其為公司組織者，處罰其負責人及行為人。

建築物室內裝修管理辦法的罰則法源依據

★★★現行罰則處罰對象以室內裝修業者優先裁罰6萬元罰鍰，如果所有權人或使用人找非室內裝修業者進行施工，則裁罰所有權人或使用人12萬元罰鍰，並限期改善或補辦，逾期仍未改善或補辦者得連續處罰；必要時強制拆除其室內裝修違規部分。

與室內裝修相關

第九章　附則

第 96 條

本法施行前，供公眾使用之建築物而未領有使用執照者，其所有權人應申請核發使用執照。但都市計畫範圍內非供公眾使用者，其所有權人得申請核發使用執照。

前項建築物使用執照之核發及安全處理，由直轄市、縣（市）政府於建築管理規則中定之。

第 96-1 條

依本法規定強制拆除之建築物均不予補償，其拆除費用由建築物所有人負擔。

前項建築物內存放之物品，主管機關應公告或以書面通知所有人、使用人或管理人自行遷移，逾期不遷移者，視同廢棄物處理。

第 97 條

有關建築規劃、設計、施工、構造、設備之建築技術規則，由中央主管建築機關定之，並應落實建構兩性平權環境之政策。

四 供公眾使用建築物之範圍

修正日期：民國 99 年 03 月 03 日

建築法第五條所稱供公眾使用之建築物，為供公眾工作、營業、居住、遊覽、娛樂、及其他供公眾使用之建築物，其範圍如下；<u>同一建築物供二種以上不同之用途使用時，應依各該使用之樓地板面積</u>按本範圍認定之：

	用途使用類別	與室內裝修相關	總樓地板面積特殊限制（超過範圍則適用此規定）
一	戲院、電影院、演藝場		全
二	舞廳（場）、歌廳、夜總會、俱樂部、加以區隔或包廂式觀光（視聽）理髮（理容）場所。		全
三	酒家、酒吧、酒店、酒館		全
四	保齡球館、遊藝場、室內兒童樂園、室內溜冰場、室內遊泳場、室內撞球場、體育館、說書場、育樂中心、視聽伴唱遊藝場所、錄影節目帶播映場所、健身中心、技擊館	機房空間之消防設施、設備應需另外設計 設計時應檢視無障礙相關法規	全
	資訊休閒服務場所		二百平方公尺以上
五	旅館類	設計時應檢討無障礙客房相關法規	全
	寄宿舍		五百平方公尺以上
六	市場、百貨商場、超級市場、休閒農場遊客休憩分區內之農產品與農村文物展示（售）及教育解說中心。	局部申請室內裝修審查居多	五百平方公尺以上
七	餐廳、咖啡廳、茶室、食堂。	餐廳等使用類別應事先注意消防設備需求及無障礙相關法規	三百平方公尺以上
八	公共浴室、三溫暖場所	感電部分應需特別設計	全
九	博物館、美術館、資料館、圖書館、陳列館、水族館、集會堂（場）。	消防設施、設備應特別設計	全
十	寺廟、教堂（會）、宗祠（祠堂）。		全
十一	電影（電視）攝影廠（棚）。		全

十二	醫院、療養院、兒童及少年安置教養機構、老人福利機構之長期照護機構、安養機構	涉及立案申請,應併案辦理室內裝修審查作業	設於地面一層面積超過五百平方公尺或設於二層至五層之任一層面積超過三百平方公尺或設於六層以上之樓層者
	身心障礙福利機構、護理機構、住宿型精神復健機構。		全
十三	銀行、合作社、郵局、電信局營業所、電力公司營業所、自來水營業所、瓦斯公司營業所、證券交易場所。		全
十四	總樓地板面積在五百平方公尺以上之一般行政機關及公私團體辦公廳、農漁會營業所。		五百平方公尺以上
十五	總樓地板面積在三百平方公尺以上之倉庫、汽車庫、修車場。		三百平方公尺以上
十六	托兒所、幼稚園、小學、中學、大專院校、補習學校、供學童使用之補習班、課後托育中心	涉及立案申請,應併案辦理室內裝修審查作業	全
	補習班及訓練班。		二百平方公尺以上
十七	都市計畫內使用電力(包括電熱)在三十七點五千瓦以上或其作業廠房之樓地板面積合計在二百平方公尺以上之工廠及休閒農場遊客休憩分區內總樓地板面積在二百平方公尺以上之自產農產品加工(釀造)廠		二百平方公尺以上
	都市計畫外使用電力(包括電熱)在七十五千瓦以上或其作業廠房之樓地板面積合計在五百平方公尺以上之工廠及休閒農場遊客休憩分區內總樓地板面積在五百平方公尺以上之自產農產品加工(釀造)廠。		五百平方公尺以上
十八	車站、航空站、加油(氣)站。	消防設施、設備應特別設計	全
十九	殯儀館、納骨堂(塔)。		全
二十	六層以上之集合住宅(公寓)。	五層以下建築只要涉及分間牆變更或增加浴室數量,需申請室內裝修審查	全
二十一	屠宰場。		三百平方公尺以上
二十二	其他經中央主管建築機關指定者。		全

修正日期：民國 110 年 10 月 07 日

編	章	內容	節	項目	與室內裝修相關
總則編		（依據）本規則依建築法（以下簡稱本法）第九十七條規定訂之。			
建築設計施工編	第一章	用語定義★★★★★			建築技術用語定義
	第二章	一般設計通則	第一節	建築基地	
			第二節	牆面線、建築物突出部份	
			第三節	建築物高度	
			第四節	建蔽率	
			第五節	容積率（移至第九章）	
			第六節	地板、天花板	學校教室、居室及浴廁天花板高度限制
			第七節	樓梯、欄杆、坡道	各用途類別之樓梯、欄杆、坡道相關規定
			第八節	日照、採光、通風、節約能源	作套房使用之空間需遵守日照、採光、通風等相關規定
			第九節	防音	作套房使用之新設分間牆需遵守相關規定
			第十節	廁所、污水處理設施	
			第十一節	煙囪	
			第十二節	昇降及垃圾排除設備	
			第十三節	騎樓、無遮簷人行道	
			第十四節	停車空間	各類建築用途停車場應設置數量

1

五、建築技術規則（大綱）

建築物室內裝修工程管理相關法規

2

防火避難及消防法相關法規

3

職業安全衛生法規

4

綠建材及相關設備類法規

5

其他與建築物室內裝修相關法規

建築設計施工編	第三章	建築物之防火	第一節	適用範圍	各類使用類組之相關規定
			第二節	雜項工作物之防火限制	各類使用類組之相關規定
			第三節	防火構造	各類使用類組之相關規定
			第四節	防火區劃	各類使用類組之相關規定
			第五節	內部裝修限制	各類使用類組之相關規定
	第四章	防火避難設施及消防設備	第一節	出入口、走廊、樓梯	各類使用類組之相關規定
			第二節	排煙設備	各類使用類組之相關規定
			第三節	緊急照明設備	各類使用類組之相關規定
			第四節	緊急用昇降機	
			第五節	緊急進口	緊急進口之窗戶或開口尺寸規定
			第六節	防火間隔	建築物與鄰接道路寬度之防火窗、防火門等相關規定
			第七節	消防設備	各類使用類組之相關規定
	第四章之一	建築物安全維護設計			照明、監視、求救、探測等安全維護設計
	第五章	特定建築物及其限制	第一節	通則	適用範圍另有供公眾使用建築物之範圍認定
			第二節	戲院、電影院、歌廳、演藝場及集會堂	明訂相關室內設計規範
			第三節	商場、餐廳、市場	明訂相關室內設計規範
			第四節	學校	特殊使用者樓層限制
			第五節	車庫、車輛修理場所、洗車場、汽車站房、汽車商場（包括出租汽車及計程車營業站）	

建築設計施工編	第六章	防空避難設備	第一節	通則	有新建、增建、改建或變更用途行為之建築物或供公眾使用之建築物，應規定設置防空避難設備
			第二節	設計及構造概要	明訂相關防空避難設備設計規範
	第七章	雜項工作物			建築物外牆之廣告招牌之相關規定
	第八章	施工安全措施	第一節	通則	從事建築物之新建、增建、改建、修建及拆除等行為之相關安全規定
			第二節	防護範圍	圍籬設置及墜落物體之防護相關規定
			第三節	擋土設備安全措施	
			第四節	施工架、工作台、走道	明訂相關設施、設備設置規範
			第五節	按裝及材料之堆積	
	第九章	容積設計			
	第十章	無障礙建築物			明訂相關無障礙設施、設備之相關規範 另有明定建築物無障礙設施設計規範相關細節
	第十一章	地下建築物	第一節	一般設計通則	
			第二節	建築構造	
			第三節	建築物之防火	內部裝修限制之相關規定
			第四節	防火避難設施及消防設備	明訂防火避難設施及消防設備之設置規範
			第五節	空氣調節及通風設備	
			第六節	環境衛生及其他	

建築設計施工編	第十二章	高層建築物	第一節	一般設計通則	高度在五十公尺或樓層在十六層以上之建築物
			第二節	建築構造	
			第三節	防火避難設施	高層建築物之住宅、餐廳設有燃氣設備時，應符合相關規定
			第四節	建築設備	高層建築物各種配管管材均應符合相關規定
	第十三章	山坡地建築	第一節	山坡地基地不得開發建築認定基準	
			第二節	設計原則	
	第十四章	工廠類建築物			應遵守各地方政府針對工業區類住宅之相關規定
	第十五章	實施都市計畫地區建築基地綜合設計			
	第十六章	老人住宅			明訂相關老人住宅設計規範
	第十七章	綠建築基準★			明訂相關綠建材規範
建築構造編	第一章	基本規則	第一節	設計要求	
			第二節	施工品質	
			第三節	載重	各類用途類別最低活載重之相關規定且增加之淨載重應符合規定 套房申請時，載重也需要重新檢討，出具結構計算書證明載重符合規定
			第四節	耐風設計	
			第五節	耐震設計	
	第二章	基礎構造	第一節	通則	
			第二節	地基調查	
			第三節	淺基礎	
			第四節	深基礎	
			第五節	擋土牆	
			第六節	基礎開挖	
			第七節	地層改良	

建築構造編	第八章	冷軋型鋼構造	第一節	設計原則	
			第二節	設計強度及應力	
			第三節	構材之設計	
			第四節	接合設計	
建築設備編	第一章	電氣設備	第一節	通則	應依用戶用電設備裝置規則、各類場所消防安全設備設置標準及輸配電業所定電度表備置相關規定辦理
			第二節	照明設備及緊急供電設備	應依各類場所消防安全設備設置標準之規定裝置緊急照明燈、出口標示燈及避難方向指示燈等及緊急電源之相關規定
			第三節	特殊供電	招牌廣告燈及樹立廣告燈之裝設，應依相關規定辦理
			第四節	緊急廣播設備（刪除）	
			第五節	避雷設備	
	第二章	給水排水系統及衛生設備	第一節	給水排水系統	相關設備應依本規定及建築物給水排水設備設計技術規範作業
			第二節	衛生設備	明訂各類建築衛生設備設計之規範
	第三章	消防設備	第一節	消防栓設備	明定消防栓其裝置方法及必需配件之相關規定
			第二節	自動撒水設備	免裝撒水頭之房間等相關規定
			第三節	火警自動警報器設備	明定火警自動警報器設備其裝置方法及必需配件之相關規定

建築設備編	第四章	燃燒設備	第一節	燃氣設備	設置燃氣器具之室內裝修材料，應達耐燃二級以上。涉及天然氣管線變更，於竣工時併同檢附供氣之天然氣公司檢驗符合規定相關證明文件。
			第二節	鍋爐	
			第三節	熱水器	家庭用電氣或燃氣熱水器之構造及安裝等相關規定
	第五章	空氣調節及通風設備	第一節	空氣調節及通風設備之安裝	送風口、排風口及回風口設置規定。管道間開口處應設置防火閘板。
			第二節	機械通風系統及通風量	住宅內浴室或廁所應設置機械排風設備
			第三節	廚房排除油煙設備	排除油煙設備相關規定
	第六章	昇降設備	第一節	通則	昇降設備技術用語
			第二節	昇降機	電梯設計相關規定
			第三節	昇降階梯	手扶昇降階梯相關規定
			第四節	昇降送貨機	餐廳或零售店常用送貨昇降梯的相關規定
	第七章	受信箱設備			
	第八章	電信設備			中央監控室屬機電設備空間時，其內部牆面及天花板，以不燃材料裝修為限。

註：★常考題型出現比重

1

五、建築技術規則（細部條文）

建築物室內裝修工程管理相關法規

2 防火避難及消防法相關法規

3 職業安全衛生法規

4 綠建材及相關設備類法規

5 其他與建築物室內裝修相關法規

 五 # 建築技術規則（細部條文）

修正日期：民國 110 年 10 月 07 日

總則編		與室內裝修相關
第 一 條	（依據）本規則依建築法（以下簡稱本法）第九十七條規定訂之。	
第 二 條	（適用範圍）本規則之適用範圍，依本法第三條規定。但未實施都市計畫地區之供公眾使用與公有建築物，實施區域計畫地區及本法第一百條規定之建築物，中央主管建築機關另有規定者，從其規定。	
第 三 條	建築物之設計、施工、構造及設備，依本規則各編規定。但有關建築物之防火及避難設施，經檢具申請書、建築物防火避難性能設計計畫書及評定書向中央主管建築機關申請認可者，得不適用本規則建築設計施工編第三章、第四章一部或全部，或第五章、第十一章、第十二章有關建築物防火避難一部或全部之規定。 前項之建築物防火避難性能設計評定書，應由中央主管建築機關指定之機關（構）、學校或團體辦理。 第一項之申請書、建築物防火避難性能設計計畫書及評定書格式、應記載事項、得免適用之條文、認可程序及其他應遵循事項，由中央主管建築機關另定之。 第二項之機關（構）、學校或團體，應具備之條件、指定程序及其應遵循事項，由中央主管建築機關另定之。 特別用途之建築物專業法規另有規定者，各該專業主管機關應請中央主管建築機關轉知之。	建築物防火避難性能設計計畫書及評定書：主要針對高度 50 公尺以上或 16 層以上的高層建築的相關規定，其防火區劃、廚房的區劃及天花板高度都有嚴格的限制
第三條之一	建築物增建、改建或變更用途時，其設計、施工、構造及設備之檢討項目及標準，由中央主管建築機關另定之，未規定者依本規則各編規定。	
第三條之二	直轄市、縣（市）主管建築機關為因應當地發展特色及地方特殊環境需求，得就下列事項另定其設計、施工、構造或設備規定，報經中央主管建築機關核定後實施： 一、私設通路及基地內通路。 二、建築物及其附置物突出部分。但都市計畫法令有規定者，從其規定。 三、有效日照、日照、通風、採光及節約能源。 四、建築物停車空間。但都市計畫法令有規定者，從其規定。 五、除建築設計施工編第一百六十四條之一規定外之建築物之樓層高度與其設計、施工及管理事項。 合法建築物因震災毀損，必須全部拆除重行建築或部分拆除改建者，其設計、施工、構造及設備規定，得由直轄市、縣（市）主管建築機關另定，報經中央主管建築機關核定後實施。	

第三條之三

【102 術】

【99 術】

【93 術】

建築物用途分類之類別、組別定義，應依下表規定；其各類組之用途項目，由中央主管建築機關另定之。

★★★

	類別	類別定義	組別	組別定義
A 類	公共集會類	供集會、觀賞、社交、等候運輸工具，且無法防火區劃之場所。	A-1 集會表演	供集會、表演、社交，且具觀眾席及舞臺之場所。
			A-2 運輸場所【96 年】	供旅客等候運輸工具之場所。
B 類	商業類【93 年】	供商業交易、陳列展售、娛樂、餐飲、消費之場所。	B-1 娛樂場所	供娛樂消費，且處封閉或半封閉之場所。
			B-2 商場百貨【99 年】	供商品批發、展售或商業交易，且使用人替換頻率高之場所。
			B-3 餐飲場所【97 年】	供不特定人餐飲，且直接使用燃具之場所。
			B-4 旅館	供不特定人士休息住宿之場所。
C 類	工業、倉儲類	供儲存、包裝、製造、修理物品之場所。	C-1 特殊廠庫	供儲存、包裝、製造、修理工業物品，且具公害之場所。
			C-2 一般廠庫	供儲存、包裝、製造一般物品之場所。
D 類	休閒、文教類	供運動、休閒、參觀、閱覽、教學之場所。	D-1 健身休閒	供低密度使用人口運動休閒之場所。
			D-2 文教設施	供參觀、閱覽、會議，且無舞臺設備之場所。
			D-3 國小校舍	供國小學童教學使用之相關場所。（宿舍除外）
			D-4 校舍	供國中以上各級學校教學使用之相關場所。（宿舍除外）
			D-5 補教托育	供短期職業訓練、各類補習教育及課後輔導之場所。
E 類	宗教、殯葬類	供宗教信徒聚會殯葬之場所。	E 宗教、殯葬類	供宗教信徒聚會、殯葬之場所。

1

五、建築技術規則（細部條文）

建築物室內裝修工程管理相關法規

2 防火避難及消防法相關法規

3 職業安全衛生法規

4 綠建材及相關設備類法規

5 其他與建築物室內裝修相關法規

F 類	衛生、福利、更生類	供身體行動能力受到健康、年紀或其他因素影響，需特別照顧之使用場所。	F-1 醫療照護【96年】	供醫療照護之場所。
			F-2 社會福利【102年】	供身心障礙者教養、醫療、復健、重健、訓練（庇護）、輔導、服務之場所。
			F-3 兒童福利	供學齡前兒童照護之場所。
			F-4 戒護場所	供限制個人活動之戒護場所。
G 類	辦公、服務類	供商談、接洽、處理一般事務或一般門診、零售、日常服務之場所。	G-1 金融證券	供商談、接洽、處理一般事務，且使用人替換頻率高之場所。
			G-2 辦公場所【96年】	供商談、接洽、處理一般事務之場所。
			G-3 店舖診所	供一般門診、零售、日常服務之場所。
H 類	住宿類【93年】	供特定人住宿之場所。	H-1 宿舍安養	供特定人短期住宿之場所。
			H-2 住宅	供特定人長期住宿之場所。
I 類	危險物品類	供製造、分裝、販賣、儲存公共危險物品及可燃性高壓氣體之場所。	I 危險廠庫	供製造、分裝、販賣、儲存公共危險物品及可燃性高壓氣體之場所。

| 第三條之四 | 下列建築物應辦理防火避難綜合檢討評定，或檢具經中央主管建築機關認可之建築物防火避難性能設計計畫書及評定書；其檢具建築物防火避難性能設計計畫書及評定書者，並得適用本編第三條規定：

一、高度達二十五層或九十公尺以上之高層建築物。但僅供建築物用途類組 H-2 組使用者，不在此限。
二、供建築物使用類組 B-2 組使用之總樓地板面積達三萬平方公尺以上之建築物。
三、與地下公共運輸系統相連接之地下街或地下商場。

前項之防火避難綜合檢討評定，應由中央主管建築機關指定之機關（構）、學校或團體辦理。

第一項防火避難綜合檢討報告書與評定書應記載事項及其他應遵循事項，由中央主管建築機關另定之。

第二項之機關（構）、學校或團體，應具備之條件、指定程序及其應遵循事項，由中央主管建築機關另定之。 | 需檢附防火避難綜合檢討評定及建築物防火避難性能設計計畫書及評定書之建築，應特別注意變更結構需重新送原審查單位重新檢討，天花板高度也有很嚴格的限制 |

第三條之四	下列建築物應辦理防火避難綜合檢討評定,或檢具經中央主管建築機關認可之建築物防火避難性能設計計畫書及評定書;其檢具建築物防火避難性能設計計畫書及評定書者,並得適用本編第三條規定: 一、高度達二十五層或九十公尺以上之高層建築物。但僅供建築物用途類組 H-2 組使用者,不在此限。 二、供建築物使用類組 B-2 組使用之總樓地板面積達三萬平方公尺以上之建築物。 三、與地下公共運輸系統相連接之地下街或地下商場。 前項之防火避難綜合檢討評定,應由中央主管建築機關指定之機關(構)、學校或團體辦理。 第一項防火避難綜合檢討報告書與評定書應記載事項及其他應遵循事項,由中央主管建築機關另定之。 第二項之機關(構)、學校或團體,應具備之條件、指定程序及其應遵循事項,由中央主管建築機關另定之。
第 四 條	建築物應用之各種材料及設備規格,除中華民國國家標準有規定者從其規定外,應依本規則規定。但因當地情形,難以應用符合本規則與中華民國國家標準材料及設備,經直轄市、縣(市)主管建築機關同意修改設計規定者,不在此限。 建築材料、設備與工程之查驗及試驗結果,應達本規則要求;如引用新穎之建築技術、新工法或建築設備,適用本規則確有困難者,或尚無本規則及中華民國國家標準適用之特殊或國外進口材料及設備者,應檢具申請書、試驗報告書及性能規格評定書,向中央主管建築機關申請認可後,始得運用於建築物。 前項之試驗報告書及性能規格評定書,應由中央主管建築機關指定之機關(構)、學校或團體辦理。 第二項申請認可之申請書、試驗報告書及性能規格評定書之格式、認可程序及其他應遵行事項,由中央主管建築機關另定之。 第三項之機關(構)、學校或團體,應具備之條件、指定程序及其應遵行事項,由中央主管建築機關另定之。
第 五 條	本規則由中央主管建築機關於發布後隨時檢討修正及統一解釋,必要時得以圖例補充規定之。
第五條之一	建築物設計及施工技術之規範,由中央主管建築機關另定之。
第 七 條	本規則施行日期,由中央主管建築機關以命令定之。

需檢附防火避難綜合檢討評定及建築物防火避難性能設計計畫書及評定書之建築,應特別注意變更結構需重新送原審查單位重新檢討,天花板高度也有很嚴格的限制

新建材或是新工法都需檢具申請書、試驗報告書及性能規格評定書,向中央主管建築機關申請認可後,始得運用於建築物

五、建築技術規則（細部條文）

1 建築物室內裝修工程管理相關法規

2 防火避難及消防法相關法規

3 職業安全衛生法規

4 綠建材及相關設備類法規

5 其他與建築物室內裝修相關法規

建築設計施工編　　　　　　　　　　　　與室內裝修相關

第一章	用語定義

本編建築技術用語，其他各編得適用，其定義如下：

一、一宗土地：本法第十一條所稱一宗土地，指一幢或二幢以上有連帶使用性之建築物所使用之建築基地。但建築基地為道路、鐵路或永久性空地等分隔者，不視為同一宗土地。

二、建築基地面積：建築基地（以下簡稱基地）之水平投影面積。

三、建築面積：建築物外牆中心線或其代替柱中心線以內之最大水平投影面積。但電業單位規定之配電設備及其防護設施、地下層突出基地地面未超過一點二公尺或遮陽板有二分之一以上為透空，且其深度在二點零公尺以下者，不計入建築面積；陽臺、屋簷及建築物出入口雨遮突出建築物外牆中心線或其代替柱中心線超過二點零公尺，或雨遮、花臺突出超過一點零公尺者，應自其外緣分別扣除二點零公尺或一點零公尺作為中心線；每層陽臺面積之和，以不超過建築面積八分之一為限，其未達八平方公尺者，得建築八平方公尺。

第 一 條

【93年】
【94年】
【96年】
【97年】
【99年】
【106年】
【109年】
★★★★★

四、建蔽率：建築面積占基地面積之比率。

五、樓地板面積：建築物各層樓地板或其一部分，在該區劃中心線以內之水平投影面積。但不包括第三款不計入建築面積之部分。

六、觀眾席樓地板面積：觀眾席位及縱、橫通道之樓地板面積。但不包括吸煙室、放映室、舞臺及觀眾席外面二側及後側之走廊面積。

七、總樓地板面積：建築物各層包括地下層、屋頂突出物及夾層等樓地板面積之總和。

八、基地地面：基地整地完竣後，建築物外牆與地面接觸最低一側之水平面；基地地面高低相差超過三公尺，以每相差三公尺之水平面為該部分基地地面。

九、建築物高度：自基地地面計量至建築物最高部分之垂直高度。但屋頂突出物或非平屋頂建築物之屋頂，自其頂點往下垂直計量之高度應依下列規定，且不計入建築物高度：

（一）第十款第一目之屋頂突出物高度在六公尺以內或有昇降機設備通達屋頂之屋頂突出物高度在九公尺以內，且屋頂突出物水平投影面積之和，除高層建築物以不超過建築面積百分之十五外，其餘以不超過建築面積百分之十二點五為限，其未達二十五平方公尺者，得建築二十五平方公尺。

（二）水箱、水塔設於屋頂突出物上高度合計在六公尺以內或設於有昇降機設備通達屋頂之屋頂突出物高度在九公尺以內或設於屋頂面上高度在二點五公尺以內。

（三）女兒牆高度在一點五公尺以內。

（四）第十款第三目至第五目之屋頂突出物。

（五）非平屋頂建築物之屋頂斜率（高度與水平距離之比）在二分之一以下者。

（六）非平屋頂建築物之屋頂斜率（高度與水平距離之比）超過二分之一者，應經中央主管建築機關核可。

十、屋頂突出物：突出於屋面之附屬建築物及雜項工作物：

（一）樓梯間、昇降機間、無線電塔及機械房。

（二）水塔、水箱、女兒牆、防火牆。

（三）雨水貯留利用系統設備、淨水設備、露天機電設備、煙囪、避雷針、風向器、旗竿、無線電桿及屋脊裝飾物。

（四）突出屋面之管道間、採光換氣或再生能源使用等節能設施。

第　一　條
【93年】
【94年】
【96年】
【97年】
【99年】
【106年】
【109年】
★★★★★

（五）突出屋面之三分之一以上透空遮牆、三分之二以上透空立體構架供景觀造型、屋頂綠化等公益及綠建築設施，其投影面積不計入第九款第一目屋頂突出物水平投影面積之和。但本目與第一目及第六目之屋頂突出物水平投影面積之和，以不超過建築面積百分之三十為限。

（六）其他經中央主管建築機關認可者。

十一、簷高：自基地地面起至建築物簷口底面或平屋頂底面之高度。

十二、地板面高度：自基地地面至地板面之垂直距離。

十三、樓層高度：自室內地板面至其直上層地板面之高度；最上層之高度，為至其天花板高度。但同一樓層之高度不同者，以其室內樓地板面積除該樓層容積之商，視為樓層高度。

十四、天花板高度：自室內地板面至天花板之高度，同一室內之天花板高度不同時，以其室內樓地板面積除室內容積之商作天花板高度。

十五、建築物層數：基地地面以上樓層數之和。但合於第九款第一目之規定者，不作為層數計算；建築物內層數不同者，以最多之層數作為該建築物層數。

十六、地下層：地板面在基地地面以下之樓層。但天花板高度有三分之二以上在基地地面上者，視為地面層。

十七、閣樓：在屋頂內之樓層，樓地板面積在該建築物建築面積三分之一以上時，視為另一樓層。　【96年】

十八、夾層：夾於樓地板與天花板間之樓層；同一樓層內夾層面積之和，超過該層樓地板面積三分之一或一百平方公尺者，視為另一樓層。

夾層除非有權狀證明，否則夾層都是違建必拆項目

1

五、建築技術規則（細部條文）

建築物室內裝修工程管理相關法規

2

防火避難及消防法相關法規

3

職業安全衛生法規

4

綠建材及相關設備類法規

5

其他與建築物室內裝修相關法規

十九、居室：供居住、工作、集會、娛樂、烹飪等使用之房間，均稱居室。門廳、走廊、樓梯間、衣帽間、廁所盥洗室、浴室、儲藏室、機械室、車庫等不視為居室。但旅館、住宅、集合住宅、寄宿舍等建築物其衣帽間與儲藏室面積之合計以不超過該層樓地板面積八分之一為原則。

二十、露臺及陽臺：直上方無任何頂遮蓋物之平臺稱為露臺，直上方有遮蓋物者稱為陽臺。

二十一、集合住宅：具有共同基地及共同空間或設備。並有三個住宅單位以上之建築物。

第 一 條
【93 年】
【94 年】
【96 年】
【97 年】
【99 年】
【106 年】
【109 年】
★★★★★

二十二、外牆：建築物外圍之牆壁。	【93 年】
二十三、分間牆：分隔建築物內部空間之牆壁。	【93 年】【94 年】【96 年】
二十四、分戶牆：分隔住宅單位與住宅單位或住戶與住戶或不同用途區劃間之牆壁。	【93 年】
二十五、承重牆：承受本身重量及本身所受地震、風力外並承載及傳導其他外壓力及載重之牆壁。	【93 年】
二十六、帷幕牆：構架構造建築物之外牆，除承載本身重量及其所受之地震、風力外，不再承載或傳導其他載重之牆壁。	【93 年】
二十七、耐水材料：磚、石料、人造石、混凝土、柏油及其製品、陶瓷品、玻璃、金屬材料、塑膠製品及其他具有類似耐水性之材料。	【96 年】【106 年】
二十八、不燃材料：混凝土、磚或空心磚、瓦、石料、鋼鐵、鋁、玻璃、玻璃纖維、礦棉、陶瓷品、砂漿、石灰及其他經中央主管建築機關認定符合耐燃一級之不因火熱引起燃燒、熔化、破裂變形及產生有害氣體之材料。	【96 年】【97 年】【106 年】
二十九、耐火板：木絲水泥板、耐燃石膏板及其他經中央主管建築機關認定符合耐燃二級之材料。	【96 年】【97 年】【106 年】
三十、耐燃材料：耐燃合板、耐燃纖維板、耐燃塑膠板、石膏板及其他經中央主管建築機關認定符合耐燃三級之材料。	【96 年】【97 年】【106 年】【109 年】
三十一、防火時效：建築物主要結構構件、防火設備及防火區劃構造遭受火災時可耐火之時間。	【96 年】【99 年】

三十二、阻熱性：在標準耐火試驗條件下，建築構造當其一面受火時，能在一定時間內，其非加熱面溫度不超過規定值之能力。　【96 年】【99 年】

三十三、防火構造：具有本編第三章第三節所定防火性能與時效之構造。

三十四、避難層：具有出入口通達基地地面或道路之樓層。

三十五、無窗戶居室：具有下列情形之一之居室：

（一）依本編第四十二條規定<u>有效採光面積</u>未達該居室<u>樓地板面積百分之五</u>者。

（二）可直接開向戶外或可通達戶外之有效<u>防火避難構造開口</u>，<u>其高度未達一點二公尺，寬度未達七十五公分；如為圓型時直徑未達一公尺</u>者。

（三）樓地板面積超過五十平方公尺之居室，其天花板或天花板下方八十公分範圍以內之有效通風面積未達樓地板面積百分之二者。

常檢討違建開口的尺寸，鐵窗逃生門的尺寸需要 75x120cm 以上

第 一 條
【93 年】
【94 年】
【96 年】
【97 年】
【99 年】
【106 年】
【109 年】
★★★★★

三十六、道路：指依都市計畫法或其他法律公布之道路（得包括人行道及沿道路邊綠帶）或經指定建築線之現有巷道。除另有規定外，不包括私設通路及類似通路。

三十七、類似通路：基地內具有二幢以上連帶使用性之建築物（包括機關、學校、醫院及同屬一事業體之工廠或其他類似建築物），各幢建築物間及建築物至建築線間之通路；類似通路視為法定空地，其寬度不限制。

三十八、私設通路：基地內建築物之主要出入口或共同出入口（共用樓梯出入口）至建築線間之通路；主要出入口不包括本編第九十條規定增設之出入口；共同出入口不包括本編第九十五條規定增設之樓梯出入口。私設通路與道路之交叉口，免截角。

三十九、直通樓梯：建築物地面以上或以下任一樓層可直接通達避難層或地面之樓梯（包括坡道）。

四十、永久性空地：指下列依法不得建築或因實際天然地形不能建築之土地（不包括道路）：

（一）都市計畫法或其他法律劃定並已開闢之公園、廣場、體育場、兒童遊戲場、河川、綠地、綠帶及其他類似之空地。

（二）海洋、湖泊、水堰、河川等。

（三）前二目之河川、綠帶等除夾於道路或二條道路中間者外，其寬度或寬度之和應達四公尺。

五、建築技術規則（細部條文）

建築物室內裝修工程管理相關法規

1

防火避難及消防法相關法規

2

職業安全衛生法規

3

綠建材及相關設備類法規

4

其他與建築物室內裝修相關法規

5

第　一　條
【93 年】
【94 年】
【96 年】
【97 年】
【99 年】
【106 年】
【109 年】
★★★★★

四十一、退縮建築深度：建築物外牆面自建築線退縮之深度；外牆面退縮之深度不等，以最小之深度為退縮建築深度。但第三款規定，免計入建築面積之陽臺、屋簷、雨遮及遮陽板，不在此限。

四十二、幢：建築物地面層以上結構獨立不與其他建築物相連，地面層以上其使用機能可獨立分開者。

四十三、棟：以具有單獨或共同之出入口並以無開口之防火牆及防火樓板區劃分開者。

四十四、特別安全梯：自室內經由陽臺或排煙室始得進入之安全梯。

四十五、遮煙性能：在常溫及中溫標準試驗條件下，建築物出入口裝設之一般門或區劃出入口裝設之防火設備，當其構造二側形成火災情境下之壓差時，具有漏煙通氣量不超過規定值之能力。

四十六、昇降機道：建築物供昇降機廂運行之垂直空間。

四十七、昇降機間：昇降機廂駐停於建築物各樓層時，供使用者進出及等待搭乘等之空間。

第二章	一般設計通則
第六節	地板、天花板

第三十一條

建築物最下層居室之實鋪地板，應為厚度九公分以上之混凝土造並在混凝土與地板面間加設有效防潮層。其為空鋪地板者，應依左列規定：

一、空鋪地板面至少應高出地面四十五公分。

二、地板四週每五公尺至少應有通風孔一處，且須具有對流作用者。

三、空鋪地板下，須進入者應留進入口，或利用活動地板開口進入。

第三十二條

天花板之淨高度應依左列規定：

一、學校教室不得小於三公尺。

二、其他居室及浴廁不得小於二・一公尺，但高低不同之天花板高度至少應有一半以上大於二・一公尺，其最低處不得小於一・七公尺。

第七節	樓梯、欄杆、坡道

第三十三條

建築物樓梯及平臺之寬度、梯級之尺寸，應依下列規定：

用途類別	樓梯及平臺寬度	級高尺寸	級深尺寸
一、小學校舍等供兒童使用之樓梯。	140cm 以上	16cm 以下	26cm 以上
二、學校校舍、醫院、戲院、電影院、歌廳、演藝場、商場（包括加工服務部等，其營業面積在一千五百平方公尺以上者），舞廳、遊藝場、集會堂、市場等建築物之樓梯。	140cm 以上	18cm 以下	26cm 以上
三、地面層以上每層之居室樓地板面積超過二百平方公尺或地下面積超過二百平方公尺者。	120cm 以上	20cm 以下	24cm 以上
四、第一、二、三款以外建築物樓梯。	75cm 以上	20cm 以下	21cm 以上

說明：

一、表第一、二欄所列建築物之樓梯，不得在樓梯平臺內設置任何梯級，但旋轉梯自其級深較窄之一邊起三十公分位置之級深，應符合各欄之規定，其內側半徑大於三十公分者，不在此限。

二、第三、四欄樓梯平臺內設置扇形梯級時比照旋轉梯之規定設計。

三、依本編第九十五條、第九十六條規定設置戶外直通樓梯者，樓梯寬度，得減為九十公分以上。其他戶外直通樓梯淨寬度，應為七十五公分以上。

四、各樓層進入安全梯或特別安全梯，其開向樓梯平臺門扇之迴轉半徑不得與安全或特別安全梯內樓梯寬度之迴轉半徑相交。

五、樓梯及平臺寬度二側各十公分範圍內，得設置扶手或高度五十公分以下供行動不便者使用之昇降軌道；樓梯及平臺最小淨寬仍應為七十五公分以上。

六、服務專用樓梯不供其他使用者，不受本條及本編第四章之規定。

安全梯或是特別安全梯的門扇迴轉半徑，不得影響樓梯迴轉半徑的逃生範圍

第三十四條	前條附表第一、二欄樓梯高度每三公尺以內，其他各欄每四公尺以內應設置平臺，其深度不得小於樓梯寬度。	
第三十五條	自樓梯級面最外緣量至天花板底面、梁底面或上一層樓梯底面之垂直淨空距離，不得小於一九〇公分。	
第三十六條	樓梯內兩側均應裝設距梯級鼻端高度七十五公分以上之扶手，但第三十三條第三、四款有壁體者，可設一側扶手，並應依左列規定： 一、樓梯之寬度在三公尺以上者，應於中間加裝扶手，但級高在十五公分以下，且級深在三十公分以上者得免設置。 二、樓梯高度在一公尺以下者得免裝設扶手。	
第三十八條	設置於露臺、陽臺、室外走廊、室外樓梯、平屋頂及室內天井部分等之欄桿扶手高度，不得小於一·一〇公分；十層以上者，不得小於一·二〇公分。 建築物使用用途為 A-1、A-2、B-2、D-2、D-3、F-3、G-2、H-2 組者，前項欄桿不得設有可供直徑十公分物體穿越之鏤空或可供攀爬之水平橫條。	扶手相關規定為了防止墜落意外
第三十九條	建築物內規定應設置之樓梯可以坡道代替之，除其淨寬應依本編第三十三條之規定外，並應依左列規定： 一、坡道之坡度，不得超過一比八。 二、坡道之表面，應為粗面或用其他防滑材料處理之。	坡道之坡度放寬相關規定在建築物無障礙設施設計規範另有規範
第八節	**日照、採光、通風、節約能源**	
第 四十 條	住宅至少應有一居室之窗可直接獲得日照。	室內裝修套房案件申請必檢討項目
第四十一條	建築物之居室應設置採光用窗或開口，其採光面積依下列規定： 一、幼兒園及學校教室不得小於樓地板面積五分之一。 二、住宅之居室，寄宿舍之臥室，醫院之病房及兒童福利設施包括保健館、育幼院、育嬰室、養老院等建築物之居室，不得小於該樓地板面積八分之一。 三、位於地板面以上七十五公分範圍內之窗或開口面積不得計入採光面積之內。	室內裝修套房案件申請必檢討項目

第四十三條	居室應設置能與戶外空氣直接流通之窗戶或開口，或有效之自然通風設備，或依建築設備編規定設置之機械通風設備，並應依下列規定： 一、一般居室及浴廁之窗戶或開口之有效通風面積，不得小於該室樓地板面積百分之五。但設置符合規定之自然或機械通風設備者，不在此限。 二、廚房之有效通風開口面積，不得小於該室樓地板面積十分之一，且不得小於零點八平方公尺。但設置符合規定之機械通風設備者，不在此限。廚房樓地板面積在一百平方公尺以上者，應另依建築設備編規定設置排除油煙設備。 三、有效通風面積未達該室樓地板面積十分之一之戲院、電影院、演藝場、集會堂等之觀眾席及使用爐灶等燃燒設備之鍋爐間、工作室等，應設置符合規定之機械通風設備。但所使用之燃燒器具及設備可直接自戶外導進空氣，並能將所發生之廢氣，直接排至戶外而無污染室內空氣之情形者，不在此限。 前項第二款廚房設置排除油煙設備規定，於空氣污染防制法相關法令或直轄市、縣（市）政府另有規定者，從其規定。

室內裝修套房案件申請必檢討項目

第九節	防音
第四十六條	新建或增建建築物之空氣音隔音設計，其適用範圍如下： 一、寄宿舍、旅館等之臥室、客房或醫院病房之分間牆。 二、連棟住宅、集合住宅之分戶牆。 三、昇降機道與第一款建築物居室相鄰之分間牆，及與前款建築物居室相鄰之分戶牆。 四、第一款及第二款建築物置放機械設備空間與上層或下層居室分隔之樓板。 新建或增建建築物之樓板衝擊音隔音設計，其適用範圍如下： 一、連棟住宅、集合住宅之分戶樓板。 二、前款建築物昇降機房之樓板，及置放機械設備空間與下層居室分隔之樓板。

1

五、建築技術規則（細部條文）

建築物室內裝修工程管理相關法規

2

防火避難及消防法相關法規

3

職業安全衛生法規

4

綠建材及相關設備類法規

5

其他與建築物室內裝修相關法規

分間牆之空氣音隔音構造，應符合下列規定之一：

一、鋼筋混凝土造或密度在二千三百公斤/立方公尺以上之無筋混凝土造，含粉刷總厚度在十公分以上。

二、紅磚或其他密度在一千六百公斤/立方公尺以上之實心磚造，含粉刷總厚度在十二公分以上。

三、輕型鋼骨架或木構骨架為底，兩面各覆以石膏板、水泥板、纖維水泥板、纖維強化水泥板、木質系水泥板、氧化鎂板或硬質纖維板，其板材總面密度在四十四公斤/平方公尺以上，板材間以密度在六十公斤/立方公尺以上，厚度在七點五公分以上之玻璃棉、岩棉或陶瓷棉填充，且牆總厚度在十公分以上。

四、其他經中央主管建築機關認可具有空氣音隔音指標 Rw 在四十五分貝以上之隔音性能，或取得內政部綠建材標章之高性能綠建材（隔音性）。

昇降機道與居室相鄰之分間牆，其空氣音隔音構造，應符合下列規定之一：

一、鋼筋混凝土造含粉刷總厚度在二十公分以上。

二、輕型鋼骨架或木構骨架為底，兩面各覆以石膏板、水泥板、纖維水泥板、纖維強化水泥板、木質系水泥板、氧化鎂板或硬質纖維板，其板材總面密度在六十五公斤/平方公尺以上，板材間以密度在六十公斤/立方公尺以上，厚度在十公分以上之玻璃棉、岩棉或陶瓷棉填充，且牆總厚度在十五公分以上。

三、其他經中央主管建築機關認可或取得內政部綠建材標章之高性能綠建材（隔音性）具有空氣音隔音指標 Rw 在五十五分貝以上之隔音性能。

第四十六條之三

室內裝修套房案件申請必檢討項目

分間牆需考慮載重因素，施作時盡量避免紅磚築牆，以減少樓地板載重重量

第四十六條之四

分戶牆之空氣音隔音構造，應符合下列規定之一：

一、鋼筋混凝土造或密度在二千三百公斤/立方公尺以上之無筋混凝土造，含粉刷總厚度在十五公分以上。

二、紅磚或其他密度在一千六百公斤/立方公尺以上之實心磚造，含粉刷總厚度在二十二公分以上。

三、輕型鋼骨架或木構骨架為底，兩面各覆以石膏板、水泥板、纖維水泥板、纖維強化水泥板、木質系水泥板、氧化鎂板或硬質纖維板，其板材總面密度在五十五公斤/平方公尺以上，板材間以密度在六十公斤/立方公尺以上，厚度在七點五公分以上之玻璃棉、岩棉或陶瓷棉填充，且牆總厚度在十二公分以上。

四、其他經中央主管建築機關認可具有空氣音隔音指標 Rw 在五十分貝以上之隔音性能，或取得內政部綠建材標章之高性能綠建材（隔音性）。

昇降機道與居室相鄰之分戶牆，其空氣音隔音構造，應依前條第二項規定設置。

	分戶樓板之衝擊音隔音構造，應符合下列規定之一。但<u>陽臺或各層樓板下方無設置居室者，不在此限</u>：
第四十六條之六 （自 109 年 7 月 1 日施行）	一、鋼筋混凝土造樓板厚度在<u>十五公分以上</u>或鋼承板式鋼筋混凝土造樓板最大厚度在十九公分以上，<u>其上鋪設表面材（含緩衝材）應符合下列規定之一</u>： （一）橡膠緩衝材（厚度零點八公分以上，動態剛性五十百萬牛頓／立方公尺以下），其上再鋪設混凝土造地板（厚度五公分以上，以鋼筋或鋼絲網補強），地板表面材得不受限。 （二）橡膠緩衝材（厚度零點八公分以上，動態剛性五十百萬牛頓／立方公尺以下），其上再鋪設水泥砂漿及地磚厚度合計在六公分以上。 （三）橡膠緩衝材（厚度零點五公分以上，動態剛性五十五百萬牛頓／立方公尺以下），其上再鋪設木質地板厚度合計在一點二公分以上。 （四）玻璃棉緩衝材（密度九十六至一百二十公斤／立方公尺）厚度零點八公分以上，其上再鋪設木質地板厚度合計在一點二公分以上。 （五）架高地板其木質地板厚度合計在二公分以上者，架高角材或基座與樓板間須鋪設橡膠緩衝材（厚度零點五公分以上）或玻璃棉緩衝材（厚度零點八公分以上），架高空隙以密度在六十公斤／立方公尺以上、厚度在五公分以上之玻璃棉、岩棉或陶瓷棉填充。 （六）玻璃棉緩衝材（密度九十六至一百二十公斤／立方公尺）或岩棉緩衝材（密度一百至一百五十公斤／立方公尺）厚度二點五公分以上，其上再鋪設混凝土造地板（厚度五公分以上，以鋼筋或鋼絲網補強），地板表面材得不受限。 （七）經中央主管建築機關認可之表面材（含緩衝材），其樓板表面材衝擊音降低量指標△Lw 在十七分貝以上，或取得內政部綠建材標章之高性能綠建材（隔音性）。 二、鋼筋混凝土造樓板厚度在十二公分以上或鋼承板式鋼筋混凝土造樓板最大厚度在十六公分以上，其上鋪設經中央主管建築機關認可之表面材（含緩衝材），其樓板表面材衝擊音降低量指標△Lw 在二十分貝以上，或取得內政部綠建材標章之高性能綠建材（隔音性）。 三、其他經中央主管建築機關認可具有樓板衝擊音指標 Ln,w 在五十八分貝以下之隔音性能。 緩衝材其上如澆置混凝土或水泥砂漿時，表面應有防護措施。 地板表面材與分戶牆間應置入軟質填縫材或緩衝材，厚度在零點八公分以上。
第十節	**廁所、污水處理設施**
第四十七條	凡有居室之建築物，其樓地板面積達三十平方公尺以上者，應設置廁所。但同一基地內，已有廁所者不在此限。
第四十八條	廁所應設有開向戶外可直接通風之窗戶，但沖洗式廁所，如依本章第八節規定設有適當之通風設備者不在此限。 廁所無窗時，應裝設機械通風設備

第三章	建築物之防火
第一節	適用範圍

第六十三條	建築物之防火應符合本章之規定。 本法第一百零二條所稱之防火區，係指本法適用地區內，為防火安全之需要，經直轄市、縣（市）政府劃定之地區。 防火區內之建築物，除應符合本章規定外，並應依當地主管建築機關之規定辦理。
第二節	雜項工作物之防火限制
第六十八條	高度在三公尺以上或裝置在屋頂上之廣告牌（塔），裝飾物（塔）及類似之工作物，其主要部分應使用不燃材料。
第三節	防火構造
第六十九條	下表之建築物應為防火構造。但工廠建築，除依下表 C 類規定外，作業廠房樓地板面積，合計超過五十平方公尺者，其主要構造，均應以不燃材料建造。

建築物使用類組			應為防火構造者		
類別		組別	樓層	總樓地板面積	樓層及樓地板面積之和
A 類	公共集會類	全部	全部	—	—
B 類	商業類	全部	三層以上之樓層	三〇〇〇平方公尺以上	二層部分之面積在五〇〇平方公尺以上。
C 類	工業、倉儲類	全部	三層以上之樓層	一五〇〇平方公尺以上（工廠除外）	變電所、飛機庫、汽車修理場、發電場、廢料堆置或處理場、廢棄物處理場及其他經地方主管建築機關認定之建築物，其總樓地板面積在一五〇平方公尺以上者。
D 類	休閒、文教類	全部	三層以上之樓層	二〇〇〇平方公尺以上	—
E 類	宗教、殯葬類	全部	三層以上之樓層	二〇〇〇平方公尺以上	—
F 類	衛生、福利、更生類	全部	三層以上之樓層	—	二層面積在三〇〇平方公尺以上。醫院限於有病房者。
G 類	辦公、服務類	全部	三層以上之樓層	二〇〇〇平方公尺以上	—
H 類	住宿類	全部		—	二層面積在三〇〇平方公尺以上。
I 類	危險物品類	全部	依危險品種類及儲藏量，另行由內政部以命令規定之。		

說明：表內三層以上之樓層，係表示三層以上之任一樓層供表列用途時，該棟建築物即應為防火構造，表示如在第二層供同類用途使用，則可不受防火構造之限制。但該使用之樓地板面積，超過表列規定時，即不論層數如何，均應為防火構造。

第七十條

防火構造之建築物，其主要構造之柱、樑、承重牆壁、樓地板及屋頂應具有左表規定之防火時效：

層數 主要構造部分	自頂層起算不超過四層之各樓層	自頂層起算超過第四層至第十四層之各樓層	自頂層起算第十五層以上之各樓層
承重牆壁	一小時	一小時	二小時
樑	一小時	二小時	三小時
柱	一小時	二小時	三小時
樓地板	一小時	二小時	二小時
屋頂			半小時

（一）屋頂突出物未達計算層樓面積者，其防火時效應與頂層同。

（二）本表所指之層數包括地下層數。

第七十三條

【93年】

具有一小時以上防火時效之牆壁、樑、柱、樓地板，應依左列規定：

一、牆壁：

（一）鋼筋混凝土造、鋼骨鋼筋混凝土造或鋼骨混凝土造厚度在七公分以上者。

（二）鋼骨造而雙面覆以鐵絲網水泥粉刷，其單面厚度在三公分以上或雙面覆以磚、石或水泥空心磚，其單面厚度在四公分以上者。但用以保護鋼骨之鐵絲網水泥砂漿保護層應將非不燃材料部分扣除。

（三）磚、石造、無筋混凝土造或水泥空心磚造，其厚度在七公分以上者。

（四）其他經中央主管建築機關認可具有同等以上之防火性能者。

二、柱：

（一）鋼筋混凝土造、鋼骨鋼筋混凝土造或鋼骨混凝土造。

（二）鋼骨造而覆以鐵絲網水泥粉刷其厚度在四公分以上（使用輕骨材時得為三公分）或覆以磚、石或水泥空心磚，其厚度在五公分以上者。

（三）其他經中央主管建築機關認可具有同等以上之防火性能者。

三、樑：

（一）鋼筋混凝土造、鋼骨鋼筋混凝土造或鋼骨混凝土造。

（二）鋼骨造而覆以鐵絲網水泥粉刷其厚度在四公分以上（使用輕骨材時為三公分以上），或覆以磚、石或水泥空心磚，其厚度在五公分以上者（水泥空心磚使用輕骨材時得為四公分）。

（三）鋼骨造屋架、但自地板面至樑下端應在四公尺以上，而構架下面無天花板或有不燃材料造或耐燃材料造之天花板者。

（四）其他經中央主管建築機關認可具有同等以上之防火性能者。

1 建築物室內裝修工程管理相關法規

2 防火避難及消防法相關法規

3 職業安全衛生法規

4 綠建材及相關設備類法規

5 其他與建築物室內裝修相關法規

五、建築技術規則（細部條文）

第七十三條 【93年】	四、樓地板： （一）鋼筋混凝土造或鋼骨鋼筋混凝土造厚度在七公分以上。 （二）鋼骨造而雙面覆以鐵絲網水泥粉刷或混凝土，其單面厚度在四公分以上者。但用以保護鋼骨之鐵絲網水泥砂漿保護層應將非不燃材料部分扣除。 （三）其他經中央主管建築機關認可具有同等以上之防火性能者。	
第七十五條 【95年】	防火設備種類如左： 一、防火門窗。 二、裝設於防火區劃或外牆開口處之撒水幕，經中央主管建築機關認可具有防火區劃或外牆同等以上之防火性能者。 三、其他經中央主管建築機關認可具有同等以上之防火性能者。	在變更使用類組時，防火門窗應依照建築物使用類組及變更使用辦法規定設置
第七十六條 【93年】 【95年】	防火門窗係指防火門及防火窗，其組件包括門窗扇、門窗樘、開關五金、嵌裝玻璃、通風百葉等配件或構材；其構造應依左列規定： 一、防火門窗周邊十五公分範圍內之牆壁應以不燃材料建造。 二、防火門之門扇寬度應在七十五公分以上，高度應在一百八十公分以上。 三、常時關閉式之防火門應依左列規定： （一）免用鑰匙即可開啟，並應裝設經開啟後可自行關閉之裝置。 （二）單一門扇面積不得超過三平方公尺。 （三）不得裝設門止。 （四）門扇或門樘上應標示常時關閉式防火門等文字。 四、常時開放式之防火門應依左列規定： （一）可隨時關閉，並應裝設利用煙感應器連動或其他方法控制之自動關閉裝置，使能於火災發生時自動關閉。 （二）關閉後免用鑰匙即可開啟，並應裝設經開啟後可自行關閉之裝置。 （三）採用防火捲門者，應附設門扇寬度在七十五公分以上，高度在一百八十公分以上之防火門。 五、防火門應朝避難方向開啟。但供住宅使用及宿舍寢室、旅館客房、醫院病房等連接走廊者，不在此限。	在變更使用類組時，防火門窗應依照建築物使用類組及變更使用辦法規定設置 設置時也應注意相關規定，尤其在套房案件的大門更新，除應具備F60A的等級，還要注意是否具有遮煙性能之防火門

第四節	防火區劃	
第七十九條	防火構造建築物總樓地板面積在一、五○○平方公尺以上者，應按每一、五○○平方公尺，以具有一小時以上防火時效之牆壁、防火門窗等防火設備與該處防火構造之樓地板區劃分隔。防火設備並應具有一小時以上之阻熱性。 前項應予區劃範圍內，如備有效自動滅火設備者，得免計算其有效範圍樓地面板面積之二分之一。 防火區劃之牆壁，應突出建築物外牆面五十公分以上。但與其交接處之外牆面長度有九十公分以上，且該外牆構造具有與防火區劃之牆壁同等以上防火時效者，得免突出。 建築物外牆為帷幕牆者，其外牆面與防火區劃牆壁交接處之構造，仍應依前項之規定。	當裝修案件在大型購物中心或是百貨公司內時需多注意，總樓地板面積是否已經超過 1500 ㎡，這類案件應請專業消防技師協助設計
第七十九條之一	防火構造建築物供左列用途使用，無法區劃分隔部分，以具有一小時以上防火時效之牆壁、防火門窗等防火設備與該處防火構造之樓地板自成一個區劃者，不受前條第一項之限制： 一、建築物使用類組為 A-1 組或 D-2 組之觀眾席部分。 二、建築物使用類組為 C 類之生產線部分、D-3 組或 D-4 組之教室、體育館、零售市場、停車空間及其他類似用途建築物。 前項之防火設備應具有一小時以上之阻熱性。	變更用途時可參照各類場所消防安全設備設置標準設置，這類案件應請專業消防技師協助設計
第八十三條	建築物自第十一層以上部分，除依第七十九條之二規定之垂直區劃外，應依左列規定區劃： 一、樓地板面積超過一○○平方公尺，應按每一○○平方公尺範圍內，以具有一小時以上防火時效之牆壁、防火門窗等防火設備與各該樓層防火構造之樓地板形成區劃分隔。但建築物使用類組 H-2 組使用者，區劃面積得增為二○○平方公尺。 二、自地板面起一・二公尺以上之室內牆面及天花板均使用耐燃一級材料裝修者，得按每二○○平方公尺範圍內，以具有一小時以上防火時效之牆壁、防火門窗等防火設備與各該樓層防火構造之樓地板區劃分隔；供建築物使用類組 H-2 組使用者，區劃面積得增為四○○平方公尺。 三、室內牆面及天花板（包括底材）均以耐燃一級材料裝修者，得按每五○○平方公尺範圍內，以具有一小時以上防火時效之牆壁、防火門窗等防火設備與各該樓層防火構造之樓地板區劃分隔。 四、前三款區劃範圍內，如備有效自動滅火設備者得免計算其有效範圍樓地面板面積之二分之一。 五、第一款至第三款之防火門窗等防火設備應具有一小時以上之阻熱性。	11 樓以上室內裝修須注意的相關事項

1

五、建築技術規則（細部條文）

建築物室內裝修工程管理相關法規

2

防火避難及消防法相關法規

3

職業安全衛生法規

4

綠建材及相關設備類法規

5

其他與建築物室內裝修相關法規

第八十五條 【95 年】	貫穿防火區劃牆壁或樓地板之風管，應在貫穿部位任一側之風管內裝設防火閘門或閘板，其與貫穿部位合成之構造，並應具有一小時以上之防火時效。 貫穿防火區劃牆壁或樓地板之電力管線、通訊管線及給排水管線或管線匣，與貫穿部位合成之構造，應具有一小時以上之防火時效。	因管線貫穿之孔洞應施作一小時防火時效之防火填塞
第八十五條 之一	各種電氣、給排水、消防、空調等設備開關控制箱設置於防火區劃牆壁時，應以不破壞牆壁防火時效性能之方式施作。 前項設備開關控制箱嵌裝於防火區劃牆壁者，該牆壁仍應具有一小時以上防火時效。	
第八十六條 【93 年】	分戶牆及分間牆構造依左列規定： 一、連棟式或集合住宅之分戶牆，應以具有一小時以上防火時效之牆壁及防火門窗等防火設備與該處之樓板或屋頂形成區劃分隔。 二、建築物使用類組為 A 類、D 類、B-1 組、B-2 組、B-4 組、F-1 組、H-1 組、總樓地板面積三○○平方公尺以上之 B-3 組及各級政府機關建築物，其各防火區劃內之分間牆應以不燃材料建造。但其分間牆上之門窗，不在此限。 三、建築物使用類組為 B-3 組之廚房，應以具有一小時以上防火時效之牆壁及防火門窗等防火設備與該樓層之樓地板形成區劃，其天花板及牆面之裝修材料以耐燃一級材料為限，並依建築設備編第五章第三節規定。 四、其他經中央主管建築機關指定使用用途之建築物或居室，應以具有一小時防火時效之牆壁及防火門窗等防火設備與該樓層之樓地板形成區劃，裝修材料並以耐燃一級材料為限。	
第八十七條	建築物有本編第一條第三十五款第二目規定之無窗戶居室者，區劃或分隔其居室之牆壁及門窗應以不燃材料建造。	

第五節	內部裝修限制

第八十八條

建築物之內部裝修材料應依下表規定。但符合下列情形之一者，不在此限：

一、除下表（十）至（十四）所列建築物，及建築使用類組為 B-1、B-2、B-3 組及 I 類者外，按其樓地板面積每一百平方公尺範圍內以具有一小時以上防火時效之牆壁、防火門窗等防火設備與該層防火構造之樓地板區劃分隔者，或其設於地面層且樓地板面積在一百平方公尺以下。

二、裝設自動滅火設備及排煙設備。

在變更使用類組時，防火門窗應依照建築物使用類組及變更使用辦法規定設置

	建築物類組		組別	供該用途之專用樓地板面積合計	內部裝修材料	
					居室或該使用部分	通達地面之走廊及樓梯
（一）	A類	公共集會類【96年】	全部	全部	耐燃三級以上	耐燃二級以上
（二）	B類	商業類【93年】【97年】【99年】	全部			
（三）	C類	工業、倉儲類	C-1	全部	耐燃二級以上	
			C-2			耐燃二級以上
（四）	D類	休閒、文教類	全部	全部	耐燃三級以上	
（五）	E類	宗教、殯葬類	E			
（六）	F類	衛生、福利、更生類【96年】【102年】	全部			
（七）	G類	辦公、服務類【96年】	全部			
（八）	H類	住宿類【93年】	H-1			
			H-2	─	─	─
（九）	I類	危險物品類	I	全部	耐燃一級	耐燃一級

（十）	地下層、地下工作物供 A 類、G 類、B-1 組、B-2 組或 B-3 組使用者【95 年】		全部	耐燃二級以上	耐燃一級
（十一）	無窗戶之居室		全部		
（十二）	使用燃燒設備之房間	H-2	二層以上部分（但頂層除外）		
		其他	全部		
（十三）	十一層以上部分		每二百平方公尺以內有防火區劃之部分		耐燃一級
			每五百平方公尺以內有防火區劃之部分	耐燃一級	
（十四）	地下建築物		防火區劃面積按一百平方公尺以上二百平方公尺以下區劃者	耐燃二級以上	耐燃一級
			防火區劃面積按二百零一平方公尺以上五百平方公尺以下區劃者	耐燃一級	

一、應受限制之建築物其用途、層數、樓地板面積等依本表之規定。

二、本表所稱內部裝修材料係指固著於建築物構造體之天花板、內部牆面或高度超過一點二公尺固定於地板之隔屏或兼作櫥櫃使用之隔屏（均含固著其表面並暴露於室內之隔音或吸音材料）。

三、除本表（三）（九）（十）（十一）所列各種建築物外，在其自樓地板面起高度在一點二公尺以下部分之牆面、窗臺及天花板周圍押條等裝修材料得不受限制。

四、本表（十三）（十四）所列建築物，如裝設自動滅火設備者，所列面積得加倍計算之。

第四章	建築物安全維護設計
第一節	出入口、走廊、樓梯

第八十九條

本節規定之適用範圍，以左列情形之建築物為限。但建築物以無開口且具有一小時以上防火時效之牆壁及樓地板所區劃分隔者，適用本章各節規定，視為他棟建築物：

一、建築物使用類組為 A、B、D、E、F、G 及 H 類者。

二、三層以上之建築物。

三、總樓地板面積超過一、〇〇〇平方公尺之建築物。

四、地下層或有本編第一條第三十五款第二目及第三目規定之無窗戶居室之樓層。

五、本章各節關於樓地板面積之計算，不包括法定防空避難設備面積，室內停車空間面積、騎樓及機械房、變電室、直通樓梯間、電梯間、蓄水池及屋頂突出物面積等類似用途部分。

> 如果是以他棟建築物來檢討，在面積上就不需要全區檢討，針對消防法規上的檢討相對有利，只需要單獨檢討他棟建築的面積

第九十二條

走廊之設置應依左列規定：

一、供左表所列用途之使用者，走廊寬度依其規定：

用途 ＼ 走廊配置	走廊二側有居室者	其他走廊
一、建築物使用類組為 D-3、D-4、D-5 組供教室使用部分	2.4 公尺以上	1.8 公尺以上
二、建築物使用類組為 F-1 組	1.6 公尺以上	1.2 公尺以上
三、其他建築物： （一）同一樓層內之居室樓地板面積在二百平方公尺以上（地下層時為一百平方公尺以上）。	1.6 公尺以上	1.2 公尺以上
（二）同一樓層內之居室樓地板面積未滿二百平方公尺（地下層時為未滿一百平方公尺）。	1.6 公尺以上	

二、建築物使用類組為 A-1 組者，其觀眾席二側及後側應設置互相連通之走廊並連接直通樓梯。但設於避難層部分其觀眾席樓地板面積合計在三〇〇平方公尺以下及避難層以上樓層其觀眾席樓地板面積合計在一五〇平方公尺以下，且為防火構造，不在此限。觀眾席樓地板面積三〇〇平方公尺以下者，走廊寬度不得小於一·二公尺；超過三〇〇平方公尺者，每增加六十平方公尺應增加寬度十公分。

三、走廊之地板面有高低時，其坡度不得超過十分之一，並不得設置臺階。

四、防火構造建築物內各層連接直通樓梯之走廊牆壁及樓地板應具有一小時以上防火時效，並以耐燃一級材料裝修為限。

第九十三條　　　直通樓梯之設置應依左列規定：

一、任何建築物自避難層以外之各樓層均應設置一座以上之直通樓梯（包括坡道）通達避難層或地面，樓梯位置應設於明顯處所。

二、自樓面居室之任一點至樓梯口之步行距離（即隔間後之可行距離非直線距離）依左列規定：

（一）建築物用途類組為A類、B-1、B-2、B-3及D-1組者，不得超過三十公尺。建築物用途類組為C類者，除有現場觀眾之電視攝影場不得超過三十公尺外，不得超過七十公尺。

（二）前目規定以外用途之建築物不得超過五十公尺。

（三）建築物第十五層以上之樓層依其使用應將前二目規定為三十公尺者減為二十公尺，五十公尺者減為四十公尺。

（四）集合住宅採取複層式構造者，其自無出入口之樓層居室任一點至直通樓梯之步行距離不得超過四十公尺。

（五）非防火構造或非使用不燃材料所建造之建築物，不論任何用途，應將本款所規定之步行距離減為三十公尺以下。

前項第二款至樓梯口之步行距離，應計算至直通樓梯之第一階。但直通樓梯為安全梯者，得計算至進入樓梯間之防火門。

步行距離之規定★★★★★

第九十四條　　　避難層自樓梯口至屋外出入口之步行距離不得超過前條規定。

安全梯之構造，依下列規定：

一、室內安全梯之構造：

（一）安全梯間四周牆壁除外牆依前章規定外，應具有一小時以上防火時效，天花板及牆面之裝修材料並以耐燃一級材料為限。

（二）進入安全梯之出入口，應裝設具有一小時以上防火時效及半小時以上阻熱性且具有遮煙性能之防火門，並不得設置門檻；其寬度不得小於九十公分。

（三）安全梯間應設有緊急電源之照明設備，其開設採光用之向外窗戶或開口者，應與同幢建築物之其他窗戶或開口相距九十公分以上。

二、戶外安全梯之構造：

第九十七條

【95 年】

（一）安全梯間四週之牆壁除外牆依前章規定外，應具有一小時以上之防火時效。

（二）安全梯與建築物任一開口間之距離，除至安全梯之防火門外，不得小於二公尺。但開口面積在一平方公尺以內，並裝置具有半小時以上之防火時效之防火設備者，不在此限。

（三）出入口應裝設具有一小時以上防火時效且具有半小時以上阻熱性之防火門，並不得設置門檻，其寬度不得小於九十公分。但以室外走廊連接安全梯者，其出入口得免裝設防火門。

（四）對外開口面積（非屬開設窗戶部分）應在二平方公尺以上。

三、特別安全梯之構造：

（一）樓梯間及排煙室之四週牆壁除外牆依前章規定外，應具有一小時以上防火時效，其天花板及牆面之裝修，應為耐燃一級材料。管道間之維修孔，並不得開向樓梯間。

（二）樓梯間及排煙室，應設有緊急電源之照明設備。其開設採光用固定窗戶或在陽臺外牆開設之開口，除開口面積在一平方公尺以內並裝置具有半小時以上之防火時效之防火設備者，應與其他開口相距九十公分以上。

【95 年】

（三）自室內通陽臺或進入排煙室之出入口，應裝設具有一小時以上防火時效及半小時以上阻熱性之防火門，自陽臺或排煙室進入樓梯間之出入口應裝設具有半小時以上防火時效之防火門。

（四）樓梯間與排煙室或陽臺之間所開設之窗戶應為固定窗。

（五）建築物達十五層以上或地下層三層以下者，各樓層之特別安全梯，如供建築物使用類組 A-1、B-1、B-2、B-3、D-1 或 D-2 組使用者，其樓梯間與排煙室或樓梯間與陽臺之面積，不得小於各該層居室樓地板面積百分之五；如供其他使用，不得小於各該層居室樓地板面積百分之三。

安全梯之樓梯間於避難層之出入口，應裝設具一小時防火時效之防火門。

建築物各棟設置之安全梯，應至少有一座於各樓層僅設一處出入口且不得直接連接居室。

第九十七條之一	前條所定特別安全梯不得經由他座特別安全梯之排煙室或陽臺進入。
第九十八條	直通樓梯每一座之寬度依本編第三十三條規定，且其總寬度不得小於左列規定： 一、供商場使用者，以該建築物各層中任一樓層（不包括避難層）商場之最大樓地板面積每一○○平方公尺寬六十公分之計算值，並以避難層為分界，分別核計其直通樓梯總寬度。 二、建築物用途類組為 A-1 組者，按觀眾席面積每十平方公尺寬十公分之計算值，且其二分之一寬度之樓梯出口，應設置在戶外出入口之近旁。 三、一幢建築物於不同之樓層供二種不同使用，直通樓梯總寬度應逐層核算，以使用較嚴（最嚴）之樓層為計算標準。但距離避難層遠端之樓層所核算之總寬度小於近端之樓層總寬度者，得分層核算直通樓梯總寬度，且核算後距避難層近端樓層之總寬度不得小於遠端樓層之總寬度。同一樓層供二種以上不同使用，該樓層之直通樓梯寬度應依前二款規定分別計算後合計之。
第九十九條	建築物在五層以上之樓層供建築物使用類組 A-1、B-1 及 B-2 組使用者，應依左列規定設置具有戶外安全梯或特別安全梯通達之屋頂避難平臺： 一、屋頂避難平臺應設置於五層以上之樓層，其面積合計不得小於該棟建築物五層以上最大樓地板面積二分之一。屋頂避難平臺任一邊邊長不得小於六公尺，分層設置時，各處面積均不得小於二百平方公尺，且其中一處面積不得小於該棟建築物五層以上最大樓地板面積三分之一。 二、屋頂避難平臺面積範圍內不得建造或設置妨礙避難使用之工作物或設施，且通達特別安全梯之最小寬度不得小於四公尺。 三、屋頂避難平臺之樓地板至少應具有一小時以上之防火時效。 四、與屋頂避難平臺連接之外牆應具有一小時以上防火時效，開設之門窗應具有半小時以上防火時效。

第九十九條之一	供下列各款使用之樓層，除避難層外，各樓層應以具一小時以上防火時效之牆壁及防火設備分隔為二個以上之區劃，各區劃均應以走廊連接安全梯，或分別連接不同安全梯： 一、建築物使用類組 F-2 組之機構、學校。 二、建築物使用類組 F-1 或 H-1 組之護理之家、產後護理機構、老人福利機構及住宿型精神復健機構。 前項區劃之樓地板面積不得小於同樓層另一區劃樓地板面積之三分之一。區劃及安全梯出入口裝設之防火設備，應具有遮煙性能；自一區劃至同樓層另一區劃所需經過之出入口，寬度應為一百二十公分以上，出入口設置之防火門，關閉後任一方向均應免用鑰匙即可開啟，並得不受同編第七十六條第五款限制。

H-1 組的簡單定義：6 間以上居室或 10 個以上床鋪，就會被歸類為 H-1 組的使用類組，相對的所有法規要求就會提高

第二節	排煙設備

第一百條	左列建築物應設置排煙設備。但樓梯間、昇降機間及其他類似部份，不在此限： 一、供本編第六十九條第一類、第四類使用及第二類之養老院、兒童福利設施之建築物，其每層樓地板面積超過五○○平方公尺者。但每一○○平方公尺以內以分間牆或以防煙壁區劃分隔者，不在此限。 二、本編第一條第三十一款第三目所規定之無窗戶居室。 前項第一款之防煙壁，係指以不燃材料建造之垂壁，自天花板下垂五十公分以上。

排煙設備在第二類之養老院、兒童福利設施之建築物，每層樓地板面積超過五○○平方公尺者。但每一○○平方公尺以內以分間牆或以防煙壁區劃分隔者，不在此限。

第三節	緊急照明設備
第一百零四條	左列建築物，應設置緊急照明設備： 一、供本編第六十九條第一類、第四類及第二類之醫院、旅館等用途建築物之居室。 二、本編第一條第三十一款第（一）目規定之無窗戶或無開口之居室。 三、前二款之建築物，自居室至避難層所需經過之走廊、樓梯、通道及其他平時依賴人工照明之部份。
第一百零五條	緊急照明之構造應依建築設備篇之規定。

第五節	緊急進口	
第一百零八條	建築物在二層以上，第十層以下之各樓層，應設置緊急進口。但面臨道路或寬度四公尺以上之通路，且各層之外牆每十公尺設有窗戶或其他開口者，不在此限。 前項窗戶或開口寬應在七十五公分以上及高度一‧二公尺以上，或直徑一公尺以上之圓孔，開口之下緣應距樓地板八十公分以下，且無柵欄，或其他阻礙物者。	緊急進口之開口尺寸寬度75cm以上及高度120cm以上，或直徑1m之圓孔
第一百零九條	緊急進口之構造應依左列規定： 一、進口應設地面臨道路或寬度在四公尺以上通路之各層外牆面。 二、進口之間隔不得大於四十公尺。 三、進口之寬度應在七十五公分以上，高度應在一‧二公尺以上。其開口之下端應距離樓地板面八十公分範圍以內。 四、進口應為可自外面開啟或輕易破壞得以進入室內之構造。 五、進口外應設置陽台，其寬度應為一公尺以上，長度四公尺以上。 六、進口位置應於其附近以紅色燈作為標幟，並使人明白其為緊急進口之標示。	緊急進口主要目的是讓消防隊員可以順利進去救災，其構造有相關之規定

第六節	防火間隔	
第一百十條	防火構造建築物,除基地鄰接寬度六公尺以上之道路或深度六公尺以上之永久性空地側外,依左列規定: 一、建築物自基地境界線退縮留設之防火間隔未達一.五公尺範圍內之外牆部分,應具有一小時以上防火時效,其牆上之開口應裝設具同等以上防火時效之防火門或固定式防火窗等防火設備。 二、建築物自基地境界線退縮留設之防火間隔在一.五公尺以上未達三公尺範圍內之外牆部分,應具有半小時以上防火時效,其牆上之開口應裝設具同等以上防火時效之防火門窗等防火設備。但同一居室開口面積在三平方公尺以下,且以具半小時防火時效之牆壁(不包括裝設於該牆壁上之門窗)與樓板區劃分隔者,其外牆之開口不在此限。 三、一基地內二幢建築物間之防火間隔未達三公尺範圍內之外牆部分,應具有一小時以上防火時效,其牆上之開口應裝設具同等以上防火時效之防火門或固定式防火窗等防火設備。 四、一基地內二幢建築物間之防火間隔在三公尺以上未達六公尺範圍內之外牆部分,應具有半小時以上防火時效,其牆上之開口應裝設具同等以上防火時效之防火門窗等防火設備。但同一居室開口面積在三平方公尺以下,且以具半小時防火時效之牆壁(不包括裝設於該牆壁上之門窗)與樓板區劃分隔者,其外牆之開口不在此限。 五、建築物配合本編第九十條規定之避難層出入口,應在基地內留設淨寬一.五公尺之避難用通路自出入口接通至道路,避難用通路得兼作防火間隔。臨接避難用通路之建築物外牆開口應具有一小時以上防火時效及半小時以上之阻熱性。 六、市地重劃地區,應由直轄市、縣(市)政府規定整體性防火間隔,其淨寬應在三公尺以上,並應接通道路。	防火建築構造物外牆部分,主要規範棟與棟之間的距離,其相關門窗的防火等級,有距離上不同而有不同的防火門窗等級的規範
第一百十條之一	非防火構造建築物,除基地鄰接寬度六公尺以上道路或深度六公尺以上之永久性空地側外,建築物應自基地境界線(後側及兩側)退縮留設淨寬一.五公尺以上之防火間隔。一基地內兩幢建築物間應留設淨寬三公尺以上之防火間隔。 前項建築物自基地境界線退縮留設之防火間隔超過六公尺之建築物外牆與屋頂部分,及一基地內二幢建築物間留設之防火間隔超過十二公尺之建築物外牆與屋頂部分,得不受本編第八十四條之一應以不燃材料建造或覆蓋之限制。	非防火構造的棟距相關規定

第七節	消防設備
第一百十三條	建築物應按左列用途分類分別設置滅火設備、警報設備及標示設備，應設置之數量及構造應依建築設備編之規定： 一、第一類：戲院、電影院、歌廳、演藝場及集會堂等。 二、第二類：夜總會、舞廳、酒家、遊藝場、酒吧、咖啡廳、茶室等。 三、第三類：旅館、餐廳、飲食店、商場、超級市場、零售市場等。 四、第四類：招待所（限於有寢室客房者）寄宿舍、集合住宅、醫院、療養院、養老院、兒童福利設施、幼稚園、盲啞學校等。 五、第五類：學校補習班、圖書館、博物館、美術館、陳列館等。 六、第六類：公共浴室。 七、第七類：工廠、電影攝影場、電視播送室、電信機器室。 八、第八類：車站、飛機場大廈、汽車庫、飛機庫、危險物品貯藏庫等，建築物依法附設之室內停車空間等。 九、第九類：辦公廳、證券交易所、倉庫及其他工作場所。

各項用途分類，其消防的設備設施數量規定都不一樣，場地聚集人數越多的規範越嚴格

滅火設備之設置依左列規定：

一、室內消防栓應設置合於左列規定之樓層：

（一）建築物在第五層以下之樓層供前條第一款使用，各層之樓地板面積在三○○平方公尺以上者；供其他各款使用（學校校舍免設），各層之樓地板面積在五○○平方公尺以上者。但建築物為防火構造，合於本編第八十八條規定者，其樓地板面積加倍計算。

（二）建築物在第六層以上之樓層或地下層或無開口之樓層，供前條各款使用，各層之樓地板面積在一五○平方公尺以上者。但建築物為防火構造，合於本編第八十八條規定者，其樓地板面積加倍計算。

第一百十四條

（三）前條第九款規定之倉庫，如為儲藏危險物品者，依其貯藏量及物品種類稱另以行政命令規定設置之。

二、自動撒水設備應設置於左列規定之樓層：

（一）建築物在第六層以上，第十層以下之樓層，或地下層或無開口之樓層，供前條第一款使用之舞台樓地板面積在三○○平方公尺以上者，供第二款使用，各層之樓地板面積在一、○○○平方公尺以上者；供第三款、第四款（寄宿舍，集合住宅除外）使用，各層之樓地板面積在一、五○○平方公尺以上者。

（二）建築物在第十一層以上之樓層，各層之樓地板面積在一○○平方公尺以上者。

（三）供本編第一一三條第八款使用，應視建築物各部份使用性質就自動撒水設備、水霧自動撒水設備、自動泡沫滅火設備、自動乾粉滅火設備、自動二氧化碳設備或自動揮發性液體設備等選擇設置之，但室內停車空間之外牆開口面積達二分之一以上，或各樓層防火區劃範圍內停駐車位數在二十輛以下者，免設置。

（四）危險物品貯藏庫，依其物品種類及貯藏量另以行政命令規定設置之。

滅火設備依照使用面積大小不同，對於室內消防栓及自動灑水設備的設置，在消防法中有更明確的規範

五、建築技術規則（細部條文）

建築物室內裝修工程管理相關法規 1

防火避難及消防法相關法規 2

職業安全衛生法規 3

綠建材及相關設備類法規 4

其他與建築物室內裝修相關法規 5

第一百十五條	建築物依左列規定設置警報設備。其受信機（器）並應集中管理，設於總機室或值日室。但依本規則設有自動撒水設備之樓層，免設警報設備。 一、火警自動警報設備應在左列規定樓層之適當地點設置之： 　（一）地下層或無開口之樓層或第六層以上之樓層，各層之樓地板面積在三〇〇平方公尺以上者。 　（二）第五層以下之樓層，供本編第一一三條第一款至第四款使用，各層之樓地板面積在三〇〇平方公尺以上者。但零售市場、寄宿舍、集合住宅應為五〇〇平方公尺以上：第五款至第九款使用各層之樓地板面積在五〇〇公尺以上者：第九款之其他工作場所在一、〇〇〇平方公尺以上者。 二、手動報警設備：第三層以上，各層之樓地板面積在二〇〇平方公尺以上，且未裝設自動警報設備之樓層，應依建築設備編規定設置之。 三、廣播設備：第六層以上（集合住宅除外），裝設火警自動警報設備之樓層，應裝設之。
第一百十六條	供本編第一一三條第一款、第二款使用及第三款之旅館使用者，依左列規定設置標示設備： 一、出口標示燈：各層通達安全梯及戶外或另一防火區劃之防火門上方，觀眾席座位間通路等應設置標示燈。 二、避難方向指標：通往樓梯、屋外出入口、陽台及屋頂平台等之走廊或通道應於樓梯口、走廊或通道之轉彎處，設置或標示固定之避難方向指標。

火警自動警報設備、手動報警設備及廣播設備，在涉及用途變更為其他供公眾使用的類組場所時，建議先請消防技師到現場勘查，並調閱原始竣工圖面，檢討所有消防法規，以了解是否能設置相關設施，避免不能設置時無法竣工結案，造成與業主間的糾紛

只要是供公眾使用的場所，都要請消防技師到現場勘查，繪製圖面後再施作，比較不會產生問題

| 第一百十六條之一 | 為強化及維護使用安全,供公眾使用建築物之公共空間應依本章規定設置各項安全維護裝置。 |

| 第一百十六條之二 | 前條安全維護裝置應依下表規定設置: |

裝置物名稱 空間種類			安全維護照明裝置	監視攝影裝置	緊急求救裝置	警戒探測裝置	備註
(一)	停車空間	室內	○	○	○		
		室外	○	○			
(二)	車道		○	○	○		汽車進出口至道路間之通路
(三)	車道出入口		○	○	△		
(四)	機電設備空間出入口					△	
(五)	電梯車廂內			○			
(六)	安全梯間		○	△	△		
(七)	屋突層機械室出入口					△	
(八)	屋頂避難平台出入口					△	
(九)	屋頂空中花園			△			
(十)	公共廁所		○	△	○	△	
(十一)	室內公共通路走廊			△	○		
(十二)	基地內通路		○	△			
(十三)	排煙室			△			
(十四)	避難層門廳			△			
(十五)	避難層出入口		○	△		△	

說明:「○」指至少必須設置一處。 「△」指由申請人視實際需要自由設置。

| 第一百十六條之三 | 安全維護照明裝置照射之空間範圍,其地面照度基準不得小於下表規定: |

照度國家標準 CNS 12112- 室內工作場所照明

	空間種類	照度基準 (lux)
(一)	停車空間(室內)	六十
(二)	停車空間(室外)	三十

（三）	車道	三十
（四）	車道出入口	一百
（五）	安全梯間	六十
（六）	公共廁所	一百
（七）	基地內通路	六十
（八）	避難層出入口	一百

第一百十六條之四	監視攝影裝置應依下列規定設置： 一、應依監視對象、監視目的選定適當形式之監視攝影裝置。 二、攝影範圍內應維持攝影必要之照度。 三、設置位置應避免與太陽光及照明光形成逆光現象。 四、屋外型監視攝影裝置應有耐候保護裝置。 五、監視螢幕應設置於警衛室、管理員室或防災中心。 設置前項裝置，應注意隱私權保護。	住宅監視器裝設位置不能為公共區域
第一百十六條之五	緊急求救裝置應依下列方式之一設置： 一、按鈕式：觸動時應發出警報聲。 二、對講式：利用電話原理，以相互通話方式求救。 前項緊急求救裝置應連接至警衛室、管理員室或防災中心。	緊急求救裝置之規定
第一百十六條之六	警戒探測裝置得採用下列方式設置： 一、碰撞振動感應。 二、溫度變化感應。 三、人通過感應。 警戒探測裝置得與監視攝影、照明等其他安全維護裝置形成連動效用。	
第一百十六條之七	各項安全維護裝置應有備用電源供應，並具有防水性能。	

第五章	特定建築物及其限制
第一節	通則

本章之適用範圍依左列規定：

一、戲院、電影院、歌廳、演藝場、電視播送室、電影攝影場、及樓地板面積超過二百平方公尺之集會堂。

二、夜總會、舞廳、室內兒童樂園、遊藝場及酒家、酒吧等，供其使用樓地板面積之和超過二百平方公尺者。

三、商場（包括超級市場、店鋪）、市場、餐廳（包括飲食店、咖啡館）等，供其使用樓地板面積之和超過二百平方公尺者。但在避難層之店鋪，飲食店以防火牆區劃分開，且可直接通達道路或私設通路者，其樓地板面積免合併計算。

四、旅館、設有病房之醫院、兒童福利設施、公共浴室等、供其使用樓地板面積之和超過二百平方公尺者。

五、學校。

第一百十七條 六、博物館、圖書館、美術館、展覽場、陳列館、體育館（附屬於學校者除外）、保齡球館、溜冰場、室內游泳池等，供其使用樓地板面積之和超過二百平方公尺者。

七、工廠類，其作業廠房之樓地板面積之和超過五十平方公尺或總樓地板面積超過七十平方公尺者。

八、車庫、車輛修理場所、洗車場、汽車站房、汽車商場（限於在同一建築物內有停車場者）等。

九、倉庫、批發市場、貨物輸配所等，供其使用樓地板面積之和超過一百五十平方公尺者。

十、汽車加油站、危險物貯藏庫及其處理場。

十一、總樓地板面積超過一千平方公尺之政府機關及公私團體辦公廳。

十二、屠宰場、污物處理場、殯儀館等，供其使用樓地板面積之和超過二百平方公尺者。

第三節	商場、餐廳、市場

供商場、餐廳、市場使用之建築物，其基地與道路之關係應依左列規定：

第一百二十九條 一、供商場、餐廳、市場使用之樓地板合計面積超過一、五〇〇平方公尺者，不得面向寬度十公尺以下之道路開設，臨接道路部份之基地長度並不得小於基地周長六分之一。

二、前款樓地板合計面積超過三、〇〇〇平方公尺者，應面向二條以上之道路開設，其中一條之路寬不得小於十二公尺，但臨接道路之基地長度超過其周長三分之一以上者，得免面向二條以上道路。

變更使用類組時應考慮相關規定，確定鄰接道路寬度規範才能合法設立

建築物室內裝修工程管理相關法規　1

防火避難及消防法相關法規　2

職業安全衛生法規　3

綠建材及相關設備類法規　4

其他與建築物室內裝修相關法規　5

五、建築技術規則（細部條文）

| 第一百三十條 | 前條規定之建築物應於其地面層主要出入口前面依下列規定留設空地或門廳：

一、樓地板合計面積超過一、五〇〇平方公尺者，空地或門廳之寬度不得小於依本編第九十條之一規定出入口寬度之二倍，深度應在三公尺以上。

二、樓地板合計面積超過二、〇〇〇平方公尺者，寬度同前款之規定，深度應為五公尺以上。

三、第一款、第二款規定之門廳淨高應為三公尺以上。

前項空地不得作為停車空間。 | 變更使用類組時應考慮相關規定，確定符合後才能合法設立 |

| 第一百三十一條 | 連續式店鋪商場之室內通路寬度應依左表規定： | 商場之室內通路裝修時應注意裝修完成面之淨寬度 |

各層之樓地板面積	兩側均有店鋪之通路寬度	其他通路寬度
二百平方公尺以上，一千平方公尺以下	三公尺以上	二公尺以上
三千平方公尺以下	四公尺以上	三公尺以上
超過三千平方公尺	六公尺以上	四公尺以上

| 第一百三十二條 | 市場之出入口不得少於二處，其地面層樓地板面積超過一、〇〇〇平方公尺者應增設一處。

前項出入口及市場內通路寬度均不得小於三公尺。 | 市場之出入口及通路設置規定 |

| 第四節 | 學校 | |

| 第一百三十四條 | 國民小學，特殊教育學校或身心障礙者教養院之教室，不得設置在四層以上。但國民小學而有下列各款情形並無礙於安全者不在此限：

一、四層以上之教室僅供高年級學童使用。

二、各層以不燃材料裝修。

三、自教室任一點至直通樓梯之步行距離在三十公尺以下。 | 變更教室使用設計時應注意相關問題 |

第八章	施工安全措施
第一節	通則

第一百五十 條	凡從事建築物之新建、增建、改建、修建及拆除等行為時,應於其施工場所設置適當之防護圍籬、擋土設備、施工架等安全措施,以預防人命之意外傷亡、地層下陷、建築物之倒塌等而危及公共安全。
第一百五十一條【94年】	在施工場所儘量避免有燃燒設備,如在施工時確有必要者,應在其周圍以不燃材料隔離或採取防火上必要之措施。

第二節	防護範圍

第一百五十二條	凡從事本編第一五〇條規定之建築行為時,應於施工場所之周圍,利用鐵板木板等適當材料設置高度在一‧八公尺以上之圍籬或有同等效力之其他防護設施,但其周圍環境無礙於公共安全及觀瞻者不在此限。	施工場所若為開放空間,則應設置為圍籬區隔工作區域
第一百五十三條【94年】	為防止高處墜落物體發生危害,應依左列規定設置適當防護措施: 一、自地面高度三公尺以上投下垃圾或其他容易飛散之物體時,應用垃圾導管或其他防止飛散之有效設施。 二、本法第六十六條所稱之適當圍籬應為設在施工架周圍以鐵絲網或帆布或其他適當材料等設置覆蓋物以防止墜落物體所造成之傷害。	高處墜落物品為最常發生的工安事故,適當的防護可避免災害產生

第四節	施工架、工作台、走道

| 第一百五十五條 | 建築工程之施工架應依左列規定:

一、施工架、工作台、走道、梯子等,其所用材料品質應良好,不得有裂紋,腐蝕及其他可能影響其強度之缺點。

二、施工架等之容許載重量,應按所用材料分別核算,懸吊工作架(台)所使用鋼索、鋼線之安全係數不得小於十,其他吊鎖等附件不得小於五。

三、施工架等不得以油漆或作其他處理,致將其缺點隱蔽。

四、不得使用鑄鐵所製鐵件及曾和酸類或其他腐蝕性物質接觸之繩索。

五、施工架之立柱應使用墊板、鐵件或採用埋設等方法予以固定,以防止滑動或下陷。

六、施工架應以斜撐加強固定,其與建築物間應各在牆面垂直方向及水平方向適當距離內妥實連結固定。

七、施工架使用鋼管時,其接合處應以零件緊結固定;接近架空電線時,應將鋼管或電線覆以絕緣體等,並防止與架空電線接觸。 | 在職業安全衛生管理辦法裡施工架之設置有明訂相關管理規範 |

1

建築物室內裝修工程管理相關法規

2

防火避難及消防法相關法規

3

職業安全衛生法規

4

綠建材及相關設備類法規

5

其他與建築物室內裝修相關法規

五、建築技術規則（細部條文）

第一百五十六條	工作台之設置應依左列規定： 一、凡離地面或樓地板面二公尺以上之工作台應鋪以密接之板料： （一）固定式板料之寬度不得小於四十公分，板縫不得大於三公分，其支撐點至少應有二處以上。 （二）活動板之寬度不得小於二十公分，厚度不得小於三・六公分，長度不得小於三・五公尺，其支撐點至少有三處以上，板端突出支撐點之長度不得少於十公分，但不得大於板長十八分之一。 （三）二重板重疊之長度不得小於二十公分。 二、工作台至少應低於施工架立柱頂一公尺以上。 三、工作台上四周應設置扶手護欄，護欄下之垂直空間不得超過九十公分，扶手如非斜放，其斷面積不得小於三十平方公分。	在職業安全衛生管理辦法裡有明訂相關管理規範
第一百五十七條【94年】	走道及階梯之架設應依左列規定： 一、坡度應為三十度以下，其為十五度以上者應加釘間距小於三十公分之止滑板條，並應裝設適當高度之扶手。 二、高度在八公尺以上之階梯，應每七公尺以下設置平台一處。 三、走道木板之寬度不得小於三十公分，其兼為運送物料者，不得小於六十公分。	在職業安全衛生管理辦法裡有明訂相關管理規範
第五節	**按裝及材料之堆積**	
第一百五十八條	建築物各構材之按裝時應用支撐或螺栓予以固定並應考慮其承載能力。	在職業安全衛生管理辦法裡有明訂相關管理規範
第一百五十九條	工程材料之堆積不得危害行人或工作人員及不得阻塞巷道，堆積在擋土設備之周圍或支撐上者，不得超過設計荷重。	在職業安全衛生管理辦法裡有明訂相關管理規範

第十章	無障礙建築物	
第一百六十七條	為便利行動不便者進出及使用建築物，新建或增建建築物，應依本章規定設置無障礙設施。但符合下列情形之一者，不在此限： 一、獨棟或連棟建築物，該棟自地面層至最上層均屬同一住宅單位且第二層以上僅供住宅使用。 二、供住宅使用之公寓大廈專有及約定專用部分。 三、除公共建築物外，建築基地面積未達一百五十平方公尺或每棟每層樓地板面積均未達一百平方公尺。 前項各款之建築物地面層，仍應設置無障礙通路。 前二項建築物因建築基地地形、垂直增建、構造或使用用途特殊，設置無障礙設施確有困難，經當地主管建築機關核准者，得不適用本章一部或全部之規定。 建築物無障礙設施設計規範，由中央主管建築機關定之。	建築物無障礙設施設計規範的法源依據
第一百六十七條之一	居室出入口及具無障礙設施之廁所盥洗室、浴室、客房、昇降設備、停車空間及樓梯應設有無障礙通路通達。	建築物無障礙設施設計規範內有相關規定
第一百六十七條之二	建築物設置之直通樓梯，至少應有一座為無障礙樓梯。	
第一百六十七條之三	建築物依本規則建築設備編第三十七條應裝設衛生設備者，除使用類組為 H-2 組住宅或集合住宅外，每幢建築物無障礙廁所盥洗室數量不得少於下表規定，且服務範圍不得大於三樓層： 本規則建築設備編第三十七條建築物種類第七類及第八類，其無障礙廁所盥洗室數量不得少於下表規定：	建築物無障礙設施設計規範內有相關規定

建築物規模	無障礙廁所盥洗室數量（處）	設置處所
建築物總樓層數在三層以下者	一	任一樓層
建築物總樓層數超過三層，超過部分每增加三層且有一層以上之樓地板面積超過五百平方公尺者	加設一處	每增加三層之範圍內設置一處

大便器數量（個）	無障礙廁所盥洗室數量（處）
十九以下	一
二十至二十九	二
三十至三十九	三
四十至四十九	四
五十至五十九	五
六十至六十九	六
七十至七十九	七
八十至八十九	八
九十至九十九	九
一百至一百零九	十
超過一百零九個大便器者，超過部分每增加十個，應增加一處無障礙廁所盥洗室；不足十個，以十個計。	

建築物無障礙設施設計規範內有相關規定

第一百六十七條之四　建築物設有共用浴室者，每幢建築物至少應設置一處無障礙浴室。

建築物無障礙設施設計規範內有相關規定

第一百六十七條之五　建築物設有固定座椅席位者，其輪椅觀眾席位數量不得少於下表規定：

固定座椅席位數量（個）	輪椅觀眾席位數量（個）
五十以下	一
五十一至一百五十	二
一百五十一至二百五十	三
二百五十一至三百五十	四
三百五十一至四百五十	五
四百五十一至五百五十	六
五百五十一至七百	七
七百零一至八百五十	八
八百五十一至一千	九
一千零一至五千	超過一千個固定座椅席位者，超過部分每增加一百五十個，應增加一個輪椅觀眾席位；不足一百五十個，以一百五十個計。
超過五千個固定座椅席位者，超過部分每增加二百個，應增加一個輪椅觀眾席位；不足二百個，以二百個計。	

建築物無障礙設施設計規範內有相關規定

建築物法定停車位總數量為五十輛以下者，應至少設置一輛無障礙停車位。

建築物法定停車位總數量為五十一輛以上者，依下列規定計算設置無障礙停車位數量：

一、建築物使用用途為下表所定單一類別：依該類別基準計算設置。

二、建築物使用用途為下表所定二類別：依各該類別分別計算設置。但二類別或其中一類別之法定停車位數量為五十輛以下者，得按該建築物法定停車位總數量，以法定停車位較多數量之類別基準計算設置，二類別之法定停車位數量相同者，按該建築物法定停車位總數量，以其中一類別基準計算設置。

第一百六十七條之六

類別	建築物使用用途	停車空間總數量（輛）	無障礙停車位數量（輛）
第一類	H-2 組住宅或集合住宅	五十一至一百五	二
		一百五十一至二百五十	三
		二百五十一至三百五十	四
		三百五十一至四百五十	五
		四百五十一至五百五十	六
		超過五百五十輛停車位者，超過部分每增加一百輛，應增加一輛無障礙停車位；不足一百輛，以一百輛計。	

類別	建築物使用用途	停車空間總數量（輛）	無障礙停車位數量（輛）
第二類	前類以外建築物	五十一至一百	二
		一百零一至一百五十	三
		一百五十一至二百	四
		二百零一至二百五十	五
		二百五十一至三百	六
		三百零一至三百五十	七
		三百五十一至四百	八
		四百零一至四百五十	九
		四百五十一至五百	十
		五百零一至五百五十	十一
		超過五百五十輛停車位者，超過部分每增加五十輛，應增加一輛無障礙停車位；不足五十輛，以五十輛計。	

1 建築物室內裝修工程管理相關法規

2 防火避難及消防法相關法規

3 職業安全衛生法規

4 綠建材及相關設備類法規

5 其他與建築物室內裝修相關法規

五、建築技術規則（細部條文）

第一百六十七條之七	建築物使用類組為 B-4 組者，其無障礙客房數量不得少於下表規定：	建築物無障礙設施設計規範內有相關規定

建築物使用類組為 B-4 組者，其無障礙客房數量不得少於下表規定：

客房總數量（間）	無障礙客房數量（間）
十六至一百	一
一百零一至二百	二
二百零一至三百	三
三百零一至四百	四
四百零一至五百	五
五百零一至六百	六

超過六百間客房者，超過部分每增加一百間，應增加一間無障礙客房；不足一百間，以一百間計。

第一百七十條 公共建築物之適用範圍如下表：

建築物使用類組			建築物之適用範圍
A 類	公共集會類	A-1	1. 戲（劇）院、電影院、演藝場、歌廳、觀覽場。 2. 觀眾席面積在二百平方公尺以上之下列場所：音樂廳、文康中心、社教館、集會堂（場）、社區（村里）活動中心。 3. 觀眾席面積在二百平方公尺以上之下列場所：體育館（場）及設施。
		A-2	1. 車站（公路、鐵路、大眾捷運）。 2. 候船室、水運客站。 3. 航空站、飛機場大廈。
B 類	商業類	B-2	百貨公司（百貨商場）商場、市場（超級市場、零售市場、攤販集中場）、展覽場（館）、量販店。
		B-3	1. 小吃街等類似場所。 2. 樓地板面積在三百平方公尺以上之下列場所：餐廳、飲食店、飲料店（無陪侍提供非酒精飲料服務之場所，包括茶藝館、咖啡店、冰果店及冷飲店等）、飲酒店（無陪侍，供應酒精飲料之餐飲服務場所，包括啤酒屋）等類似場所。
		B-4	國際觀光旅館、一般觀光旅館、一般旅館。
D 類	休閒、文教類	D-1	室內游泳池。
		D-2	1. 會議廳、展示廳、博物館、美術館、圖書館、水族館、科學館、陳列館、資料館、歷史文物館、天文臺、藝術館。 2. 觀眾席面積未達二百平方公尺之下列場所：音樂廳、文康中心、社教館、集會堂（場）、社區（村里）活動中心。 3. 觀眾席面積未達二百平方公尺之下列場所：體育館（場）及設施。
		D-3	小學教室、教學大樓、相關教學場所。

D 類	休閒、文教類	D-4	國中、高中（職）、專科學校、學院、大學等之教室、教學大樓、相關教學場所。
		D-5	樓地板面積在五百平方公尺以上之下列場所：補習（訓練）班、課後托育中心。
E 類	宗教、殯葬類	E	1. 樓地板面積在五百平方公尺以上之寺（寺院）、廟（廟宇）、教堂。
			2. 樓地板面積在五百平方公尺以上之殯儀館。
F 類	衛生、福利、更生類	F-1	1. 設有十床病床以上之下列場所：醫院、療養院。
			2. 樓地板面積在五百平方公尺以上之下列場所：護理之家、屬於老人福利機構之長期照護機構、依長期照顧服務法提供機構住宿式服務之長期照顧服務機構。
		F-2	1. 身心障礙者福利機構、身心障礙者教養機構（院）、身心障礙者職業訓練機構。
			2. 特殊教育學校。
		F-3	1. 樓地板面積在五百平方公尺以上之下列場所：幼兒園、兒童及少年福利機構。
			2. 發展遲緩兒早期療育中心。
G 類	辦公、服務類	G-1	含營業廳之下列場所：金融機構、證券交易場所、金融保險機構、合作社、銀行、郵政、電信、自來水及電力等公用事業機構之營業場所。
		G-2	1. 郵政、電信、自來水及電力等公用事業機構之辦公室。
			2. 政府機關（公務機關）。
			3. 身心障礙者就業服務機構。
		G-3	1. 衛生所。
			2. 設置病床未達十床之下列場所：醫院、療養院。
			公共廁所。
			便利商店。
H 類	住宿類	H-1	1. 樓地板面積未達五百平方公尺之下列場所：護理之家、屬於老人福利機構之長期照護機構、依長期照顧服務法提供機構住宿式服務之長期照顧服務機。
			2. 老人福利機構之場所：養護機構、安養機構、文康機構、服務機構。
		H-2	1. 六層以上之集合住宅。
			2. 五層以下且五十戶以上之集合住宅。
I 類	危險物品類	I	加油（氣）站。

第十二章	高層建築物	
第一節	**一般設計通則**	
第二百二十七條	本章所稱高層建築物，係指高度在五十公尺或樓層在十六層以上之建築物。	
第二百二十八條	高層建築物之總樓地板面積與留設空地之比，不得大於左列各值： 一、商業區：三十。 二、住宅區及其他使用分區：十五。	
第二百三十二條	高層建築物應於基地內設置專用出入口緩衝空間，供人員出入、上下車輛及裝卸貨物，緩衝空間寬度不得小於六公尺，長度不得小於十二公尺，其設有頂蓋者，頂蓋淨高度不得小於三公尺。	違規是否這類空間應注意建區占用
第二百三十三條	高層建築物在二層以上，十六層或地板面高度在五十公尺以下之各樓層，應設置緊急進口。但面臨道路或寬度四公尺以上之通路，且各層之外牆每十公尺設有窗戶或其他開口者，不在此限。 前項窗戶或開口應符合本編第一百零八條第二項之規定。	口符合規定緊急進口部分要相關
第三節	**防火避難設施**	
第二百四十一條	高層建築物應設置二座以上之特別安全梯並應符合二方向避難原則。二座特別安全梯應在不同平面位置，其排煙室並不得共用。 高層建築物連接特別安全梯間之走廊應以具有一小時以上防火時效之牆壁、防火門窗等防火設備及該樓層防火構造之樓地板自成一個獨立之防火區劃。 高層建築物通達地板面高度五十公尺以上或十六層以上樓層之直通樓梯，均應為特別安全梯，且通達地面以上樓層與通達地面以下樓層之梯間不得直通。	不相同區劃之位置、尺寸、材質等相關規定裝修時能變更防火
第二百四十三條	高層建築物地板面高度在五十公尺或樓層在十六層以上部分，除住宅、餐廳等係建築物機能之必要時外，不得使用燃氣設備。 高層建築物設有燃氣設備時，應將燃氣設備集中設置，並設置瓦斯漏氣自動警報設備，且與其他部分應以具一小時以上防火時效之牆壁、防火門窗等防火設備及該層防火構造之樓地板予以區劃分隔。	高層建築物廚房原圖是防變更位置應閱讀竣工設置施始說明否火防火區隔

1 建築物室內裝修工程管理相關法規

2 防火避難及消防法相關法規

3 職業安全衛生法規

4 綠建材及相關設備類法規

5 其他與建築物室內裝修相關法規

第十六章	老人住宅
第二百九十三條	本章所稱老人住宅之適用範圍如左： 一、依老人福利法或其他法令規定興建，專供老人居住使用之建築物；其基本設施及設備應依本章規定。 二、建築物之一部分專供作老人居住使用者，其臥室及服務空間應依本章規定。該建築物不同用途之部分以無開口之防火牆、防火樓板區劃分隔且有獨立出入口者，不適用本章規定。 老人住宅基本設施及設備規劃設計規範（以下簡稱設計規範），由中央主管建築機關定之。
第二百九十四條	老人住宅之臥室，居住人數不得超過二人，其樓地板面積應為九平方公尺以上。
第二百九十五條	老人住宅之服務空間，包括左列空間： 一、居室服務空間：居住單元之浴室、廁所、廚房之空間。 二、共用服務空間：建築物門廳、走廊、樓梯間、昇降機間、梯廳、共用浴室、廁所及廚房之空間。 三、公共服務空間：公共餐廳、公共廚房、交誼室、服務管理室之空間。 前項服務空間之設置面積規定如左： 一、浴室含廁所者，每一處之樓地板面積應為四平方公尺以上。 二、公共服務空間合計樓地板面積應達居住人數每人二平方公尺以上。 三、居住單元超過十四戶或受服務之老人超過二十人者，應至少提供一處交誼室，其中一處交誼室之樓地板面積不得小於四十平方公尺，並應附設廁所。
第二百九十七條	老人住宅服務空間應符合左列規定： 一、二層以上之樓層或地下層應設專供行動不便者使用之昇降設備或其他設施通達地面層。該昇降設備其出入口淨寬度及出入口前方供輪椅迴轉空間應依本編第一百七十四條規定。 二、老人住宅之坡道及扶手、避難層出入口、室內出入口、室內通路走廊、樓梯、共用浴室、共用廁所應依本編第一百七十一條至第一百七十三條及第一百七十五條規定。 前項昇降機間及直通樓梯之梯間，應為獨立之防火區劃並設有避難空間，其面積及配置於設計規範定之。

老人住宅基本設施及設備規劃設計規範的法源依據

詳細規定應參考老人住宅基本設施及設備規劃設計規範

詳細規定應參考老人住宅基本設施及設備規劃設計規範

1

五、建築技術規則（細部條文）

建築物室內裝修工程管理相關法規

2

防火避難及消防法相關法規

3

職業安全衛生法規

4

綠建材及相關設備類法規

5

其他與建築物室內裝修相關法規

第十七章	綠建築基準
第一節	一般設計通則

本章規定之適用範圍如下：

一、建築基地綠化：指促進植栽綠化品質之設計，其適用範圍為新建建築物。但個別興建農舍及基地面積三百平方公尺以下者，不在此限。

二、建築基地保水：指促進建築基地涵養、貯留、滲透雨水功能之設計，其適用範圍為新建建築物。但本編第十三章山坡地建築、地下水位小於一公尺之建築基地、個別興建農舍及基地面積三百平方公尺以下者，不在此限。

第二百九十八條

三、建築物節約能源：指以建築物外殼設計達成節約能源目的之方法，其適用範圍為學校類、大型空間類、住宿類建築物，及同一幢或連棟建築物之新建或增建部分之地面層以上樓層（不含屋頂突出物）之樓地板面積合計超過一千平方公尺之其他各類建築物。但符合下列情形之一者，不在此限：

（一）機房、作業廠房、非營業用倉庫。

（二）地面層以上樓層（不含屋頂突出物）之樓地板面積在五百平方公尺以下之農舍。

（三）經地方主管建築機關認可之農業或研究用溫室、園藝設施、構造特殊之建築物。

四、建築物雨水或生活雜排水回收再利用：指將雨水或生活雜排水貯集、過濾、再利用之設計，其適用範圍為總樓地板面積達一萬平方公尺以上之新建建築物。但衛生醫療類（F-1組）或經中央主管建築機關認可之建築物，不在此限。

五、綠建材：指第二百九十九條第十二款之建材；其適用範圍為供公眾使用建築物及經內政部認定有必要之非供公眾使用建築物。

節相關細在綠建築標章均有詳細規範

本章用詞，定義如下：

一、綠化總固碳當量：指基地綠化栽植之各類植物固碳當量與其栽植面積乘積之總和。

二、最小綠化面積：指基地面積扣除執行綠化有困難之面積後與基地內應保留法定空地比率之乘積。

三、基地保水指標：指建築後之土地保水量與建築前自然土地之保水量之相對比值。

四、建築物外殼耗能量：指為維持室內熱環境之舒適性，建築物外周區之空調單位樓地板面積之全年冷房顯熱熱負荷。

五、外周區：指空間之熱負荷受到建築外殼熱流進出影響之空間區域，以外牆中心線五公尺深度內之空間為計算標準。

六、外殼等價開窗率：指建築物各方位外殼透光部位，經標準化之日射、遮陽及通風修正計算後之開窗面積，對建築外殼總面積之比值。

第二百九十九條

七、平均熱傳透率：指當室內外溫差在絕對溫度一度時，建築物外殼單位面積在單位時間內之平均傳透熱量。

八、窗面平均日射取得量：指除屋頂外之建築物所有開窗面之平均日射取得量。

九、平均立面開窗率：指除屋頂以外所有建築外殼之平均透光開口比率。

十、雨水貯留利用率：指在建築基地內所設置之雨水貯留設施之雨水利用量與建築物總用水量之比例。

十一、生活雜排水回收再利用率：指在建築基地內所設置之生活雜排水回收再利用設施之雜排水回收再利用量與建築物總生活雜排水量之比例。

【95 年】
【106 年】

十二、綠建材：指經中央主管建築機關認可符合生態性、再生性、環保性、健康性及高性能之建材。

十三、耗能特性分區：指建築物室內發熱量、營業時程較相近且由同一空調時程控制系統所控制之空間分區。

前項第二款執行綠化有困難之面積，包括消防車輛救災活動空間、戶外預鑄式建築物污水處理設施、戶外教育運動設施、工業區之戶外消防水池及戶外裝卸貨空間、住宅區及商業區依規定應留設之騎樓、迴廊、私設通路、基地內通路、現有巷道或既成道路。

第三百零一條	為積極維護生態環境，落實建築物節約能源，中央主管建築機關得以增加容積或其他獎勵方式，鼓勵建築物採用綠建築綜合設計。

第六節	**綠建材**

| 第三百二十一條【93年】 | 建築物應使用綠建材，並符合下列規定：
一、建築物室內裝修材料、樓地板面材料及窗，其綠建材使用率應達總面積百分之六十以上。但窗未使用綠建材者，得不計入總面積檢討。
二、建築物戶外地面扣除車道、汽車出入緩衝空間、消防車輛救災活動空間、依其他法令規定不得鋪設地面材料之範圍及地面結構上無須再鋪設地面材料之範圍，其餘地面部分之綠建材使用率應達百分之二十以上。 | 室內裝修綠建材使用率已從45%提高到60% |

第三百二十二條【98年】	綠建材材料之構成，應符合左列規定之一： 一、塑橡膠類再生品：塑橡膠再生品的原料須全部為國內回收塑橡膠，回收塑橡膠不得含有行政院環境保護署公告之毒性化學物質。 二、建築用隔熱材料：建築用的隔熱材料其產品及製程中不得使用蒙特婁議定書之管制物質且不得含有環保署公告之毒性化學物質。 三、水性塗料：不得含有甲醛、鹵性溶劑、汞、鉛、鎘、六價鉻、砷及銻等重金屬，且不得使用三酚基錫 (TPT) 與三丁基錫 (TBT)。 四、回收木材再生品：產品須為回收木材加工再生之產物。 五、資源化磚類建材：資源化磚類建材包括陶、瓷、磚、瓦等需經窯燒之建材。其廢料混合攪配之總和使用比率須等於或超過單一廢料攪配比率。 六、資源回收再利用建材：資源回收再利用建材係指不經窯燒而回收料摻配比率超過一定比率製成之產品。 七、其他經中央主管建築機關認可之建材。	

第三百二十三條	綠建材之使用率計算，應依設計技術規範辦理。 前項綠建材設計技術規範，由中央主管建築機關定之。	綠建材設計技術規範

建築物室內裝修管理辦法

修正日期：民國 111 年 06 月 09 日

第 1 條~第 2 條	法源依據及室內裝修管理範圍
第 3 條~第 8 條	規定室內裝修審查的範圍、室內裝修的定義、室內裝修業的身分定義、室內裝修審查機構的認定、審查機構的權益義務、審查人員的資格
第 9 條~第 14 條	規定室內裝修業的專業條件資格、登記方式
第 15 條~第 21 條	室內裝修專業技術人員的資格、登記方式，裝修專業技術人員證持有的換發規則
第 22 條~第 34 條	室內裝修審查的流程與規範，規定審查人員的資格
第 35 條~第 37 條	室內裝修業的罰則
第 38 條~第 40 條	室內裝修從業人員的罰則
第 41 條~第 42 條	書表格式的規定及頒布日期

第 1 條 【95 年】 ★	本辦法依建築法（以下簡稱本法）第七十七條之二第四項規定訂定之。	母法法源依據
第 2 條 【93 年】 【95 年】 ★★	供公眾使用建築物及經內政部認定有必要之非供公眾使用建築物，其室內裝修應依本辦法之規定辦理。	管理範圍之建物
第 3 條 【93 年】 【95 年】 【101 年】 【105 年】 ★ ★ ★ ★	本辦法所稱室內裝修，指除壁紙、壁布、窗簾、家具、活動隔屏、地氈等 之黏貼及擺設外之下列行為： 一、固著於建築物構造體之天花板裝修。 二、內部牆面裝修。 三、高度超過地板面以上一點二公尺固定之隔屏或兼作櫥櫃使用之隔屏裝修。 四、分間牆變更。	室內裝修的定義 櫃體都算活動家具，但是固定高隔屏及當隔間使用之櫥櫃就需要檢討材料耐燃等級

第 4 條 【93 年】 【94 年】 【95 年】 【102 年】 【108 年】 ★★★★	本辦法所稱室內裝修從業者，指開業建築師、營造業及室內裝修業。	從業者資格
第 5 條 【93 年】 【94 年】 【95 年】 【102 年】 【109 年】 ★★★	室內裝修從業者業務範圍如下： 一、依法登記開業之建築師得從事室內裝修設計業務。 二、依法登記開業之營造業得從事室內裝修施工業務。 三、室內裝修業得從事室內裝修設計或施工之業務。	從業者業務範圍
第 6 條	本辦法所稱之審查機構，指經內政部指定置有審查人員執行室內裝修審核及查驗業務之直轄市建築師公會、縣（市）建築師公會辦事處或專業技術團體。	審查機構之認定
第 7 條	審查機構執行室內裝修審核及查驗業務，應擬訂作業事項並載明工作內容、收費基準與應負之責任及義務，報請直轄市、縣（市）主管建築機關核備。 前項作業事項由直轄市、縣（市）主管建築機關訂定規範。	審查機構核備
第 8 條	本辦法所稱審查人員，指下列辦理審核圖說及竣工查驗之人員： 一、經內政部指定之專業工業技師。 二、直轄市、縣（市）主管建築機關指派之人員。 三、審查機構指派所屬具建築師、專業技術人員資格之人員。 前項人員應先參加內政部主辦之審查人員講習合格，並領有結業證書者，始得擔任。但於主管建築機關從事建築管理工作二年以上並領有建築師證書者，得免參加講習。	審查人員的定義
第 9 條 【95 年】 ★	室內裝修業應依下列規定置專任專業技術人員： 一、從事室內裝修設計業務者：專業設計技術人員一人以上。 二、從事室內裝修施工業務者：專業施工技術人員一人以上。 三、從事室內裝修設計及施工業務者：專業設計及專業施工技術人員各一人以上，或兼具專業設計及專業施工技術人員身分一人以上。 室內裝修業申請公司或商業登記時，其名稱應標示室內裝修字樣。	專業技術人員 置專業技術人員 應任 公司登記室內裝修字樣應標示

第 10 條 【95 年】 【100 年】 【110 年】 ★★	室內裝修業應於辦理公司或商業登記後，檢附下列文件，向內政部申請室內裝修業登記許可並領得登記證，未領得登記證者，不得執行室內裝修業務： 一、申請書。 二、公司或商業登記證明文件。 三、專業技術人員登記證。 室內裝修業變更登記事項時，應申請換發登記證。	辦理公司登記應準備文件
第 11 條	室內裝修業登記證有效期限為五年，逾期未換發登記證者，不得執行室內裝修業務。但本辦法中華民國一百零八年六月十七日修正施行前已核發之登記證，其有效期限適用修正前之規定。 室內裝修業申請換發登記證，應檢附下列文件： 一、申請書。 二、原登記證正本。 三、公司或商業登記證明文件。 四、專業技術人員登記證。 室內裝修業逾期未換發登記證者，得依前項規定申請換發。 已領得室內裝修業登記證且未於公司或商業登記名稱標示室內裝修字樣者，應於換證前完成辦理變更公司或商業登記名稱，於其名稱標示室內裝修字樣。但其公司或商業登記於中華民國八十九年九月二日前完成者，換證時得免於其名稱標示室內裝修字樣。	修訂室內裝修業登記證有效期限為五年 修訂放寬申請時效限制，刪除申請時效「屆滿前三個月」之規定，且逾應換發之登記證有效期限者，得檢附文件重新換發登記證
第 12 條	專業技術人員離職或死亡時，室內裝修業應於一個月內報請內政部備查。 前項人員因離職或死亡致不足第九條規定人數時，室內裝修業應於二個月內依規定補足之。	專業技術人員離職或死亡
第 13 條	室內裝修業停業時，應將其登記證送繳內政部存查，於申請復業核准後發還之。 室內裝修業歇業時，應將其登記證送繳內政部並辦理註銷登記；其未送繳者，由內政部逕為廢止登記許可並註銷登記證。	停業及歇業時應註銷之規定
第 14 條	直轄市、縣（市）主管建築機關得隨時派員查核所轄區域內室內裝修業之業務，必要時並得命其提出與業務有關文件及說明。	主管機關查核業務
第 15 條	本辦法所稱專業技術人員，指向內政部辦理登記，從事室內裝修設計或施工之人員；依其執業範圍可分為專業設計技術人員及專業施工技術人員。	專業技術人員的定義

第 16 條	專業設計技術人員，應具下列資格之一： 一、領有建築師證書者。 二、領有建築物室內設計乙級以上技術士證，並於申請日前五年內參加內政部主辦或委託專業機構、團體辦理之建築物室內設計訓練達二十一小時以上領有講習結業證書者。	專業技術人員資格 修訂增列講習結業證書有效期限為五年之規定 五年內參加講習課程並取結業證書
第 17 條	專業施工技術人員，應具下列資格之一： 一、領有建築師、土木、結構工程技師證書者。 二、領有建築物室內裝修工程管理、建築工程管理、裝潢木工或家具木工乙級以上技術士證，並於申請日前五年內參加內政部主辦或委託專業機構、團體辦理之建築物室內裝修工程管理訓練達二十一小時以上領有講習結業證書者。其為領得裝潢木工或家具木工技術士證者，應分別增加四十小時及六十小時以上，有關混凝土、金屬工程、疊砌、粉刷、防水隔熱、面材舖貼、玻璃與壓克力按裝、油漆塗裝、水電工程及工程管理等訓練課程。	
第 18 條 【94 年】 ★	專業技術人員向內政部申領登記證時，應檢附下列文件： 一、申請書。 二、建築師、土木、結構工程技師證書；或前二條規定之技術士證及講習結業證書。 本辦法中華民國九十二年六月二十四日修正施行前，曾參加由內政部舉辦之建築物室內裝修設計或施工講習，並測驗合格經檢附講習結業證書者，得免檢附前項第二款規定之技術士證及講習結業證書。	專業技術人員登記應備文件
第 19 條	專業技術人員登記證不得供他人使用。	登記證不得外借
第 20 條	專業技術人員登記證有效期限為五年，逾期未換發登記證者，不得從事室內裝修設計或施工業務。但本辦法中華民國一百零八年六月十七日修正施行前已核發之登記證，其有效期限適用修正前之規定。 專業技術人員於換發登記證前五年內參加內政部主辦或委託專業機構、團體辦理之回訓訓練達十六小時以上並取得證明文件者，由內政部換發登記證。但符合第十六條第一款或第十七條第一款資格者，免回訓訓練。 專業技術人員逾期未換發登記證者，得依前項規定換發。	內業專人員專技術登記證有效期限為五年，放寬逾期認定 建築師、土木、結構工程技師免附 16 小時回訓證明文件

111 年 6 月 9 日修訂為簡政便民推廣電子線上換證事宜，回訓結業後由原回訓單位協助換發結訓人員之建築物室內裝修專業技術人員登記證，不須再檢附文件辦理。

第 21 條	（刪除） 考量後續簡化電子線上換證事宜，室內裝修專業技術人員申請換證之內容刪除「向內政部」等文字，並放寬申請時效限制，刪除申請時效「屆滿前六個月」之規定。	
第 22 條 【94 年】 【95 年】 ★★	供公眾使用建築物或經內政部認定之非供公眾使用建築物之室內裝修，建築物起造人、所有權人或使用人應向直轄市、縣（市）主管建築機關或審查機構申請審核圖說，審核合格並領得直轄市、縣（市）主管建築機關發給之許可文件後，始得施工。 非供公眾使用建築物變更為供公眾使用或原供公眾使用建築物變更為他種供公眾使用，應辦理變更使用執照涉室內裝修者，室內裝修部分應併同變更使用執照辦理。	申請人資格規定及施工前應備文件
第 23 條 【93 年】 【94 年】 【95 年】 【96 年】 【108 年】 ★★★★★	申請室內裝修審核時，應檢附下列圖說文件： 一、申請書。 二、建築物權利證明文件。 三、前次核准使用執照平面圖、室內裝修平面圖或申請建築執照之平面圖。但經直轄市、縣（市）主管建築機關查明檔案資料確無前次核准使用執照平面圖或室內裝修平面圖屬實者，得以經開業建築師簽證符合規定之現況圖替代之。 四、室內裝修圖說。 前項第三款所稱現況圖為載明裝修樓層現況之防火避難設施、消防安全設備、防火區劃、主要構造位置之圖說，其比例尺不得小於二百分之一。	申請室內裝修審核應附之圖說文件
第 24 條 【96 年】 【97 年】 【104 年】 ★★★	室內裝修圖說包括下列各款： 一、位置圖：註明裝修地址、樓層及所在位置。 二、裝修平面圖：註明各部分之用途、尺寸及材料使用，其比例尺不得小於一百分之一。但經直轄市、（縣）市主管建築機關同意者，比例尺得放寬至二百分之一。 三、裝修立面圖：比例尺不得小於一百分之一。 四、裝修剖面圖：註明裝修各部分高度、內部設施及各部分之材料，其比例尺不得小於一百分之一。 五、裝修詳細圖：各部分之尺寸構造及材料，其比例尺不得小於三十分之一。	室內裝修圖說比例尺規定 修訂經直轄市、（縣）市主管建築機關審查同意時，室內裝修圖說平面圖比例尺得放寬至二百分之一
第 25 條 【94 年】 ★	室內裝修圖說應由開業建築師或專業設計技術人員署名負責。但建築物之分間牆位置變更、增加或減少經審查機構認定涉及公共安全時，應經開業建築師簽證負責。	申請圖說署名簽證之規定

第 26 條 【93 年】 【95 年】 【96 年】 【109 年】 ★★	直轄市、縣（市）主管建築機關或審查機構應就下列項目加以審核： 一、申請圖說文件應齊全。 二、裝修材料及分間牆構造應符合建築技術規則之規定。 三、不得妨害或破壞防火避難設施、防火區劃及主要構造。	圖外之申請件核內之除說應內容
第 27 條	直轄市、縣（市）主管建築機關或審查機構受理室內裝修圖說文件之審核，應於收件之日起七日內指派審查人員審核完畢。審核合格者於申請圖說簽章；不合格者，應將不合規定之處詳為列舉，一次通知建築物起造人、所有權人或使用人限期改正，逾期未改正或復審仍不合規定者，得將申請案件予以駁回。	限內之審核期限及審核正之規定
第 28 條 【93 年】 【94 年】 【95 年】 ★★	室內裝修不得妨害或破壞消防安全設備，其申請審核之圖說涉及消防安全設備變更者，應依消防法規規定辦理，並應於施工前取得當地消防主管機關審核合格之文件。	工消設計合格施送防護備核現行提防防畫核格
第 29 條	室內裝修圖說經審核合格，領得許可文件後，建築物起造人、所有權人或使用人應將許可文件張貼於施工地點明顯處，並於規定期限內施工完竣後申請竣工查驗；因故未能於規定期限內完工時，得申請展期，未依規定申請展期，或已逾展期期限仍未完工者，其許可文件自規定得展期之期限屆滿之日起，失其效力。 前項之施工及展期期限，由直轄市、縣（市）主管建築機關定之。	文件張貼及竣工查驗等合格之展期查驗規定 施工期限以半年為限，展期一次為限，施工期最長為一年
第 30 條 【94 年】 【96 年】 【98 年】 【107 年】 ★★★★	室內裝修施工從業者應依照核定之室內裝修圖說施工；如於施工前或施工中變更設計時，仍應依本辦法申請辦理審核。但不變更防火避難設施、防火區劃，不降低原使用裝修材料耐燃等級或分間牆構造之防火時效者，得於竣工後，備具第三十四條規定圖說，一次報驗。	施工中變更設計之規範
第 31 條 【107 年】 ★	室內裝修施工中，直轄市、縣（市）主管建築機關認有必要時，得隨時派員查驗，發現與核定裝修圖說不符者，應以書面通知起造人、所有權人、使用人或室內裝修從業者停工或修改；必要時得依建築法有關規定處理。 直轄市、縣（市）主管建築機關派員查驗時，所派人員應出示其身分證明文件；其未出示身分證明文件者，起造人、所有權人、使用人及室內裝修從業者得拒絕查驗。	主管機關查驗之規定

第 32 條 【94 年】 【95 年】 【97 年】 【98 年】 【102 年】 【103 年】 【104 年】 【110 年】 ★★★★★	室內裝修工程完竣後,應由建築物起造人、所有權人或使用人會同室內裝修從業者向原申請審查機關或機構申請竣工查驗合格後,向直轄市、縣（市）主管建築機關申請核發室內裝修合格證明。 新建建築物於領得使用執照前申請室內裝修許可者,應於領得使用執照及室內裝修合格證明後,始得使用;其室內裝修涉及原建造執照核定圖樣及說明書之變更者,並應依本法第三十九條規定辦理。 直轄市、縣（市）主管建築機關或審查機構受理室內裝修竣工查驗之申請,應於七日內指派查驗人員至現場檢查。經查核與驗章圖說相符者,檢查表經查驗人員簽證後,應於五日內核發合格證明,對於不合格者,應通知建築物起造人、所有權人或使用人限期修改,逾期未修改者,審查機構應報請當地主管建築機關查明處理。 室內裝修涉及消防安全設備者,應由消防主管機關於核發室內裝修合格證明前完成消防安全設備竣工查驗。

申請竣工查驗之期限、合格之期限、合格證明之規定
完竣合格文件查驗申請核發證明之期限

第 33 條 【106 年】 【108 年】 ★	申請室內裝修之建築物,其申請範圍用途為住宅或申請樓層之樓地板面積符合下列規定之一,且在裝修範圍內以一小時以上防火時效之防火牆、防火門窗區劃分隔,其未變更防火避難設施、消防安全設備、防火區劃及主要構造者,得檢附經依法登記開業之建築師或室內裝修業專業設計技術人員簽章負責之室內裝修圖說向當地主管建築機關或審查機構申報施工,經主管建築機關核給期限後,准予進行施工。工程完竣後,檢附申請書、建築物權利證明文件及經營造業專任工程人員或室內裝修業專業施工技術人員竣工查驗合格簽章負責之檢查表,向當地主管建築機關或審查機構申請審查許可,經審核其申請文件齊全後,發給室內裝修合格證明: 一、十層以下樓層及地下室各層,室內裝修之樓地板面積在三百平方公尺以下者。 二、十一層以上樓層,室內裝修之樓地板面積在一百平方公尺以下者。 前項裝修範圍貫通二層以上者,應累加合計,且合計值不得超過任一樓層之最小允許值。 當地主管建築機關對於第一項之簽章負責項目得視實際需要抽查之。

簡易室裝申請的條件及範圍

第 34 條 【94 年】 【100 年】 【106 年】 【108 年】 ★★	申請竣工查驗時,應檢附下列圖說文件: 一、申請書。 二、原領室內裝修審核合格文件。 三、室內裝修竣工圖說。 四、其他經內政部指定之文件。

申請竣工查驗應備之文件

1 建築物室內裝修工程管理相關法規

2 防火避難及消防法相關法規

3 職業安全衛生法規

4 綠建材及相關設備類法規

5 其他與建築物室內裝修相關法規

六、建築物室內裝修管理辦法

第 35 條 【95 年】 【96 年】 【105 年】 ★★	室內裝修從業者有下列情事之一者，當地主管建築機關應查明屬實後，報請內政部視其情節輕重，予以警告、六個月以上一年以下停止室內裝修業務處分或一年以上三年以下停止換發登記證處分： 一、變更登記事項時，未依規定申請換發登記證。 二、施工材料與規定不符或未依圖說施工，經當地主管建築機關通知限期修改逾期未修改。 三、規避、妨礙或拒絕主管機關業務督導。 四、受委託設計之圖樣、說明書、竣工查驗合格簽章之檢查表或其他書件經抽查結果與相關法令規定不符。 五、由非專業技術人員從事室內裝修設計或施工業務。 六、僱用專業技術人員人數不足，未依規定補足。	室內裝修從業者警告及停業、停換證等罰則
第 36 條 【95 年】 【96 年】 ★★	室內裝修業有下列情事之一者，經當地主管建築機關查明屬實後，報請內政部廢止室內裝修業登記許可並註銷登記證： 一、登記證供他人從事室內裝修業務。 二、受停業處分累計滿三年。 三、受停止換發登記證處分累計三次。	室內裝修從業者廢止並註銷罰則
第 37 條	室內裝修業申請登記證所檢附之文件不實者，當地主管建築機關應查明屬實後，報請內政部撤銷室內裝修業登記證。	室內裝修從業者登記文件不實撤銷罰則
第 38 條 【97 年】 【103 年】 ★★	專業技術人員有下列情事之一者，當地主管建築機關應查明屬實後，報請內政部視其情節輕重，予以警告、六個月以上一年以下停止執行職務處分或一年以上三年以下停止換發登記證處分： 一、受委託設計之圖樣、說明書、竣工查驗合格簽章之檢查表或其他書件經抽查結果與相關法令規定不符。 二、未依審核合格圖說施工。	專業技術人員警告、停職、停換證等罰則
第 39 條 【96 年】 【106 年】 ★	專業技術人員有下列情事之一者，當地主管建築機關應查明屬實後，報請內政部廢止登記許可並註銷登記證： 一、專業技術人員登記證供所受聘室內裝修業以外使用。 二、十年內受停止執行職務處分累計滿二年。 三、受停止換發登記證處分累計三次。	專業技術人員廢止並註銷罰則
第 40 條	經依第三十六條、第三十七條或前條規定廢止或撤銷登記證未滿三年者，不得重新申請登記。 前項期限屆滿後，重新依第十八條第一項規定申請登記證者，應重新取得講習結業證書。	重新登記及登記規定時效

七 歷屆考古題

	建築法範圍
一	從事室內裝修如違反「建築法」第七十七條之二第一項或第二項規定者， （一）對建築物何者？ （二）處新台幣多少罰鍰？ （三）並限期改善或補辦，逾期仍未改善或補辦者得受何種處罰？ （四）必要時強制拆除何者部分？請依序回答上述問題。 【101 年】
答：	「建築法」第 95-1 條：違反第七十七條之二第一項或第二項規定者， （一）供公眾使用建築物 （二）新台幣六萬元以上三十萬元以下罰鍰，並限期改善或補辦 （三）逾期仍未改善或補辦者得連續處罰； （四）必要時強制拆除其室內裝修違規部分。
二	依「建築法」第 77 條之 2 規定，建築物室內裝修應遵守之規定有哪些？ 【93 年】【94 年】【95 年】
答：	「建築法」第 77 條之 2 （一）建築物室內裝修應遵守左列規定： 　　1. 供公眾使用建築物之室內裝修應申請審查許可，非供公眾使用建築物，經內政部認有必要時，亦同。但中央主管機關得授權建築師公會或其他相關專業技術團體審查。 　　2. 裝修材料應合於建築技術規則之規定。 　　3. 不得妨害或破壞防火避難設施、消防設備、防火區劃及主要構造。 　　4. 不得妨害或破壞保護民眾隱私權設施。 （二）前項建築物室內裝修應由經內政部登記許可之室內裝修從業者辦理。 （三）室內裝修從業者應經內政部登記許可，並依其業務範圍及責任執行業務。 （四）前三項室內裝修申請審查許可程序、室內裝修從業者資格、申請登記許可程序、業務範圍及責任，由內政部定之。
三	依「建築法」原則，建築物室內裝修不得妨礙主要構造，試列舉四項所謂「主要構造」名稱？ 【95 年】
答：	「建築法」第 8 條 建築物之主要構造，為基礎、主要樑柱、承重牆壁、樓地板及屋頂之構造。

四	依據「建築物室內裝修管理辦法」第 19 條第 2 項，室內裝修如有供公眾使用建築，物變更為他種供公眾使用者，應如何處理？【93 年】【94 年】
答：	「建築法」第 73 條 建築物應依核定之使用類組使用，其有變更使用類組或有第九條建造行為以外主要構造、防火區劃、防火避難設施、消防設備、停車空間及其他與原核定使用不合之變更者，應申請變更使用執照。但建築物在一定規模以下之使用變更，不在此限。 前項一定規模以下之免辦理變更使用執照相關規定，由直轄市、縣（市）主管建築機關定之。

建築技術規則範圍

一	請依建築法建築技術用語，解釋下列名詞： （一）耐火板、（二）耐燃材料、（三）不燃材料【97 年】
答：	「建築技術規則設計」施工編　第一章　第 1 條 （一）耐火板：耐燃二級材料；木絲水泥板、耐燃石膏板及其他經中央主管建築機關認定符合耐燃二級之材料 （二）耐燃材料：耐燃三級材料；耐燃合板、耐燃纖維板、石膏板及其他經中央主管建築機關認定符合耐燃三級之材料 （三）不燃材料：混凝土、磚或空心磚、瓦、石料等經中央主管建築機關認定符合耐燃一級之不因火熱引起燃燒、熔化、破裂變形及產生有害氣體之材料
二	某業主甲，裕將其原經營之複合式餐飲店，進行空間之整體裝修，試問其行設計裝修前應注意哪些相關法規問題？ （一）依據建築技術規則規定，本場所屬於哪一類建築物之範圍？ （二）依建築技術規則規定，試問進行整體室內裝修時，其所使用之內部裝修材料有受何種限制？【97 年】
答：	「建築技術規則」設計施工編　第一章　第 88 條 （一）本場所屬於 B-3 餐飲場所 （二）1. 居室或該使用部分，應採用耐燃三級以上 　　　2. 通達地面之走廊及樓梯，應採用耐燃二級以上
三	依據「建築技術規則」規定，解釋下列名詞（一）防火時效（二）阻熱性【96 年】【99 年】
答：	「建築技術規則」設計施工編　第一章　第 1 條 （一）防火時效：建築物主要結構構件，防火設備及防火區劃構造遭受火災時可耐火時間 （二）阻熱性：在標準耐火試驗條件下，建築構造當其一面受火時，能在一定時間內，其非加熱面溫度不超過規定值之能力

四	進行購物中心商場空間之整體裝修時，其建築物室內設計裝修前，依「建築技術規則」規定回答下列相關問題？ 本場所屬何類建築物？並說明組別及組別定義 試問進行整體建築物室內裝修時，其所使用之內部防火裝修材料有受何種限制？ 【99年】
答：	「建築物使用類組及變更使用辦法」 （一）依據建築技術規則建築物用途分類本場所屬於 B 類商業類建築，其組別為 B-2 商場百貨，組別定義係供商品批發、展售或商業交易，且使用人替換頻率高之場所。 「建築技術規則」設計施工編　第一章　第 88 條 （二）進行整體建築物室內裝修時，其所使用之內部防火裝修材料受「建築技術規則」88 條：建築物之內部裝修材料表之規定所限制，B-2 商場百貨組之居室 或該使用部分應為耐燃 3 級以上材料，通達地面之走廊及樓梯應為耐燃 2 級以上材料。
五	某社福機構針對身心障礙復健中心進行整體裝修，請依序回答下列問題： （一）依「建築技術規則」規定，本場所屬於哪一類建築物之範圍？ （二）依「建築技術規則」規定，試問進行整體室內裝修時，其所使用之內部裝修材料有受何種限制？ 【102年】
答：	「建築物使用類組及變更使用辦法」 （一）應屬 F 類 F-2 社會福利組 「建築技術規則」設計施工編　第一章　第 88 條 （二）其內部裝修材料所受限制 居室或該使用部分之內部裝修材料應採用耐燃三級以上 通達地面之走廊及樓梯之內部裝修材料應採用耐燃二級以上
六	請依建築技術規則建築設計施工編相關規定，填具下列材料之耐燃性級 別：（配分 20 分，各 2 分）（一）耐燃石膏板、（二）耐燃塑膠板、（三）礦 棉、（四）耐燃纖維板、（五）木絲水泥板、（六）石膏板、（七）玻璃、（八）陶瓷品、（九）石灰、（十）耐燃合板。 【106年】
答：	「建築技術規則」設計施工編　第一章　第 1 條

（一）	耐燃石膏板	耐燃二級	耐火板
（二）	耐燃塑膠板	耐燃三級	耐燃材料
（三）	礦棉	耐燃一級	不燃材料
（四）	耐燃纖維板	耐燃三級	耐燃材料

（五）	木絲水泥板	耐燃二級	耐火板
（六）	石膏板	耐燃三級	耐燃材料
（七）	玻璃	耐燃一級	不燃材料、耐水材料
（八）	陶瓷品	耐燃一級	不燃材料、耐水材料
（九）	石灰	耐燃一級	不燃材料
（十）	耐燃合板	耐燃三級	耐燃材料

七	依「建築技術規則」規定：建築物室內裝修材料、樓地板面材料及窗，其綠建材使用率應達總面積百分之四十五以上。請問經中央主管機關認定符合之綠建材，依性能分為哪 5 種？
	【106 年】
答：	依據建築技術規則建築設計施工編第 323 條第 2 項規定訂定之綠建材設計技術規範
	第 3.5 條 綠建材：指符合生態性、再生性、環保性、健康性及高性能之建材。
	3.5.1 生態性：運用自然材料，無匱乏疑慮，減少對於能源、資源之使用及對地球環境影響之性能。
	3.5.2 再生性：符合建材基本材料性能及有害事業廢棄物限用規定，由廢棄材料回收再生產之性能。
	3.5.3 環保性：具備可回收、再利用、低污染、省資源等性能。
	3.5.4 健康性：對人體健康不會造成危害，具低甲醛及低揮發性有機物質逸散量之性能。
	3.5.5 高性能：在整體性能上具有高度物化性能表現，包括安全性、功能性、防音性、透水性等特殊性能。
	註：建築物室內裝修材料、樓地板面材料及窗，其綠建材使用率已修改應達總面積百分之六十以上。

八	請列舉 7 項符合建築相關法規規定耐燃三級以上之輕質隔間牆材料。
	【109 年】
答：	「建築技術規則」設計施工編　第一章　第 1 條
	耐燃材料：耐燃合板、耐燃纖維板、耐燃塑膠板、石膏板及其他經中央主管建築機關認定符合耐燃三級之材料。
	耐燃合板、耐燃纖維板、耐燃塑膠板、石膏板、木纖維水泥板、玻璃纖維板、木粒片水泥板、蜂巢鋁板、耐燃中密度纖維板。

建築物室內裝修管理辦法範圍

一	依據「建築物室內裝修管理辦法」第 24 條規定，室內裝修圖說包含哪些？ 【97 年】
答：	「建築物室內裝修管理辦法」第 24 條 室內裝修圖說包括下列各款：

（一）	位置圖	未規定	註明裝修地址、樓層及所在位置
（二）	裝修平面圖	比例不得小於 1/100，經主管機關同意可放寬至二百分之一	註明各部分之用途、尺寸及材料使用
（三）	裝修立面圖	比例不得小於 1/100	
（四）	裝修剖面圖	比例不得小於 1/100	註明裝修各部分高度、內部設施及各部分之材料
（五）	裝修詳細圖	比例不得小於 1/30	各部分之尺寸構造及材料

二	依「建築物室內裝修管理辦法」第 34 條，室內裝修專業技術人員在何種情況下，將會被當地主管建築機關報請內政部，予以警告或六個月以上一年以下 停止執行職務處分？【97 年】
答：	「建築物室內裝修管理辦法」第 38 條 專業技術人員有下列情事之一者，當地主管建築機關應查明屬實後，報請內政部視其情節輕重，予以警告、六個月以上一年以下停止執行職務處分或一年以上三年以下停止換發登記證處分： （一）受委託設計之圖樣、說明書、竣工查驗合格簽章之檢查表或其他書件經抽查結果與相關法令規定不符。 （二）未依審核合格圖說施工。

三	室內裝修工程完工後，應由哪些人向審查機關申請竣工查驗之合格證明文件？ 【97 年】
答：	「建築物室內裝修管理辦法」第 32 條 （一）建築物起造人 （二）所有權人 （三）使用人 （四）會同室內裝修從業者並檢附下列圖說文件向審查機構申請竣工查驗合格證明

四	建築物室內裝修施工業者依室內裝修圖說施工時，若有變更設計之情形，依據「建築物室內裝修管理辦法」第 30 條規定哪些情況之下，可以在竣工後，一次報驗？【98 年】
答：	「建築物室內裝修管理辦法」第 30 條 如於施工前或施工中變更設計時，仍應依本辦法申請辦理審核。但不變更防火避難設施、防火區劃，不降低原使用裝修材料耐熱等級或分間牆構造之防火時效者，得於竣工後，備具第三十條規定圖說，一次報驗。

五	依據「建築物室內裝修管理辦法」第 32 條，直轄市、縣（市）主管建築機關或審查機構受理室內裝修竣工查驗之申請後，應如何處置？【98 年】
答：	「建築物室內裝修管理辦法」第 32 條 室內裝修工程完竣後，應由建築物起造人、所有權人或使用人會同室內裝修從業者向原申請審查機關或機構申請竣工查驗合格後，向直轄市、縣（市）主管建築機關核發之合格證明。 直轄市、縣（市）主管建築機關或審查機構受理室內裝修竣工查驗之申請，應於七日內指派查驗人員至現場檢查。經查核與驗章圖說相符者，檢查表經查驗人員簽證後，應於五日內核發合格證明，對於不合格者，應通知建築物起造人、所有權人或使用人限期修改，逾期未修改者，審查機構應報請當地主管建築機關查明處理。
六	建築物室內裝修工程竣工後之工程驗收步驟為何？【99 年】
答：	「建築物室內裝修管理辦法」第 33 條 工程完竣後，檢附申請書、建築物權利證明文件及經營造業專任工程人員或室內裝修業專業施工技術人員竣工查驗合格簽章負責之檢查表，向當地主管建築機關或審查機構申請審查許可，經審核其申請文件齊全後，發給室內裝修合格證明。
七	依據「建築物室內裝修管理辦法」規定，室內裝修業應於辦理公司或商業登記後檢附何種文件？向內政部申請室內裝修業登記許可並領得登記證者，不得執行室內裝修業務。【100 年】
答：	「建築物室內裝修管理辦法」第 10 條 （一）申請書。 （二）公司或商業登記證明文件。 （三）專業技術人員登記證。 室內裝修業變更登記事項時，應申請換發登記證。
八	室內裝修工程完竣後，申請竣工查驗時，應檢附之何種圖說文件？【100 年】
答：	「建築物室內裝修管理辦法」第 34 條 申請竣工查驗時，應檢附下列圖說文件： （一）申請書。 （二）原領室內裝修審核合格文件。 （三）室內裝修竣工圖說。 （四）其他經內政部指定之文件。
九	依「建築物室內裝修管理辦法」第 3 條，所稱「室內裝修之行為」所指為何？【101 年】
答：	「建築物室內裝修管理辦法」第 3 條 本辦法所稱室內裝修，指除壁紙、壁布、窗簾、家具、活動隔屏、地氈等之黏貼及擺設外之下列行為： （一）固著於建築物構造體之天花板裝修。 （二）內部牆面裝修。 （三）高度超過地板面以上一點二公尺固定之隔屏或兼作櫥櫃使用之隔屏裝修。 （四）分間牆變更。

十	依「建築物室內裝修管理辦法」規定所稱「室內裝修從業者」為何？及其各自之「業務範圍」為何？
	【102年】
答：	依「建築物室內裝修管理辦法」規定
	第4條本辦法所稱室內裝修從業者，指開業建築師、營造業及室內裝修業。
	第5條室內裝修從業者業務範圍如下：
	（一）依法登記開業之建築師得從事室內裝修設計業務。
	（二）依法登記開業之營造業得從事室內裝修施工業務。
	（三）室內裝修業得從事室內裝修設計或施工之業務
十一	依「建築物室內裝修管理辦法」規定，室內裝修工程完竣後，應由哪些人？ 會同室內裝修從業者向原申請審查機關或機構申請竣工查驗合格後，向直轄市、縣（市）主管建築機關核發何種文件？
	【102年】
答：	「建築物室內裝修管理辦法」第32條
	室內裝修工程完竣後，應由建築物起造人、所有權人或使用人會同室內裝修從業者向原申請審查機關或機構申請竣工查驗合格後，向直轄市、縣（市） 主管建築機關申請核發室內裝修合格證明。
十二	依據「建築物室內裝修管理辦法」規定，專業技術人員未依審核合格圖說施工者，當地主管建築機關應查明屬實後，報請內政部視其情節輕重，予以何種處分？請說明之。
	【103年】
答：	「建築物室內裝修管理辦法」第38條
	專業技術人員有下列情事之一者，當地主管建築機關應查明屬實後，報請內政部視其情節輕重，予以警告、六個月以上一年以下停止執行職務處分或一年以上三年以下停止換發登記證處分。
	（一）受委託設計之圖樣、說明書、竣工查驗合格簽章之檢查表或其他書件經抽查結果與相關法令規定不符。
	（二）未依審核合格圖說施工。
十三	依「建築物室內裝修管理辦法」規定，直轄市、縣（市）主管建築機關或審 查機構受理室內裝修竣工查驗之申請，應於（一）幾日內？（3分），（二）指派何人？（3分）至現場檢查。經查核與驗章圖說相符者，（三）檢查表經何人？（3分）簽證後，（四）應於幾日內？（3分）核發合格證明，對於不合格者，（五）應通知建築物之哪些人？（8分）限期修改。逾期未修改者，審查機構應報請當地主管建築機關查明處理，請依序回答上述問題。
	【103年】

答：	「建築物室內裝修管理辦法」第 32 條
	（一）七日內
	（二）查驗人員
	（三）查驗人員
	（四）五日內
	（五）建築物起造人、所有權人、使用人限期修改
十四	依據「建築物室內裝修管理辦法」規定，申請室內裝修竣工查驗時，應檢附之室內裝修圖說有哪幾種圖？其比例尺為何？ 【104 年】
答：	「建築物室內裝修管理辦法」第 24 條
	（一）位置圖（比例未規定）
	（二）裝修平面圖，比例 1/100
	（三）裝修立面圖，比例 1/100
	（四）裝修剖面圖，比例 1/100
	（五）裝修詳細圖，比例 1/30
十五	依據「建築物室內裝修管理辦法」說明室內裝修完工後申請竣工查驗的步驟及應檢附之圖說文件？ 【104 年】
答：	「建築物室內裝修管理辦法」第 32 條
	室內裝修工程完竣後，應由建築物起造人、所有權人或使用人會同室內裝修從業者向原申請審查機關或機構申請竣工查驗合格後，向直轄市、縣（市）主管建築機關申請核發室內裝修合格證明。
	直轄市、縣（市）主管建築機關或審查機構受理室內裝修竣工查驗之申請，應於七日內指派查驗人員至現場檢查。經查核與驗章圖說相符者，檢查表經 查驗人員簽證後，應於五日內核發合格證明，對於不合格者，應通知建築物 起造人、所有權人或使用人限期修改，逾期未修改者，審查機構應報請當地 主管建築機關查明處理。
	申請竣工查驗時，應檢附下列圖說文件：
	（一）申請書。
	（二）原領室內裝修審核合格文件。
	（三）室內裝修竣工圖說。
	（四）其他經內政部指定之文件。

十六	室內裝修從業者，有施工材料與規定不符或未依圖說施工，經當地主管建築機關通知限期修改逾期未修改者，主管建築機關查明屬實後，報請內政部視其情節輕重，予以何種處分？
	【105 年】
答：	「建築物室內裝修管理辦法」第 35 條
	應予以警告、六個月以上一年以下停止室內裝修業務處分，或一年以上三年以下停止換發登記證處分。
十七	依據「建築物室內裝修管理辦法」之規定所稱「室內裝修」係指除壁紙、壁布、窗簾、家具、活動隔屏、地氈等之黏貼及擺設外之哪些行為？
	【105 年】
答：	「建築物室內裝修管理辦法」第 3 條
	（一）固著於建築物構造體之天花板裝修
	（二）內部牆面裝修
	（三）高度超過地板面以上 1.2 公尺固定隔屏或兼作櫥櫃使用之隔屏裝修
	（四）分間牆變更
十八	試說明室內裝修專業施工技術人員於工程竣工之驗收時，應辦理事項為何？
	【105 年】
答：	「建築物室內裝修管理辦法」第 33 條
	工程完竣後，檢附申請書、建築物權利證明文件及經營造業專任工程人員或室內裝修業專業施工技術人員竣工查驗合格簽章負責之檢查表，向當地主管建築機關或審查機構申請審查許可，經審核其申請文件齊全後，發給室內裝修合格證明。
十九	依「建築物室內裝修管理辦法」規定，專業技術人員有何種違規情事之一者？當地主管建築機關應查明屬實後，報請內政部廢止登記許可並註銷登記證。
	【106 年】
答：	「建築物室內裝修管理辦法」第 39 條
	專業技術人員有下列情事之一者，當地主管建築機關應查明屬實後，報請內政部廢止登記許可並註銷登記證：
	（一）專業技術人員登記證供所受聘室內裝修業以外使用。
	（二）十年內受停止執行職務處分累計滿二年。
	（三）受停止換發登記證處分累計三次。

二十	依據「建築物室內裝修管理辦法」規定，申請室內裝修之建築物，其申請範圍用途為住宅或申請樓層之樓地板面積符合十層以下樓層及地下室各層，室內裝修之樓地板面積在三百平方公尺以下者或十一層以上樓層，室內裝修之樓地板面積在一百平方公尺以下者。前述裝修範圍貫通二層以上者，應累加合計，且合計值不得超過任一樓層之最小允許值。且在裝修範圍內以一小時以上防火時效之防火牆、防火門窗區劃分隔，其未變更防火避難 設施、消防安全設備、防火區劃及主要構造者，經主管建築機關核給期限後，准予進行施工。工程完竣後，應檢附哪些文件？向當地主管建築機關或 審查機構申請審查許可，經審核其申請文件齊全後，發給室內裝修合格證明。 【106 年】
答：	「建築物室內裝修管理辦法」第 34 條 申請竣工查驗時，應檢附下列圖說文件： （一）申請書。 （二）原領室內裝修審核合格文件。 （三）室內裝修竣工圖說。 （四）其他經內政部指定之文件。
二十一	室內裝修施工中，直轄市、縣（市）主管建築機關認有必要時，得隨時派員查驗，發現與核定裝修圖說不符者，應以書面通知何人？停工或修改；必要時依建築法有關規定處理。 【107 年】
答：	「建築物室內裝修管理辦法」第 31 條 應以書面通知起造人、所有權人、使用人或室內裝修從業者停工或修改；必要時依建築法有關規定處理。 直轄市、縣（市）主管建築機關派員查驗時，所派人員應出示其身分證明文件；其未出示身分證明文件者，起造人、所有權人、使用人及室內裝修從業者得拒絕查驗。
二十二	依「建築物室內裝修管理辦法」規定：「室內裝修施工從業者應依照核定之室內裝修圖說施工；如於施工前或施工中變更設計時，仍應依本辦法申請辦理審核。」但不變更或不將低哪些事項得於竣工後，備具規定圖說，一次報驗。請回答下列問題： 【107 年】
答：	「建築物室內裝修管理辦法」第 30 條 （一）但不變更何種之設施？防火避難設施 （二）但不變更何種之區劃？防火區劃 （三）但不降低何種之耐燃等級？原使用裝修材料耐燃等級 （四）但不降低何種之防火時效者？分間牆構造之防火時效者

二十三	請列出 4 種內政部公告之有關竣工查驗之「建築物室內裝修管理辦法相關書表」。
	【108 年】
答：	「建築物室內裝修管理辦法」第 34 條
	一、申請書。
	二、原領室內裝修審核合格文件。
	三、室內裝修竣工圖說。
	四、其他經內政部指定之文件。
	（一）涉及違章建築者應檢附既有違建照片及照片索引圖
	（二）建築物室內裝修竣工查驗行政項目審核表
	（三）建築物室內裝修審查合格證明申請書
	（四）建築物室內裝修竣工查驗簽章合格檢查表、裝修竣工平面圖及竣工照片；照片索引直接標示於竣工平面圖
	（五）建築物權利證明文件
	（六）建築物使用權同意書
	（七）綠建材使用率檢討表、綠建材證書及出廠證明
	（八）建築物室內裝修消防安全設備簽證檢查表
	（九）施工許可證
	（十）原圖審階段申請書圖文件
	（十一）使用執照影本
	（十二）原使用執照核准平面圖
二十四	依「建築物室內裝修管理辦法」規定，申請室內裝修審核時，應檢附何種圖說文件？
	【108 年】
答：	「建築物室內裝修管理辦法」第 23 條
	（一）申請書。
	（二）建築物權利證明文件。
	（三）前次核准使用執照平面圖、室內裝修平面圖或申請建築執照之平面圖。但經直轄市、縣（市）主管建築機關查明檔案資料確無前次核准使用執照平面圖或室內裝修平面圖屬實者，得以經開業建築師簽證符合規定之現況圖替代之。
	（四）室內裝修圖說。
	前項第三款所稱現況圖為載明裝修樓層現況之防火避難設施、消防安全設備、防火區劃、主要構造位置之圖說，其比例尺不得小於二百分之一。
二十五	依「建築物室內裝修管理辦法」規定，所稱室內裝修從業者為何？
	【108 年】

1 建築物室內裝修工程管理相關法規

2 防火避難及消防法相關法規

3 職業安全衛生法規

4 綠建材及相關設備類法規

5 其他與建築物室內裝修相關法規

七、歷屆考古題

答：	「建築物室內裝修管理辦法」第 4 條 本辦法所稱室內裝修從業者 （一）開業建築師 （二）營造業 （三）室內裝修業。
二十六	依據「建築物室內裝修管理辦法」規定，直轄市、縣（市）主管建築機關或審查機構應就哪些項目加以審核？ 【109 年】
答：	建築物室內裝修管理辦法　第 26 條 直轄市、縣（市）主管建築機關或審查機構應就下列項目加以審核： 一、申請圖說文件應齊全。 二、裝修材料及分間牆構造應符合建築技術規則之規定。 三、不得妨害或破壞防火避難設施、防火區劃及主要構造。
二十七	依據「建築物室內裝修管理辦法」所規定之室內裝修從業者的「業務範圍」為何？【109 年】
答：	建築物室內裝修管理辦法　第 5 條 室內裝修從業者業務範圍如下： 一、依法登記開業之建築師得從事室內裝修設計業務。 二、依法登記開業之營造業得從事室內裝修施工業務。 三、室內裝修業得從事室內裝修設計或施工之業務。
二十八	依據「建築物室內裝修管理辦法」規定，室內裝修工程完竣後，應由哪些人申請竣工查驗合格，並向何單位申請室內裝修合格證明？ 【110 年】
答：	建築物室內裝修管理辦法　第 32 條 室內裝修工程完竣後，應由建築物起造人、所有權人或使用人會同室內裝修從業者向原申請審查機關或機構申請竣工查驗合格後，向直轄市、縣（市）主管建築機關申請核發室內裝修合格證明。
二十九	依據「建築物室內裝修管理辦法」規定，室內裝修業應於辦理公司或商業登記後，檢附哪些文件，向內政部申請室內裝修業登記許可並領得登記證，未領得登記證者，不得執行室內裝修業務。 【110 年】
答：	建築物室內裝修管理辦法　第 10 條 一、申請書。 二、公司或商業登記證明文件。 三、專業技術人員登記證。 室內裝修業變更登記事項時，應申請換發登記證。

三十	依據建築物室內裝修管理辦法規定，申請竣工查驗時，應檢附哪些圖說文件？【111年】
答：	依據建築物室內裝修管理辦法　第 34 條 規定 申請竣工查驗時，應檢附下列圖說文件： 一、申請書。 二、原領室內裝修審核合格文件。 三、室內裝修竣工圖說。 四、其他經內政部指定之文件。
三十一	依據建築物室內裝修管理辦法，室內裝修圖說應由何人署名負責？但建築物之分間牆位置變更、增加或減少經審查機構認定涉及公共安全時，應經何人簽證負責？【111年】
答：	第一階段為申請施工許可證階段： 室內裝修圖說由建築師或是室內裝修業有室內設計證照的專業技術人員署名負責。 第二階段為申請竣工合格證階段： 室內裝修圖說由營造廠技師或是室內裝修業有工程管理證照的專業技術人員署名負責。 分間牆位置變更、增加或減少，涉及公共安全時：由開業建築師、土木技師或結構技師簽證負責。
二十九	依據建築物室內裝修管理辦法規定，室內裝修從業者有哪些情事之一者，當地主管建築機關應查明屬實後，報請內政部視其情節輕重，予以警告、六個月以上一年以下停止室內裝修業務處分或一年以上三年以下停止換發登記證處分。【111年】
答：	依據建築物室內裝修管理辦法　第 35 條 規定 室內裝修從業者有下列情事之一者，當地主管建築機關應查明屬實後，報請內政部視其情節輕重，予以警告、六個月以上一年以下停止室內裝修業務處分或一年以上三年以下停止換發登記證處分： 1. 變更登記事項時，未依規定申請換發登記證。 2. 施工材料與規定不符或未依圖說施工，經當地主管建築機關通知限期修改逾期未修改。 3. 規避、妨礙或拒絕主管機關業務督導。 4. 受委託設計之圖樣、說明書、竣工查驗合格簽章之檢查表或其他書件經抽查結果與相關法令規定不符。 5. 由非專業技術人員從事室內裝修設計或施工業務。 6. 僱用專業技術人員人數不足，未依規定補足。

1

八、重點整理

建築物室內裝修工程管理相關法規

2

防火避難及消防法相關法規

3

職業安全衛生法規

4

綠建材及相關設備類法規

5

其他與建築物室內裝修相關法規

 重點整理

一、有下列行為應申請變更使用執照
建築法第 73 條

1. 變更使用類組時	
2. 建築法第 9 條建造行為	(1)、新建：為新建造之建築物或將原建築物全部拆除而重行建築者。
	(2)、增建：於原建築物增加其面積或高度者。但以過廊與原建築物連接者，應視為新建。
	(3)、改建：將建築物之一部分拆除，於原建築基地範圍內改造，而不增高或擴大面積者。
	(4)、修建：建築物之基礎、樑柱、承重牆壁、樓地板、屋架及屋頂，其中任何一種有過半之修理或變更者。
3. 涉及變更項目	主要構造、防火區劃、防火避難設施、消防設備、停車空間及其他與原核定使用不合之變更項目

二、建築物室內裝修應遵守下列規定
建築法第 77-2 條

1. 供公眾使用建築物（6 樓以上）	室內裝修應申請審查許可
2. 非供公眾使用建築物（5 樓以下）但有右列情形者也要申請審查許可	內政部令 中華民國 96 年 2 月 26 日 台內營字第 0960800834 號 除建築物之地面層至最上層均屬同一權利主體所有者以外，任一戶有下列情形之一者，應申請建築物室內裝修審查許可： (1)、增設廁所或浴室。 (2)、增設二間以上之居室成分間牆之變更。
3. 裝修材料	應合於建築技術規則之規定
4. 不得妨害或破壞	防火避難設施、消防設備、防火區劃及主要構造
5. 不得妨害或破壞	保護民眾隱私權設施

三、應辦理防火避難綜合檢討評定或檢具建築物防火避難性能設計計畫書及評定書之條件
建築技術規則總則編第 3-4 條

1. 高度達二十五層或九十公尺以上之高層建築	僅供建築物用途類組 H-2 組使用者，不在此限
2. 使用類組 B-2 組	總樓地板面積達三萬平方公尺以上
3. 與地下公共運輸系統相連接之地下街或地下商場	

四、高層建築物的防火避難設施規定
建築技術規則 - 建築設計施工編

第 241 條	高層建築物應設置二座以上之特別安全梯並應符合二方向避難原則。二座特別安全梯應在不同平面位置,其排煙室並不得共用。
	高層建築物連接特別安全梯間之走廊應以具有一小時以上防火時效之牆壁、防火門窗等防火設備及該樓層防火構造之樓地板自成一個獨立之防火區劃。
	高層建築物通達地板面高度五十公尺以上或十六層以上樓層之直通樓梯,均應為特別安全梯,且通達地面以上樓層與通達地面以下樓層之梯間不得直通。
第 242 條	高層建築物昇降機道併同昇降機間應以具有一小時以上防火時效之牆壁、防火門窗等防火設備及該處防火構造之樓地板自成一個獨立之防火區劃。昇降機間出入口裝設之防火設備應具有遮煙性能。連接昇降機間之走廊,應以具有一小時以上防火時效之牆壁、防火門窗等防火設備及該層防火構造之樓地板自成一個獨立之防火區劃。
第 243 條	高層建築物地板面高度在五十公尺或樓層在十六層以上部分,除住宅、餐廳等係建築物機能之必要時外,不得使用燃氣設備。
	高層建築物設有燃氣設備時,應將燃氣設備集中設置,並設置瓦斯漏氣自動警報設備,且與其他部分應以具一小時以上防火時效之牆壁、防火門窗等防火設備及該層防火構造之樓地板予以區劃分隔。
第 244 條	高層建築物地板面高度在五十公尺以上或十六層以上之樓層應設置緊急昇降機間,緊急用昇降機載重能力應達十七人(一千一百五十公斤)以上,其速度不得小於每分鐘六十公尺,且自避難層至最上層應在一分鐘內抵達為限。

五、用語定義
建築技術規則 - 建築設計施工編 第 1 條

1. 閣樓	在屋頂內之樓層,樓地板面積在該建築物建築面積三分之一以上時,視為另一樓層。
2. 夾層	夾於樓地板與天花板間之樓層;同一樓層內夾層面積之和,超過該層樓地板面積三分之一或一百平方公尺者,視為另一樓層。
3. 居室	供居住、工作、集會、娛樂、烹飪等使用之房間
4. 非居室	門廳、走廊、樓梯間、衣帽間、廁所盥洗室、浴室、儲藏室、機械室、車庫
5. 露臺	直上方無任何頂遮蓋物之平臺
6. 陽臺	直上方有遮蓋物
7. 集合住宅	具有共同基地及共同空間或設備。並有三個住宅單位以上之建築物
8. 外牆	建築物外圍之牆壁
9. 分間牆	分隔建築物內部空間之牆壁
10. 分戶牆	分隔住宅單位與住宅單位或住戶與住戶或不同用途區劃間之牆壁

11. 承重牆	承受本身重量及本身所受地震、風力外並承載及傳導其他外壓力及載重之牆壁
12. 帷幕牆	構架構造建築物之外牆，除承載本身重量及其所受之地震、風力外，不再承載或傳導其他載重之牆壁
13. 耐水材料	磚、石料、人造石、混凝土、柏油及其製品、陶瓷品、玻璃、金屬材料、塑膠製品及其他具有類似耐水性之材料
14. 不燃材料（耐燃一級）	混凝土、磚或空心磚、瓦、石料、鋼鐵、鋁、玻璃、玻璃纖維、礦棉、陶瓷品、砂漿、石灰及其他
15. 耐火板（耐燃二級）	耐火板：木絲水泥板、耐燃石膏板及其他
16. 耐燃材料（耐燃三級）	耐燃合板、耐燃纖維板、耐燃塑膠板、石膏板及其他
17. 防火時效	建築物主要結構構件、防火設備及防火區劃構造遭受火災時可耐火之時間
18. 阻熱性	在標準耐火試驗條件下，建築構造當其一面受火時，能在一定時間內，其非加熱面溫度不超過規定值之能力
19. 防火構造	具有本編第三章第三節所定防火性能與時效之構造
20. 避難層	具有出入口通達基地地面或道路之樓層
21. 直通樓梯	建築物地面以上或以下任一樓層可直接通達避難層或地面之樓梯（包括坡道）
22. 特別安全梯	自室內經由陽臺或排煙室始得進入之安全梯
23. 遮煙性能	在常溫及中溫標準試驗條件下，建築物出入口裝設之一般門或區劃出入口裝設之防火設備，當其構造二側形成火災情境下之壓差時，具有漏煙通氣量不超過規定值之能力

五、套房必檢討項目：日照、採光、通風、隔音、載重（結構計算書）
建築技術規則 - 建築設計施工編

第 40 條	日照		住宅至少應有一居室之窗可直接獲得日照
第 41 條	採光用窗或開口		住宅之居室，寄宿舍之臥室，醫院之病房及兒童福利設施包括保健館、育幼院、育嬰室、養老院等建築物之居室，不得小於該樓地板面積八分之一
第 43 條	空氣直接流通之窗戶或開口	一般居室及浴廁	窗戶或開口之有效通風面積，不得小於該室樓地板面積 5%
			設置符合規定之自然或機械通風設備者，不在此限
		廚房	有效通風開口面積，不得小於該室樓地板面積 1/10，且不得小於 0.8 平方公尺
			設置符合規定之自然或機械通風設備者，不在此限
			樓地板面積在一百平方公尺以上者，應另依建築設備編規定設置排除油煙設備。

第 46-3 條	分間牆之空氣音隔音構造	鋼筋混凝土造	含粉刷總厚度在十公分以上
		紅磚	含粉刷總厚度在十二公分以上
		輕型鋼骨架或木構骨架為底	兩面各覆以石膏板、水泥板、纖維水泥板、纖維強化水泥板、木質系水泥板、氧化鎂板或硬質纖維板，牆總厚度在十公分以上
		其他經中央主管建築機關認可具有空氣音隔音指標 Rw 在四十五分貝以上之隔音性能，或取得內政部綠建材標章之高性能綠建材（隔音性）。	

建築技術規則 - 建築構造編　第一章　基本規則　第三節　載重

第 17 條	樓地板用途類別	載重（公斤 / ㎡）
	一、住宅、旅館客房、病房。	二〇〇
	二、教室。	二五〇
	三、辦公室、商店、餐廳、圖書閱覽室、醫院手術室及固定座位之集會堂、電影院、戲院、歌廳與演藝場等。	三〇〇
	四、博物館、健身房、保齡球館、太平間、市場及無固定座位之集會堂、電影院、戲院歌廳與演藝場等。	四〇〇
	五、百貨商場、拍賣商場、舞廳、夜總會、運動場及看臺、操練場、工作場、車庫、臨街看臺、太平樓梯與公共走廊。	五〇〇
	六、倉庫、書庫。	六〇〇
	七、走廊、樓梯之活載重應與室載重相同，但供公眾使用人數眾多者如教室、集會堂等之公共走廊、樓梯每平方公尺不得少於四〇〇公斤。	
	八、屋頂露臺之活載重得較室載重每平方公尺減少五〇公斤，但供公眾使用人數眾多者，每平方公尺不得少於三〇〇公斤。	

六、防火門窗規範
建築技術規則 - 建築設計施工編 第 76 條

組件	門窗扇、門窗樘、開關五金、嵌裝玻璃、通風百葉等配件或構材	
構造	防火門窗	周邊十五公分範圍內之牆壁應以不燃材料建造
	防火門之門扇	寬度應在七十五公分以上，高度應在一百八十公分以上
	1.常時關閉式之防火門	(1) 免用鑰匙即可開啟，並應裝設經開啟後可自行關閉之裝置
		(2) 單一門扇面積不得超過三平方公尺
		(3) 不得裝設門止
		(4) 門扇或門樘上應標示常時關閉式防火門等文字

構造	2.常時開放式之防火門	(1) 可隨時關閉，並應裝設利用煙感應器連動或其他方法控制之自動關閉裝置，使能於火災發生時自動關閉
		(2) 關閉後免用鑰匙即可開啟，並應裝設經開啟後可自行關閉之裝置
		(3) 採用防火捲門者，應附設門扇寬度在七十五公分以上，高度在一百八十公分以上之防火門。
	防火門應朝避難方向開啟。但供住宅使用及宿舍寢室、旅館客房、醫院病房等連接走廊者，不在此限	

七、走廊寬度規範
建築技術規則 - 建築設計施工編 第 92 條

用途 ＼ 走廊配置	走廊二側有居室者	其他走廊
1、建築物使用類組為 D-3、D-4、D-5 組供教室使用部分	2.4 公尺以上	1.8 公尺以上
2、建築物使用類組為 F-1 組	1.6 公尺以上	1.2 公尺以上
3、其他建築物： (1)同一樓層內之居室樓地板面積在二百平方公尺以上（地下層時為一百平方公尺以上）。	1.6 公尺以上	1.2 公尺以上
(2)同一樓層內之居室樓地板面積未滿二百平方公尺（地下層時為未滿一百平方公尺）。	1.6 公尺以上	

八、自樓面居室之任一點至樓梯口之步行距離（即隔間後之可行距離非直線距離）
建築技術規則 - 建築設計施工編 第 93 條

步行距離不得超過	三十公尺	建築物用途類組為 A 類、B-1、B-2、B-3 及 D-1 組者
	七十公尺	建築物用途類組為 C 類者，除有現場觀眾之電視攝影場不得超過三十公尺外
	五十公尺	前目規定以外用途之建築物
	二十公尺 四十公尺	建築物第十五層以上之樓層依其使用應將前二目規定為三十公尺者減為二十公尺，五十公尺者減為四十公尺
	四十公尺	集合住宅採取複層式構造者，其自無出入口之樓層居室任一點至直通樓梯
	三十公尺	非防火構造或非使用不燃材料所建造之建築物
前項第二款至樓梯口之步行距離，應計算至直通樓梯之第一階。但直通樓梯為安全梯者，得計算至進入樓梯間之防火門。		

九、設置滅火設備、警報設備及標示設備之場所
建築技術規則 - 建築設計施工編 第 113 條

第一類	戲院、電影院、歌廳、演藝場及集會堂等
第二類	夜總會、舞廳、酒家、遊藝場、酒吧、咖啡廳、茶室等
第三類	旅館、餐廳、飲食店、商場、超級市場、零售市場等
第四類	招待所（限於有寢室客房者）寄宿舍、集合住宅、醫院、療養院、養老院、兒童福利設施、幼稚園、盲啞學校等
第五類	學校補習班、圖書館、博物館、美術館、陳列館等
第六類	公共浴室
第七類	工廠、電影攝影場、電視播送室、電信機器室
第八類	車站、飛機場大廈、汽車庫、飛機庫、危險物品貯藏庫等，建築物依法附設之室內停車空間等
第九類	辦公廳、證券交易所、倉庫及其他工作場所

十、為便利行動不便者進出及使用建築物，新建或增建建築物，應設置無障礙設施之場所。但符合下列情形之一者，不在此限：
建築技術規則 - 建築設計施工編 第 167 條

不需設置無障礙設施的條件	1.獨棟或連棟建築物，該棟自地面層至最上層均屬同一住宅單位且第二層以上僅供住宅使用
	2.供住宅使用之公寓大廈專有及約定專用部分
	3.除公共建築物外，建築基地面積未達一百五十平方公尺或每棟每層樓地板面積均未達一百平方公尺

前項各款之建築物地面層，仍應設置無障礙通路

前二項建築物因建築基地地形、垂直增建、構造或使用用途特殊，設置無障礙設施確有困難，經當地主管建築機關核准者，得不適用本章一部或全部之規定。

十一、老人住宅設計規範
老人住宅臥室空間之規範
建築技術規則 - 建築設計施工編 第 294 條

居住人數	不得超過二人
樓地板面積	九平方公尺以上

老人住宅服務空間之規範
建築技術規則 - 建築設計施工編 第 295 條

1.居室服務空間	居住單元之浴室、廁所、廚房之空間	浴室含廁所者，每一處之樓地板面積應為四平方公尺以上
2.共用服務空間	建築物門廳、走廊、樓梯間、昇降機間、梯廳、共用浴室、廁所及廚房之空間	

八、重點整理

1 建築物室內裝修工程管理相關法規

2 防火避難及消防法相關法規

3 職業安全衛生法規

4 綠建材及相關設備類法規

5 其他與建築物室內裝修相關法規

3. 公共服務空間	公共餐廳、公共廚房、交誼室、服務管理室之空間	公共服務空間合計樓地板面積應達居住人數每人二平方公尺以上
		居住單元超過十四戶或受服務之老人超過二十人者，應至少提供一處交誼室，其中一處交誼室之樓地板面積不得小於四十平方公尺，並應附設廁所

十二、室內裝修的定義
建築物室內裝修管理辦法 第 3 條

不需申請室內裝修審查	壁紙、壁布、窗簾、家具、活動隔屏、地氈等之黏貼及擺設	包含所有系統櫃體施作 (櫃體背後有分間牆) 及可收納之活動式隔屏等，皆不算室內裝修行為
要申請室內裝修審查	1. 固著於建築物構造體之天花板裝修	只要涉及天花板施作就要申請
	2. 內部牆面裝修	牆面材料依照不同使用類組，材料限制有相關規範
	3. 高度超過地板面以上一點二公尺固定之隔屏或兼作櫥櫃使用之隔屏裝修	固定式超過 1.2 公尺的固定隔屏及無背牆當作隔間牆之櫃體則要檢討相關規範
	4. 分間牆變更	只要動到任何牆的尺寸或位置皆要申請

十三、室內裝修從業者的定義及業務範圍
建築物室內裝修管理辦法 第 4、5 條

1. 開業建築師	從事室內裝修設計業務	需是開業之建築師才能從事設計業務
2. 營造業	從事室內裝修施工業務	營造業需聘請專任技術人員執行施工業務
3. 室內裝修業	得從事室內裝修設計或施工之業務	需有設計或施工證照才能執行相關業務

十四、辦理室內裝修審核圖說及竣工查驗之審查人員資格
建築物室內裝修管理辦法 第 8 條

1. 經內政部指定之專業工業技師	領有建築師證書者
2. 直轄市、縣（市）主管建築機關指派之人員	主管建築機關聘任之承辦審查人員
3. 審查機構指派所屬具建築師、專業技術人員資格之人員	通過審查人員講習合格，領有證書者

前項人員應先參加內政部主辦之審查人員講習合格，並領有結業證書者，始得擔任。但於主管建築機關從事建築管理工作二年以上並領有建築師證書者，得免參加講習。

十五、申請室內裝修業登記許可並領得登記證之程序
建築物室內裝修管理辦法 第 10 條

未向內政部申請領得室內裝修業登記證者		不得執行室內裝修業務
申請檢附文件	1. 申請書	相關申請文件
	2. 公司或商業登記證明文件	室內裝修業應於辦理公司或商業登記後才能申請，其名稱應標示室內裝修字樣
	3. 專業技術人員登記證	需提供掛名在公司下之專任技術人員證書

十六、申請室內裝修審核時，應檢附下列圖說文件
建築物室內裝修管理辦法 第 23 條

申請檢附文件	1. 申請書	相關申請文件	
	2. 建築物權利證明文件	建物權狀影本或是建物第一類謄本	
	3. 前次核准使用執照平面圖、室內裝修平面圖或申請建築執照之平面圖	但經直轄市、縣（市）主管建築機關查明檔案資料確無前次核准使用執照平面圖或室內裝修平面圖屬實者，得以經開業建築師簽證符合規定之現況圖替代之。	現況圖為載明裝修樓層現況之防火避難設施、消防安全設備、防火區劃、主要構造位置之圖說，其比例尺不得小於二百分之一
	4. 室內裝修圖說	位置圖、裝修平面圖、裝修立面圖、裝修剖面圖、裝修詳細圖	

十七、室內裝修圖說文件內容
建築物室內裝修管理辦法 第 24 條

1. 位置圖	比例尺無規定	註明裝修地址、樓層及所在位置
2. 裝修平面圖	比例尺不得小於 1/100	註明各部分之用途、尺寸及材料使用
3. 裝修立面圖	比例尺不得小於 1/100	
4. 裝修剖面圖	比例尺不得小於 1/100	註明裝修各部分高度、內部設施及各部分之材料
5. 裝修詳細圖	比例尺不得小於 1/30	各部分之尺寸構造及材料

十八、審查機構應審核之內容
建築物室內裝修管理辦法 第 26 條

申請圖說文件應齊全	
裝修材料及分間牆構造	應符合建築技術規則之規定
不得妨害或破壞	防火避難設施、防火區劃及主要構造

十九、室內裝修施工前或施工中變更設計時，哪些條件得於竣工後，備具第三十四條規定圖說，一次報驗

建築物室內裝修管理辦法 第 30 條

1.不變更防火避難設施
2.不變更防火區劃
3.不降低原使用裝修材料耐燃等級
4.不降低分間牆構造之防火時效

二十、室內裝修申請竣工查驗合格之程序

建築物室內裝修管理辦法 第 32 條

1.室內裝修工程完竣後	由建築物起造人、所有權人或使用人會同室內裝修從業者向原申請審查機關或機構申請竣工查驗合格後，向直轄市、縣（市）主管建築機關申請核發室內裝修合格證明
2.新建建築物於領得使用執照前申請室內裝修許可者	應於領得使用執照及室內裝修合格證明後，始得使用
3.直轄市、縣（市）主管建築機關或審查機構受理室內裝修竣工查驗之申請	應於七日內指派查驗人員至現場檢查
4.經查核與驗章圖說相符者	檢查表經查驗人員簽證後，應於五日內核發合格證明，對於不合格者，應通知建築物起造人、所有權人或使用人限期修改，逾期未修改者，審查機構應報請當地主管建築機關查明處理
5.室內裝修涉及消防安全設備者	應由消防主管機關於核發室內裝修合格證明前完成消防安全設備竣工查驗

二十一、申請竣工查驗時，應檢附圖說文件

建築物室內裝修管理辦法 第 34 條

申請檢附文件	1.申請書	相關申請文件
	2.原領室內裝修審核合格文件	前次申請室內裝修許可之所有文件
	3.室內裝修竣工圖說	竣工平面圖、竣工立面圖、竣工剖面圖、竣工詳細圖、竣工消防圖說
	4.其他經內政部指定之文件	其他案件之必須檢附文件（結構計算書、相關簽證文件及切結書…等）

二十二、室內裝修業之相關罰則
建築物室內裝修管理辦法 第 35 條

	1. 變更登記事項時，未依規定申請換發登記證
予以警告 六個月以上一年以下停止室內裝修業務處分 一年以上三年以下停止換發登記證處分	2. 施工材料與規定不符或未依圖說施工，經當地主管建築機關通知限期修改逾期未修改
	3. 規避、妨礙或拒絕主管機關業務督導
	4. 受委託設計之圖樣、說明書、竣工查驗合格簽章之檢查表或其他書件經抽查結果與相關法令規定不符
	5. 由非專業技術人員從事室內裝修設計或施工業務
	6. 僱用專業技術人員人數不足，未依規定補足

建築物室內裝修管理辦法 第 36 條

	1. 登記證供他人從事室內裝修業務
廢止室內裝修業登記許可並註銷登記證	2. 受停業處分累計滿三年
	3. 受停止換發登記證處分累計三次

建築物室內裝修管理辦法 第 37 條

撤銷室內裝修業登記證	1. 室內裝修業申請登記證所檢附之文件不實者

二十三、專業技術人員之相關罰則
建築物室內裝修管理辦法 第 38 條

予以警告 六個月以上一年以下停止執行職務處分	受委託設計之圖樣、說明書、竣工查驗合格簽章之檢查表或其他書件經抽查結果與相關法令規定不符
一年以上三年以下停止換發登記證處分	未依審核合格圖說施工

建築物室內裝修管理辦法 第 39 條

	1. 專業技術人員登記證供所受聘室內裝修業以外使用
廢止登記許可並註銷登記證	2. 十年內受停止執行職務處分累計滿二年
	3. 受停止換發登記證處分累計三次

建築物室內裝修管理辦法 第 40 條

不得重新申請登記	經依第三十六條、第三十七條或前條規定廢止或撤銷登記證未滿三年者
重新申請登記之條件	應重新取得講習結業證書

2

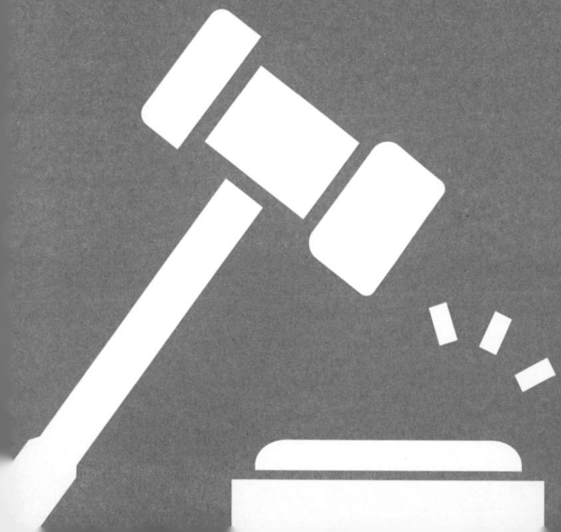

防火避難及消防法相關法規

　　消防法規在實務運用上很重要，尤其在人身安全的考量上，許多重要的法規都是在發生大事件之後才會開始檢討法規的缺失，利用修法約束不安全的因素，進而讓身處的工作場所更為安全。

　　消防法規對於前期設計階段也影響很大，案件如果不先檢討消防法規，很有可能輕者修改設計，重者案件不能成立，因為相關的消防法規無法有檢討改善的空間，很可能必須要更換場地才能解套，所以建議在前期設計階段，就先邀請消防技師先檢討現況條件，是否能符合未來案件的使用類組之相關消防法規的檢討。

　　而最近的錢櫃事件後，在室內裝修審查申請前就必須先檢討消防防護計畫，消防局審查核備後，才能核發施工許可證，原先消防法規早有規範，只是室內裝修在實行上卻沒有落實，經過法規的修正，才能讓裝修過程更為安全，減少災害的發生。

2 防火避難及消防法相關法規

 一 **消防法**

修正日期：民國 112 年 06 月 21 日

第一章　總則		與室內裝修相關
第 1 條	為預防火災、搶救災害及緊急救護，以維護公共安全，確保人民生命財產，特制定本法。	
第 2 條	本法所稱管理權人係指依法令或契約對各該場所有實際支配管理權者；其屬法人者，為其負責人。	
第 3 條	本法所稱主管機關：在中央為內政部；在直轄市為直轄市政府；在縣（市）為縣（市）政府。	
第 4 條	直轄市、縣（市）消防車輛、裝備及其人力配置標準，由中央主管機關定之。	

第二章　火災預防		與室內裝修相關
第 6 條	本法所定各類場所之管理權人對其實際支配管理之場所，應設置並維護其消防安全設備；場所之分類及消防安全設備設置之標準，由中央主管機關定之。 消防機關得依前項所定各類場所之危險程度，分類列管檢查及複查。 第一項所定各類場所因用途、構造特殊，或引用與依第一項所定標準同等以上效能之技術、工法或設備者，得檢附具體證明，經中央主管機關核准，不適用依第一項所定標準之全部或一部。 不屬於第一項所定標準應設置火警自動警報設備之旅館、老人福利機構場所及中央主管機關公告場所之管理權人，應設置住宅用火災警報器並維護之；其安裝位置、方式、改善期限及其他應遵行事項之辦法，由中央主管機關定之。 不屬於第一項所定標準應設置火警自動警報設備住宅場所之管理權人，應設置住宅用火災警報器並維護之；其安裝位置、方式、改善期限及其他應遵行事項之辦法，由中央主管機關定之。	依照各類場所規模，應設置相關消防設備 平房、5 樓以下住宅及透天厝由於沒有消防設備，消防局積極宣導裝設住宅用火災警報器，以提高發生火災時逃生的機會

1 建築物室內裝修工程管理相關法規

2 防火避難及消防法相關法規

3 職業安全衛生法規

4 綠建材及相關設備類法規

5 其他與建築物室內裝修相關法規

一、消防法

第 7 條　依各類場所消防安全設備設置標準設置之消防安全設備，其設計、監造應由消防設備師為之；其裝置、檢修應由消防設備師或消防設備士為之。

前項消防安全設備之設計、監造、裝置及檢修，得由現有相關專門職業及技術人員或技術士暫行為之；其期限至本法中華民國一百十二年五月三十日修正之條文施行之日起五年止。

開業建築師、電機技師得執行滅火器、標示設備或緊急照明燈等非系統式消防安全設備之設計、監造或測試、檢修，不受第一項規定之限制。

消防設備師之資格及管理，另以法律定之。

在前項法律未制定前，中央主管機關得訂定消防設備師及消防設備士管理辦法。

| 消防設備師： | 設計、監造、裝置、檢修 |
| 消防設備士： | 裝置、檢修 |

第 8 條　中華民國國民經消防設備師考試及格並依本法領有消防設備師證書者，得充消防設備師。

中華民國國民經消防設備士考試及格並依本法領有消防設備士證書者，得充消防設備士。

請領消防設備師或消防設備士證書，應具申請書及資格證明文件，送請中央主管機關核發之。

第 9 條　第六條第一項所定各類場所之管理權人，應依下列規定，定期檢修消防安全設備；其檢修結果，應依規定期限報請場所所在地主管機關審核，主管機關得派員複查；場所有歇業或停業之情形者，亦同。但各類場所所在之建築物整棟已無使用之情形，該場所之管理權人報請場所所在地主管機關審核同意後至該建築物恢復使用前，得免定期辦理消防安全設備檢修及檢修結果申報：

一、高層建築物、地下建築物或中央主管機關公告之場所：委託中央主管機關許可之消防安全設備檢修專業機構辦理。

二、前款以外一定規模以上之場所：委託消防設備師或消防設備士辦理。

三、前二款以外僅設有滅火器、標示設備或緊急照明燈等非系統式消防安全設備之場所：委託消防設備師、消防設備士或由管理權人自行辦理。

前項各類場所（包括歇業或停業場所）定期檢修消防安全設備之項目、方式、基準、頻率、檢修必要設備與器具定期檢驗或校準、檢修完成標示之規格、樣式、附加方式與位置、受理檢修結果之申報期限、報請審核時之查核、處理方式、建築物整棟已無使用情形之認定基準與其報請審核應備文件及其他應遵行事項之辦法，由中央主管機關定之。

第一項第二款一定規模以上之場所，由中央主管機關公告之。

第一項第一款所定消防安全設備檢修專業機構，其申請許可之資格、程序、應備文件、審核方式、許可證書核（換）發、有效期間、變更、廢止、延展、執行業務之規範、消防設備師（士）之僱用、異動、訓練、業務相關文件之備置與保存年限、各類書表之陳報及其他應遵行事項之辦法，由中央主管機關定之。

第 10 條	供公眾使用建築物之消防安全設備圖說，應由直轄市、縣（市）消防機關於主管建築機關許可開工前，審查完成。	室內裝修申請二階段程序：第一階段需先送消防機關預審圖面，第二階段竣工時消防局派員至現場勘查
	依建築法第三十四條之一申請預審事項，涉及建築物消防安全設備者，主管建築機關應會同消防機關預為審查。	
	非供公眾使用建築物變更為供公眾使用或原供公眾使用建築物變更為他種公眾使用時，主管建築機關應會同消防機關審查其消防安全設備圖說。	
第 11 條 【95 年】 【96 年】 【100 年】 ★★★★	地面樓層達十一層以上建築物、地下建築物及中央主管機關指定之場所， 其管理權人應使用附有防焰標示之地毯、窗簾、布幕、展示用廣告板及其他指定之防焰物品。 前項防焰物品或其材料非附有防焰標示，不得銷售及陳列。 前二項防焰物品或其材料之防焰標示，應經中央主管機關認證具有防焰性能。	十一層以上建築物、地下建築物應使用有防焰標示之防焰物品
第 12 條	經中央主管機關公告應實施認可之消防機具、器材及設備，非經中央主管機關所登錄機構之認可，並附加認可標示者，不得銷售、陳列或設置使用。	消防機具、器材及設備都須經過中央主管機關所登錄機構之認可，產品都會附上相關鑑驗證明
	前項所定認可，應依序實施型式認可及個別認可。但因性質特殊，經中央主管機關認定者，得不依序實施。	
	第一項所定經中央主管機關公告應實施認可之消防機具、器材及設備，其申請認可之資格、程序、應備文件、審核方式、認可有效期間、撤銷、廢止、標示之規格樣式、附加方式、註銷、除去及其他應遵行事項之辦法，由中央主管機關定之。	
	第一項所定登錄機構辦理認可所需費用，由申請人負擔，其收費項目及費額，由該登錄機構報請中央主管機關核定。	
	第一項所定消防機具、器材及設備之構造、材質、性能、認可試驗內容、批次之認定、試驗結果之判定、主要試驗設備及其他相關事項之標準，分別由中央主管機關定之。	
	第一項所定登錄機構，其申請登錄之資格、程序、應備文件、審核方式、登錄證書之有效期間、核（換）發、撤銷、廢止、管理及其他應遵行事項之辦法，由中央主管機關定之。	

一、消防法

第 13 條　一定規模以上之建築物，應由管理權人遴用防火管理人，責其訂定消防防護計畫。

前項一定規模以上之建築物，由中央主管機關公告之。

第一項建築物遇有增建、改建、修建、變更使用或室內裝修施工致影響原有系統式消防安全設備功能時，其管理權人應責由防火管理人另定施工中消防防護計畫。

第一項及前項消防防護計畫，均應由管理權人報請建築物所在地主管機關備查，並依各該計畫執行有關防火管理上必要之業務。

下列建築物之管理權有分屬情形者，各管理權人應協議遴用共同防火管理人，責其訂定共同消防防護計畫後，由各管理權人共同報請建築物所在地主管機關備查，並依該計畫執行建築物共有部分防火管理及整體避難訓練等有關共同防火管理上必要之業務：

一、非屬集合住宅之地面樓層達十一層以上建築物。

二、地下建築物。

三、其他經中央主管機關公告之建築物。

前項建築物中有非屬第一項規定之場所者，各管理權人得協議該場所派員擔任共同防火管理人。

防火管理人或共同防火管理人，應為第一項及第五項所定場所之管理或監督層次人員，並經主管機關或經中央主管機關登錄之專業機構施予一定時數之訓練，領有合格證書，始得充任；任職期間，並應定期接受複訓。

前項主管機關施予防火管理人或共同防火管理人訓練之項目、一定時數、講師資格、測驗方式、合格基準、合格證書核發、資料之建置與保存及其他應遵行事項之辦法，由中央主管機關定之。

第七項所定專業機構，其申請登錄之資格、程序、應備文件、審核方式、登錄證書核（換）發、有效期間、變更、廢止、延展、執行業務之規範、資料之建置、保存與申報、施予防火管理人或共同防火管理人訓練之項目、一定時數及其他應遵行事項之辦法，由中央主管機關定之。

管理權人應於防火管理人或共同防火管理人遴用之次日起十五日內，報請建築物所在地主管機關備查；異動時，亦同。

第 14 條　田野引火燃燒、施放天燈及其他經主管機關公告易致火災之行為，非經該管主管機關許可，不得為之。

主管機關基於公共安全之必要，得就轄區內申請前項許可之資格、程序、應備文件、安全防護措施、審核方式、撤銷、廢止、禁止從事之區域、時間、方式及其他應遵行之事項，訂定法規管理之。

109 年錢櫃大火後，室內裝修送審遇到一定規模以上供公眾使用建築物，申請前須先製定消防防護計畫，報請消防機關核備，才能核發室內裝修施工許可證

建築物涉及施工中消防防護計畫檢核表 　　AF-1

【壹、建築師或消防或專業設計人員基本資料及綜合意見】　　填表日期：＿＿＿年＿＿＿月＿＿＿日

申 請 地 址	臺北市＿＿＿區＿＿＿＿路(街)＿＿段＿＿巷＿＿號＿＿樓		
申 請 類 別	□變更使用或一定規模以下審查案件(□併辦室內裝修□無涉及室內裝修) □室內裝修(□二階段室內裝修□簡易室內裝修□微型室內裝修)		
建築師事務所 或公司名稱		連絡電話	
建築師或消防或室內裝 修專業技術人員姓名	室內裝修專技人員可以簽證	執業證書字號	
所址或公司地址	住宅雖不用寫消防防護計畫書，但還是要填寫此單送交消防局核備 (簽名或蓋章)		
住宅類勾選項目 檢核綜合意見	■ 本案室內裝修申請範圍非屬消防法第13條第1項及消防法施行細則第15條第2項所規範之用途免向消防局核備消防防護計畫。 □ 本案室內裝修申請範圍屬消防法第13條第1項及消防法施行細則第15條第2項所規範之用途應向消防局核備消防防護計畫，取得證明文件後始得核發施工許可。		

【貳、檢核項目與內容】

※檢核人員應就表列「檢核項目」與「內容說明」填載適當條件或劃註 "■" 符號。

項次	檢核項目	檢核內容說明
1	建築物概要	(1) □原領建築物使用執照字號：＿＿＿＿＿使字第＿＿＿＿＿號。 　　 □未領有使用執照建築物。 (2) 本案整幢建築物為地上＿＿＿＿層、地下＿＿＿＿層。 (3) 本案裝修樓層位於第＿＿＿＿層，申請面積＿＿＿＿M²。 (4) 裝修前用途類組別：＿＿＿＿＿裝修後用途類組別：＿＿＿＿
2	依消防法第13條第1項：一定規模以上供公眾使用建築物所屬用途	□電影片映演場所(戲院、電影院)、演藝場、歌廳、舞廳、夜總會、俱樂部、保齡球館、三溫暖。 □理容院(觀光理髮、視聽理容等)、指壓按摩場所、錄影節目帶播映場所(MTV等)、視聽歌唱場所(KTV等)、酒家、酒吧、PUB、酒店(廊)。 □觀光旅館、旅館。 □總樓地板面積在五百平方公尺以上之百貨商場、超級市場及遊藝場等場所。 □總樓地板面積在三百平方公尺以上之餐廳。 □醫院、療養院、養老院。 □學校、總樓地板面積在二百平方公尺以上之補習班或訓練班。 □總樓地板面積在五百平方公尺以上，其員工在三十人以上之工廠或機關(構)。 □收容人數在三十人以上(含員工)之幼兒園(含改制前之幼稚園、托兒所)、兒童及少年福利機構(限托嬰中心、早期療育機構、有收容未滿二歲兒童之安置及教養機構)。 □收容人數在一百人以上之寄宿舍、招待所(限有寢室客房者)。 □總樓地板面積在五百平方公尺以上之健身休閒中心、撞球場。 □總樓地板面積在三百平方公尺以上之咖啡廳。 □總樓地板面積在五百平方公尺以上之圖書館、博物館。 □捷運車站、鐵路地下化車站。 □榮譽國民之家、長期照顧服務機構(限機構住宿式、社區式之建築物使用類組非屬H-2之日間照顧、團體家屋及 小規模多機能)、老人福利機構(限長期照護型、養護型、失智照顧型之長期照顧機構、安養機構)、護理機構(限一般護理之家、精神護理之家、產後護理機構)、身心障礙福利機構(限供住宿養護、日間服務、臨時及短期照顧者)、身心障礙者職業訓練機構(限提供住宿或使用特殊機具者)。 □高速鐵路車站。 □總樓地板面積在五百平方公尺以上，且設有香客大樓或類似住宿、休息空間，收容人數在一百人以上之寺廟、宗祠、教堂或其他類似場所。 □收容人數在三十人以上之視障按摩場所。 □觀光工廠。

符合紫框內為一定規模以上供公眾使用建築物範圍，這些都要申請
消防安全防護計畫書，送交施工轄區之消防局核備

109.05 版
檢核表出處：台北市政府建管處網站

1 建築物室內裝修工程管理相關法規

2 防火避難及消防法相關法規

3 職業安全衛生法規

4 綠建材及相關設備類法規

5 其他與建築物室內裝修相關法規

一、消防法

第 14-1 條	供公眾使用建築物及中央主管機關公告之場所，除其他法令另有規定外， 非經場所之管理權人申請主管機關許可，不得使用以產生火焰、火花或火星等方式，進行表演性質之活動。 前項申請許可之資格、程序、應備文件、安全防護措施、審核方式、撤銷、廢止、禁止從事之區域、時間、方式及其他應遵行事項之辦法，由中央主管機關定之。 主管機關派員檢查第一項經許可之場所時，應出示有關執行職務之證明文件或顯示足資辨別之標誌；管理權人或現場有關人員不得規避、妨礙或拒絕，並應依檢查人員之請求，提供相關資料。	84 年衛爾康餐廳大火之後，未經管理權人申請主管機關許可，不得使用以產生火焰、火花或火星等方式，進行表演性質之活動
第 15-1 條	使用燃氣之熱水器及配管之承裝業，應向直轄市、縣（市）政府申請營業登記後，始得營業。並自中華民國九十五年二月一日起使用燃氣熱水器之安裝，非經僱用領有合格證照者，不得為之。 前項承裝業營業登記之申請、變更、撤銷與廢止、業務範圍、技術士之僱用及其他管理事項之辦法，由中央目的事業主管機關會同中央主管機關定之。 第一項熱水器及其配管之安裝標準，由中央主管機關定之。 第一項熱水器應裝設於建築物外牆，或裝設於有開口且與戶外空氣流通之位置；其無法符合者，應裝設熱水器排氣管將廢氣排至戶外。	室內裝修時應注意熱水器安裝之相關規定
第 26 條	直轄市、縣（市）消防機關，為調查、鑑定火災原因，得派員進入有關場所勘查及採取、保存相關證物並向有關人員查詢。 火災現場在未調查鑑定前，應保持完整，必要時得予封鎖。	調查、鑑定火災原因之相關規定

第六章 罰則

與室內裝修相關

第 34 條	毀損供消防使用之蓄、供水設備或消防、救護設備者，處三年以下有期徒刑或拘役，得併科新臺幣六千元以上三萬元以下罰金。 前項未遂犯罰之。	室內裝修修改消防設備管線時，應在安裝測試完後使其正常運轉
第 35 條	依第六條第一項所定標準應設置消防安全設備之供營業使用場所，或依同條第四項所定應設置住宅用火災警報器之場所，其管理權人未依規定設置或維護，於發生火災時致人於死者，處一年以上七年以下有期徒刑，得併科新臺幣一百萬元以上五百萬元以下罰金；致重傷者，處六月以上五年以下有期徒刑，得併科新臺幣五十萬元以上二百五十萬元以下罰金。	未依規定設置或維護，於發生火災時致人於死者的相關罰則

消防法施行細則

修正日期：民國 108 年 9 月 30 日

消防法施行細則		與室內裝修相關
第 1 條	本細則依消防法（以下簡稱本法）第四十六條規定訂定之。	
第 2 條	本法第三條所定消防主管機關，其業務在內政部，由消防署承辦；在直轄市、縣（市）政府，由消防局承辦。 在縣（市）消防局成立前，前項業務暫由縣（市）警察局承辦。	
第 3 條	直轄市、縣（市）政府每年應訂定年度計畫經常舉辦防火教育及防火宣導。	
第 5-1 條	本法第七條第一項所定消防安全設備之設計、監造、裝置及檢修，其工作項目如下： 一、設計：指消防安全設備種類及數量之規劃，並製作消防安全設備圖説。 二、監造：指消防安全設備施工中須經試驗或勘驗事項之查核，並製作紀錄。 三、裝置：指消防安全設備施工完成後之功能測試，並製作消防安全設備測試報告書。 四、檢修：指依本法第九條第一項規定，受託檢查各類場所之消防安全設備，並製作消防安全設備檢修報告書。	消防安全設備之設計、監造、裝置及檢修之定義
第 7 條	依本法第十一條第三項規定申請防焰性能認證者，應檢具下列文件及繳納審查費，向中央主管機關提出，經審查合格後，始得使用防焰標示： 一、申請書。 二、營業概要說明書。 三、公司登記或商業登記證明文件影本。 四、防焰物品或材料進、出貨管理說明書。 五、經中央主管機關評鑑合格之試驗機構出具之防焰性能試驗合格報告書。但防焰物品及其材料之裁剪、縫製、安裝業者，免予檢具。 六、其他經中央主管機關指定之文件。 前項認證作業程序、防焰標示核發、防焰性能試驗基準及指定文件，由中央主管機關定之。	申請防焰性能認證後，始得使用防焰標示

二、消防法施行細則

第 13 條 ★★★★★	本法第十三條第一項所定一定規模以上供公眾使用建築物，其範圍如下： 一、電影片映演場所（戲院、電影院）、演藝場、歌廳、舞廳、夜總會、俱樂部、保齡球館、三溫暖。 二、理容院（觀光理髮、視聽理容等）、指壓按摩場所、錄影節目帶播映場所（MTV 等）、視聽歌唱場所（KTV 等）、酒家、酒吧、PUB 、酒店（廊）。 三、觀光旅館、旅館。 四、總樓地板面積在五百平方公尺以上之百貨商場、超級市場及遊藝場等場所。 五、總樓地板面積在三百平方公尺以上之餐廳。 六、醫院、療養院、養老院。 七、學校、總樓地板面積在二百平方公尺以上之補習班或訓練班。 八、總樓地板面積在五百平方公尺以上，其員工在三十人以上之工廠或機關（構）。 九、其他經中央主管機關指定之供公眾使用之場所。	一定規模以上供公眾使用建築物之定義 必須檢附消防防護計畫相關文件送審合格後才能施工
第 14 條	本法第十三條所定防火管理人，應為管理或監督層次人員，並經中央消防機關認可之訓練機構或直轄市、縣（市）消防機關講習訓練合格領有證書始得充任。 前項講習訓練分為初訓及複訓。初訓合格後，每三年至少應接受複訓一次。 第一項講習訓練時數，初訓不得少於十二小時；複訓不得少於六小時。	防火管理人資格取得之規定

第 15 條
★★★★★

本法第十三條所稱消防防護計畫應包括下列事項：

一、自衛消防編組：員工在十人以上者，至少編組滅火班、通報班及避難引導班；員工在五十人以上者，應增編安全防護班及救護班。

二、防火避難設施之自行檢查：每月至少檢查一次，檢查結果遇有缺失，應報告管理權人立即改善。

三、消防安全設備之維護管理。

四、火災及其他災害發生時之滅火行動、通報聯絡及避難引導等。

五、滅火、通報及避難訓練之實施；每半年至少應舉辦一次，每次不得少於四小時，並應事先通報當地消防機關。

六、防災應變之教育訓練。

七、用火、用電之監督管理。

八、防止縱火措施。

九、場所之位置圖、逃生避難圖及平面圖。

十、其他防災應變上之必要事項。

遇有增建、改建、修建、室內裝修施工時，應另定消防防護計畫，以監督施工單位用火、用電情形。

109/4/26 錢櫃 KTV 大火造成傷亡慘重，即是未檢附消防防護計畫

北市建築之後規定進行室內裝修須檢附並檢討「施工中消防防護計畫」送審過關，才能核發可證施工

第 28 條

各級消防機關為配合救災及緊急救護需要，對於政府機關、公民營事業機構之消防、救災、救護人員、車輛、船舶、航空器及裝備，得舉辦訓練及演習。

第 29 條

本法及本細則所規定之各種書表格式，由中央消防機關定之。

第 30 條

本細則自發布日施行。

三 各類場所消防安全設備設置標準 (摘錄)

修正日期：民國 110 年 06 月 25 日

第一編	總則	與室內裝修相關

第 1 條　本標準依消防法（以下簡稱本法）第六條第一項規定訂定之。

第二編	消防設計	與室內裝修相關

第 4 條　本標準用語定義如下：

一、複合用途建築物：一棟建築物中有供第十二條第一款至第四款各目所列用途二種以上，且該不同用途，在管理及使用形態上，未構成從屬於其中一主用途者；其判斷基準，由中央消防機關另定之。

二、無開口樓層：建築物之各樓層供避難及消防搶救用之有效開口面積未達下列規定者：

（一）十一層以上之樓層，具可內切直徑五十公分以上圓孔之開口，合計面積為該樓地板面積三十分之一以上者。

（二）十層以下之樓層，具可內切直徑五十公分以上圓孔之開口，合計面積為該樓地板面積三十分之一以上者。但其中至少應具有二個內切直徑一公尺以上圓孔或寬七十五公分以上、高一百二十公分以上之開口。

三、高度危險工作場所：儲存一般可燃性固體物質倉庫之高度超過五點五尺者，或易燃性液體物質之閃火點未超過攝氏六十度與攝氏溫度為三十七點八度時，其蒸氣壓未超過每平方公分二點八公斤或 0.28 百萬帕斯卡（以下簡稱 MPa）者，或可燃性高壓氣體製造、儲存、處理場所或石化作業場所，木材加工業作業場所及油漆作業場所等。

四、中度危險工作場所：儲存一般可燃性固體物質倉庫之高度未超過五點五公尺者，或易燃性液體物質之閃火點超過攝氏六十度之作業場所或輕工業場所。

五、低度危險工作場所：有可燃性物質存在。但其存量少，延燒範圍小，延燒速度慢，僅形成小型火災者。

六、避難指標：標示避難出口或方向之指標。

一、複合用途建築物的認定依照「複合用途建築物判斷基準」規定

二、若涉及無開口樓層則須設置：
1．室內消防栓（樓地板面積 150 平方公尺以上）。
2. 自動撒水設備（樓地板面積 300 平方公尺以上）。
3. 火警自動警報

※ 若設有自動滅火設備（第 1 8 條設置水霧、泡沫、乾粉、二氧化碳滅火設備）者，以上三種設備免設

1 建築物室內裝修工程管理相關法規

2 防火避難及消防法相關法規

三、各類場所消防安全設備設置標準

3 職業安全衛生法規

4 綠建材及相關設備類法規

5 其他與建築物室內裝修相關法規

前項第二款所稱有效開口，指符合下列規定者：

一、開口下端距樓地板面一百二十公分以內。

二、開口面臨道路或寬度一公尺以上之通路。

三、開口無柵欄且內部未設妨礙避難之構造或阻礙物。

四、開口為可自外面開啟或輕易破壞得以進入室內之構造。採一般玻璃門窗時，厚度應在六毫米以下。

本標準所列有關建築技術、公共危險物品及可燃性高壓氣體用語，適用建築技術規則、公共危險物品及可燃性高壓氣體製造儲存處理場所設置標準暨安全管理辦法用語定義之規定。

提醒	並非所有建築物都有條件設置室內消防栓、自動撒水設備、火警自動警報，所以設計開窗及大門時也應考慮相關消防法規的相關規定，均須符合才不會產生重複的設計、施工及額外的費用

第 5 條

各類場所符合建築技術規則以無開口且具一小時以上防火時效之牆壁、樓地板區劃分隔者，適用本標準各編規定，視為另一場所。

建築物間設有過廊，並符合下列規定者，視為另一場所：

一、過廊僅供通行或搬運用途使用，且無通行之障礙。

二、過廊有效寬度在六公尺以下。

三、連接建築物之間距，一樓超過六公尺，二樓以上超過十公尺。

建築物符合下列規定者，不受前項第三款之限制：

一、連接建築物之外牆及屋頂，與過廊連接相距三公尺以內者，為防火構造或不燃材料。

二、前款之外牆及屋頂未設有開口。但開口面積在四平方公尺以下，且設具半小時以上防火時效之防火門窗者，不在此限。

三、過廊為開放式或符合下列規定者：

（一）為防火構造或以不燃材料建造。

（二）過廊與二側建築物相連接處之開口面積在四平方公尺以下，且設具半小時以上防火時效之防火門。

（三）設置直接開向室外之開口或機械排煙設備。但設有自動撒水設備者，得免設。

設計規劃時若發現現場有另一場所條件，設計時可以考慮將申請範圍設定為另一場所，則消防設備設施可以減少很多等級及數量

三、各類場所消防安全設備設置標準

前項第三款第三目之直接開向室外之開口或機械排煙設備，應符合下列規定：

一、直接開向室外之開口面積合計在一平方公尺以上，且符合下列規定：

（一）開口設在屋頂或天花板時，設有寬度在過廊寬度三分之一以上，長度在一公尺以上之開口。

（二）開口設在外牆時，在過廊二側設有寬度在過廊長度三分之一以上，高度一公尺以上之開口。

二、機械排煙設備能將過廊內部煙量安全有效地排至室外，排煙機連接緊急電源。

第 6 條	供第十二條第五款使用之複合用途建築物，有分屬同條其他各款目用途時，適用本標準各編規定（第十七條第一項第四款、第五款、第十九條第一項第四款、第五款、第二十一條第二款及第一百五十七條除外），以各目為單元，按各目所列不同用途，合計其樓地板面積，視為單一場所。	單一場所指的是複合用途建築物按不同用途分別計算，依整棟考量來設置消防設備
第 7 條 【93 年】 【96 年】 【103 年】 ★★★	各類場所消防安全設備如下： 一、滅火設備：指以水或其他滅火藥劑滅火之器具或設備。 二、警報設備：指報知火災發生之器具或設備。 三、避難逃生設備：指火災發生時為避難而使用之器具或設備。 四、消防搶救上之必要設備：指火警發生時，消防人員從事搶救活動上必需之器具或設備。 五、其他經中央主管機關認定之消防安全設備。	消防安全設備之類別
第 8 條	滅火設備種類如下： 一、滅火器、消防砂。 二、室內消防栓設備。 三、室外消防栓設備。 四、自動撒水設備。 五、水霧滅火設備。 六、泡沫滅火設備。 七、二氧化碳滅火設備。 八、乾粉滅火設備。 九、簡易自動滅火設備。	滅火設備之種類

第 9 條 【95 年】 【107 年】 ★	警報設備種類如下： 一、火警自動警報設備。 二、手動報警設備。 三、緊急廣播設備。 四、瓦斯漏氣火警自動警報設備。 五、一一九火災通報裝置。	警報設備之 種類
第 10 條 【93 年】 【99 年】 【104 年】 ★★	避難逃生設備種類如下： 一、標示設備：出口標示燈、避難方向指示燈、觀眾席引 　　導燈、避難指標。 二、避難器具：指滑臺、避難梯、避難橋、救助袋、緩降機、 　　避難繩索、滑杆及其他避難器具。 三、緊急照明設備。	避難逃生設 備之種類
第 11 條 【100 年】 ★	消防搶救上之必要設備種類如下： 一、連結送水管。 二、消防專用蓄水池。 三、排煙設備（緊急昇降機間、特別安全梯間排煙設備、 　　室內排煙設備）。 四、緊急電源插座。 五、無線電通信輔助設備。 六、防災監控系統綜合操作裝置。	消防搶救上 之必要設備
第 12 條	各類場所按用途分類如下： 一、甲類場所： 　（一）電影片映演場所（戲院、電影院）、歌廳、舞廳、 　　　　夜總會、俱樂部、理容院（觀光理髮、視聽理 　　　　容等）、指壓按摩場所、錄影節目帶播映場所 　　　　（MTV 等）、視聽歌唱場所（KTV 等）、酒家、 　　　　酒吧、酒店（廊）。 　（二）保齡球館、撞球場、集會堂、健身休閒中心（含 　　　　提供指壓、三溫暖等設施之美容瘦身場所）、 　　　　室內螢幕式高爾夫練習場、遊藝場所、電子遊 　　　　戲場、資訊休閒場所。 　（三）觀光旅館、飯店、旅館、招待所（限有寢室客 　　　　房者）。 　（四）商場、市場、百貨商場、超級市場、零售市場、 　　　　展覽場。 　（五）餐廳、飲食店、咖啡廳、茶藝館。	消防安全設 備檢修場所 分類及申報 日期 甲類場所 檢修期限： 每半年一次 （一）-（三） 申報期限： 每年三月底 及九月底前 （四）-（七） 申報期限： 每年五月底 及十一月底 前

1 建築物室內裝修工程管理相關法規

2 防火避難及消防法相關法規

三、各類場所消防安全設備設置標準

3 職業安全衛生法規

4 綠建材及相關設備類法規

5 其他與建築物室內裝修相關法規

（六）醫院、療養院、榮譽國民之家、長期照顧服務機構（限機構住宿式、社區式之建築物使用類組非屬 H-2 之日間照顧、團體家屋及小規模多機能）、老人福利機構（限長期照護型、養護型、失智照顧型之長期照顧機構、安養機構）、兒童及少年福利機構（限托嬰中心、早期療育機構、有收容未滿二歲兒童之安置及教養機構）、護理機構（限一般護理之家、精神護理之家、產後護理機構）、身心障礙福利機構（限供住宿養護、日間服務、臨時及短期照顧者）、身心障礙者職業訓練機構（限提供住宿或使用特殊機具者）、啟明、啟智、啟聰等特殊學校。

（七）三溫暖、公共浴室。

二、乙類場所：

（一）車站、飛機場大廈、候船室。

（二）期貨經紀業、證券交易所、金融機構。

（三）學校教室、兒童課後照顧服務中心、補習班、訓練班、K 書中心、前款第六目以外之兒童及少年福利機構（限安置及教養機構）及身心障礙者職業訓練機構。

（四）圖書館、博物館、美術館、陳列館、史蹟資料館、紀念館及其他類似場所。

（五）寺廟、宗祠、教堂、供存放骨灰（骸）之納骨堂（塔）及其他類似場所。

（六）辦公室、靶場、診所、長期照顧服務機構（限社區式之建築物使用類組屬 H-2 之日間照顧、團體家屋及小規模多機能）、日間型精神復健機構、兒童及少年心理輔導或家庭諮詢機構、身心障礙者就業服務機構、老人文康機構、前款第六目以外之老人福利機構及身心障礙福利機構。

（七）集合住宅、寄宿舍、住宿型精神復健機構。

（八）體育館、活動中心。

（九）室內溜冰場、室內游泳池。

（十）電影攝影場、電視播送場。

（十一）倉庫、傢俱展示販售場。

（十二）幼兒園。

消防安全設備檢修場所分類及申報日期

乙類場所

檢修期限：每年一次

（一）~（三）申報期限：每年三月底前

（四）~（六）申報期限：每年五月底前

（七）~（九）申報期限：每年九月底前

（十）~（十二）申報期限：每年十一月底前

三、丙類場所：

　　（一）電信機器室。

　　（二）汽車修護廠、飛機修理廠、飛機庫。

　　（三）室內停車場、建築物依法附設之室內停車空間。

四、丁類場所：

　　（一）高度危險工作場所。

　　（二）中度危險工作場所。

　　（三）低度危險工作場所。

五、戊類場所：

　　（一）複合用途建築物中，有供第一款用途者。

　　（二）前目以外供第二款至前款用途之複合用途建築物。

　　（三）地下建築物。

六、其他經中央主管機關公告之場所。

丙、丁類場所

檢修期限：每年一次

申報期限：十二月底前

戊類場所 - 複合中有甲類用途

檢修期限：每半年一次

申報期限：每年五月底及十一月底前

戊類其他場所

檢修期限：每年一次

申報期限：每年十一月底前

其他場所

檢修期限：每年一次

申報期限：每年五月底前

第 13 條 【98 年】 ★	各類場所於增建、改建或變更用途時,其消防安全設備之設置,適用增建、改建或用途變更前之標準。但有下列情形之一者,適用增建、改建或變更用途後之標準: 一、其消防安全設備為滅火器、火警自動警報設備、手動報警設備、緊急廣播設備、標示設備、避難器具及緊急照明設備者。 二、增建或改建部分,以本標準中華民國八十五年七月一日修正條文施行日起,樓地板面積合計逾一千平方公尺或占原建築物總樓地板面積二分之一以上時,該建築物之消防安全設備。 三、用途變更為甲類場所使用時,該變更後用途之消防安全設備。 四、用途變更前,未符合變更前規定之消防安全設備。	增建、改建或變更用途時,適用之前或之後標準之認定
第 14 條	下列場所應設置滅火器: 一、甲類場所、地下建築物、幼兒園。 二、總樓地板面積在一百五十平方公尺以上之乙、丙、丁類場所。 三、設於地下層或無開口樓層,且樓地板面積在五十平方公尺以上之各類場所。 四、設有放映室或變壓器、配電盤及其他類似電氣設備之各類場所。 五、設有鍋爐房、廚房等大量使用火源之各類場所。	設計前應先跟消防技師討論相關設備設置問題
第 15 條	下列場所應設置室內消防栓設備: 一、五層以下建築物,供第十二條第一款第一目所列場所使用,任何一層樓地板面積在三百平方公尺以上者;供第一款其他各目及第二款至第四款所列場所使用,任何一層樓地板面積在五百平方公尺以上者;或為學校教室任何一層樓地板面積在一千四百平方公尺以上者。 二、六層以上建築物,供第十二條第一款至第四款所列場所使用,任何一層之樓地板面積在一百五十平方公尺以上者。 三、總樓地板面積在一百五十平方公尺以上之地下建築物。 四、地下層或無開口之樓層,供第十二條第一款第一目所列場所使用,樓地板面積在一百平方公尺以上者;供第一款其他各目及第二款至第四款所列場所使用,樓地板面積在一百五十平方公尺以上者。 前項應設室內消防栓設備之場所,依本標準設有自動撒水(含補助撒水栓)、水霧、泡沫、二氧化碳、乾粉或室外消防栓等滅火設備者,在該有效範圍內,得免設室內消防栓設備。但設有室外消防栓設備時,在第一層水平距離四十公尺以下、第二層步行距離四十公尺以下有效滅火範圍內,室內消防栓設備限於第一層、第二層免設。	設計前應先跟消防技師討論相關設備設置問題

第 17 條

【101 年】

★

下列場所或樓層應設置自動撒水設備：

一、十層以下建築物之樓層，供第十二條第一款第一目所列場所使用，樓地板面積合計在三百平方公尺以上者；供同款其他各目及第二款第一目所列場所使用，樓地板面積在一千五百平方公尺以上者。

二、建築物在十一層以上之樓層，樓地板面積在一百平方公尺以上者。

三、地下層或無開口樓層，供第十二條第一款所列場所使用，樓地板面積在一千平方公尺以上者。

四、十一層以上建築物供第十二條第一款所列場所或第五款第一目使用者。

五、供第十二條第五款第一目使用之建築物中，甲類場所樓地板面積合計達三千平方公尺以上時，供甲類場所使用之樓層。

六、供第十二條第二款第十一目使用之場所，樓層高度超過十公尺且樓地板面積在七百平方公尺以上之高架儲存倉庫。

七、總樓地板面積在一千平方公尺以上之地下建築物。

八、高層建築物。

九、供第十二條第一款第六目所定榮譽國民之家、長期照顧服務機構（限機構住宿式、社區式之建築物使用類組非屬 H-2 之日間照顧、團體家屋及小規模多機能）、老人福利機構（限長期照護型、養護型、失智照顧型之長期照顧機構、安養機構）、護理機構（限一般護理之家、精神護理之家）、身心障礙福利機構（限照顧植物人、失智症、重癱、長期臥床或身心功能退化者）使用之場所。

前項應設自動撒水設備之場所，依本標準設有水霧、泡沫、二氧化碳、乾粉等滅火設備者，在該有效範圍內，得免設自動撒水設備。

第一項第九款所定場所，其樓地板面積合計未達一千平方公尺者，得設置水道連結型自動撒水設備或與現行法令同等以上效能之滅火設備或採用中央主管機關公告之措施；水道連結型自動撒水設備設置基準，由中央消防機關定之。

第 18 條　下表所列之場所，應就水霧、泡沫、乾粉、二氧化碳滅火設備等選擇設置之。但外牆開口面積（常時開放部分）達該層樓地板面積百分之十五以上者，上列滅火設備得採移動式設置。

滅火設備設置類型

項目	應　設　場　所	水霧	泡沫	二氧化碳	乾粉
一	屋頂直昇機停機場（坪）。		○		○
二	飛機修理廠、飛機庫樓地板面積在二百平方公尺以上者。		○		○
三	汽車修理廠、室內停車空間在第一層樓地板面積五百平方公尺以上者；在地下層或第二層以上樓地板面積在二百平方公尺以上者；在屋頂設有停車場樓地板面積在三百平方公尺以上者。	○	○	○	○
四	昇降機械式停車場可容納十輛以上者。	○	○	○	○
五	發電機室、變壓器室及其他類似之電器設備場所，樓地板面積在二百平方公尺以上者。	○		○	○
六	鍋爐房、廚房等大量使用火源之場所，樓地板面積在二百平方公尺以上者。			○	○
七	電信機械室、電腦室或總機室及其他類似場所，樓地板面積在二百平方公尺以上者。			○	○
八	引擎試驗室、石油試驗室、印刷機房及其他類似危險工作場所，樓地板面積在二百平方公尺以上者。	○	○	○	○

註：

一、大量使用火源場所，指最大消費熱量合計在每小時三十萬千卡以上者。

二、廚房如設有自動撒水設備，且排油煙管及煙罩設簡易自動滅火設備時，得不受本表限制。

三、停車空間內車輛採一列停放，並能同時通往室外者，得不受本表限制。

四、本表第七項所列應設場所得使用預動式自動撒水設備。

五、平時有特定或不特定人員使用之中央管理室、防災中心等類似處所，不得設置二氧化碳滅火設備。

樓地板面積在三百平方公尺以上之餐廳或供第十二條第一款第六目所定榮譽國民之家、長期照顧服務機構（限機構住宿式、社區式之建築物使用類組非屬 H-2 之日間照顧、團體家屋及小規模多機能）、老人福利機構（限長期照護型、養護型、失智照顧型之長期照顧機構、安養機構）、護理機構（限一般護理之家、精神護理之家）、身心障礙福利機構（限照顧植物人、失智症、重癱、長期臥床或身心功能退化者）使用之場所且樓地板面積合計在五百平方公尺以上者，其廚房排油煙管及煙罩應設簡易自動滅火設備。但已依前項規定設有滅火設備者，得免設簡易自動滅火設備。

第 19 條	下列場所應設置火警自動警報設備： 一、五層以下之建築物，供第十二條第一款及第二款第十二目所列場所使用，任何一層之樓地板面積在三百平方公尺以上者；或供同條第二款（第十二目除外）至第四款所列場所使用，任何一層樓地板面積在五百平方公尺以上者。 二、六層以上十層以下之建築物任何一層樓地板面積在三百平方公尺以上者。 三、十一層以上建築物。 四、地下層或無開口樓層，供第十二條第一款第一目、第五目及第五款（限其中供第一款第一目或第五目使用者）使用之場所，樓地板面積在一百平方公尺以上者；供同條第一款其他各目及其他各款所列場所使用，樓地板面積在三百平方公尺以上者。 五、供第十二條第五款第一目使用之建築物，總樓地板面積在五百平方公尺以上，且其中甲類場所樓地板面積合計在三百平方公尺以上者。 六、供第十二條第一款及第五款第三目所列場所使用，總樓地板面積在三百平方公尺以上者。 七、供第十二條第一款第六目所定榮譽國民之家、長期照顧服務機構（限機構住宿式、社區式之建築物使用類組非屬 H-2 之日間照顧、團體家屋及小規模多機能）、老人福利機構（限長期照護型、養護型、失智照顧型之長期照顧機構、安養機構）、護理機構（限一般護理之家、精神護理之家）、身心障礙福利機構（限照顧植物人、失智症、重癱、長期臥床或身心功能退化者）使用之場所。 前項應設火警自動警報設備之場所，除供甲類場所、地下建築物、高層建築物或應設置偵煙式探測器之場所外，如已依本標準設置自動撒水、水霧或泡沫滅火設備（限使用標示攝氏溫度七十五度以下，動作時間六十秒以內之密閉型撒水頭）者，在該有效範圍內，得免設火警自動警報設備。	設計前應先跟消防技師討論相關設備設置問題
第 20 條	下列場所應設置手動報警設備： 一、三層以上建築物，任何一層樓地板面積在二百平方公尺以上者。 二、第十二條第一款第三目之場所。	設計前應先跟消防技師討論相關設備設置問題

1

建築物室內裝修工程管理相關法規

2

防火避難及消防法相關法規

三、各類場所消防安全設備設置標準

3

職業安全衛生法規

4

綠建材及相關設備類法規

5

其他與建築物室內裝修相關法規

第 21 條	下列使用瓦斯之場所應設置瓦斯漏氣火警自動警報設備：	設計前應先跟消防技師討論相關設備設置問題
	一、地下層供第十二條第一款所列場所使用，樓地板面積合計一千平方公尺以上者。	
	二、供第十二條第五款第一目使用之地下層，樓地板面積合計一千平方公尺以上，且其中甲類場所樓地板面積合計五百平方公尺以上者。	
	三、總樓地板面積在一千平方公尺以上之地下建築物。	
第 22 條	依第十九條或前條規定設有火警自動警報或瓦斯漏氣火警自動警報設備之建築物，應設置緊急廣播設備。	設計前應先跟消防技師討論相關設備設置問題
第 23 條	下列場所應設置標示設備：	設計前應先跟消防技師討論相關設備設置問題
	一、供第十二條第一款、第二款第十二目、第五款第一目、第三目使用之場所，或地下層、無開口樓層、十一層以上之樓層供同條其他各款目所列場所使用，應設置出口標示燈。	
	二、供第十二條第一款、第二款第十二目、第五款第一目、第三目使用之場所，或地下層、無開口樓層、十一層以上之樓層供同條其他各款目所列場所使用，應設置避難方向指示燈。	
	三、戲院、電影院、歌廳、集會堂及類似場所，應設置觀眾席引導燈。	
	四、各類場所均應設置避難指標。但設有避難方向指示燈或出口標示燈時，在其有效範圍內，得免設置避難指標。	
第 24 條	下列場所應設置緊急照明設備：	設計前應先跟消防技師討論相關設備設置問題
	一、供第十二條第一款、第三款及第五款所列場所使用之居室。	
	二、供第十二條第二款第一目、第二目、第三目（學校教室除外）、第四目至第六目、第七目所定住宿型精神復健機構、第八目、第九目及第十二目所列場所使用之居室。	
	三、總樓地板面積在一千平方公尺以上建築物之居室（學校教室除外）。	
	四、有效採光面積未達該居室樓地板面積百分之五者。	
	五、供前四款使用之場所，自居室通達避難層所須經過之走廊、樓梯間、通道及其他平時依賴人工照明部分。	
	經中央主管機關認可為容易避難逃生或具有效採光之場所，得免設緊急照明設備。	

第 25 條	建築物除十一層以上樓層及避難層外,各樓層應選設滑臺、避難梯、避難橋、救助袋、緩降機、避難繩索、滑杆或經中央主管機關認可具同等性能之避難器具。但建築物在構造及設施上,並無避難逃生障礙,經中央主管機關認可者,不在此限。	設計前應先跟消防技師討論相關設備設置問題
第 28 條	下列場所應設置排煙設備: 一、供第十二條第一款及第五款第三目所列場所使用,樓地板面積合計在五百平方公尺以上。 二、樓地板面積在一百平方公尺以上之居室,其天花板下方八十公分範圍內之有效通風面積未達該居室樓地板面積百分之二者。 三、樓地板面積在一千平方公尺以上之無開口樓層。 四、供第十二條第一款第一目所列場所及第二目之集會堂使用,舞臺部分之樓地板面積在五百平方公尺以上者。 五、依建築技術規則應設置之特別安全梯或緊急昇降機間。 前項場所之樓地板面積,在建築物以具有一小時以上防火時效之牆壁、平時保持關閉之防火門窗等防火設備及各該樓層防火構造之樓地板區劃,且防火設備具一小時以上之阻熱性者,增建、改建或變更用途部分得分別計算。	排煙設備設置會影響天花板的高度及防火區劃的設置,設計時應先考慮如何能避開排煙設備設置的規定
第 29 條	下列場所應設置緊急電源插座: 一、十一層以上建築物之各樓層。 二、總樓地板面積在一千平方公尺以上之地下建築物。 三、依建築技術規則應設置之緊急昇降機間。	設置緊急電源插座之規定
第 30 條	下列場所應設置無線電通信輔助設備: 一、樓高在一百公尺以上建築物之地下層。 二、總樓地板面積在一千平方公尺以上之地下建築物。 三、地下層在四層以上,且地下層樓地板面積合計在三千平方公尺以上建築物之地下層。	設置無線電通信輔助設備之規定
第 30 條 之一	下列場所應設置防災監控系統綜合操作裝置: 一、高層建築物。 二、總樓地板面積在五萬平方公尺以上之建築物。 三、總樓地板面積在一千平方公尺以上之地下建築物。 四、其他經中央主管機關公告之供公眾使用之場所。	

第 一 章 滅火設備

第 一 節 滅火器及室內消防栓設備

第 31 條

滅火器應依下列規定設置：

一、視各類場所潛在火災性質設置，並依下列規定核算其最低滅火效能值：

（一）供第十二條第一款及第五款使用之場所，各層樓地板面積每一百平方公尺（含未滿）有一滅火效能值。

（二）供第十二條第二款至第四款使用之場所，各層樓地板面積每二百平方公尺（含未滿）有一滅火效能值。

（三）鍋爐房、廚房等大量使用火源之處所，以樓地板面積每二十五平方公尺（含未滿）有一滅火效能值。

二、電影片映演場所放映室及電氣設備使用之處所，每一百平方公尺（含未滿）另設一滅火器。

三、設有滅火器之樓層，自樓面居室任一點至滅火器之步行距離在二十公尺以下。

四、固定放置於取用方便之明顯處所，並設有以紅底白字標明滅火器字樣之標識，其每字應在二十平方公分以上。但與室內消防栓箱等設備併設於箱體內並於箱面標明滅火器字樣者，其標識顏色不在此限。

五、懸掛於牆上或放置滅火器箱中之滅火器，其上端與樓地板面之距離，十八公斤以上者在一公尺以下，未滿十八公斤者在一點五公尺以下。

室內裝修送審竣工拍照時，相關滅火器設備應符合規定，呈現在照片之中

第 33 條

室內消防栓設備之消防立管管系竣工時，應做加壓試驗，試驗壓力不得小於加壓送水裝置全閉揚程一點五倍以上之水壓。試驗壓力以繼續維持二小時無漏水現象為合格。

竣工時應做加壓測試

第 34 條　除第十二條第二款第十一目或第四款之場所，應設置第一種消防栓外，其他場所應就下列二種消防栓選擇設置之：

一、第一種消防栓，依下列規定設置：

（一）各層任一點至消防栓接頭之水平距離在二十五公尺以下。

（二）任一樓層內，全部消防栓同時使用時，各消防栓瞄子放水壓力在每平方公分一點七公斤以上或 0.17 MPa 以上，放水量在每分鐘一百三十公升以上。但全部消防栓數量超過二支時，以同時使用二支計算之。

（三）消防栓箱內，配置口徑三十八毫米或五十毫米之消防栓一個，口徑三十八毫米或五十毫米、長十五公尺並附快式接頭之水帶二條，水帶架一組及口徑十三毫米以上之直線水霧兩用瞄子一具。但消防栓接頭至建築物任一點之水平距離在十五公尺以下時，水帶部分得設十公尺水帶二條。

二、第二種消防栓，依下列規定設置：

（一）各層任一點至消防栓接頭之水平距離在二十五公尺以下。

（二）任一樓層內，全部消防栓同時使用時，各消防栓瞄子放水壓力在每平方公分一點七公斤以上或 0.17 MPa 以上，放水量在每分鐘八十公升以上。但全部消防栓數量超過二支時，以同時使用二支計算之。

（三）消防栓箱內，配置口徑二十五毫米消防栓連同管盤長三十公尺之皮管或消防用保形水帶及直線水霧兩用瞄子一具，且瞄子設有容易開關之裝置。

前項消防栓，應符合下列規定：

一、消防栓開關距離樓地板之高度，在零點三公尺以上一點五公尺以下。

二、設在走廊或防火構造樓梯間附近便於取用處。

三、供集會或娛樂處所，設於舞臺二側、觀眾席後二側、包廂後側之位置。

四、在屋頂上適當位置至少設置一個測試用出水口，並標明測試出水口字樣。但斜屋頂設置測試用出水口有困難時，得免設。

第一種消防栓設置場所：

乙類場所（十一）倉庫、傢俱展示販售場。

丁類場所：

（一）高度危險工作場所。

（二）中度危險工作場所。

（三）低度危險工作場所。

消防栓設置之規定

第 35 條　室內消防栓箱，應符合下列規定：

一、箱身為厚度在一點六毫米以上之鋼板或具同等性能以上之不燃材料者。

二、具有足夠裝設消防栓、水帶及瞄子等裝備之深度，其箱面表面積在零點七平方公尺以上。

三、箱面有明顯而不易脫落之消防栓字樣，每字在二十平方公分以上。

> 室內消防栓箱設置之規定
>
> 但沒有規定箱體表面顏色一定要紅色，可以按照設計規劃處理表面圖案

第 38 條　室內消防栓設備之緊急電源，應使用發電機設備或蓄電池設備，其供電容量應供其有效動作三十分鐘以上。

前項緊急電源在供第十二條第四款使用之場所，得使用具有相同效果之引擎動力系統。

第 三 節 自動撒水設備

第 43 條
【93 年】
★

自動撒水設備，得依實際情況需要就下列各款擇一設置。但供第十二條第一款第一目所列場所及第二目之集會堂使用之舞臺，應設開放式：

一、密閉濕式：平時管內貯滿高壓水，撒水頭動作時即撒水。

二、密閉乾式：平時管內貯滿高壓空氣，撒水頭動作時先排空氣，繼而撒水。

三、開放式：平時管內無水，啟動一齊開放閥，使水流入管系撒水。

四、預動式：平時管內貯滿低壓空氣，以感知裝置啟動流水檢知裝置，且撒水頭動作時即撒水。

五、其他經中央主管機關認可者。

> 自動撒水設備之種類

第 45 條　自動撒水設備竣工時，應做加壓試驗，其測試方法準用第三十三條規定。

但密閉乾式管系應併行空氣壓試驗，試驗時，應使空氣壓力達到每平方公分二點八公斤或 0.28 MPa 之標準，其壓力持續二十四小時，漏氣減壓量應在每平方公分零點一公斤以下或 0.01MPa 以下為合格。

第 46 條　撒水頭，依下列規定配置：

一、戲院、舞廳、夜總會、歌廳、集會堂等表演場所之舞臺及道具室、電影院之放映室或儲存易燃物品之倉庫，任一點至撒水頭之水平距離，在一點七公尺以下。

二、前款以外之建築物依下列規定配置：

（一）一般反應型撒水頭（第二種感度），各層任一點至撒水頭之水平距離在二點一公尺以下。但防火構造建築物，其水平距離，得增加為二點三公尺以下。

（二）快速反應型撒水頭（第一種感度），各層任一點至撒水頭之水平距離在二點三公尺以下。但設於防火構造建築物，其水平距離，得增加為二點六公尺以下；撒水頭有效撒水半徑經中央主管機關認可者，其水平距離，得超過二點六公尺。

三、第十二條第一款第三目、第六目、第二款第七目、第五款第一目等場所之住宿居室、病房及其他類似處所，得採用小區劃型撒水頭（以第一種感度為限），任一點至撒水頭之水平距離在二點六公尺以下，撒水頭間距在三公尺以上，且任一撒水頭之防護面積在十三平方公尺以下。

四、前款所列場所之住宿居室等及其走廊、通道與其類似場所，得採用側壁型撒水頭（以第一種感度為限），牆面二側至撒水頭之水平距離在一點八公尺以下，牆壁前方至撒水頭之水平距離在三點六公尺以下。

五、中央主管機關認定儲存大量可燃物之場所天花板高度超過六公尺，或他場所天花板高度超過十公尺者，應採用放水型撒水頭。

六、地下建築物天花板與樓板間之高度，在五十公分以上時，天花板與樓板均應配置撒水頭，且任一點至撒水頭之水平距離在二點一公尺以下。但天花板以不燃性材料裝修者，其樓板得免設撒水頭。

在設計時就需考慮天花板造型及高度部分，是否會影響到消防設備的設置

三、各類場所消防安全設備設置標準

第十七條第一項第六款之高架儲存倉庫，其撒水頭依下列規定配置：

一、設在貨架之撒水頭，應符合下列規定：

（一）任一點至撒水頭之水平距離，在二點五公尺以下，並以交錯方式設置。

（二）儲存棉花類、塑膠類、木製品、紙製品或紡織製品等易燃物品時，每四公尺高度至少設置一個；儲存其他物品時，每六公尺高度至少設置一個。

（三）儲存之物品會產生撒水障礙時，該物品下方亦應設置。

（四）設置符合第四十七條第二項規定之防護板。但使用經中央主管機關認可之貨架撒水頭者，不在此限。

二、前款以外，設在天花板或樓板之撒水頭，任一點至撒水頭之水平距離在二點一公尺以下。

地下建築物設置撒水頭時，天花板與樓板高差超過五十公分以上，設置撒水頭應注意相關規定

第 47 條

撒水頭之位置，依下列規定裝置：

一、撒水頭軸心與裝置面成垂直裝置。

二、撒水頭迴水板下方四十五公分內及水平方向三十公分內，應保持淨空間，不得有障礙物。

三、密閉式撒水頭之迴水板裝設於裝置面（指樓板或天花板）下方，其間距在三十公分以下。

四、密閉式撒水頭裝置於樑下時，迴水板與樑底之間距在十公分以下，且與樓板或天花板之間距在五十公分以下。

五、密閉式撒水頭裝置面，四周以淨高四十公分以上之樑或類似構造體區劃包圍時，按各區劃裝置。但該樑或類似構造體之間距在一百八十公分以下者，不在此限。

六、使用密閉式撒水頭，且風管等障礙物之寬度超過一百二十公分時，該風管等障礙物下方，亦應設置。

七、側壁型撒水頭應符合下列規定：

（一）撒水頭與裝置面（牆壁）之間距，在十五公分以下。

（二）撒水頭迴水板與天花板或樓板之間距，在十五公分以下。

（三）撒水頭迴水板下方及水平方向四十五公分內，保持淨空間，不得有障礙物。

在設計時就需考慮天花板造型及高度部分，是否會影響到消防設備的設置

八、密閉式撒水頭側面有樑時，依下表裝置。

撒水頭與樑側面淨距離（公分）	74 以下	75 以上 99 以下	100 以上 149 以下	150 以上
迴水板高出樑底面尺寸（公分）	0	9 以下	14 以下	29 以下

前項第八款之撒水頭，其迴水板與天花板或樓板之距離超過三十公分時，

依下列規定設置防護板：

一、防護板應使用金屬材料，且直徑在三十公分以上。

二、防護板與迴水板之距離，在三十公分以下。

第 48 條　密閉式撒水頭，應就裝置場所平時最高周圍溫度，依下表選擇一定標示溫度之撒水頭。

最高周圍溫度	標示溫度
三十九度未滿	七十五度未滿
三十九度以上六十四度未滿	七十五度以上一百二十一度未滿
六十四度以上一百零六度未滿	一百二十一度以上一百六十二度未滿
一百零六度以上	一百六十二度以上

第 49 條　　下列處所得免裝撒水頭：

一、洗手間、浴室或廁所。

二、室內安全梯間、特別安全梯間或緊急昇降機間之排煙室。

三、防火構造之昇降機昇降路或管道間。

四、昇降機機械室或通風換氣設備機械室。

五、電信機械室或電腦室。

六、發電機、變壓器等電氣設備室。

七、外氣流通無法有效探測火災之走廊。

八、手術室、產房、Ｘ光（放射線）室、加護病房或麻醉室等其他類似處所。

九、第十二條第一款第一目所列場所及第二目之集會堂使用之觀眾席，設有固定座椅部分，且撒水頭裝置面高度在八公尺以上者。

十、室內游泳池之水面或溜冰場之冰面上方。

十一、主要構造為防火構造，且開口設有具一小時以上防火時效之防火門之金庫。

十二、儲存鋁粉、碳化鈣、磷化鈣、鈉、生石灰、鎂粉、鉀、過氧化鈉等禁水性物質或其他遇水時將發生危險之化學品倉庫或房間。

十三、第十七條第一項第五款之建築物（地下層、無開口樓層及第十一層以上之樓層除外）中，供第十二條第二款至第四款所列場所使用，與其他部分間以具一小時以上防火時效之牆壁、樓地板區劃分隔，並符合下列規定者：

（一）區劃分隔之牆壁及樓地板開口面積合計在八平方公尺以下，且任一開口面積在四平方公尺以下。

（二）前目開口部設具一小時以上防火時效之防火門窗等防火設備，且開口部與走廊、樓梯間不得使用防火鐵捲門。但開口面積在四平方公尺以下，且該區劃分隔部分能二方向避難者，得使用具半小時以上防火時效之防火門窗等防火設備。

免裝撒水頭之相關位置

三、各類場所消防安全設備設置標準

十四、第十七條第一項第四款之建築物（地下層、無開口樓層及第十一層以上之樓層除外）中，供第十二條第二款至第四款所列場所使用，與其他部分間以具一小時以上防火時效之牆壁、樓地板區劃分隔，並符合下列規定者：

（一）區劃分隔部分，樓地板面積在二百平方公尺以下。

（二）內部裝修符合建築技術規則建築設計施工編第八十八條規定。

（三）開口部設具一小時以上防火時效之防火門窗等防火設備，且開口部與走廊、樓梯間不得使用防火鐵捲門。但開口面積在四平方公尺以下，且該區劃分隔部分能二方向避難者，得使用具半小時以上防火時效之防火門窗等防火設備。

十五、其他經中央主管機關指定之場所。

第 51 條　自動撒水設備應裝置適當之流水檢知裝置，並符合下列規定：

一、各樓層之樓地板面積在三千平方公尺以下者，裝設一套，超過三千平方公尺者，裝設二套。但上下二層，各層撒水頭數量在十個以下，且設有火警自動警報設備者，得二層共用。

二、無隔間之樓層內，前款三千平方公尺得增為一萬平方公尺。

三、撒水頭或一齊開放閥開啟放水時，即發出警報。

四、附設制水閥，其高度距離樓地板面在一點五公尺以下零點八公尺以上，並於制水閥附近明顯易見處，設置標明制水閥字樣之標識。

二階段室內裝修審查竣工時消防隊會到現場檢驗，其中一項會檢測消防的制水閥，測試是否正常運作

第 四 節 水霧滅火設備

第 61 條　水霧噴頭，依下列規定配置：

一、防護對象之總面積在各水霧噴頭放水之有效防護範圍內。

二、每一水霧噴頭之有效半徑在二點一公尺以下。

三、水霧噴頭之配置數量，依其裝設之放水角度、放水量及防護區域面積核算，其每平方公尺放水量，供第十八條附表第三項、第四項所列場所使用，在每分鐘二十公升以上；供同條附表其他場所使用，在每分鐘十公升以上。

> 在設計時就需考慮天花板造型及高度部分，是否會影響到消防設備的設置

第 63 條　放射區域，指一只一齊開放閥啟動放射之區域，每一區域以五十平方公尺為原則。

前項放射區域有二區域以上者，其主管管徑應在一百毫米以上。

第 67 條　水霧送水口，依第五十九條第一款至第四款規定設置，並標明水霧送水口字樣及送水壓力範圍

第 五 節 泡沫滅火設備

第 69 條　泡沫滅火設備之放射方式，依實際狀況需要，就下列各款擇一設置：

一、固定式：視防護對象之形狀、構造、數量及性質配置泡沫放出口，其設置數量、位置及放射量，應能有效滅火。

二、移動式：水帶接頭至防護對象任一點之水平距離在十五公尺以下。

第 70 條　固定式泡沫滅火設備之泡沫放出口，依泡沫膨脹比，就下表選擇設置之：

膨脹比種類	泡沫放出口種類
膨脹比二十以下（低發泡）	泡沫噴頭或泡水噴頭
膨脹比八十以上一千以下（高發泡）	高發泡放出口

前項膨脹比，指泡沫發泡體積與發泡所需泡沫水溶液體積之比值。

第 79 條　泡沫原液與水混合使用之濃度，依下列規定：

一、蛋白質泡沫液百分之三或百分之六。

二、合成界面活性泡沫液百分之一或百分之三。

三、水成膜泡沫液百分之三或百分之六。

> 消防試水時，泡沫原液經過打發後會產生一定厚度，若厚度不夠，表示原液的濃度不夠，原液需要送交檢驗單位查驗，檢查濃度是否符合法規規定

第 81 條　泡沫原液儲槽，依下列規定設置：

一、設有便於確認藥劑量之液面計或計量棒。

二、平時在加壓狀態者，應附設壓力表。

三、設置於溫度攝氏四十度以下，且無日光曝曬之處。

四、採取有效防震措施。

泡沫原液儲槽在消防安檢時，應檢查原液高度是否合格

消防安全檢查時，必檢查泡沫原液儲槽原液高度是否符合標準

第 六 節 二氧化碳滅火設備

第 82 條　二氧化碳滅火設備之放射方式依實際狀況需要就下列各款擇一裝置：

一、全區放射方式：用不燃材料建造之牆、柱、樓地板或天花板等區劃間隔，且開口部設有自動關閉裝置之區域，其噴頭設置數量、位置及放射量應視該部分容積及防護對象之性質作有效之滅火。但能有效補充開口部洩漏量者，得免設自動關閉裝置。

二、局部放射方式：視防護對象之形狀、構造、數量及性質，配置噴頭，其設置數量、位置及放射量，應能有效滅火。

三、移動放射方式：皮管接頭至防護對象任一部分之水平距離在十五公尺以下。

第 84 條　全區及局部放射方式之噴頭，依下列規定設置：

一、全區放射方式所設之噴頭能使放射藥劑迅速均勻地擴散至整個防護區域。

二、二氧化碳噴頭之放射壓力，其滅火藥劑以常溫儲存者之高壓式為每平方公分十四公斤以上或 1.4MPa 以上；其滅火藥劑儲存於溫度攝氏零下十八度以下者之低壓式為每平方公分九公斤以上或 0.9MPa 以上。

三、全區放射方式依前條第一款所核算之滅火藥劑量，依下表所列場所，於規定時間內全部放射完畢。

設置場所	電信機械室、總機室	其他
其他	3.5	1

四、局部放射方式所設噴頭之有效射程內，應涵蓋防護對象所有表面，且所設位置不得因藥劑之放射使可燃物有飛散之虞。

五、局部放射方式依前條第二款所核算之滅火藥劑量應於三十秒內全部放射完畢。

第 91 條　啟動裝置，依下列規定，設置手動及自動啟動裝置：

一、手動啟動裝置應符合下列規定：

（一）設於能看清區域內部且操作後能容易退避之防護區域外。

（二）每一防護區域或防護對象裝設一套。

（三）其操作部設在距樓地板面高度零點八公尺以上一點五公尺以下。

（四）其外殼漆紅色。

（五）以電力啟動者，裝置電源表示燈。

（六）操作開關或拉桿，操作時同時發出警報音響，且設有透明塑膠製之有效保護裝置。

（七）在其近旁標示所防護區域名稱、操作方法及安全上應注意事項。

二、自動啟動裝置與火警探測器感應連動啟動。

前項啟動裝置，依下列規定設置自動及手動切換裝置：

一、設於易於操作之處所。

二、設自動及手動之表示燈。

三、自動、手動切換必須以鑰匙或拉桿操作，始能切換。

四、切換裝置近旁標明操作方法。

第 92 條　音響警報裝置，依下列規定設置：

一、手動或自動裝置動作後，應自動發出警報，且藥劑未全部放射前不得中斷。

二、音響警報應有效報知防護區域或防護對象內所有人員。

三、設於全區放射方式之音響警報裝置採用人語發音。但平時無人駐守者，不在此限。

第 93 條　全區放射方式之安全裝置，依下列規定設置：

一、啟動裝置開關或拉桿開始動作至儲存容器之容器閥開啟，設有二十秒以上之遲延裝置。

二、於防護區域出入口等易於辨認處所設置放射表示燈。

1 建築物室內裝修工程管理相關法規

2 防火避難及消防法相關法規

3 職業安全衛生法規

4 綠建材及相關設備類法規

5 其他與建築物室內裝修相關法規

三、各類場所消防安全設備設置標準

第 94 條　全區放射或局部放射方式防護區域，對放射之滅火藥劑，依下列規定將其排放至安全地方：

一、排放方式應就下列方式擇一設置，並於一小時內將藥劑排出：

（一）採機械排放時，排風機為專用，且具有每小時五次之換氣量。但與其他設備之排氣裝置共用，無排放障礙者，得共用之。

（二）採自然排放時，設有能開啟之開口部，其面向外氣部分（限防護區域自樓地板面起高度三分之二以下部分）之大小，占防護區域樓地板面積百分之十以上，且容易擴散滅火藥劑。

二、排放裝置之操作開關須設於防護區域外便於操作處，且在其附近設有標示。

三、排放至室外之滅火藥劑不得有局部滯留之現象。

第 95 條　全區及局部放射方式之緊急電源，應採用自用發電設備或蓄電池設備，其容量應能使該設備有效動作一小時以上。

第 七 節 乾粉滅火設備及簡易自動滅火設備

第 98 條　乾粉滅火設備之放射方式、通風換氣裝置、防護區域之開口部、選擇閥、啟動裝置、音響警報裝置、安全裝置、緊急電源及各種標示規格，準用第八十二條、第八十五條、第八十六條、第九十條至第九十三條、第九十五條及第九十七條規定設置。

第 101 條　供室內停車空間使用之滅火藥劑，以第三種乾粉為限。

第 二 章 警報設備

第 一 節 火警自動警報設備

第 112 條　裝設火警自動警報設備之建築物，依下列規定劃定火警分區：

一、每一火警分區不得超過一樓層，並在樓地板面積六百平方公尺以下。但上下二層樓地板面積之和在五百平方公尺以下者，得二層共用一分區。

二、每一分區之任一邊長在五十公尺以下。但裝設光電式分離型探測器時，其邊長得在一百公尺以下。

三、如由主要出入口或直通樓梯出入口能直接觀察該樓層任一角落時，第一款規定之六百平方公尺得增為一千平方公尺。

四、樓梯、斜坡通道、昇降機之昇降路及管道間等場所，在水平距離五十公尺範圍內，且其頂層相差在二層以下時，得為一火警分區。但應與建築物各層之走廊、通道及居室等場所分別設置火警分區。

五、樓梯或斜坡通道，垂直距離每四十五公尺以下為一火警分區。但其地下層部分應為另一火警分區。

火警分區之範圍

第 113 條　火警自動警報設備之鳴動方式，建築物在五樓以上，且總樓地板面積在三千平方公尺以上者，依下列規定：

一、起火層為地上二層以上時，限該樓層與其直上二層及其直下層鳴動。

二、起火層為地面層時，限該樓層與其直上層及地下層各層鳴動。

三、起火層為地下層時，限地面層及地下層各層鳴動。

四、前三款之鳴動於十分鐘內或受信總機再接受火災信號時，應立即全區鳴動。

火警自動警報設備之鳴動方式

1 建築物室內裝修工程管理相關法規

2 防火避難及消防法相關法規

3 職業安全衛生法規

4 綠建材及相關設備類法規

5 其他與建築物室內裝修相關法規

三、各類場所消防安全設備設置標準

第 114 條
【93 年】

探測器應依裝置場所高度，就下表選擇探測器種類裝設。但同一室內之天花板或屋頂板高度不同時，以平均高度計。

裝置場所高度	未滿四公尺	四公尺以上未滿八公尺	八公尺以上未滿十五公尺	十五公尺以上未滿二十公尺
探測器種類	差動式局限型、差動式分布型、補償式局限型、定溫式、離子式、局限型、光電式局限型、光電式分離型、火焰式	差動式局限型、差動式分布型、補償式局限型、定溫式特種或一種、離子式局限型一種或二種、光電式局限型一種或二種、光電式分離型、火焰式	差動式分佈型、離子式局限型一種或二種、光電式局限型一種或二種、光電式分離型、火焰式	離子式局限型一種、光電式局限型一種、光電式分離型一種、火焰式

第 115 條

探測器之裝置位置，依下列規定：

一、天花板上設有出風口時，除火焰式、差動式分布型及光電式分離型探測器外，應距離該出風口一點五公尺以上。

二、牆上設有出風口時，應距離該出風口一點五公尺以上。但該出風口距天花板在一公尺以上時，不在此限。

三、天花板設排氣口或回風口時，偵煙式探測器應裝置於排氣口或回風口、局限型探測器以裝置在探測區域中心附近為原則。

五、局限型探測器之裝置，不得傾斜四十五度以上。但火焰式探測器，不在此限。

探測器之裝置位置，應符合相關規定

第 116 條

下列處所得免設探測器：

一、探測器除火焰式外，裝置面高度超過二十公尺者。

二、外氣流通無法有效探測火災之場所。

三、洗手間、廁所或浴室。

四、冷藏庫等設有能早期發現火災之溫度自動調整裝置者。

五、主要構造為防火構造，且開口設有具一小時以上防火時效防火門之金庫。

六、室內游泳池之水面或溜冰場之冰面上方。

七、不燃性石材或金屬等加工場，未儲存或未處理可燃性物品處。

八、其他經中央主管機關指定之場所。

免設探測器之場所

1 建築物室內裝修工程管理相關法規

2 防火避難及消防法相關法規

三、各類場所消防安全設備設置標準

3 職業安全衛生法規

4 綠建材及相關設備類法規

5 其他與建築物室內裝修相關法規

第 117 條　偵煙式或熱煙複合式局限型探測器不得設於下列處所：

一、塵埃、粉末或水蒸氣會大量滯留之場所。

二、會散發腐蝕性氣體之場所。

三、廚房及其他平時煙會滯留之場所。

四、顯著高溫之場所。

五、排放廢氣會大量滯留之場所。

六、煙會大量流入之場所。

七、會結露之場所。

八、設有用火設備其火焰外露之場所。

九、其他對探測器機能會造成障礙之場所。

火焰式探測器不得設於下列處所：

一、前項第二款至第四款或第六款至第八款所列之處所。

二、水蒸氣會大量滯留之處所。

三、其他對探測器機能會造成障礙之處所。

前二項所列場所，依下表狀況，選擇適當探測器設置：

（側欄）偵煙式或熱煙複合式局限型探測器不得設於下列處所

火焰式探測器不得設於下列處所：

場所			1 灰塵、粉末會大量滯留場所	2 水蒸氣會大量滯留之場所	3 會散發腐蝕性氣體之場所	4 平時煙會滯留之場所	5 顯著高溫之場所	6 排放廢氣會大量滯留之場所	7 煙會大量流入之場所	8 會結露之場所	9 設有用火設備其火焰外露之場所
適用探測器	差動式局限型	一種	○					○	○		
		二種	○					○	○		
	差動式分布型	一種	○		○			○	○	○	
		二種	○	○	○			○	○	○	
	補償式局限型	一種	○		○			○	○	○	
		二種	○	○	○			○	○	○	
	定溫式	特種	○	○	○	○	○	○	○	○	○
		一種	○	○	○	○	○	○	○	○	○
	火焰式		○					○			

註：一　○表可選擇設置。

　　二　場所 1 所使用之差動式局限型或補償式局限型探測器或差動式分布型之檢出器，應具灰塵、粉末不易入侵之構造。

　　三　場所 2、4、8 所使用之定溫式或補償式探測器，應具有防水性能。

　　四　場所 3 所使用之定溫式或補償式探測器，應依腐蝕性氣體別，使用具耐酸或耐鹼性能者，使用差動式分布型時，其空氣管及檢出器應採有效措施，防範腐蝕性氣體侵蝕。

第 118 條　下表所列場所應就偵煙式、熱煙複合式或火焰式探測器選擇設置：

設置場所	樓梯或斜坡通道	走廊或通道（限供第十二條第一款、第二款第二目、第六目至第十目、第四款及第五款使用者）	昇降機之昇降坑道或配管配線管道間	天花板等高度在十五公尺以上，未滿二十公尺之場所	天花板等高度超過二十公尺之場所	地下層、無開口樓層及十一層以上之各樓層（前揭所列樓層限供第十二條第一款、第二款第二目、第六目、第八目至第十目及第五款使用者）
偵煙式	○	○	○	○		○
熱煙複合式		○				○
火焰式				○	○	○
註：○表可選擇設置。						

第 119 條　探測器之探測區域，指探測器裝置面之四周以淨高四十公分以上之樑或類似構造體區劃包圍者。但差動式分布型及偵煙式探測器，其裝置面之四周淨高應為六十公分以上。

<small>探測器之設置位置規定</small>

第 120 條　差動式局限型、補償式局限型及定溫式局限型探測器，依下列規定設置：

<small>差動式局限型、補償式局限型及定溫式局限型探測器之設置規定</small>

一、探測器下端，裝設在裝置面下方三十公分範圍內。

二、各探測區域應設探測器數，依下表之探測器種類及裝置面高度，在每一有效探測範圍，至少設置一個。

裝置面高度			未滿四公尺		四公尺以上未滿八公尺	
建築物構造			防火構造建築物	其他建築物	防火構造建築物	其他建築物
探測器種類及有效探測範圍（平方公尺）	差動式局限型	一種	90	50	45	30
		二種	70	40	35	25
	補償式局限型	一種	90	50	45	30
		二種	70	40	35	25
	定溫式局限型	特種	70	40	35	25
		一種	60	30	30	15
		二種	20	15	-	-

三、具有定溫式性能之探測器，應裝設在平時之最高周圍溫度，比補償式局限型探測器之標稱定溫點或其他具有定溫式性能探測器之標稱動作溫度低攝氏二十度以上處。但具二種以上標稱動作溫度者，應設在平時之最高周圍溫度比最低標稱動作溫度低攝氏二十度以上處。

第 126 條　　火警受信總機之位置，依下列規定裝置：

一、裝置於值日室等經常有人之處所。但設有防災中心時，設於該中心。

二、裝置於日光不直接照射之位置。

三、避免傾斜裝置，其外殼應接地。

四、壁掛型總機操作開關距離樓地板面之高度，在零點八公尺（座式操作者，為零點六公尺）以上一點五公尺以下。

火警受信總機之設置位置

第 二 節 手動報警設備

第 132 條　　火警發信機、標示燈及火警警鈴，依下列規定裝置：

一、裝設於火警時人員避難通道內適當而明顯之位置。

二、火警發信機離地板面之高度在一點二公尺以上一點五公尺以下。

三、標示燈及火警警鈴距離地板面之高度，在二公尺以上二點五公尺以下。但與火警發信機合併裝設者，不在此限。

四、建築物內裝有消防立管之消防栓箱時，火警發信機、標示燈及火警警鈴裝設在消防栓箱上方牆上。

火警發信機、標示燈及火警警鈴之裝設位置

第三節 緊急廣播設備

第 133 條　緊急廣播設備，依下列規定裝置：

一、距揚聲器一公尺處所測得之音壓應符合下表規定：

揚聲器種類	音　壓
L 級	92 分貝以上
M 級	87 分貝以上 92 分貝未滿
S 級	84 分貝以上 87 分貝未滿

二、揚聲器，依下列規定裝設：

（一）廣播區域超過一百平方公尺時，設 L 級揚聲器。

（二）廣播區域超過五十平方公尺一百平方公尺以下時，設 L 級或 M 級揚聲器。

（三）廣播區域在五十平方公尺以下時，設 L 級、M 級或 S 級揚聲器。

（四）從各廣播區域內任一點至揚聲器之水平距離在十公尺以下。但居室樓地板面積在六平方公尺或由居室通往地面之主要走廊及通道樓地板面積在六平方公尺以下，其他非居室部分樓地板面積在三十平方公尺以下，且該區域與相鄰接區域揚聲器之水平距離相距八公尺以下時，得免設。

（五）設於樓梯或斜坡通道時，至少垂直距離每十五公尺設一個 L 級揚聲器。

三、樓梯或斜坡通道以外之場所，揚聲器之音壓及裝設符合下列規定者，不受前款第四目之限制：

（一）廣播區域內距樓地板面一公尺處，依下列公式求得之音壓在七十五分貝以上者。

（二）廣播區域之殘響時間在三秒以上時，距樓地板面一公尺處至揚聲器之距離，在下列公式求得值以下者。

第 135 條　緊急廣播設備與火警自動警報設備連動時，其火警音響之鳴動準用第一百十三條之規定。

緊急廣播設備之音響警報應以語音方式播放。

緊急廣播設備之緊急電源，準用第一百二十八條之規定。

1 建築物室內裝修工程管理相關法規

2 防火避難及消防法相關法規

3 職業安全衛生法規

4 綠建材及相關設備類法規

5 其他與建築物室內裝修相關法規

三、各類場所消防安全設備設置標準

第 136 條	緊急廣播設備之啟動裝置應符合 CNS 一〇五二二之規定，並依下列規定設置：	緊急廣播設備之啟動裝置之裝置位置
	一、各樓層任一點至啟動裝置之步行距離在五十公尺以下。	
	二、設在距樓地板高度零點八公尺以上一點五公尺以下範圍內。	
	三、各類場所第十一層以上之各樓層、地下第三層以下之各樓層或地下建築物，應使用緊急電話方式啟動。	
第 137 條	緊急廣播設備與其他設備共用者，在火災時應能遮斷緊急廣播設備以外之廣播	
第 138 條	擴音機及操作裝置，應符合 CNS 一〇五二二之規定，並依下列規定設置：	擴音機及操作裝置之裝置位置
	一、操作裝置與啟動裝置或火警自動警報設備動作連動，並標示該啟動裝置或火警自動警報設備所動作之樓層或區域。	
	二、具有選擇必要樓層或區域廣播之性能。	
	三、各廣播分區配線有短路時，應有短路信號之標示。	
	四、操作裝置之操作開關距樓地板面之高度，在零點八公尺以上（座式操作者，為零點六公尺）一點五公尺以下。	
	五、操作裝置設於值日室等經常有人之處所。但設有防災中心時，設於該中心。	

第 四 節 瓦斯漏氣火警自動警報設備

第 140 條	瓦斯漏氣火警自動警報設備依第一百十二條之規定劃定警報分區。	瓦斯氣體燃料的類型
	前項瓦斯，指下列氣體燃料：	
	一、天然氣。	
	二、液化石油氣。	
	三、其他經中央主管機關指定者。	

第 141 條　瓦斯漏氣檢知器，依瓦斯特性裝設於天花板或牆面等便於檢修處，並符合下列規定：

一、瓦斯對空氣之比重未滿一時，依下列規定：

（一）設於距瓦斯燃燒器具或瓦斯導管貫穿牆壁處水平距離八公尺以內。但樓板有淨高六十公分以上之樑或類似構造體時，設於近瓦斯燃燒器具或瓦斯導管貫穿牆壁處。

（二）瓦斯燃燒器具室內之天花板附近設有吸氣口時，設在距瓦斯燃燒器具或瓦斯導管貫穿牆壁處與天花板間，無淨高六十公分以上之樑或類似構造體區隔之吸氣口一點五公尺範圍內。

（三）檢知器下端，裝設在天花板下方三十公分範圍內。

二、瓦斯對空氣之比重大於一時，依下列規定：

（一）設於距瓦斯燃燒器具或瓦斯導管貫穿牆壁處水平距離四公尺以內。

（二）檢知器上端，裝設在距樓地板面三十公分範圍內。

三、水平距離之起算，依下列規定：

（一）瓦斯燃燒器具為燃燒器中心點。

（二）瓦斯導管貫穿牆壁處為面向室內牆壁處之瓦斯配管中心處。

第 143 條　瓦斯漏氣之警報裝置，依下列規定：

一、瓦斯漏氣表示燈，依下列規定。但在一警報分區僅一室時，得免設之。

（一）設有檢知器之居室面向通路時，設於該面向通路部分之出入口附近。

（二）距樓地板面之高度，在四點五公尺以下。

（三）其亮度在表示燈前方三公尺處能明確識別，並於附近標明瓦斯漏氣表示燈字樣。

二、檢知器所能檢知瓦斯漏氣之區域內，該檢知器動作時，該區域內之檢知區域警報裝置能發出警報音響，其音壓在距一公尺處應有七十分貝以上。但檢知器具有發出警報功能者，或設於機械室等常時無人場所及瓦斯導管貫穿牆壁處者，不在此限。

第 145 條　瓦斯漏氣火警自動警報設備之緊急電源應使用蓄電池設備，其容量應能使二回路有效動作十分鐘以上，其他回路能監視十分鐘以上。

第 三 章 避難逃生設備

第 一 節 標示設備

第 146 條　下列處所得免設出口標示燈、避難方向指示燈或避難指標：

一、自居室任一點易於觀察識別其主要出入口，且與主要出入口之步行距離符合下列規定者。但位於地下建築物、地下層或無開口樓層者不適用之：

（一）該步行距離在避難層為二十公尺以下，在避難層以外之樓層為十公尺以下者，得免設出口標示燈。

（二）該步行距離在避難層為四十公尺以下，在避難層以外之樓層為三十公尺以下者，得免設避難方向指示燈。

（三）該步行距離在三十公尺以下者，得免設避難指標。

二、居室符合下列規定者：

（一）自居室任一點易於觀察識別該居室出入口，且依用途別，其樓地板面積符合下表規定。

途別	第十二條第一款第一目至第三目	第十二條第一款第四目、第五目、第七目、第二款第十目	第十二條第一款第六目、第二款第一目至第九目、第十一目、第十二目、第三款、第四款
居室樓地板面積	一百平方公尺以下	二百平方公尺以下	四百平方公尺以下

（二）供集合住宅使用之居室。

三、通往主要出入口之走廊或通道之出入口，設有探測器連動自動關閉裝置之防火門，並設有避難指標及緊急照明設備確保該指標明顯易見者，得免設出口標示燈。

四、樓梯或坡道，設有緊急照明設備及供確認避難方向之樓層標示者，得免設避難方向指示燈。

前項第一款及第三款所定主要出入口，在避難層，指通往戶外之出入口，設有排煙室者，為該室之出入口；在避難層以外之樓層，指通往直通樓梯之出入口，設有排煙室者，為該室之出入口。

第 146-2 條　出口標示燈及避難方向指示燈之有效範圍，指至該燈之步行距離，在下列二款之一規定步行距離以下之範圍。但有不易看清或識別該燈情形者，該有效範圍為十公尺：

一、依下表之規定：

區分		步行距離（公尺）	步行距離（公尺）
出口標示燈	A 級	未顯示避難方向符號者	六十
		顯示避難方向符號者	四十
	B 級	未顯示避難方向符號者	三十
		顯示避難方向符號者	二十
	C 級		十五
避難方向指示燈	A 級		二十
	B 級		十五
	C 級		十

第 146-3 條　出口標示燈應設於下列出入口上方或其緊鄰之有效引導避難處：

一、通往戶外之出入口；設有排煙室者，為該室之出入口。

二、通往直通樓梯之出入口；設有排煙室者，為該室之出入口。

三、通往前二款出入口，由室內往走廊或通道之出入口。

四、通往第一款及第二款出入口，走廊或通道上所設跨防火區劃之防火門。

避難方向指示燈，應裝設於設置場所之走廊、樓梯及通道，並符合下列規定：

一、優先設於轉彎處。

二、設於依前項第一款及第二款所設出口標示燈之有效範圍內。

三、設於前二款規定者外，把走廊或通道各部分包含在避難方向指示燈有效範圍內，必要之地點。

第 146-4 條　出口標示燈及避難方向指示燈之裝設，應符合下列規定：

一、設置位置應不妨礙通行。

二、周圍不得設有影響視線之裝潢及廣告招牌。

三、設於地板面之指示燈，應具不因荷重而破壞之強度。

四、設於可能遭受雨淋或溼氣滯留之處所者，應具防水構造。

第 146-5 條　出口標示燈及非設於樓梯或坡道之避難方向指示燈，設於下列場所時，應使用 A 級或 B 級；出口標示燈標示面光度應在二十燭光（cd）以上，或具閃滅功能；避難方向指示燈標示面光度應在二十五燭光（cd）以上。

但設於走廊，其有效範圍內各部分容易識別該燈者，不在此限：

一、供第十二條第二款第一目、第三款第三目或第五款第三目使用者。

二、供第十二條第一款第一目至第五目、第七目或第五款第一目使用，該層樓地板面積在一千平方公尺以上者。

三、供第十二條第一款第六目使用者。其出口標示燈並應採具閃滅功能，或兼具音聲引導功能者。

前項出口標示燈具閃滅或音聲引導功能者，應符合下列規定：

一、設於主要出入口。

二、與火警自動警報設備連動。

三、由主要出入口往避難方向所設探測器動作時，該出入口之出口標示燈應停止閃滅及音聲引導。

避難方向指示燈設於樓梯或坡道者，在樓梯級面或坡道表面之照度，應在一勒克司（lx）以上。

第 146-6 條　觀眾席引導燈之照度，在觀眾席通道地面之水平面上測得之值，在零點二勒克司（lx）以上。

第 146-7 條　出口標示燈及避難方向指示燈，應保持不熄滅。

出口標示燈及非設於樓梯或坡道之避難方向指示燈，與火警自動警報設備之探測器連動亮燈，且配合其設置場所使用型態採取適當亮燈方式，並符合下列規定之一者，得予減光或消燈。

一、設置場所無人期間。

二、設置位置可利用自然採光辨識出入口或避難方向期間。

三、設置在因其使用型態而特別需要較暗處所，於使用上較暗期間。

四、設置在主要供設置場所管理權人、其雇用之人或其他固定使用之人使用之處所。

設於樓梯或坡道之避難方向指示燈，與火警自動警報設備之探測器連動亮燈，且配合其設置場所使用型態採取適當亮燈方式，並符合前項第一款或第二款規定者，得予減光或消燈。

出口標示燈及非設於樓梯或坡道之避難方向指示燈之燈具光度規定	
觀眾席引導燈之照度之規定	
出口標示燈及避難方向指示燈減光或消燈之規定	

三、各類場所消防安全設備設置標準

第 153 條	避難指標，依下列規定設置：	避難指標之設置規定

第 153 條　避難指標，依下列規定設置：

一、設於出入口時，裝設高度距樓地板面一點五公尺以下。

二、設於走廊或通道時，自走廊或通道任一點至指標之步行距離在七點五公尺以下。且優先設於走廊或通道之轉彎處。

三、周圍不得設有影響視線之裝潢及廣告招牌。

四、設於易見且採光良好處。

第 155 條　出口標示燈及避難方向指示燈之緊急電源應使用蓄電池設備，其容量應能使其有效動作二十分鐘以上。但設於下列場所之主要避難路徑者，該容量應在六十分鐘以上，並得採蓄電池設備及緊急發電機併設方式：

一、總樓地板面積在五萬平方公尺以上。

二、高層建築物，其總樓地板面積在三萬平方公尺以上。

三、地下建築物，其總樓地板面積在一千平方公尺以上。

前項之主要避難路徑，指符合下列規定者：

一、通往戶外之出入口；設有排煙室者，為該室之出入口。

二、通往直通樓梯之出入口；設有排煙室者，為該室之出入口。

三、通往第一款出入口之走廊或通道。

四、直通樓梯。

第 156 條　出口標示燈及避難方向指示燈之配線，依用戶用電設備裝置規則外，並應符合下列規定：

一、蓄電池設備集中設置時，直接連接於 1 分路配線，不得裝置插座或開關等。

二、電源回路不得設開關。但以三線式配線使經常充電或燈具內置蓄電池設備者，不在此限。

第 三 節　緊急照明設備

第 175 條　緊急照明燈之構造，依下列規定設置：

一、白熾燈為雙重繞燈絲燈泡，其燈座為瓷製或與瓷質同等以上之耐熱絕緣材料製成者。

二、日光燈為瞬時起動型，其燈座為耐熱絕緣樹脂製成者。

三、水銀燈為高壓瞬時點燈型，其燈座為瓷製或與瓷質同等以上之耐熱絕緣材料製成者。

四、其他光源具有與前三款同等耐熱絕緣性及瞬時點燈之特性，經中央主管機關核准者。

五、放電燈之安定器，裝設於耐熱性外箱。

第 176 條	緊急照明設備除內置蓄電池式外，其配線依下列規定：	緊急照明設備配線之規定
	一、照明器具直接連接於分路配線，不得裝置插座或開關等。	
	二、緊急照明燈之電源回路，其配線依第二百三十五條規定施予耐燃保護。但天花板及其底材使用不燃材料時，得施予耐熱保護。	
第 177 條	緊急照明設備應連接緊急電源。	緊急電源容量之規定
	前項緊急電源應使用蓄電池設備，其容量應能使其持續動作三十分鐘以上。但採蓄電池設備與緊急發電機併設方式時，其容量應能使其持續動作分別為十分鐘及三十分鐘以上。	
第 178 條	緊急照明燈在地面之水平面照度，使用低照度測定用光電管照度計測得之值，在地下建築物之地下通道，其地板面應在十勒克司（Lux）以上，其他場所應在二勒克司（Lux）以上。但在走廊曲折點處，應增設緊急照明燈。	緊急照明燈在地面之照度規定
第 179 條	下列處所得免設緊急照明設備：	免設緊急照明設備之條件
	一、在避難層，由居室任一點至通往屋外出口之步行距離在三十公尺以下之居室。	
	二、具有效採光，且直接面向室外之通道或走廊。	
	三、集合住宅之居室。	
	四、保齡球館球道以防煙區劃之部分。	
	五、工作場所中，設有固定機械或裝置之部分。	
	六、洗手間、浴室、盥洗室、儲藏室或機械室	

1 建築物室內裝修工程管理相關法規

2 防火避難及消防法相關法規

3 職業安全衛生法規

4 綠建材及相關設備類法規

5 其他與建築物室內裝修相關法規

三、各類場所消防安全設備設置標準

第 三 節 排煙設備

第 190 條　下列處所得免設排煙設備：

一、建築物在第十層以下之各樓層（地下層除外），其非居室部分，符合下列規定之一者：

（一）天花板及室內牆面，以耐燃一級材料裝修，且除面向室外之開口外，以半小時以上防火時效之防火門窗等防火設備區劃者。

（二）樓地板面積每一百平方公尺以下，以防煙壁區劃者。

二、建築物在第十層以下之各樓層（地下層除外），其居室部分，符合下列規定之一者：

（一）樓地板面積每一百平方公尺以下，以具一小時以上防火時效之牆壁、防火門窗等防火設備及各該樓層防火構造之樓地板形成區劃，且天花板及室內牆面，以耐燃一級材料裝修者。

（二）樓地板面積在一百平方公尺以下，天花板及室內牆面，且包括其底材，均以耐燃一級材料裝修者。

三、建築物在第十一層以上之各樓層、地下層或地下建築物（地下層或地下建築物之甲類場所除外），樓地板面積每一百平方公尺以下，以具一小時以上防火時效之牆壁、防火門窗等防火設備及各該樓層防火構造之樓地板形成區劃間隔，且天花板及室內牆面，以耐燃一級材料裝修者。

四、樓梯間、昇降機昇降路、管道間、儲藏室、洗手間、廁所及其他類似部分。

五、設有二氧化碳或乾粉等自動滅火設備之場所。

六、機器製造工廠、儲放不燃性物品倉庫及其他類似用途建築物，且主要構造為不燃材料建造者。

七、集合住宅、學校教室、學校活動中心、體育館、室內溜冰場、室內游泳池。

八、其他經中央主管機關核定之場所。

前項第一款第一目之防火門窗等防火設備應具半小時以上之阻熱性，第二

款第一目及第三款之防火門窗等防火設備應具一小時以上之阻熱性。

免設排煙設備之規定

排煙設備影響室內裝修天花板高度甚多，應與消防技師討論隔間的面積計算

第四節 緊急電源插座

第 191 條　緊急電源插座，依下列規定設置：

一、緊急電源插座裝設於樓梯間或緊急昇降機間等（含各該處五公尺以內之場所）消防人員易於施行救火處，且每一層任何一處至插座之水平距離在五十公尺以下。

二、緊急電源插座之電流供應容量為交流單相一百一十伏特（或一百二十伏特）十五安培，其容量約為一點五瓩以上。

三、緊急電源插座之規範，依下圖規定。

四、緊急電源插座為接地型，裝設高度距離樓地板一公尺以上一點五公尺以下，且裝設二個於符合下列規定之崁裝式保護箱：

（一）保護箱長邊及短邊分別為二十五公分及二十公分以上。

（二）保護箱為厚度在一點六毫米以上之鋼板或具同等性能以上之不燃材料製。

（三）保護箱內有防止插頭脫落之適當裝置（ L 型或 C 型護鉤）。

（四）保護箱蓋為易於開閉之構造。

（五）保護箱須接地。

（六）保護箱蓋標示緊急電源插座字樣，每字在二平方公分以上。

（七）保護箱與室內消防栓箱等併設時，須設於上方且保護箱蓋須能另外開啟。五、緊急電源插座在保護箱上方設紅色表示燈。

五、緊急電源插座在保護箱上方設紅色表示燈。

六、應從主配電盤設專用回路，各層至少設二回路以上之供電線路，且每一回路之連接插座數在十個以下。（每回路電線容量在二個插座同時使用之容量以上）。

七、前款之專用回路不得設漏電斷路器。

八、各插座設容量一百一十伏特、十五安培以上之無熔絲斷路器。

九、緊急用電源插座連接至緊急供電系統。

第 192 條
之一

防災監控系統綜合操作裝置應設置於防災中心、中央管理室或值日室等經常有人之處所，並監控或操作下列消防安全設備：

一、火警自動警報設備之受信總機。

二、瓦斯漏氣火警自動警報設備之受信總機。

三、緊急廣播設備之擴大機及操作裝置。

四、連結送水管之加壓送水裝置及與其送水口處之通話連絡。

五、緊急發電機。

六、常開式防火門之偵煙型探測器。

七、室內消防栓、自動撒水、泡沫及水霧等滅火設備加壓送水裝置。

八、乾粉、惰性氣體及鹵化烴等滅火設備。

九、排煙設備。

防災監控系統綜合操作裝置之緊急電源準用第三十八條規定，且其供電容量應供其有效動作二小時以上。

1 建築物室內裝修工程管理相關法規

2 防火避難及消防法相關法規

3 職業安全衛生法規

4 綠建材及相關設備類法規

5 其他與建築物室內裝修相關法規

四、滅火器認可基準

 ## 四 滅火器認可基準

修正日期：民國 109 年 12 月 31 日

壹、技術規範及試驗方法

與室內裝修相關

一、適用範圍

水滅火器、泡沫滅火器、二氧化碳滅火器、乾粉滅火器及強化液滅火器，其構造、材質、性能等技術規範及試驗方法應符合本基準之規定。

二、用語定義及滅火器分類

（一）用語定義

滅火器及火災之種類

【93 年】

1. 滅火器：

    指使用水或其他滅火藥劑（以下稱為滅火藥劑）驅動噴射壓力，進行滅火用之器具，且由人力操作者。但以固定狀態使用及噴霧式簡易滅火器具，不適用之。

2. A 類火災（普通火災）：

    指木材、紙張、纖維、棉毛、塑膠、橡 膠等之可燃性固體引起之火災。

3. B 類火災（油類火災）：

    指石油類、有機溶劑、油漆類、油脂類 等可燃性液體及可燃性固體引起之火災。

4. C 類火災（電氣火災）：

    指電氣配線、馬達、引擎、變壓器、配 電盤等通電中之電氣機械器具及電氣設備引起之火災。

5. D 類火災（金屬火災）：

    指鈉、鉀、鎂、鋰與鋯等金屬物質引起 之火災。

（二）滅火器分類【93 年】

1. 依滅火藥劑（符合滅火器用滅火藥劑認可基準規定）分類如下：

(1) 水滅火器：指水或水混合、添加濕潤劑等，以壓力放射進行滅火之滅火器。

(2) 強化液滅火器：指使用強化液滅火藥劑，以壓力放射進行滅火之滅火器。

(3) 泡沫滅火器：指使用化學或機械泡沫滅火藥劑，以壓力放射進行滅火之滅火器。

(4) 二氧化碳滅火器：指使用液化二氧化碳，以壓力放射進行滅火之滅火器。

(5) 乾粉滅火器：指使用乾粉滅火藥劑，以壓力放射進行滅火之滅火器。

2. 依驅動壓力方式分類如下：

(1) 加壓式滅火器：係以加壓用氣體容器之作動所產生之壓力，使滅火器放射滅火藥劑之滅火器。

(2) 蓄壓式滅火器：係以滅火器本體內部壓縮空氣、氮氣（以下稱為「壓縮氣體」）或二氧化碳等之壓力，使滅火器放射滅火藥劑之滅火器。

3. 住宅用滅火器：除各類場所消防安全設備設置標準規定應設一單位以上滅火效能值之滅火器外之住家場所用滅火器。

4. 大型滅火器：各滅火器所充填之滅火藥劑量在下列規格值以上者稱之：

(1) 機械泡沫滅火器：20l 以上。

(2) 二氧化碳滅火器：45kg 以上。

(3) 乾粉滅火器：18kg 以上。

(4) 水滅火器、化學泡沫滅火器：80l 以上。

(5) 強化液滅火器：60l 以上。

5. 車用滅火器：裝設在車上使用之滅火器，除一般滅火器試驗規定外，並應符合壹、二十九振動試驗規定者。

三、適用性

（一）各種滅火器適用之火災類別如表 1。

（二）各種滅火器用滅火藥劑應符合「滅火器用滅火藥劑認可基準」之規定；滅火器用滅火藥劑尚未取得型式認可者，應與滅火器同時提出型式認可申請。

適用滅火器 \ 火災分類	水	泡沫	二氧化碳	強化液	乾 粉		
					ABC 類	BC 類	D 類
A 類 火 災	○	○	×	○	○	×	×
B 類 火 災	×	○	○	○	○	○	×
C 類 火 災	△	△	○	△	○	○	×
D 類 火 災	×	×	×	×	×	×	○

備註：

1.「○」表示適用，「×」表示不適用，「△」表示有條件試驗合格後適用。

2. 水滅火器以霧狀放射者，亦可適用 B 類火災。

3. 乾粉：

　（1）適用 B、C 類火災者：包括普通、紫焰鉀鹽等乾粉。

　（2）適用 A、B、C 類火災者：多效乾粉（或稱 A、B、C 乾粉）。

　（3）適用 D 類火災者：指金屬火災乾粉，不適用本認可基準。

4. 二氧化碳滅火器及乾粉滅火器適用 C 類火災者，係指電氣絕緣性之滅火藥劑，本基準未規範滅火效能值之檢測，免予測試。

5. 水滅火器、泡沫滅火器及強化液滅火器經依下列規定試驗合格或提具國內外第三公證機構合格報告者，得標示適用 C 類火災：

　（1）電極板：1m×1m 之金屬板。

　（2）電極板電壓及與噴嘴之距離：35kV(50cm)、100kV（90cm）。

　（3）實施噴射試驗時，漏電電流應在 0.5mA 以下。

6. 適用 B、C 類火災之乾粉與適用 A、B、C 類火災之乾粉不可錯誤或混合使用。

滅火器適用之火災類別

水滅火器：最好的滅火物質，適合 A B 類火災，國內不常見

乾粉滅火器：3 年要檢查或更換 1 次藥劑

二氧化碳滅火器：適用於 B C 類火災，但滅火效果遠不如乾粉、海龍滅火器

泡沫滅火器：這種滅火器已經很少見

補充：

潔淨滅火器（海龍已禁用的替代品）：CNS 中無相關檢測標準，但符合 NFPA 2001 零污染滅火藥劑系統規範，有部分廠商已將這些藥劑用來製作滅火器。

1 建築物室內裝修工程管理相關法規

2 防火避難及消防法相關法規

四、滅火器認可基準

3 職業安全衛生法規

4 綠建材及相關設備類法規

5 其他與建築物室內裝修相關法規

四、滅火效能值

滅火器依照下列規定之測試方法，除住宅用滅火器外，其滅火效能之數值，應在 1 單位以上。但大型滅火器之滅火效能值適用於 A 類火災者，應在 10 單位以上；適用於 B 類火災者，應在 20 單位以上。

九、噴射性能試驗

滅將滅火器放置於 20±5℃環境保持 12 小時以上，取出立即以正常操作方法噴射時，應符合下列規定：

（一）操作噴射時，能使滅火藥劑迅速有效噴射。

（二）噴射時間為 10 秒鐘以上。

（三）具有效滅火之噴射距離，僅適用於 A 類火災之滅火器，應為 1m 以上；適用 A 類及 B 類火災或僅適用於 B 類火災之滅火器，應為在第二種滅火試驗中模型一邊之長度加上 1m 之距離（小數點以下無條件捨去）以上。

（四）能噴射所充填滅火藥劑容量或重量 90%以上之量。

三十四、標示

本基準所規定之標示應為不易磨滅之方式予以標示，其測試之方 法為以目視檢查並且以手持一片浸水之棉片擦拭 15 秒，再以一片浸石油精（petroleum spirit）之棉片摩擦 15 秒後，標示之內容 仍應容易識別，而標籤之標示亦不得有捲曲現象。測試中之石油 精應採用芳香族成份不得超過總體積 0.1%之脂溶劑，其丁烷值 為 29，沸點為 65℃，蒸發點為 69℃，密度為 0.66kg/l。

滅火器之標示規定

（一）除住宅用滅火器標示另依壹、三十七（三）規定外，滅火器本體容器（包括進口產品），應用中文以不易磨滅之方法標示下列事項：

1. 設備名稱及型號。

2. 廠牌名稱或商標。

3. 型式、型式認可號碼。

4. 製造年月。

5. 使用溫度範圍。

6. 不可使用於 B 類火災、C 類火災者，應標明。

7. 對 A 類火災及 B 類火災之滅火效能值。

8. 噴射時間。

9. 噴射距離。

10. 製造號碼或製造批號。

11. 使用方法及圖示。

12. 製造廠商（名稱、電話、地址及商品原產地。屬進口產品者，並應標示進口商名稱、電話、地址及產地名稱）。

13. 施以水壓試驗之壓力值。

14. 應設安全閥者應標示安全閥之作動壓力。

15. 充填滅火藥劑之容量或重量。

16. 總重量（所充填滅火藥劑以容量表示者除外）。

17. 使用操作上應注意事項（至少應包括汰換判定方法、自行檢查頻率及安全放置位置等）。

18. 加壓式滅火器或蓄壓式滅火器。

四、滅火器認可基準

（二）如係車用滅火器，應以紅色字標示「車用」，字體大小為每字1.8×1.8cm 以上。

（三）滅火器本體容器，應依下列規定，設置圓形標示：

滅火器本體容器設置圓形標示之規定

1. 所充填滅火藥劑容量在 2 l 或重量在 3kg 以下者，半徑應 1cm 以上；超過 2 l 或 3kg 者，半徑為 1.5cm 以上。

2. 滅火器適用於 A 類火災者，以黑色字標示「普通火災用」字樣；適用於 B 類火災者，以黑色字標示「油類火災用」字樣；適用 C 類火災者，則以白色字標示「電氣火災用」。

3. 切換噴嘴，所適用火災分類有不同之滅火器，如適用 B 類火災之噴嘴者，以黑色字明確標示「△△噴嘴時適用於油類火災」字樣；適用電氣火災（C 類火災）之噴嘴者，以白色字明確標示「○○噴嘴時適用於電氣火災」字樣。

4. 上開 2 及 3 規定字樣以外部分，普通火災用者以白色，油類火災用者以黃色，電氣火災用者以藍色作底完成。

白色底色　　　黃色底色　　　藍色底色

三十七、住宅用滅火器

（一）住宅用滅火器應為蓄壓式滅火器，且不具更換或充填滅火藥劑之構造。滅火器以接著劑將外蓋等固定在本體容器上者，如將其外蓋打開所需之力達 50 牛頓米（N·m）以上者，即視為不能再更換或充填滅火藥劑之構造。

（二）住宅用滅火器應依下列規定實施試驗：

1. 住宅用滅火器外觀構造及性能準用本基準壹、三、適用性；十一、本體容器所用材質之厚度；十二、本體容器之耐壓試驗；十三、護蓋、栓塞、灌裝口及墊圈；十四、閥體；十五、軟管；十六、噴嘴；十九、耐衝擊強度；二十一、安全插梢；二十二、攜帶或搬運之裝置；二十三、安全閥；二十七、指示壓力錶；三十三、保持裝置之規定。

2. 住宅用滅火器準用本基準壹、六、耐蝕及防銹規定，但筒體外部可使用非紅色塗裝。

3. 住宅用滅火器準用本基準壹、九、噴射性能試驗規定，應能噴射所充填滅火藥劑容量或重量為 85% 以上之量。

（三）標示

住宅用滅火器標示應貼在本體容器明顯處，並記載下列所列事項：

1. 住宅用滅火器標示類別，依表 18 規定：

表 18 住宅用滅火器標示類別

住宅用滅火器類別	住宅用滅火器滅火藥劑成分
住宅用水滅火器	水（含濕潤劑）等
住宅用乾粉滅火器	磷酸鹽、硫酸鹽等
住宅用強化液滅火器	強化液（鹼性）；強化液（中性）
住宅用機械泡沫滅火器	水成膜泡沫；表面活性劑泡沫

2. 使用方法及圖示。

3. 使用溫度範圍。

4. 適用火災之圖示（如圖 6）

普通火災適用　　　　高溫油鍋火災適用　　　　電氣火災適用

Designed by Freepik

圖 6 適用火災之圖示

註：火焰為紅色，底色為白色

5. 噴射時間。

6. 噴射距離。

7. 製造號碼或製造批號。

8. 製造年月。

9. 製造廠商。

10. 型式、型式認可號碼。

11. 所充填之滅火藥劑容量或重量。

12. 使用操作應注意事項：

    (1) 使用期間及使用期限之注意事項。

    (2) 指示壓力錶之注意事項。

    (3) 滅火藥劑不得再填充使用之說明。

    (4) 使用時之安全注意事項。

    (5) 放置位置等相關資訊。

    (6) 日常檢查相關事項。

    (7) 高溫油鍋火災使用時之安全注意事項。

    (8) 其他使用上應注意事項。

原有合法建築物防火避難設施
及消防設備改善辦法

修正日期：民國 109 年 4 月 8 日

條文內容		與室內裝修相關
第一條	本辦法依建築法（以下簡稱本法）第七十七條之一規定訂定之。	
第二條	原有合法建築物防火避難設施或消防設備不符現行規定者，其建築物所有權人或使用人應依該管主管建築機關視其實際情形令其改善項目之改善期限辦理改善，於改善完竣後併同本法第七十七條第三項之規定申報。 前項建築物防火避難設施及消防設備申請改善之項目、內容及方式如 附表一、附表二	當申請場所變更使用類組時，無法達到現今法規規定時，須提出改善辦法，以符合法規
第三條	原有合法建築物所有權人或使用人依前條第一項申請改善時，應備具申請書、改善計畫書、工程圖樣及說明書。 前項改善計畫書依建築技術規則總則編第三條認可之建築物防火避難性能設計計畫書辦理，得不適用前條附表一一部或全部之規定。 原有合法建築物符合下列規定者，其改善計畫書經當地主管建築機關認可後，得不適用前條附表一一部或全部之規定： 一、建築物供作 B-2 類組使用之總樓地板面積未達五千平方公尺。 二、建築物位在五層以下之樓層供作 A-1 類組使用。 三、建築物位在十層以下之樓層。	
第四條	原有合法建築物改善防火避難設施或消防設備時，不得破壞原有結構之安全。但補強措施由建築師鑑定安全無虞，經直轄市、縣（市）主管建築機關核准者，不在此限。	

第十二條　原有合法建築物之貫穿部區劃，依下列規定改善：

一、貫穿防火區劃牆壁或樓地板之風管，應在貫穿部位任一側之風管內裝設防火閘門或閘板，其與貫穿部位合成之構造，並應具有一小時以上之防火時效。

二、貫穿防火區劃牆壁或樓地板之電力管線、通訊管線及給排水管線或管線匣，與貫穿部位合成之構造，應具有一小時以上之防火時效。

> 最常見的是管道間的貫穿部分，應做填補或阻隔，防止火災濃煙的蔓延

第十三條　原有合法高層建築物區劃，依第八條及下列規定改善：

一、高層建築物連接室內安全梯、特別安全梯、昇降機及梯廳之走廊應以具有一小時以上防火時效之牆壁、防火設備與該樓層防火構造之樓地板形成獨立之防火區劃。

二、高層建築物昇降機道及梯廳應以具有一小時以上防火時效之牆壁、防火設備與該處防火構造之樓地板形成獨立之防火區劃，出入口之防火設備並應具有遮煙性。

三、高層建築物設有燃氣設備時，應將設置燃氣設備之空間與其他部分以具有一小時以上防火時效之牆壁、防火設備及該層防火構造之樓地板區予以劃分隔。

四、高層建築物設有防災中心者，該防災中心應以具有二小時以上防火時效之牆壁、防火設備及該層防火構造之樓地板予以區劃分隔，室內牆面及天花板，以耐燃一級材料為限。

> 高層建築物區劃之改善規定
>
> 設有燃氣設備之廚房，其牆壁、樓地板應以一小時以上防火時效之設備及防火構造構成
>
> 或改為使用電磁爐設備

第十四條　防火區劃之防火門窗，依下列規定改善：

一、常時關閉式之防火門應免用鑰匙即可開啟，並裝設開啟後自行關閉之裝置，其門扇或門樘上應標示常時關閉式防火門等文字。

二、常時開放式之防火門應裝設利用煙感應器連動或於火災發生時能自動關閉之裝置；其關閉後應免用鑰匙即可開啟，且開啟後自行關閉。

> 防火區劃之防火門窗之改善規定

第十五條　非防火區劃分間牆依現行規定應具一小時防火時效者，得以不燃材料裝修其牆面替代之。

第十六條　避難層之出入口，依下列規定改善：

一、應有一處以上之出入口寬度不得小於九十公分，高度不得低於一點八公尺。

二、樓地板面積超過五百平方公尺者，至少應有二個不同方向之出入口。

> 避難層之出入口之改善規定

第十七條　避難層以外樓層之出入口寬度不得小於九十公分，高度不得低於一點八公尺。

第十八條　一般走廊與連續式店舖商場之室內通路構造及淨寬，依下列規定改善：

一、一般走廊：

（一）中華民國六十三年二月十六日以前興建完成之建築物，其走廊淨寬度不得小於九十公分；走廊一側為外牆者，其寬度不得小於八十公分。走廊內部應以不燃材料裝修。

（二）中華民國六十三年二月十七日至八十五年四月十八日間興建完成之建築物依下表規定：

走廊配置用途	二側均有居室之走廊	其他走廊
各級學校供教室使用部分	二點四公尺以上	一點八公尺以上
醫院、旅館、集合住宅等及其他建築物在同一層內之居室樓地板面積二百平方公尺以上（地下層時為一百平方公尺以上）	一點六公尺以上	一點一公尺以上
其他建築物在同一層內之居室樓地板面積二百平方公尺以下（地下層時為一百平方公尺以下）	零點九公尺以上	

1. 供 A-1 類組使用者，其觀眾席二側及後側應設置互相連通之走廊並連接直通樓梯。但設於避難層部分其觀眾席樓地板面積合計在三百平方公尺以下及避難層以上樓層其觀眾席樓地板面積合計在一百五十平方公尺以下，且為防火構造，不在此限。觀眾席樓地板面積三百平方公尺以下者，走廊寬度不得小於一點二公尺；超過三百平方公尺者，每增加六十平方公尺應增加寬度十公分。

2. 走廊之地板面有高低時，其坡度不得超過十分之一，並不得設置臺階。

3. 防火構造建築物內各層連接直通樓梯之走廊通道，其牆壁應為防火構造或不燃材料。

二、連續式店舖商場之室內通路寬度應依下表規定：

各層之樓地板面積	二側均有店舖之通路寬度	其他通路寬度
二百平方公尺以上，一千平方公尺以下	三公尺以上	二公尺以上
三千平方公尺以下	四公尺以上	三公尺以上
超過三千平方公尺	六公尺以上	四公尺以上

第十九條
★★★

直通樓梯之設置及步行距離，依下列規定改善：

一、任何建築物避難層以外之各樓層，應設置一座以上之直通樓梯（含坡道）通達避難層或地面。

二、自樓面居室任一點至樓梯口之步行距離，依下列規定：

（一）建築物用途類組為 A、B-1、B-2、B-3 及 D-1 類組者，不得超過三十公尺。建築物用途類組為 C 類組者，除電視攝影場不得超過三十公尺外，不得超過七十公尺。其他類組之建築物不得超過五十公尺。

（二）前目規定於建築物第十五層以上之樓層，依其供使用之類組適用三十公尺者減為二十公尺、五十公尺者減為四十公尺。

（三）集合住宅採取複層式構造者，其自無出入口之樓層居室任一點至直通樓梯之步行距離不得超過四十公尺。

（四）非防火構造或非使用不燃材料建造之建築物，適用前三目規定之步行距離減為三十公尺以下。

三、前款之步行距離，應計算至直通樓梯之第一階。但直通樓梯為安全梯者，得計算至進入樓梯間之防火門。

四、建築物屬防火構造者，其直通樓梯應為防火構造，內部並以不燃材料裝修。

五、增設之直通樓梯，依下列規定辦理：

（一）應為安全梯，且寬度應為九十公分以上。

（二）不計入建築面積及各層樓地板面積。但增加之面積不得大於原有建築面積十分之一或三十平方公尺。

（三）不受鄰棟間隔、前院、後院及開口距離有關規定之限制。

（四）高度不得超過原有建築物高度加三公尺，亦不受容積率之限制。

側欄註解：

直通樓梯之步行距離是在設計階段規劃的重點，隔間設置與逃生路徑的關係，常常影響到步行距離的計算

每個建築物用途類別不同，步行距離的要求也不同，步行距離的計算要求也是需要注意的地方

增設之直通樓梯的相關規範

第二十三條
★★★

安全梯應依下列規定改善：

一、室內安全梯：

（一）四周牆壁應具有一小時以上防火時效，天花板及牆面之裝修材料並以耐燃一級材料為限。

（二）進入安全梯之出入口，應裝設具有一小時以上防火時效及遮煙性之防火門，且不得設置門檻。

（三）安全梯出入口之寬度不得小於九十公分。

二、戶外安全梯間四週之牆壁應具有一小時以上之防火時效。出入口應裝設具有一小時以上防火時效之防火門，並不得設置門檻，其寬度不得小於九十公分。但以室外走廊連接安全梯者，其出入口得免裝設防火門。

三、特別安全梯：

（一）樓梯間及排煙室之四週牆壁應具有一小時以上防火時效，其天花板及牆面之裝修，應為耐燃一級材料。樓梯間及排煙室開設採光用固定窗戶或在陽臺外牆開設之開口，除開口面積在一平方公尺以內並裝置具有半小時以上之防火時效之防火設備者，應與其他開口相距九十公分以上。

（二）自室內通陽臺或進入排煙室之出入口，應裝設具有一小時以上防火時效及遮煙性之防火門，自陽臺或排煙室進入樓梯間之出入口應裝設具有半小時以上防火時效之防火門。

（三）樓梯間與排煙室或陽臺之間所開設之窗戶應為固定窗。

（四）建築物地面層達十五層或地下層達三層者，該樓層之特別安全梯供作 A-1、B-1、B-2、B-3、D-1 或 D-2 類組使用時，其樓梯間與排煙室或樓梯間與陽臺之面積，不得小於各該層居室樓地板面積百分之五；供其他類組使用時，不得小於各該層居室樓地板面積百分之三。

四、建築物各棟設置之安全梯應至少有一座於各樓層僅設一處出入口且不得直接連接居室。但鄰接安全梯之各區分所有權專有部分出入口裝設之門改善為能自行關閉且具有遮煙性者，或安全梯出入口之防火門改善為具有遮煙性者，得不受限制。

五、中華民國九十四年七月一日後申請建造執照之建築物，其安全梯應符合申請時之建築技術規則規定。

原有合法建築物防火避難設施及消防設備改善辦法第二條附表二修正條文

第二條附表二：消防設備改善項目、內容及方式

			滅火器	室內消防栓	自動撒水設備	簡易自動滅火設備	火警自動警報設備	119火災通報裝置	瓦斯漏氣火警自動警報設備	緊急廣播設備	標示設備	緊急照明設備	避難器具	排煙設備	緊急電源配線	防災監控系統綜合操作裝置	冷卻撒水設備	射水設備
A類	公共集會類	A-1	○	△	△	×	○	×	○	○	○	○	○	△	△	○	×	×
		A-2	○	△	△	×	○	×	○	○	○	○	△	△	○	○	×	×
B類	商業類	B-1	○	△	△	×	○	×	○	○	○	○	○	△	○	○	×	×
		B-2	○	△	△	×	○	×	○	○	○	○	○	△	○	○	×	×
		B-3	○	△	△	×	○	×	○	○	○	○	○	△	○	○	×	×
		B-4	○	△	△	×	○	×	○	○	○	○	○	△	○	○	×	×
C類	工業、倉儲類	C-1	○	△	△	×	○	×	○	○	○	○	○	△	○	○	×	×
		C-2	○	△	△	×	○	×	○	○	○	○	○	△	○	○	×	×
D類	休閒、文教類	D-1	○	△	△	×	○	×	○	○	○	○	○	△	○	○	×	×
		D-2	○	△	△	×	○	×	○	○	○	○	○	△	○	○	×	×
		D-3	○	△	△	×	○	×	○	○	○	○	○	△	○	○	×	×
		D-4	○	△	△	×	○	×	○	○	○	○	○	△	○	○	×	×
		D-5	○	△	△	×	○	×	○	○	○	○	○	△	○	○	×	×
E類	宗教類		○	△	△	×	○	×	○	○	○	○	○	△	○	○	×	×
F類	衛生、福利、更生類	F-1	○	△	△	○	○	×	○	○	○	○	○	△	○	○	×	×
		F-2	○	△	△	○	○	×	○	△	△	○	△	△	○	○	×	×
		F-3	○	△	△	○	○	×	○	○	○	○	○	△	○	○	×	×
		F-4	○	×	×	×	×	×	×	×	×	×	×	×	×	×	×	×
G類	辦公、服務類	G-1	○	△	△	×	○	×	○	○	○	○	○	△	○	○	×	×
		G-2	○	△	△	×	○	×	○	○	○	○	○	△	○	○	×	×
		G-3	○	△	△	×	○	×	○	○	○	○	○	△	×	○	×	×
H類	住宿類	H-1	○	△	△	×	○	×	○	○	○	○	○	△	○	○	×	×
		H-2	○	△	△	×	○	×	○	○	○	○	○	△	○	○	×	×
I類	危險物品類		○	○	○	×	○	×	○	○	○	○	○	○	○	○	○	○

備註：

一、有關建築物之用途分類，依建築物使用類組及變更使用辦法之類組定義、使用項目規定辦理。

二、改善方式符號說明：

（一）「○」：應依現行法令規定辦理改善。

（二）「△」：應依第二十五條規定辦理改善。

（三）「×」：免辦理檢討改善。

五、原有合法建築物防火避難設施及消防設備改善辦法

六 **防焰性能認證實施要點 (節錄)**

修正日期：民國 108 年 3 月 22 日

條文內容	與室內裝修相關

一、本要點依消防法施行細則第七條第二項規定訂定之。

二、消防法第十一條第一項所稱地毯、窗簾、布幕、展示用廣告板及其他指定之防焰物品，係指下列物品：

（一）地毯：梭織地毯、植簇地毯、合成纖維地毯、手工毯、滿舖地毯、方塊地毯、人工草皮與面積二平方公尺以上之門墊及地墊等地坪舖設物。

（二）窗簾：布質製窗簾（含布製一般窗簾，直葉式、橫葉式百葉窗簾、捲簾、隔簾、線簾）。

（三）布幕：供舞台或攝影棚使用之布幕。

（四）展示用廣告板：室內展示用廣告合板。

（五）其他指定之防焰物品：係指網目在十二公釐以下之施工用帆布。

三、申請防焰性能認證之業別，其簡稱及定義如下：

（一）製造業：A 類，指製造防焰物品或其材料（合板除外）者。

（二）防焰處理業：B 類，指對大型布幕或洗濯後防焰物品（地毯及合板除外）施予處理賦予其防焰性能者。

（三）合板製造或防焰處理業：C 類，指製造具防焰性能合板或對合板施予處理賦予其防焰性能者。

（四）進口販賣業：D 類，指進口防焰物品或其材料，確認其防焰性能，進而販售者。

（五）裁剪、縫製、安裝業：E 類，指從事防焰物品或其材料之裁剪、縫製、安裝者。

四、前點第一款至第四款業者申請防焰性能認證，應檢具下列文件一式三份並繳納審查費，向內政部（以下簡稱本部）委託之機關（構）、學校、團體（以下簡稱專業機構）提出，經專業機構協助審查及本部複審合格者，由本部發給防焰性能認證合格證書（格式如附件一），並予編號登錄。

（一）申請書。

（二）營業概要說明書。

（三）公司登記或商業登記證明文件影本；設有工廠者，應附工廠登記證影本；委由其他公司或工廠製造或處理者，應附該受託公司或工廠之登記證明文件影本。

（四）防焰性能品質機器一覽表。

（五）防焰處理技術人員資料說明書。

（六）防焰物品或其材料品質管理方法說明書（格式如附件七）。

（七）防焰標示管理說明書（格式如附件八）。

（八）經本部評鑑合格之試驗機構出具之防焰性能試驗合格報告書。

前點第五款業者申請防焰性能認證，應檢附前項第一款至第三款及第七款所列文件一式三份並繳納審查費，向當地消防機關提出，經當地消防機關初審及本部複審合格者，由本部發給防焰性能認證合格證書，並予編號登錄。

本部應於專業機構或直轄市、縣（市）消防機關受理申請之日起二個月內，將審查結果通知申請人。

十三、經防焰性能認證審查合格者，其認證合格登錄編號，由業別、地區別及序號組合而成。

前項防焰性能認證合格登錄編號例示如下表：

認證合格登錄號碼	業別	地區別（代碼）	序號（阿拉伯數字）
A－○○－○○○○	A	○○	○○○○
B－○○－○○○○	B	○○	○○○○
C－○○－○○○○	C	○○	○○○○
D－○○－○○○○	D	○○	○○○○
E－○○－○○○○	E	○○	○○○○

第一項地區別代碼如下表：

縣市別	代碼	縣市別	代碼	縣市別	代碼	縣市別	代碼
臺北市	01	新竹縣	07	嘉義市	14	臺東縣	22
高雄市	02	苗栗縣	08	嘉義縣	15	澎湖縣	23
基隆市	03	臺中市	09	臺南市	16	金門縣連江縣	24
新北市	04	南投縣	11	屏東縣	19		
桃園市	05	彰化縣	12	宜蘭縣	20		
新竹市	06	雲林縣	13	花蓮縣	21		

十五、本部對防焰性能試驗合格之單項產品，應依防焰物品或其材料之種類，於試驗合格通知書上編號登錄。該編號登錄事項，得委由專業機構辦理。

申請人應檢附下列文件辦理登錄：

（一）防焰性能試驗號碼登錄申請書（格式如附件十一）。

（二）防焰性能試驗報告正本（一年內）及產品試樣明細表（格式如附件十二至十二之二）。

（三）產品試樣長三十公分，寬三十公分。

（四）訂單、出貨單或進口報單影本。

第一項防焰試驗合格號碼有效期限為三年，期限屆滿二個月前，得檢具同型式產品之產品試樣明細表及效期內防焰性能試驗合格報告書重新送驗申請編號登錄。

前項試驗合格號碼產品於效期內因重新製造或進口販賣前，已重新試驗或屆期前一年內經消防機關抽購樣試驗合格者，仍應於試驗合格號碼到期前二個月重新申請再登錄，但得免試驗。

十六、防焰窗簾得使用同一試驗合格號碼之規定如下：

（一）平織：織紋相同，不限色號（指單一顏色）。

（二）印花或壓花：織紋相同，僅花色不同者，同一試驗合格號碼至多十二款試樣，須於申請時檢附每款長三十公分、寬三十公分小樣供掃描建檔，試樣件數應一次提送，不可分次提送；並於通過防焰性能試驗後於試驗報告書上註明試樣款數且附加測試件試樣。

前項得使用同一試驗合格號碼防焰窗簾之單位面積質量，其實測值與申請值之相對誤差，應在正負百分之六以內。該申請值係指申請人於附件十二產品試樣明細表填具之單位面積質量值。

二十四、取得防焰標示之物品或其材料，本部認為必要時，得自行或委由各級消防機關進行抽樣檢驗或於市場購樣檢驗，廠商不得拒絕。

前項抽樣檢驗或購樣檢驗之試驗結果，應與第二十二點所規定之防焰性能試驗報告比對查核。

【95 年】

室內裝修申請檢附試驗合格證明時，應注意有效截止日期是否在期限內

內消焰證字第 1090001 號

防焰性能認證合格證書

據 OO 裝潢有限公司 申請防焰性能認證登記

本部審查符合規定特發給認證證書並摘錄事項如下：

一、公司(商業)名稱：OO 裝潢有限公司

二、登記所在地：臺北市 OO 區 OO 路 OO 號 O 樓

三、代　表　人：OOO

四、登錄號碼：DE-OO-OOOO

五、業別及項目：進口販賣業：地毯

內政部部長　徐　OO

中華民國 109 年 O 月 O 日

（接上頁）

試　驗　結　果　表

（本表適用窗簾、布幕及施工用帆布等）

洗濯方式	現況								
	加熱時間	試樣方向	餘焰時間(秒)	餘燃時間(秒)	碳化面積(cm²)	試樣方向	碳化距離(cm)	試樣方向	接焰次數(支)
			X≦3	X≦5	X≦30		X≦20		X≧3
A1法	加熱1分	經向正面				經向正面		D法	
		經向反面				經向反面			
		緯向正面				緯向正面			
		緯向反面				緯向反面			
	著火後3秒	經向正面							
		緯向反面							

洗濯方式	水洗								
	加熱時間	試樣方向	餘焰時間(秒)	餘燃時間(秒)	碳化面積(cm²)	試樣方向	碳化距離(cm)	試樣方向	接焰次數(支)
			X≦3	X≦5	X≦30		X≦20		X≧3
A1法	加熱1分	經向正面				經向正面		D法	
		經向反面				經向反面			
		緯向正面				緯向正面			
		緯向反面				緯向反面			
	著火後3秒	經向正面							
		緯向反面							

注意事項：

一、本紙張規格大小為 210×297 ㎜。

二、試驗報告每頁之間應加蓋騎縫章。

三、不合格之試驗數值以粗體表示。

N1090001 (2-2)

防焰性能試驗報告書　範例

109 年 O 月 O 日

焰試字第 N1090001 號

此　　致

OOOO公司

OO市 OO 路 OO 號 OO 樓

財團法人防焰安全中心基金會

董事長　洪春安

109 年 O 月 O 日所提出之防焰產品試樣，其試驗結果及試驗號碼如下。

樣　品　基　本　資　料			
物品種類	窗簾	品　名	OOOO
材質、百分率	POLYESTER OO% ACRYLIC OO%	組　成	梭織布
洗濯試驗種類	現況、水洗	重　量	OO g/㎡
支　數	OOD x OO's/1	密　度	O/in x O/in
備　註	1.試驗方法：防焰性能試驗基準 2.本樣品資料均為廠商提供。 3.試驗號碼：NB-09-6001，有效期限至 112.0.0。		

結　果　判　定			
判　定	合格		
試驗日期	109.0.0	試驗號碼	NB-09-6001
技術室主任	許依婷	試驗操作人員	楊景焜

（接下頁）

N1090001 (2-1)

1 建築物室內裝修工程管理相關法規

2 防火避難及消防法相關法規

3 職業安全衛生法規

4 綠建材及相關設備類法規

5 其他與建築物室內裝修相關法規

六、防焰性能認證實施要點（節錄）

177

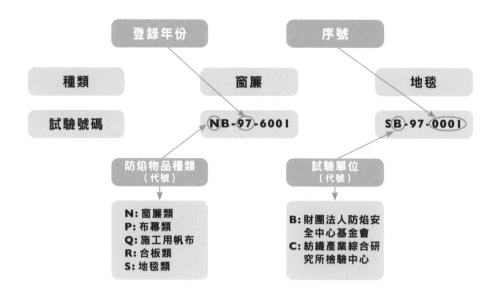

附件十四	防 焰 標 示 樣 式						
防焰物品之種類	材料		物品	防焰物品之種類	材料	物品	
	懸掛	張貼	縫製/張貼		懸掛/張貼	縫製/張貼/鑲(炭)釘	
一、窗簾或布幕	加洗濯處理後不需再者			縫製	二、舞台布幕 經加工處理噴霧方式者		張貼
	除水洗外需再加工處理者，洗濯後			縫製	三、(含折屏、捲簾)布製百葉窗簾		張貼
	除乾洗外需再加工處理者，洗濯後			縫製	四、施工布用		縫製
	洗濯處理者後需再加工			張貼	五、合板(宣廣舞台展示板具)用及用告道合板		張貼
	洗濯者後經再加工處			張貼	六、地毯		鑲釘/縫製

1 建築物室內裝修工程管理相關法規

2 防火避難及消防法相關法規

3 職業安全衛生法規

4 綠建材及相關設備類法規

5 其他與建築物室內裝修相關法規

七、歷屆考古題

 七 歷屆考古題

消防法範圍

一	依「消防法」第 11 條規定，地面樓層達 11 層以上建築物、地下建築物及中 央主管機關指定之場所，請例舉 4 項物品應附有防焰標示？
	【100 年】

答：「消防法」第 11 條

（一）地毯

（二）窗簾

（三）布幕

（四）展示用廣告看板

（五）其他經中央消防主 管機關認定應附防焰標示物品

消防安全設備設置標準範圍

一	依據各類場所消防安全設備設置標準第 13 條規定，各類場所於增建、改建或 變更用途時，其消防安全設備之設置標準為何？
	【98 年】

答：「各類場所消防安全設備設置標準」第 13 條

各類場所於增建、改建或變更用途時，其消防安全設備之設置，適用增建、改建或 用途變更前之標準。但有下列情形之一者，適用增建、改建或變更用途後之標準：

（一）其消防安全設備為滅火器、火警自動警報設備、手動報警設備、緊急廣播設備、標示設備、避難器具及照明設備者。

（二）增建或改建部分，以本標準中華民國八十五年七月一日修正條文條文施行之曰起，樓地板面積合計逾一千平方公尺或占原建築物總樓地板面積二分之一以上時，該建築物之消防安全設備

（三）用途變更為甲類場所使用時，該變更後用途之消防安全設備

（四）用途變更前，未符合變更前規定之消防安全設備

二	各類場所消防安全設備設置標準規定之避難逃生設備
	【99 年】

答：「各類場所消防安全設備設置標準」第 10 條

（一）標示設備：出口標示燈、避難方向指示燈、避難指標

（二）避難器具：指滑台、避難梯、避難橋、救助袋、緩降機、避難繩索、滑杆及其他避難器具

（三）緊急照明設備

三	依據「各類場所消防安全設備設置標準」第 11 條規定，各類場所消防安全設 備設置標準規定之消防搶救上必要之設備種類為何？
	【100 年】
答：	「各類場所消防安全設備設置標準」第 11 條 （一）連結送水管。 （二）消防專用蓄水池。 （三）排煙設備（緊急昇降機間、特別安全梯間排煙設備、室內排煙設備）。 （四）緊急電源插座。 （五）無線電通信輔助設備。
四	依據「各類場所消防安全設備設置標準」規定，各類場所消防安全設備設置標準規定何種場所或樓層應設置自動撒水設備？
	【101 年】
答：	「各類場所消防安全設備設置標準」第 17 條 下列場所或樓層應設置自動撒水設備： （一）十層以下建築物之樓層，供第十二條第一款第一目所列場所使用，樓地板面積合計在三百平方公尺以上者；供同款其他各目及第二款第一目所列場所使用，樓地板面積在一千五百平方公尺以上者。 （二）建築物在十一層以上之樓層，樓地板面積在一百平方公尺以上者。 （三）地下層或無開口樓層，供第十二條第一款所列場所使用，樓地板面積在一千平方公尺以上者。 （四）十一層以上建築物供第十二條第一款所列場所或第五款第一目使用者。 （五）供第十二條第五款第一目使用之建築物中，甲類場所樓地板面積合計達三千平方公尺以上時，供甲類場所使用之樓層。 （六）供第十二條第二款第十一目使用之場所，樓層高度超過十公尺且樓地板面積在七百平方公尺以上之高架儲存倉庫。 （七）總樓地板面積在一千平方公尺以上之地下建築物。 （八）高層建築物。 （九）供第十二條第一款第六目所定長期照顧機構（長期照護型、養護型、失智照顧型）、身心障礙福利機構（限照顧植物人、失智症、重癱、長期臥床或身心功能退化者）使用之場所，樓地板面積在三百平方公尺以上者。 前項應設自動撒水設備之場所，依本標準設有水霧、泡沫、二氧化碳、乾粉等滅火設備者，在該有效範圍內，得免設自動撒水設備。

1

建築物室內裝修工程管理相關法規

2

防火避難及消防法相關法規

3

職業安全衛生法規

4

綠建材及相關設備類法規

5

其他與建築物室內裝修相關法規

七、歷屆考古題

五	依據「各類場所消防安全設備設置標準」規定，各類場所消防安全設備有哪些設備？
	【103 年】
答：	「各類場所消防安全設備設置標準」第 7 條
	（一）滅火設備：指以水或其他滅火藥劑滅火之器具或設備。
	（二）警報設備：指報知火災發生之器具或設備。
	（三）避難逃生設備：指火災發生時為避難而使用之器具或設備。
	（四）消防搶救上之必要設備：指火警發生時，消防人員從事搶救活動上必需之器具或設備。
	（五）其他經中央消防主管機關認定之消防安全設備。
六	避難逃生設備所使用避難器具，包括有哪些器具？
	【104 年】
答：	「各類場所消防安全設備設置標準」第 10 條
	避難器具：
	滑台、避難梯、避難橋、救助袋、緩降機、避難繩索、滑杆及其他避難器具。
七	依「各類場所消防安全設備設置標準」規定，警報設備種類有哪 5 種？
	【107 年】
答：	「各類場所消防安全設備設置標準」第 9 條
	警報設備
	（一）火警自動警報設備
	（二）手動報警設備
	（三）緊急廣播設備
	（四）瓦斯漏氣火警自動警報設備
	（五）一一九火災通報裝置

防焰性能認證實施要點範圍

一	中央主管機關得自行或委由各級消防機關進行何種檢驗，以確保防焰品之品質？
	【95 年】
答：	「防焰性能認證實施要點」第 24 條
	取得防焰標示之物品或其材料，本部認為必要時，得自行或委由各級消防機關進行抽樣檢驗或於市場購樣檢驗，廠商不得拒絕。
	前項抽樣檢驗或購樣檢驗之試驗結果，應與第二十二點所規定之防焰性能試驗報告比對查核。

八 重點整理

一、應使用附有防焰標示之建築場所
消防法 第 11 條

1. 地面樓層達十一層以上建築物、地下建築物及中央主管機關指定之場所其管理權人應使用附有防焰標示之防焰物品	地毯、窗簾、布幕、展示用廣告板及其他指定之防焰物品
2. 前項防焰物品或其材料非附有防焰標示，不得銷售及陳列	
3. 前二項防焰物品或其材料之防焰標示，應經中央主管機關認證具有防焰性能	

二、依消防法第 13 條第 1 項：一定規模以上供公眾使用建築物所屬用途
消防法 第 13 條

一定規模以上供公眾使用建築物所屬用途	1. 電影片映演場所（戲院、電影院）、演藝場、歌廳、舞廳、夜總會、俱樂部、保齡球館、三溫暖
	2. 理容院（觀光理髮、視聽理容等）、指壓按摩場所、錄影節目帶播映場所（MTV等）、視聽歌唱場所（KTV 等）、酒家、酒吧、PUB 、酒店（廊）
	3. 觀光旅館、旅館
	4. 總樓地板面積在五百平方公尺以上之百貨商場、超級市場及遊藝場等場所
	5. 總樓地板面積在三百平方公尺以上之餐廳
	6. 醫院、療養院、養老院
	7. 學校、總樓地板面積在二百平方公尺以上之補習班或訓練班
	8. 總樓地板面積在五百平方公尺以上，其員工在三十人以上之工廠或機關（構）
	9. 收容人數在三十人以上（含員工）之幼兒園（含改制前之幼稚園、托兒所）、兒童及少年福利機構（限托嬰中心、早期療育機構、有收容未滿二歲兒童之安置及教養機構）
	10. 收容人數在一百人以上之寄宿舍、招待所（限有寢室客房者）
	11. 總樓地板面積在五百平方公尺以上之健身休閒中心、撞球場
	12. 總樓地板面積在三百平方公尺以上之咖啡廳
	13. 總樓地板面積在五百平方公尺以上之圖書館、博物館
	14. 捷運車站、鐵路地下化車站
	15. 榮譽國民之家、長期照顧服務機構（限機構住宿式、社區式之建築物使用類組非屬 H-2 之日間照顧、團體家屋及 小規模多機能）、老人福利機構（限長期照護型、養護型、失智照顧型之長期照顧機構、安養機構）、護理機構（限一般護理之家、精神護理之家、產後護理機構）、身心障礙福利機構（限供住宿養護、日間服務、臨時及短期照顧者）、身心障礙者職業訓練機構（限提供住宿或使用特殊機具者）
	16. 高速鐵路車站

1
建築物室內裝修工程管理相關法規

2
防火避難及消防法相關法規

3
職業安全衛生法規

4
綠建材及相關設備類法規

5
其他與建築物室內裝修相關法規

八、重點整理

	17. 總樓地板面積在五百平方公尺以上，且設有香客大樓或類似住宿、休息空間，收容人數在一百人以上之寺廟、宗祠、教堂或其他類似場所
	18. 收容人數在三十人以上之視障按摩場所
	19. 觀光工廠

三、申請防焰性能認證經審查合格後，始得使用防焰標示，應檢具文件內容及繳納審查費
消防法施行細則 第 7 條

檢附申請文件內容	1. 申請書
	2. 營業概要説明書
	3. 公司登記或商業登記證明文件影本
	4. 防焰物品或材料進、出貨管理説明書
	5. 經中央主管機關評鑑合格之試驗機構出具之防焰性能試驗合格報告書。但防焰物品及其材料之裁剪、縫製、安裝業者，免予檢具
	6. 其他經中央主管機關指定之文件

四、消防防護計畫應包括事項
消防法施行細則 第 15 條

1. 自衛消防編組	(1) 員工在十人以上	編組滅火班、通報班及避難引導班
	(2) 員工在五十人以上	編組滅火班、通報班及避難引導班，增編安全防護班及救護班
2. 防火避難設施之自行檢查	每月至少檢查一次	檢查結果遇有缺失，應報告管理權人立即改善
3. 消防安全設備之維護管理		
4. 火災及其他災害發生時	滅火行動、通報聯絡及避難引導	
5. 滅火、通報及避難訓練之實施	每半年至少應舉辦一次	每次不得少於四小時，並應事先通報當地消防機關
6. 防災應變之教育訓練		
7. 用火、用電之監督管理		
8. 防止縱火措施		
9. 場所之位置圖、逃生避難圖及平面圖		
10. 其他防災應變上之必要事項		
遇有增建、改建、修建、室內裝修施工時，應另定消防防護計畫，以監督施工單位用火、用電情形		

五、用語定義
各類場所消防安全設備設置標準 第 4 條

1.複合用途建築物	一棟建築物中有供第十二條第一款至第四款各目所列用途二種以上	
	該不同用途，在管理及使用形態上，未構成從屬於其中一主用途者	
	其判斷基準，由中央消防機關另定之	
2.無開口樓層	建築物之各樓層供避難及消防搶救用之有效開口面積未達下列規定者	十一層以上之樓層，具可內切直徑五十公分以上圓孔之開口，合計面積為該樓地板面積三十分之一以上者
		十層以下之樓層，具可內切直徑五十公分以上圓孔之開口，合計面積為該樓地板面積三十分之一以上者。但其中至少應具有二個內切直徑一公尺以上圓孔或寬七十五公分以上、高一百二十公分以上之開口
3.高度危險工作場所	儲存一般可燃性固體物質倉庫之高度超過五點五公尺者	
	易燃性液體物質之閃火點未超過攝氏六十度與攝氏溫度為三十七點八度時，其蒸氣壓未超過每平方公分二點八公斤或 0.28 百萬帕斯卡（以下簡稱 MPa）者	
	可燃性高壓氣體製造、儲存、處理場所或石化作業場所，木材加工業作業場所及油漆作業場所等	
4.中度危險工作場所	儲存一般可燃性固體物質倉庫之高度未超過五點五公尺者	
	易燃性液體物質之閃火點超過攝氏六十度之作業場所或輕工業場所	
5.低度危險工作場所	有可燃性物質存在。但其存量少，延燒範圍小，延燒速度慢，僅形成小型火災者。	
6.避難指標	標示避難出口或方向之指標	
前項第二款所稱有效開口	(1) 開口下端距樓地板面一百二十公分以內	
	(2) 開口面臨道路或寬度一公尺以上之通路	
	(3) 開口無柵欄且內部未設妨礙避難之構造或阻礙物	
	(4) 開口為可自外面開啟或輕易破壞得以進入室內之構造。採一般玻璃門窗時，厚度應在六毫米以下	

八、重點整理

六、另一場所的定義
各類場所消防安全設備設置標準 第 5 條

另一場所定義	1. 以無開口且具一小時以上防火時效之牆壁、樓地板區劃分隔者			
	2. 建築物間設有過廊,並符合下列規定者	(1) 過廊僅供通行或搬運用途使用,且無通行之障礙		
		(2) 過廊有效寬度在六公尺以下		
		(3) 連接建築物之間距,一樓超過六公尺,二樓以上超過十公尺		
		建築物符合下列規定者,不受前項第三款之限制	A. 連接建築物之外牆及屋頂,與過廊連接相距三公尺以內者,為防火構造或不燃材料	
			B. 前款之外牆及屋頂未設有開口。但開口面積在四平方公尺以下,且設具半小時以上防火時效之防火門窗者,不在此限	
			C. 過廊為開放式或符合下列規定者	a. 為防火構造或以不燃材料建造
				b. 過廊與二側建築物相連接處之開口面積在四平方公尺以下,且設具半小時以上防火時效之防火門
				c. 設置直接開向室外之開口或機械排煙設備。但設有自動撒水設備者,得免設

七、各類場所消防安全設備
各類場所消防安全設備設置標準 第 7 條

1. 滅火設備	指以水或其他滅火藥劑滅火之器具或設備
2. 警報設備	指報知火災發生之器具或設備
3. 避難逃生設備	指火災發生時為避難而使用之器具或設備
4. 消防搶救上之必要設備	指火警發生時,消防人員從事搶救活動上必需之器具或設備
5. 其他經中央主管機關認定之消防安全設備	

八、滅火設備種類
各類場所消防安全設備設置標準 第 8 條

1. 滅火器、消防砂	6. 泡沫滅火設備
2. 室內消防栓設備	7. 二氧化碳滅火設備
3. 室外消防栓設備	8. 乾粉滅火設備
4. 自動撒水設備	9. 簡易自動滅火設備
5. 水霧滅火設備	

九、警報設備種類
各類場所消防安全設備設置標準 第 9 條

1. 火警自動警報設備	4. 瓦斯漏氣火警自動警報設備
2. 手動報警設備	5. 一一九火災通報裝置
3. 緊急廣播設備	

十、避難逃生設備種類
各類場所消防安全設備設置標準 第 10 條

1. 標示設備	出口標示燈、避難方向指示燈、觀眾席引導燈、避難指標
2. 避難器具	指滑臺、避難梯、避難橋、救助袋、緩降機、避難繩索、滑杆及其他避難器具
3. 緊急照明設備	緊急照明設備

十一、消防搶救上之必要設備種類
各類場所消防安全設備設置標準 第 11 條

1. 連結送水管	
2. 消防專用蓄水池	
3. 排煙設備	緊急昇降機間、特別安全梯間排煙設備、室內排煙設備
4. 緊急電源插座	
5. 無線電通信輔助設備	

十二、各類場所按用途分類
各類場所消防安全設備設置標準 第 12 條

甲類場所	電影片映演場所（戲院、電影院）、歌廳、舞廳、夜總會、俱樂部、理容院（觀光理髮、視聽理容等）、指壓按摩場所、錄影節目帶播映場所（MTV 等）、視聽歌唱場所（KTV 等）、酒家、酒吧、酒店（廊）	消防安全設備檢修每半年一次 申報期限：每年 3 月底及 9 月底前
	保齡球館、撞球場、集會堂、健身休閒中心（含提供指壓、三溫暖等設施之美容瘦身場所）、室內螢幕式高爾夫練習場、遊藝場所、電子遊戲場、資訊休閒場所	
	觀光旅館、飯店、旅館、招待所（限有寢室客房者）	
	商場、市場、百貨商場、超級市場、零售市場、展覽場	消防安全設備檢修每半年一次 申報期限：每年 5 月底及 11 月底前
	餐廳、飲食店、咖啡廳、茶藝館	
	醫院、療養院、榮譽國民之家、長期照顧服務機構（限機構住宿式、社區式之建築物使用類組非屬 H-2 之日間照顧、團體家屋及小規模多機能）、老人福利機構（限長期照護型、養護型、失智照顧型之長期照顧機構、安養機構）、兒童及少年福利機構（限托嬰中心、早期療育機構、有收容未滿二歲兒童之安置及教養機構）、護理機構（限一般護理之家、精神護理之家、產後護理機構）、身心障礙福利機構（限供住宿養護、日間服務、臨時及短期照顧者）、身心障礙者職業訓練機構（限提供住宿或使用特殊機具者）、啟明、啟智、啟聰等特殊學校	
	三溫暖、公共浴室	

乙類場所	車站、飛機場大廈、候船室	消防安全設備檢修每年一次 申報期限：每年 3 月底前
	期貨經紀業、證券交易所、金融機構	
	學校教室、兒童課後照顧服務中心、補習班、訓練班、K 書中心、前款第六目以外之兒童及少年福利機構（限安置及教養機構）及身心障礙者職業訓練機構	
	圖書館、博物館、美術館、陳列館、史蹟資料館、紀念館及其他類似場所	消防安全設備檢修每年一次 申報期限：每年 5 月底前
	寺廟、宗祠、教堂、供存放骨灰（骸）之納骨堂（塔）及其他類似場所	
	辦公室、靶場、診所、長期照顧服務機構（限社區式之建築物使用類組屬 H-2 之日間照顧、團體家屋及小規模多機能）、日間型精神復健機構、兒童及少年心理輔導或家庭諮詢機構、身心障礙者就業服務機構、老人文康機構、前款第六目以外之老人福利機構及身心障礙福利機構	
	集合住宅、寄宿舍、住宿型精神復健機構	每年一次 申報期限：每年 9 月底前
	體育館、活動中心	
	室內溜冰場、室內游泳池	
	電影攝影場、電視播送場	每年一次 申報期限：每年 11 月底前
	倉庫、傢俱展示販售場	
	幼兒園	
丙類場所	電信機器室	消防安全設備檢修每年一次 申報期限：每年 12 月底前
	汽車修護廠、飛機修理廠、飛機庫	
	室內停車場、建築物依法附設之室內停車空間	
丁類場所	高度危險工作場所	
	中度危險工作場所	
	低度危險工作場所	
戊類場所	複合用途建築物中，有供第一款用途者	每半年一次 申報期限：每年 5 月底前及 11 月底
	前目以外供第二款至前款用途之複合用途建築物	每年一次 申報期限：每年 11 月底前
	地下建築物	
其他經中央主管機關公告之場所		

1 建築物室內裝修工程管理相關法規

2 防火避難及消防法相關法規

3 職業安全衛生法規

4 綠建材及相關設備類法規

5 其他與建築物室內裝修相關法規

八、重點整理

187

十三、各類場所於增建、改建或變更用途時，適用增建、改建或變更用途後之標準
各類場所消防安全設備設置標準 第 13 條

增建、改建或變更用途時，適用新法規之條件	1. 其消防安全設備為滅火器、火警自動警報設備、手動報警設備、緊急廣播設備、標示設備、避難器具及緊急照明設備者
	2. 增建或改建部分，以本標準中華民國八十五年七月一日修正條文施行日起，樓地板面積合計逾一千平方公尺或占原建築物總樓地板面積二分之一以上時，該建築物之消防安全設備
	3. 用途變更為甲類場所使用時，該變更後用途之消防安全設備
	4. 用途變更前，未符合變更前規定之消防安全設備

十四、應設置滅火器之場所
各類場所消防安全設備設置標準 第 14 條

應設置滅火器	1. 甲類場所、地下建築物、幼兒園
	2. 總樓地板面積在一百五十平方公尺以上之乙、丙、丁類場所
	3. 設於地下層或無開口樓層，且樓地板面積在五十平方公尺以上之各類場所
	4. 設有放映室或變壓器、配電盤及其他類似電氣設備之各類場所
	5. 設有鍋爐房、廚房等大量使用火源之各類場所

十五、應設置室內消防栓設備之場所
各類場所消防安全設備設置標準 第 15 條

1. 五層以下建築物	供第十二條第一款第一目所列場所使用		任何一層樓地板面積在三百平方公尺以上者
	供第一款其他各目及第二款至第四款所列場所使用		任何一層樓地板面積在五百平方公尺以上者
	學校教室		任何一層樓地板面積在一千四百平方公尺以上者
2. 六層以上建築物	供第十二條第一款至第四款所列場所使用		任何一層之樓地板面積在一百五十平方公尺以上者
3. 地下建築物			總樓地板面積在一百五十平方公尺以上
4. 地下層或無開口之樓層	供第十二條第一款第一目所列場所使用		樓地板面積在一百平方公尺以上者
	供第一款其他各目及第二款至第四款所列場所使用		樓地板面積在一百五十平方公尺以上者
免設室內消防栓設備	1. 前項應設室內消防栓設備之場所，依本標準設有自動撒水（含補助撒水栓）、水霧、泡沫、二氧化碳、乾粉或室外消防栓等滅火設備者，在該有效範圍內		
	2. 設有室外消防栓設備時，第一層、第二層免設	(1) 第一層	水平距離四十公尺以下
		(2) 第二層	第二層步行距離四十公尺以下有效滅火範圍內

十六、應設置自動撒水設備之場所或樓層
各類場所消防安全設備設置標準 第 17 條

1.十層以下建築物之樓層	供第十二條第一款第一目所列場所使用	樓地板面積合計在三百平方公尺以上者
	供同款其他各目及第二款第一目所列場所使用	樓地板面積在一千五百平方公尺以上者
2.建築物在十一層以上之樓層		樓地板面積在一百平方公尺以上者
3.地下層或無開口樓層	供第十二條第一款所列場所使用	樓地板面積在一千平方公尺以上者
4.十一層以上建築物	供第十二條第一款所列場所或第五款第一目使用者	
5.供第十二條第五款第一目使用之建築物中（複合樓層或地下建築）	甲類場所樓地板面積合計達三千平方公尺以上時，供甲類場所使用之樓層	
6.供第十二條第二款第十一目使用之場所（倉庫、傢俱展示販售場）	樓層高度超過十公尺且樓地板面積在七百平方公尺以上之高架儲存倉庫	
7.地下建築物	總樓地板面積在一千平方公尺以上	
8.高層建築物		
9.供第十二條第一款第六目所定榮譽國民之家、長期照顧服務機構（限機構住宿式、社區式之建築物使用類組非屬 H-2 之日間照顧、團體家屋及小規模多機能）、老人福利機構（限長期照護型、養護型、失智照顧型之長期照顧機構、安養機構）、護理機構（限一般護理之家、精神護理之家）、身心障礙福利機構（限照顧植物人、失智症、重癱、長期臥床或身心功能退化者）使用之場所		
免設自動撒水設備	前項應設自動撒水設備之場所，依本標準設有水霧、泡沫、二氧化碳、乾粉等滅火設備者，在該有效範圍內	

十七、應設置標示設備之場所
各類場所消防安全設備設置標準 第 23 條

1.應設置出口標示燈	供第十二條第一款、第二款第十二目、第五款第一目、第三目使用之場所	
	地下層、無開口樓層、十一層以上之樓層供同條其他各款目所列場所使用	
2.應設置避難方向指示燈	供第十二條第一款、第二款第十二目、第五款第一目、第三目使用之場所	
	地下層、無開口樓層、十一層以上之樓層供同條其他各款目所列場所使用	
3.應設置觀眾席引導燈	戲院、電影院、歌廳、集會堂及類似場所	
免設置避難指標	各類場所均應設置避難指標。但設有避難方向指示燈或出口標示燈時，在其有效範圍內	

1 建築物室內裝修工程管理相關法規
2 防火避難及消防法相關法規
3 職業安全衛生法規
4 綠建材及相關設備類法規
5 其他與建築物室內裝修相關法規

八、重點整理

十八、應設置緊急照明設備之場所
各類場所消防安全設備設置標準 第 24 條

1.居室	(1) 供第十二條第一款、第三款及第五款所列場所
	(2) 供第十二條第二款第一目、第二目、第三目（學校教室除外）、第四目至第六目、第七目所定住宿型精神復健機構、第八目、第九目及第十二目所列場所
	(3) 總樓地板面積在一千平方公尺以上建築物（學校教室除外）
2.有效採光面積未達該居室樓地板面積百分之五者	
3.供前四款使用之場所，自居室通達避難層所須經過之走廊、樓梯間、通道及其他平時依賴人工照明部分	
免設緊急照明設備	容易避難逃生或具有效採光之場所

十九、應設置排煙設備之場所
各類場所消防安全設備設置標準 第 28 條

1.供第十二條第一款及第五款第三目所列場所使用	樓地板面積合計在五百平方公尺以上
2.天花板下方八十公分範圍內之有效通風面積未達該居室樓地板面積百分之二者	樓地板面積在一百平方公尺以上之居室
3.無開口樓層	樓地板面積在一千平方公尺以上
4.供第十二條第一款第一目所列場所及第二目之集會堂使用	舞臺部分之樓地板面積在五百平方公尺以上者
5.依建築技術規則應設置之特別安全梯或緊急昇降機間	
6.增建、改建或變更用途部分得分別計算排煙設備之條件	前項場所之樓地板面積，在建築物以具有一小時以上防火時效之牆壁、平時保持關閉之防火門窗等防火設備及各該樓層防火構造之樓地板區劃，且防火設備具一小時以上之阻熱性者

二十、滅火器應依規定設置
各類場所消防安全設備設置標準 第 31 條

1.視各類場所潛在火災性質設置,並依下列規定核算其最低滅火效能值	(1)供第十二條第一款及第五款使用之場所	各層樓地板面積每一百平方公尺(含未滿)有一滅火效能值
	(2)供第十二條第二款至第四款使用之場所	各層樓地板面積每二百平方公尺(含未滿)有一滅火效能值
	(3)鍋爐房、廚房等大量使用火源之處所	以樓地板面積每二十五平方公尺(含未滿)有一滅火效能值
2.電影片映演場所放映室及電氣設備使用之處所		每一百平方公尺(含未滿)另設一滅火器
3.設有滅火器之樓層		自樓面居室任一點至滅火器之步行距離在二十公尺以下
4.固定放置於取用方便之明顯處所		並設有長邊二十四公分以上,短邊八公分以上,以紅底白字標明滅火器字樣之標識
5.懸掛於牆上或放置滅火器箱中之滅火器		其上端與樓地板面之距離,十八公斤以上者在一公尺以下,未滿十八公斤者在一點五公尺以下

二十一、自動撒水設備之種類
各類場所消防安全設備設置標準 第 43 條

1.密閉濕式	平時管內貯滿高壓水,撒水頭動作時即撒水
2.密閉乾式	平時管內貯滿高壓空氣,撒水頭動作時先排空氣,繼而撒水
3.開放式	平時管內無水,啟動一齊開放閥,使水流入管系撒水
	供第十二條第一款第一目所列場所及第二目之集會堂使用之舞臺
4.預動式	平時管內貯滿低壓空氣,以感知裝置啟動流水檢知裝置,且撒水頭動作時即撒水
5.其他經中央主管機關認可者	

1 建築物室內裝修工程管理相關法規

2 防火避難及消防法相關法規

3 職業安全衛生法規

4 綠建材及相關設備類法規

5 其他與建築物室內裝修相關法規

八、重點整理

二十二、免裝撒水頭之處所
各類場所消防安全設備設置標準 第 49 條

1. 洗手間、浴室或廁所	
2. 室內安全梯間、特別安全梯間或緊急昇降機間排煙室	
3. 防火構造之昇降機昇降路或管道間	
4. 昇降機機械室或通風換氣設備機械室	
5. 電信機械室或電腦室	
6. 發電機、變壓器等電氣設備室	
7. 外氣流通無法有效探測火災之走廊	
8. 手術室、產房、X光（放射線）室、加護病房或麻醉室等其他類似處所	
9. 第十二條第一款第一目所列場所及第二目之集會堂使用之觀眾席，設有固定座椅部分，且撒水頭裝置面高度在八公尺以上者	
10. 室內游泳池之水面或溜冰場之冰面上方	
11. 主要構造為防火構造，且開口設有具一小時以上防火時效之防火門之金庫	
12. 儲存鋁粉、碳化鈣、磷化鈣、鈉、生石灰、鎂粉、鉀、過氧化鈉等禁水性物質或其他遇水時將發生危險之化學品倉庫或房間	
13. 第十七條第一項第五款之建築物（地下層、無開口樓層及第十一層以上之樓層除外）中，供第十二條第二款至第四款所列場所使用，與其他部分間以具一小時以上防火時效之牆壁、樓地板區劃分隔，並符合下列規定者	(1) 區劃分隔之牆壁及樓地板開口面積合計在八平方公尺以下，且任一開口面積在四平方公尺以下
	(2) 前目開口部設具一小時以上防火時效之防火門窗等防火設備，且開口部與走廊、樓梯間不得使用防火鐵捲門。但開口面積在四平方公尺以下，且該區劃分隔部分能二方向避難者，得使用具半小時以上防火時效之防火門窗等防火設備
14. 第十七條第一項第四款之建築物（地下層、無開口樓層及第十一層以上之樓層除外）中，供第十二條第二款至第四款所列場所使用，與其他部分間以具一小時以上防火時效之牆壁、樓地板區劃分隔，並符合下列規定者	(3) 區劃分隔部分，樓地板面積在二百平方公尺以下
	(4) 內部裝修符合建築技術規則建築設計施工編第八十八條規定
	(5) 開口部設具一小時以上防火時效之防火門窗等防火設備，且開口部與走廊、樓梯間不得使用防火鐵捲門。但開口面積在四平方公尺以下，且該區劃分隔部分能二方向避難者，得使用具半小時以上防火時效之防火門窗等防火設備
15. 其他經中央主管機關指定之場所	

八、重點整理

二十三、探測器之裝置位置
各類場所消防安全設備設置標準 第 115 條

1.天花板上設有出風口時	除火焰式、差動式分布型及光電式分離型探測器外，應距離該出風口一點五公尺以上
2.牆上設有出風口時	應距離該出風口一點五公尺以上。但該出風口距天花板在一公尺以上時，不在此限。
3.天花板設排氣口或回風口時	偵煙式探測器應裝置於排氣口或回風口周圍一公尺範圍內
4.局限型探測器以裝置在探測區域中心附近為原則	
5.局限型探測器之裝置，不得傾斜四十五度以上。但火焰式探測器，不在此限	

二十四、免設探測器之處所
各類場所消防安全設備設置標準 第 116 條

1.探測器除火焰式外，裝置面高度超過二十公尺者
2.外氣流通無法有效探測火災之場所
3.洗手間、廁所或浴室
4.冷藏庫等設有能早期發現火災之溫度自動調整裝置者
5.主要構造為防火構造，且開口設有具一小時以上防火時效防火門之金庫
6.室內游泳池之水面或溜冰場之冰面上方
7.不燃性石材或金屬等加工場，未儲存或未處理可燃性物品處
8.其他經中央主管機關指定之場所

二十五、探測器不得設置之處所
各類場所消防安全設備設置標準 第 117 條

1.偵煙式或熱煙複合式局限型探測器不得設置之處所	(1) 塵埃、粉末或水蒸氣會大量滯留之場所
	(2) 會散發腐蝕性氣體之場所
	(3) 廚房及其他平時煙會滯留之場所
	(4) 顯著高溫之場所
	(5) 排放廢氣會大量滯留之場所
	(6) 煙會大量流入之場所
	(7) 會結露之場所
	(8) 其他對探測器機能會造成障礙之場所
2.火焰式探測器不得設置之處所	(1) 前項第二款至第四款、第六款、第七款所列之處所
	(2) 水蒸氣會大量滯留之處所
	(3) 用火設備火焰外露之處所
	(4) 其他對探測器機能會造成障礙之處所

二十六、標示設備有效引導之設置位置
各類場所消防安全設備設置標準 第 146-3 條

1.出口標示燈有效引導之設置位置	通往戶外之出入口；設有排煙室者，為該室之出入口
	通往直通樓梯之出入口；設有排煙室者，為該室之出入口
	通往前二款出入口，由室內往走廊或通道之出入口
	通往第一款及第二款出入口，走廊或通道上所設跨防火區劃之防火門
2.避難方向指示燈有效引導之設置位置	優先設於轉彎處
	設於依前項第一款及第二款所設出口標示燈之有效範圍內
	設於前二款規定者外，把走廊或通道各部分包含在避難方向指示燈有效範圍內，必要之地點

二十七、標出口標示燈及避難方向指示燈之設置位置
各類場所消防安全設備設置標準 第 146-4 條

1.設置位置應不妨礙通行
2.周圍不得設有影響視線之裝潢及廣告招牌
3.設於地板面之指示燈，應具不因荷重而破壞之強度
4.設於可能遭受雨淋或溼氣滯留之處所者，應具防水構造

二十八、避難指標之設置位置
各類場所消防安全設備設置標準 第 153 條

1.設於出入口時，裝設高度距樓地板面一點五公尺以下
2.設於走廊或通道時，自走廊或通道任一點至指標之步行距離在七點五公尺以下。且優先設於走廊或通道之轉彎處
3.周圍不得設有影響視線之裝潢及廣告招牌
4.設於易見且採光良好處

1 建築物室內裝修工程管理相關法規

2 防火避難及消防法相關法規

3 職業安全衛生法規

4 綠建材及相關設備類法規

5 其他與建築物室內裝修相關法規

八、重點整理

二十九、免設排煙設備之場所
各類場所消防安全設備設置標準 第190條

1. 建築物在第十層以下之各樓層（地下層除外），其非居室部分，符合下列規定之一者	(1) 天花板及室內牆面，以耐燃一級材料裝修，且除面向室外之開口外，以半小時以上防火時效之防火門窗等防火設備區劃者
	(2) 樓地板面積每一百平方公尺以下，以防煙壁區劃者
2. 建築物在第十層以下之各樓層（地下層除外），其居室部分，符合下列規定之一者	(1) 樓地板面積每一百平方公尺以下，以具一小時以上防火時效之牆壁、防火門窗等防火設備及各該樓層防火構造之樓地板形成區劃，且天花板及室內牆面，以耐燃一級材料裝修者
	(2) 樓地板面積在一百平方公尺以下，天花板及室內牆面，且包括其底材，均以耐燃一級材料裝修者
3. 建築物在第十一層以上之各樓層、地下層或地下建築物（地下層或地下建築物之甲類場所除外）	(1) 樓地板面積每一百平方公尺以下
	(2) 具一小時以上防火時效之牆壁、防火門窗等防火設備及各該樓層防火構造之樓地板形成區劃間隔
	(3) 花板及室內牆面，以耐燃一級材料裝修者
4. 樓梯間、昇降機昇降路、管道間、儲藏室、洗手間、廁所及其他類似部分	
5. 設有二氧化碳或乾粉等自動滅火設備之場所	
6. 機器製造工廠、儲放不燃性物品倉庫及其他類似用途建築物，且主要構造為不燃材料建造者	
7. 集合住宅、學校教室、學校活動中心、體育館、室內溜冰場、室內游泳池	
8. 其他經中央主管機關核定之場所	
前項第一款第一目之防火門窗等防火設備應具半小時以上之阻熱性，第二款第一目及第三款之防火門窗等防火設備應具一小時以上之阻熱性	

三十、用語定義
滅火器認可基準 第2條

1. 滅火器	指使用水或其他滅火藥劑（以下稱為滅火藥劑）驅動噴射壓力，進行滅火用之器具，且由人力操作者。但以固定狀態使用及噴霧式簡易滅火器具，不適用之
2. A 類火災（普通火災）	指木材、紙張、纖維、棉毛、塑膠、橡膠等之可燃性固體引起之火災
3. B 類火災（油類火災）	指石油類、有機溶劑、油漆類、油脂類等可燃性液體及可燃性固體引起之火災
4. C 類火災（電氣火災）	指電氣配線、馬達、引擎、變壓器、配電盤等通電中之電氣機械器具及電氣設備引起之火災
5. D 類火災（金屬火災）	指鈉、鉀、鎂、鋰與鋯等金屬物質引起之火災

三十一、滅火器分類
滅火器認可基準 第 2 條

1. 依滅火藥劑（符合滅火器用滅火藥劑認可基準規定）分類	(1) 水滅火器	指水或水混合、添加濕潤劑等，以壓力放射進行滅火之滅火器	
	(2) 強化液滅火器	指使用強化液滅火藥劑，以壓力放射進行滅火之滅火器	
	(3) 泡沫滅火器	指使用化學或機械泡沫滅火藥劑，以壓力放射進行滅火之滅火器	
	(4) 二氧化碳滅火器	指使用液化二氧化碳，以壓力放射進行滅火之滅火器	
	(5) 乾粉滅火器	指使用乾粉滅火藥劑，以壓力放射進行滅火之滅火器	
2. 依驅動壓力方式分類	(1) 加壓式滅火器	係以加壓用氣體容器之作動所產生之壓力，使滅火器放射滅火藥劑之滅火器	
	(2) 蓄壓式滅火器	係以滅火器本體內部壓縮空氣、氮氣（以下稱為「壓縮氣體」）或二氧化碳等之壓力，使滅火器放射滅火藥劑之滅火器	
	(3) 住宅用滅火器	除各類場所消防安全設備設置標準規定應設一單位以上滅火效能值之滅火器外之住家場所用滅火器	
	(4) 大型滅火器	各滅火器所充填之滅火藥劑量在下列規格值以上者稱之	機械泡沫滅火器：20l 以上
			二氧化碳滅火器：45kg 以上
			乾粉滅火器：18kg 以上
			水滅火器、化學泡沫滅火器：80l 以上
			強化液滅火器：60l 以上
	(5) 車用滅火器	裝設在車上使用之滅火器，除一般滅火器試驗規定外，並應符合壹、二十九振動試驗規定者	

八、重點整理

三十二、滅火器適用之火災類別
滅火器認可基準 第 3 條

適用滅火器 火災分類	水	泡沫	二氧化碳	強化液	乾 粉		
					ABC 類	BC 類	D 類
A 類 火 災	○	○	×	○	○	×	×
B 類 火 災	×	○	○	○	○	○	×
C 類 火 災	△	△	○	△	○	○	×
D 類 火 災	×	×	×	×	×	×	○

備註：

1.「○」表示適用，「×」表示不適用 ，「△」表示有條件試驗合格後適用。

2. 水滅火器以霧狀放射者，亦可適用 B 類火災。

3. 乾粉：

　　（1）適用 B、C 類火災者：包括普通、紫焰鉀鹽等乾粉。

　　（2）適用 A、B、C 類火災者：多效乾粉（或稱 A、B、C 乾粉）。

　　（3）適用 D 類火災者：指金屬火災乾粉，不適用本認可基準。

4. 二氧化碳滅火器及乾粉滅火器適用 C 類火災者，係指電氣絕緣性之滅火藥劑，本基準未規範滅火效能值之檢測，免予測試。

5. 水滅火器、泡沫滅火器及強化液滅火器經依下列規定試驗合格或提具國內外第三公證機構合格報告者，得標示適用 C 類火災：

　　（1）電極板：1m×1m 之金屬板。

　　（2）電極板電壓及與噴嘴之距離：35kV(50cm)、 100kV（90cm）。

　　（3）實施噴射試驗時，漏電電流應在 0.5mA 以下。

6. 適用 B、C 類火災之乾粉與適用 A、B、C 類火災之乾粉不可錯誤或混合使用。

三十三、一般走廊與連續式店鋪商場之室內通路構造及淨寬
原有合法建築物防火避難設施及消防設備改善辦法 第 18 條

一般走廊走廊配置用途	二側均有居室之走廊	其他走廊
各級學校供室使用部分	二點四公尺以上	一點八公尺以上
醫院、旅館、集合住宅等及其他建築物在同一層內之居室樓地板面積二百平方公尺以上（地下層時為一百平方公尺以上）	一點六公尺以上	一點一公尺以上
其他建築物在同一層內之居室樓地板面積二百平方公尺以下（地下層時為一百平方公尺以下）	零點九公尺以上	

建築技術規則 建築設計施工編 第四章 建築物安全維護設計
出入口、走廊、樓梯 第 92 條

用途　　　　　　　　　　走廊配置	走廊二側有居室者	其他走廊
一、建築物使用類組為 D-3、D-4、D-5 組供教室使用部分	二點四公尺以上	一點八公尺以上
二、建築物使用類組為 F-1 組	一點六公尺以上	一點二公尺以上
三、其他建築物： （一）同一樓層內之居室樓地板面積在二百平方公尺以上（地下層時為一百平方公尺以上）。	一點六公尺以上	一點二公尺以上
（二）同一樓層內之居室樓地板面積未滿二百平方公尺（地下層時為未滿一百平方公尺）。	一點六公尺以上	

連續式店鋪商場各層之樓地板面積	二側均有店鋪之通路寬度	其他通路寬度
二百平方公尺以上，一千平方公尺以下	三公尺以上	二公尺以上
三千平方公尺以下	四公尺以上	三公尺以上
超過三千平方公尺	六公尺以上	四公尺以上

建築技術規則 建築設計施工編 第五章 特定建築物及其限制
第三節 商場、餐廳、市場 第 131 條
連續式店鋪商場之室內通路寬度應依左表規定：

各層之樓地板面積	兩側均有店鋪之通路寬度	其他通路寬度
二百平方公尺以上，一千平方公尺以下	三公尺以上	二公尺以上
三千平方公尺以下	四公尺以上	三公尺以上
超過三千平方公尺	六公尺以上	四公尺以上

1 建築物室內裝修工程管理相關法規

2 防火避難及消防法相關法規

3 職業安全衛生法規

4 綠建材及相關設備類法規

5 其他與建築物室內裝修相關法規

八、重點整理

三十四、直通樓梯之設置及步行距離

原有合法建築物防火避難設施及消防設備改善辦法 第 19 條

任何建築物避難層以外之各樓層,應設置一座以上之直通樓梯(含坡道)通達避難層或地面		
1. 自樓面居室任一點至樓梯口之步行距離	(1) 建築物用途類組為 A、B-1、B-2、B-3 及 D-1 類組者,不得超過三十公尺。建築物用途類組為 C 類組者,除電視攝影場不得超過三十公尺外,不得超過七十公尺。其他類組之建築物不得超過五十公尺	
	(2) 前目規定於建築物第十五層以上之樓層,依其供使用之類組適用三十公尺者減為二十公尺、五十公尺者減為四十公尺	
	(3) 集合住宅採取複層式構造者,其自無出入口之樓層居室任一點至直通樓梯之步行距離不得超過四十公尺	
	(4) 非防火構造或非使用不燃材料建造之建築物,適用前三目規定之步行距離減為三十公尺以下	
2. 前款之步行距離,應計算至直通樓梯之第一階。但直通樓梯為安全梯者,得計算至進入樓梯間之防火門		
3. 建築物屬防火構造者,其直通樓梯應為防火構造,內部並以不燃材料裝修		
4. 增設之直通樓梯,依下列規定辦理	(1) 應為安全梯,且寬度應為九十公分以上	
	(2) 不計入建築面積及各層樓地板面積。但增加之面積不得大於原有建築面積十分之一或三十平方公尺	
	(3) 不受鄰棟間隔、前院、後院及開口距離有關規定之限制	
	(4) 高度不得超過原有建築物高度加三公尺,亦不受容積率之限制	

職業安全衛生法規

　　職業安全衛生相關法規對室內裝修業者來說在工程中更為重要，所有在施工中應注意事項而未注意時，讓現場勞工發生職災，有可能吃上民、刑事官司，造成精神上及財產上的損失。

　　如何在工作場所中降低危險因子，讓勞工處於安全的工作的環境，許多注意事項都應該按照相關法規辦理，所有法條的制定原因，都是為了減少意外的發生，規定雖然很繁複，很多勞工不太願意配合，但基於安全考量，室內裝修業者應該督導勞工做正確的動作，才能保障勞工及室內裝修業者的生命財產安全。

3 職業安全衛生法規

一 職業安全衛生法

修正日期：民國 108 年 05 月 15 日

第一章　總則		與室內裝修相關
第 1 條	為防止職業災害，保障工作者安全及健康，特制定本法；其他法律有特別規定者，從其規定。	
第 2 條	本法用詞，定義如下： 一、工作者：指勞工、自營作業者及其他受工作場所負責人指揮或監督從事勞動之人員。 二、勞工：指受僱從事工作獲致工資者。 三、雇主：指事業主或事業之經營負責人。 四、事業單位：指本法適用範圍內僱用勞工從事工作之機構。 五、職業災害：指因勞動場所之建築物、機械、設備、原料、材料、化學品、氣體、蒸氣、粉塵等或作業活動及其他職業上原因引起之工作者疾病、傷害、失能或死亡。	室內裝修業常雇用的師傅雖沒有在公司投保，但是受工作場所負責人指揮或監督從事勞動之人員，發生事故時，雇主還是必須負所有法律相關責任
第 3 條	本法所稱主管機關：在中央為勞動部；在直轄市為直轄市政府；在縣（市）為縣（市）政府。 本法有關衛生事項，中央主管機關應會商中央衛生主管機關辦理。	
第 4 條	本法適用於各業。但因事業規模、性質及風險等因素，中央主管機關得指定公告其適用本法之部分規定。	
第 5 條	雇主使勞工從事工作，應在合理可行範圍內，採取必要之預防設備或措施，使勞工免於發生職業災害。 機械、設備、器具、原料、材料等物件之設計、製造或輸入者及工程之設計或施工者，應於設計、製造、輸入或施工規劃階段實施風險評估，致力防止此等物件於使用或工程施工時，發生職業災害。	意旨雇主有義務做好所有預防設備或措施，應注意而未注意發生職災，雇主負完全責任

第二章　安全衛生設施

第 6 條　　雇主對下列事項應有符合規定之必要安全衛生設備及措施：

一、防止機械、設備或器具等引起之危害。

二、防止爆炸性或發火性等物質引起之危害。

三、防止電、熱或其他之能引起之危害。

四、防止採石、採掘、裝卸、搬運、堆積或採伐等作業中引起之危害。

五、防止有墜落、物體飛落或崩塌等之虞之作業場所引起之危害。

六、防止高壓氣體引起之危害。

七、防止原料、材料、氣體、蒸氣、粉塵、溶劑、化學品、含毒性物質或缺氧空氣等引起之危害。

八、防止輻射、高溫、低溫、超音波、噪音、振動或異常氣壓等引起之危害。

九、防止監視儀表或精密作業等引起之危害。

十、防止廢氣、廢液或殘渣等廢棄物引起之危害。

十一、防止水患、風災或火災等引起之危害。

十二、防止動物、植物或微生物等引起之危害。

十三、防止通道、地板或階梯等引起之危害。

十四、防止未採取充足通風、採光、照明、保溫或防濕等引起之危害。

雇主對下列事項，應妥為規劃及採取必要之安全衛生措施：

一、重複性作業等促發肌肉骨骼疾病之預防。

二、輪班、夜間工作、長時間工作等異常工作負荷促發疾病之預防。

三、執行職務因他人行為遭受身體或精神不法侵害之預防。

四、避難、急救、休息或其他為保護勞工身心健康之事項。

前二項必要之安全衛生設備與措施之標準及規則，由中央主管機關定之。

雇主應有符合規定之必要安全衛生設備及措施及應妥為規劃及採取必要之安全衛生措施

1 建築物室內裝修工程管理相關法規

2 防火避難及消防法相關法規

3 職業安全衛生法規

一、職業安全衛生法

4 綠建材及相關設備類法規

5 其他與建築物室內裝修相關法規

第 7 條　製造者、輸入者、供應者或雇主，對於中央主管機關指定之機械、設備或器具，其構造、性能及防護非符合安全標準者，不得產製運出廠場、輸入、租賃、供應或設置。

前項之安全標準，由中央主管機關定之。

製造者或輸入者對於第一項指定之機械、設備或器具，符合前項安全標準者，應於中央主管機關指定之資訊申報網站登錄，並於其產製或輸入之產品明顯處張貼安全標示，以供識別。但屬於公告列入型式驗證之產品，應依第八條及第九條規定辦理。

前項資訊登錄方式、標示及其他應遵行事項之辦法，由中央主管機關定之。

第 8 條　製造者或輸入者對於中央主管機關公告列入型式驗證之機械、設備或器具，非經中央主管機關認可之驗證機構實施型式驗證合格及張貼合格標章，不得產製運出廠場或輸入。

前項應實施型式驗證之機械、設備或器具，有下列情形之一者，得免驗證，不受前項規定之限制：

一、依第十六條或其他法律規定實施檢查、檢驗、驗證或認可。

二、供國防軍事用途使用，並有國防部或其直屬機關出具證明。

三、限量製造或輸入僅供科技研發、測試用途之專用機型，並經中央主管機關核准。

四、非供實際使用或作業用途之商業樣品或展覽品，並經中央主管機關核准。

五、其他特殊情形，有免驗證之必要，並經中央主管機關核准。　　.

第一項之驗證，因產品構造規格特殊致驗證有困難者，報驗義務人得檢附

產品安全評估報告，向中央主管機關申請核准採用適當檢驗方式為之。

輸入者對於第一項之驗證，因驗證之需求，得向中央主管機關申請先行放行，經核准後，於產品之設置地點實施驗證。

前四項之型式驗證實施程序、項目、標準、報驗義務人、驗證機構資格條件、認可、撤銷與廢止、合格標章、標示方法、先行放行條件、申請免驗、安全評估報告、監督管理及其他應遵行事項之辦法，由中央主管機關定之。

案場如果需要動用到重型機具,如移動式起重機(吊車),需要一機三證才能進行現場工作

第 9 條	製造者、輸入者、供應者或雇主,對於未經型式驗證合格之產品或型式驗證逾期者,不得使用驗證合格標章或易生混淆之類似標章揭示於產品。 中央主管機關或勞動檢查機構,得對公告列入應實施型式驗證之產品,進行抽驗及市場查驗,業者不得規避、妨礙或拒絕。	雇主對於未經型式驗證合格之產品或型式驗證逾期者,不得使用驗證合格標章或易生混淆之類似標章揭示於產品
第 10 條	雇主對於具有危害性之化學品,應予標示、製備清單及揭示安全資料表,並採取必要之通識措施。 製造者、輸入者或供應者,提供前項化學品與事業單位或自營作業者前,應予標示及提供安全資料表;資料異動時,亦同。 前二項化學品之範圍、標示、清單格式、安全資料表、揭示、通識措施及其他應遵行事項之規則,由中央主管機關定之。	雇主對於具有危害性之化學品,應採取必要之措施
第 11 條	雇主對於前條之化學品,應依其健康危害、散布狀況及使用量等情形,評估風險等級,並採取分級管理措施。 前項之評估方法、分級管理程序與採行措施及其他應遵行事項之辦法,由中央主管機關定之。	雇主採取分級管理措施之規定

1 建築物室內裝修工程管理相關法規

2 防火避難及消防法相關法規

3 職業安全衛生法規

4 綠建材及相關設備類法規

5 其他與建築物室內裝修相關法規

一、職業安全衛生法

第 12 條	雇主對於中央主管機關定有容許暴露標準之作業場所，應確保勞工之危害暴露低於標準值。	雇主應確保勞工之危害暴露低於標準值
	前項之容許暴露標準，由中央主管機關定之。	
	雇主對於經中央主管機關指定之作業場所，應訂定作業環境監測計畫，並設置或委託由中央主管機關認可之作業環境監測機構實施監測。但中央主管機關指定免經監測機構分析之監測項目，得僱用合格監測人員辦理之。	
	雇主對於前項監測計畫及監測結果，應公開揭示，並通報中央主管機關。	
	中央主管機關或勞動檢查機構得實施查核。	
	前二項之作業場所指定、監測計畫與監測結果揭示、通報、監測機構與監測人員資格條件、認可、撤銷與廢止、查核方式及其他應遵行事項之辦法，由中央主管機關定之。	

第 16 條	雇主對於經中央主管機關指定具有危險性之機械或設備，非經勞動檢查機構或中央主管機關指定之代行檢查機構檢查合格，不得使用；其使用超過規定期間者，非經再檢查合格，不得繼續使用。	危險性之機械或設備，其需經過檢查機構檢查合格後，才能繼續使用
	代行檢查機構應依本法及本法所發布之命令執行職務。	
	檢查費收費標準及代行檢查機構之資格條件與所負責任，由中央主管機關定之。	
	第一項所稱危險性機械或設備之種類、應具之容量與其製程、竣工、使用、變更或其他檢查之程序、項目、標準及檢查合格許可有效使用期限等事項之規則，由中央主管機關定之。	

第 17 條	勞工工作場所之建築物，應由依法登記開業之建築師依建築法規及本法有關安全衛生之規定設計。	

第 18 條	工作場所有立即發生危險之虞時，雇主或工作場所負責人應即令停止作業，並使勞工退避至安全場所。	雇主或工作場所負責人在現場有立即發生危險之虞，其必要之措施
	勞工執行職務發現有立即發生危險之虞時，得在不危及其他工作者安全情形下，自行停止作業及退避至安全場所，並立即向直屬主管報告。	
	雇主不得對前項勞工予以解僱、調職、不給付停止作業期間工資或其他不利之處分。但雇主證明勞工濫用停止作業權，經報主管機關認定，並符合勞動法令規定者，不在此限。	

第 19 條	在高溫場所工作之勞工，雇主不得使其每日工作時間超過六小時；異常氣壓作業、高架作業、精密作業、重體力勞動或其他對於勞工具有特殊危害之作業，亦應規定減少勞工工作時間，並在工作時間中予以適當之休息。	高溫場所工作時間之限制
	前項高溫度、異常氣壓、高架、精密、重體力勞動及對於勞工具有特殊危害等作業之減少工作時間與休息時間之標準，由中央主管機關會同有關機關定之。	

| 第 20 條
【106 年】
★ | 雇主於僱用勞工時，應施行體格檢查；對在職勞工應施行下列健康檢查：
一、一般健康檢查。
二、從事特別危害健康作業者之特殊健康檢查。
三、經中央主管機關指定為特定對象及特定項目之健康檢查。
前項檢查應由中央主管機關會商中央衛生主管機關認可之醫療機構之醫師為之；檢查紀錄雇主應予保存，並負擔健康檢查費用；實施特殊健康檢查時，雇主應提供勞工作業內容及暴露情形等作業經歷資料予醫療機構。
前二項檢查之對象及其作業經歷、項目、期間、健康管理分級、檢查紀錄與保存期限及其他應遵行事項之規則，由中央主管機關定之。
醫療機構對於健康檢查之結果，應通報中央主管機關備查，以作為工作相關疾病預防之必要應用。但一般健康檢查結果之通報，以指定項目發現異常者為限。
第二項醫療機構之認可條件、管理、檢查醫師資格與前項檢查結果之通報內容、方式、期限及其他應遵行事項之辦法，由中央主管機關定之。
勞工對於第一項之檢查，有接受之義務。 | 新進勞工：
體格檢查
在職員工：
健康檢查
（定期） |

第 21 條	雇主依前條體格檢查發現應僱勞工不適於從事某種工作，不得僱用其從事該項工作。健康檢查發現勞工有異常情形者，應由醫護人員提供其健康指導；其經醫師健康評估結果，不能適應原有工作者，應參採醫師之建議， 變更其作業場所、更換工作或縮短工作時間，並採取健康管理措施。 雇主應依前條檢查結果及個人健康注意事項，彙編成健康檢查手冊，發給勞工，並不得作為健康管理目的以外之用途。 前二項有關健康管理措施、檢查手冊內容及其他應遵行事項之規則，由中央主管機關定之。	體格檢查或健康檢查檢查異常時之相關措施

第 22 條	事業單位勞工人數在五十人以上者，應僱用或特約醫護人員，辦理健康管理、職業病預防及健康促進等勞工健康保護事項。	勞工人數50人以上應僱用或特約醫護人員，辦理相關措施
	前項職業病預防事項應配合第二十三條之安全衛生人員辦理之。	
	第一項事業單位之適用日期，中央主管機關得依規模、性質分階段公告。	
	第一項有關從事勞工健康服務之醫護人員資格、勞工健康保護及其他應遵行事項之規則，由中央主管機關定之。	

第三章 安全衛生管理

<table>
<tr><td></td><td></td><td>與室內裝修相關</td></tr>
<tr><td>第 23 條
【105 年】
★</td><td>雇主應依其事業單位之規模、性質，訂定職業安全衛生管理計畫；並設置安全衛生組織、人員，實施安全衛生管理及自動檢查。</td><td>雇主訂定職業安全衛生管理計畫

設置安全衛生組織、人員

實施安全衛生管理及自動檢查</td></tr>
<tr><td></td><td>前項之事業單位達一定規模以上或有第十五條第一項所定之工作場所者，

應建置職業安全衛生管理系統。

中央主管機關對前項職業安全衛生管理系統得實施訪查，其管理績效良好並經認可者，得公開表揚之。

前三項之事業單位規模、性質、安全衛生組織、人員、管理、自動檢查、

職業安全衛生管理系統建置、績效認可、表揚及其他應遵行事項之辦法，

由中央主管機關定之。</td><td></td></tr>
<tr><td>第 24 條</td><td>經中央主管機關指定具有危險性機械或設備之操作人員，雇主應僱用經中央主管機關認可之訓練或經技能檢定之合格人員充任之。</td><td>危險性機械或設備之操作人員應具有合格證</td></tr>
<tr><td>第 25 條</td><td>事業單位以其事業招人承攬時，其承攬人就承攬部分負本法所定雇主之責任；原事業單位就職業災害補償仍應與承攬人負連帶責任。再承攬者亦同。

原事業單位違反本法或有關安全衛生規定，致承攬人所僱勞工發生職業災害時，與承攬人負連帶賠償責任。再承攬者亦同。</td><td>承攬業務之承攬者認定為雇主，應負雇主之責任

原事業單位負職業災害補償之連帶責任</td></tr>
</table>

一、職業安全衛生法

第 26 條	事業單位以其事業之全部或一部分交付承攬時，應於事前告知該承攬人有關其事業工作環境、危害因素暨本法及有關安全衛生規定應採取之措施。 承攬人就其承攬之全部或一部分交付再承攬時，承攬人亦應依前項規定告知再承攬人。	事業單位交付承攬時應採取之措施
第 27 條	事業單位與承攬人、再承攬人分別僱用勞工共同作業時，為防止職業災害，原事業單位應採取下列必要措施： 一、設置協議組織，並指定工作場所負責人，擔任指揮、監督及協調之工作。 二、工作之連繫與調整。 三、工作場所之巡視。 四、相關承攬事業間之安全衛生教育之指導及協助。 五、其他為防止職業災害之必要事項。 事業單位分別交付二個以上承攬人共同作業而未參與共同作業時，應指定承攬人之一負前項原事業單位之責任。	各單位共同作業時，為防止職業災害，原事業單位應採取下列必要措施
第 28 條	二個以上之事業單位分別出資共同承攬工程時，應互推一人為代表人；該代表人視為該工程之事業雇主，負本法雇主防止職業災害之責任。	

第 29 條　雇主不得使未滿十八歲者從事下列危險性或有害性工作：

一、坑內工作。

二、處理爆炸性、易燃性等物質之工作。

三、鉛、汞、鉻、砷、黃磷、氯氣、氰化氫、苯胺等有害物散布場所之工作。

四、有害輻射散布場所之工作。

五、有害粉塵散布場所之工作。

六、運轉中機器或動力傳導裝置危險部分之掃除、上油、檢查、修理或上卸皮帶、繩索等工作。

七、超過二百二十伏特電力線之銜接。

八、已熔礦物或礦渣之處理。

九、鍋爐之燒火及操作。

十、鑿岩機及其他有顯著振動之工作。

十一、一定重量以上之重物處理工作。

十二、起重機、人字臂起重桿之運轉工作。

十三、動力捲揚機、動力運搬機及索道之運轉工作。

十四、橡膠化合物及合成樹脂之滾輾工作。

十五、其他經中央主管機關規定之危險性或有害性之工作。

前項危險性或有害性工作之認定標準，由中央主管機關定之。

未滿十八歲者從事第一項以外之工作，經第二十條或第二十二條之醫師評估結果，不能適應原有工作者，雇主應參採醫師之建議，變更其作業場所、更換工作或縮短工作時間，並採取健康管理措施。

1　建築物室內裝修工程管理相關法規

2　防火避難及消防法相關法規

3　職業安全衛生法規

一、職業安全衛生法

4　綠建材及相關設備類法規

5　其他與建築物室內裝修相關法規

第 30 條　雇主不得使妊娠中之女性勞工從事下列危險性或有害性工作：

一、礦坑工作。

二、鉛及其化合物散布場所之工作。

三、異常氣壓之工作。

四、處理或暴露於弓形蟲、德國麻疹等影響胎兒健康之工作。

五、處理或暴露於二硫化碳、三氯乙烯、環氧乙烷、丙烯醯胺、次乙亞胺、砷及其化合物、汞及其無機化合物等經中央主管機關規定之危害性化學品之工作。

六、鑿岩機及其他有顯著振動之工作。

七、一定重量以上之重物處理工作。

八、有害輻射散布場所之工作。

九、已熔礦物或礦渣之處理工作。

十、起重機、人字臂起重桿之運轉工作。

十一、動力捲揚機、動力運搬機及索道之運轉工作。

十二、橡膠化合物及合成樹脂之滾輾工作。

十三、處理或暴露於經中央主管機關規定具有致病或致死之微生物感染風險之工作。

十四、其他經中央主管機關規定之危險性或有害性之工作。

雇主不得使分娩後未滿一年之女性勞工從事下列危險性或有害性工作：

一、礦坑工作。

二、鉛及其化合物散布場所之工作。

三、鑿岩機及其他有顯著振動之工作。

四、一定重量以上之重物處理工作。

五、其他經中央主管機關規定之危險性或有害性之工作。

第一項第五款至第十四款及前項第三款至第五款所定之工作，雇主依第三十一條採取母性健康保護措施，經當事人書面同意者，不在此限。

第一項及第二項危險性或有害性工作之認定標準，由中央主管機關定之。

雇主未經當事人告知妊娠或分娩事實而違反第一項或第二項規定者，得免予處罰。但雇主明知或可得而知者，不在此限。

妊娠中之女性勞工，雇主不得使其從事下列危險性或有害性工作

分娩後未滿一年之女性勞工，不得從事下列危險性或有害性工作

第 31 條	中央主管機關指定之事業，雇主應對有母性健康危害之虞之工作，採取危害評估、控制及分級管理措施；對於妊娠中或分娩後未滿一年之女性勞工，應依醫師適性評估建議，採取工作調整或更換等健康保護措施，並留存紀錄。
	前項勞工於保護期間，因工作條件、作業程序變更、當事人健康異常或有不適反應，經醫師評估確認不適原有工作者，雇主應依前項規定重新辦理之。
	第一項事業之指定、有母性健康危害之虞之工作項目、危害評估程序與控制、分級管理方法、適性評估原則、工作調整或更換、醫師資格與評估報告之文件格式、紀錄保存及其他應遵行事項之辦法，由中央主管機關定之。
	雇主未經當事人告知妊娠或分娩事實而違反第一項或第二項規定者，得免予處罰。但雇主明知或可得而知者，不在此限。
第 32 條	雇主對勞工應施以從事工作與預防災變所必要之安全衛生教育及訓練。
	前項必要之教育及訓練事項、訓練單位之資格條件與管理及其他應遵行事項之規則，由中央主管機關定之。
	勞工對於第一項之安全衛生教育及訓練，有接受之義務。
第 33 條	雇主應負責宣導本法及有關安全衛生之規定，使勞工周知。
第 34 條	雇主應依本法及有關規定會同勞工代表訂定適合其需要之安全衛生工作守則，報經勞動檢查機構備查後，公告實施。
	勞工對於前項安全衛生工作守則，應切實遵行。

第四章　監督與檢查

第 35 條	中央主管機關得聘請勞方、資方、政府機關代表、學者專家及職業災害勞工團體，召開職業安全衛生諮詢會，研議國家職業安全衛生政策，並提出建議；其成員之任一性別不得少於三分之一。
第 36 條	中央主管機關及勞動檢查機構對於各事業單位勞動場所得實施檢查。其有不合規定者，應告知違反法令條款，並通知限期改善；屆期未改善或已發生職業災害，或有發生職業災害之虞時，得通知其部分或全部停工。勞工於停工期間應由雇主照給工資。
	事業單位對於前項之改善，於必要時，得請中央主管機關協助或洽請認可之顧問服務機構提供專業技術輔導。
	前項顧問服務機構之種類、條件、服務範圍、顧問人員之資格與職責、認可程序、撤銷、廢止、管理及其他應遵行事項之規則，由中央主管機關定之。

側欄註記：

- 雇主應對勞工做安全衛生教育及訓練
- 宣導安全衛生之規定
- 安全衛生工作守則之實施
- 與室內裝修相關
- 職業安全衛生諮詢會成員之性別數量規定
- 勞工於停工期間應由雇主照給工資

第 37 條 【96 年】	事業單位工作場所發生職業災害,雇主應即採取必要之急救、搶救等措施,並會同勞工代表實施調查、分析及作成紀錄。 事業單位勞動場所發生下列職業災害之一者,雇主應於八小時內通報勞動檢查機構: 一、發生死亡災害。 二、發生災害之罹災人數在三人以上。 三、發生災害之罹災人數在一人以上,且需住院治療。 四、其他經中央主管機關指定公告之災害。 勞動檢查機構接獲前項報告後,應就工作場所發生死亡或重傷之災害派員檢查。 事業單位發生第二項之災害,除必要之急救、搶救外,雇主非經司法機關或勞動檢查機構許可,不得移動或破壞現場。	雇主應於八小時內通報勞動檢查機構之職業災害
第 38 條	中央主管機關指定之事業,雇主應依規定填載職業災害內容及統計,按月報請勞動檢查機構備查,並公布於工作場所。	
第 39 條	工作者發現下列情形之一者,得向雇主、主管機關或勞動檢查機構申訴: 一、事業單位違反本法或有關安全衛生之規定。 二、疑似罹患職業病。 三、身體或精神遭受侵害。 主管機關或勞動檢查機構為確認前項雇主所採取之預防及處置措施,得實施調查。 前項之調查,必要時得通知當事人或有關人員參與。 雇主不得對第一項申訴之工作者予以解僱、調職或其他不利之處分。	工作者得向雇主、主管機關或勞動檢查機構進行申訴之事項

職業安全衛生法施行細則

修正日期：民國 109 年 02 月 27 日

第一章　總則		與室內裝修相關
第 1 條	本細則依職業安全衛生法（以下簡稱本法）第五十四條規定訂定之。	
第 2 條	本法第二條第一款、第十條第二項及第五十一條第一項所稱自營作業者，指獨立從事勞動或技藝工作，獲致報酬，且未僱用有酬人員幫同工作者。 本法第二條第一款所稱其他受工作場所負責人指揮或監督從事勞動之人員，指與事業單位無僱傭關係，於其工作場所從事勞動或以學習技能、接受職業訓練為目的從事勞動之工作者。	自營作業者之定義
第 3 條	本法第二條第一款、第十八條第一項、第二十七條第一項第一款及第五十一條第二項所稱工作場所負責人，指雇主或於該工作場所代表雇主從事管理、指揮或監督工作者從事勞動之人。	工作場所負責人之定義
第 4 條	本法第二條第二款、第十八條第三項及第三十六條第一項所稱工資，指勞工因工作而獲得之報酬，包括工資、薪金及按計時、計日、計月、計件以現金或實物等方式給付之獎金、津貼及其他任何名義之經常性給與均屬之。	工資之定義
第 5 條	本法第二條第五款、第三十六條第一項及第三十七條第二項所稱勞動場所，包括下列場所： 一、於勞動契約存續中，由雇主所提示，使勞工履行契約提供勞務之場所。 二、自營作業者實際從事勞動之場所。 三、其他受工作場所負責人指揮或監督從事勞動之人員，實際從事勞動之場所。 本法第十五條第一項、第十七條、第十八條第一項、第二十三條第二項、第二十七條第一項、第三十七條第一項、第三項、第三十八條及第五十一條第二項所稱工作場所，指勞動場所中，接受雇主或代理雇主指示處理有關勞工事務之人所能支配、管理之場所。 本法第六條第一項第五款、第十二條第一項、第三項、第五項、第二十一條第一項及第二十九條第三項所稱作業場所，指工作場所中，從事特定工作目的之場所。	勞動場所之定義 工作場所之定義 作業場所之定義

第 6 條	本法第二條第五款所稱職業上原因，指隨作業活動所衍生，於勞動上一切必要行為及其附隨行為而具有相當因果關係者。	職業上原因之定義
第 7 條	本法第四條所稱各業，適用中華民國行業標準分類之規定。	各業之定義
第 8 條	本法第五條第一項所稱合理可行範圍，指依本法及有關安全衛生法令、指引、實務規範或一般社會通念，雇主明知或可得而知勞工所從事之工作， 有致其生命、身體及健康受危害之虞，並可採取必要之預防設備或措施者。 本法第五條第二項所稱風險評估，指辨識、分析及評量風險之程序。	合理可行範圍之定義 風險評估之定義

第二章　安全衛生設施		與室內裝修相關
第 11 條	本法第六條第二項第三款所定執行職務因他人行為遭受身體或精神不法侵害之預防，為雇主避免勞工因執行職務，於勞動場所遭受他人之不法侵害行為，造成身體或精神之傷害，所採取預防之必要措施。 前項不法之侵害，由各該管主管機關或司法機關依規定調查或認定。	不法侵害之定義
第 12 條	本法第七條第一項所稱中央主管機關指定之機械、設備或器具如下： 一、動力衝剪機械。 二、手推刨床。 三、木材加工用圓盤鋸。 四、動力堆高機。 五、研磨機。 六、研磨輪。 七、防爆電氣設備。 八、動力衝剪機械之光電式安全裝置。 九、手推刨床之刃部接觸預防裝置。 十、木材加工用圓盤鋸之反撥預防裝置及鋸齒接觸預防裝置。 十一、其他經中央主管機關指定公告者。	中央主管機關指定之機械、設備或器具之定義

二、職業安全衛生法施行細則

第 13 條	本法第七條至第九條所稱型式驗證,指由驗證機構對某一型式之機械、設備或器具等產品,審驗符合安全標準之程序。	型式驗證之定義
第 14 條	本法第十條第一項所稱具有危害性之化學品,指下列之危險物或有害物: 一、危險物:符合國家標準 CNS15030 分類,具有物理性危害者。 二、有害物:符合國家標準 CNS15030 分類,具有健康危害者。	具有危害性之化學品之定義
第 15 條	本法第十條第一項所稱危害性化學品之清單,指記載化學品名稱、製造商或供應商基本資料、使用及貯存量等項目之清冊或表單。	危害性化學品之清單
第 16 條	本法第十條第一項所稱危害性化學品之安全資料表,指記載化學品名稱、製造商或供應商基本資料、危害特性、緊急處理及危害預防措施等項目之表單。	危害性化學品之安全資料表
第 17 條	本法第十二條第三項所稱作業環境監測,指為掌握勞工作業環境實態與評估勞工暴露狀況,所採取之規劃、採樣、測定、分析及評估。 本法第十二條第三項規定應訂定作業環境監測計畫及實施監測之作業場所如下: 一、設置有中央管理方式之空氣調節設備之建築物室內作業場所。 二、坑內作業場所。 三、顯著發生噪音之作業場所。 四、下列作業場所,經中央主管機關指定者: 　　(一)高溫作業場所。 　　(二)粉塵作業場所。 　　(三)鉛作業場所。 　　(四)四烷基鉛作業場所。 　　(五)有機溶劑作業場所。 　　(六)特定化學物質作業場所。 五、其他經中央主管機關指定公告之作業場所。	作業環境監測之程序 訂定作業環境監測計畫

二、職業安全衛生法施行細則

第 22 條	本法第十六條第一項所稱具有危險性之機械，指符合中央主管機關所定一定容量以上之下列機械：	危險性之機械之定義
	一、固定式起重機。	
	二、移動式起重機。	
	三、人字臂起重桿。	
	四、營建用升降機。	
	五、營建用提升機。	
	六、吊籠。	
	七、其他經中央主管機關指定公告具有危險性之機械。	
第 24 條	本法第十六條第一項規定之檢查，由中央主管機關依機械、設備之種類、特性，就下列檢查項目分別定之：	機械、設備之種類、特性之各類檢查
	一、熔接檢查。	
	二、構造檢查。	
	三、竣工檢查。	
	四、定期檢查。	
	五、重新檢查。	
	六、型式檢查。	
	七、使用檢查。	
	八、變更檢查。	

第 25 條　本法第十八條第一項及第二項所稱有立即發生危險之虞時，指勞工處於需採取緊急應變或立即避難之下列情形之一：

一、自設備洩漏大量危害性化學品，致有發生爆炸、火災或中毒等危險之虞時。

二、從事河川工程、河堤、海堤或圍堰等作業，因強風、大雨或地震，致有發生危險之虞時。

三、從事隧道等營建工程或管溝、沉箱、沉筒、井筒等之開挖作業，因落磐、出水、崩塌或流砂侵入等，致有發生危險之虞時。

四、於作業場所有易燃液體之蒸氣或可燃性氣體滯留，達爆炸下限值之百分之三十以上，致有發生爆炸、火災危險之虞時。

五、於儲槽等內部或通風不充分之室內作業場所，致有發生中毒或窒息危險之虞時。

六、從事缺氧危險作業，致有發生缺氧危險之虞時。

七、於高度二公尺以上作業，未設置防墜設施及未使勞工使用適當之個人防護具，致有發生墜落危險之虞時。

八、於道路或鄰接道路從事作業，未採取管制措施及未設置安全防護設施，致有發生危險之虞時。

九、其他經中央主管機關指定公告有發生危險之虞時之情形。

第 26 條　本法第十八條第三項及第三十九條第四項所稱其他不利之處分，指直接或間接損害勞工依法令、契約或習慣上所應享有權益之措施。

二、職業安全衛生法施行細則

第 27 條 【106 年】	本法第二十條第一項所稱體格檢查，指於僱用勞工時，為識別勞工工作適性，考量其是否有不適合作業之疾病所實施之身體檢查。 本法第二十條第一項所稱在職勞工應施行之健康檢查如下： 一、一般健康檢查：指雇主對在職勞工，為發現健康有無異常，以提供適當健康指導、適性配工等健康管理措施，依其年齡於一定期間或變更其工作時所實施者。 二、特殊健康檢查：指對從事特別危害健康作業之勞工，為發現健康有無異常，以提供適當健康指導、適性配工及實施分級管理等健康管理措施，依其作業危害性，於一定期間或變更其工作時所實施者。 三、特定對象及特定項目之健康檢查：指對可能為罹患職業病之高風險群勞工，或基於疑似職業病及本土流行病學調查之需要，經中央主管機關指定公告，要求其雇主對特定勞工施行必要項目之臨時性檢查。	體格檢查之定義 一般健康檢查 特殊健康檢查 特定對象及特定項目之健康檢查
第 28 條	本法第二十條第一項第二款所稱特別危害健康作業，指下列作業： 一、高溫作業。 二、噪音作業。 三、游離輻射作業。 四、異常氣壓作業。 五、鉛作業。 六、四烷基鉛作業。 七、粉塵作業。 八、有機溶劑作業，經中央主管機關指定者。 九、製造、處置或使用特定化學物質之作業，經中央主管機關指定者。 十、黃磷之製造、處置或使用作業。 十一、聯啶或巴拉刈之製造作業。 十二、其他經中央主管機關指定公告之作業。	特別危害健康作業之定義
第 29 條	本法第二十條第六項所稱勞工有接受檢查之義務，指勞工應依雇主安排於符合本法規定之醫療機構接受體格及健康檢查。 勞工自行於其他符合規定之醫療機構接受相當種類及項目之檢查，並將檢查結果提供予雇主者，視為已接受本法第二十條第一項之檢查。	勞工有接受檢查之義務

第 30 條	事業單位依本法第二十二條規定僱用或特約醫護人員者，雇主應使其保存與管理勞工體格及健康檢查、健康指導、健康管理措施及健康服務等資料。 雇主、醫護人員於保存及管理勞工醫療之個人資料時，應遵守本法及個人資料保護法等相關規定。	健康檢查、健康指導、健康管理措施及健康服務等資料保存與管理

第三一章　安全衛生管理則

與室內裝修相關

第 31 條 【94 年】 【105 年】	本法第二十三條第一項所定職業安全衛生管理計畫，包括下列事項： 一、工作環境或作業危害之辨識、評估及控制。 二、機械、設備或器具之管理。 三、危害性化學品之分類、標示、通識及管理。 四、有害作業環境之採樣策略規劃及監測。 五、危險性工作場所之製程或施工安全評估。 六、採購管理、承攬管理及變更管理。 七、安全衛生作業標準。 八、定期檢查、重點檢查、作業檢點及現場巡視。 九、安全衛生教育訓練。 十、個人防護具之管理。 十一、健康檢查、管理及促進。 十二、安全衛生資訊之蒐集、分享及運用。 十三、緊急應變措施。 十四、職業災害、虛驚事故、影響身心健康事件之調查處理及統計分析。 十五、安全衛生管理紀錄及績效評估措施。 十六、其他安全衛生管理措施。	職業安全衛生管理計畫之內容
第 32 條	本法第二十三條第一項所定安全衛生組織，包括下列組織： 一、職業安全衛生管理單位：為事業單位內擬訂、規劃、推動及督導職業安全衛生有關業務之組織。 二、職業安全衛生委員會：為事業單位內審議、協調及建議職業安全衛生有關業務之組織。	安全衛生組織之規定

第 33 條	本法第二十三條第一項所稱安全衛生人員，指事業單位內擬訂、規劃及推動安全衛生管理業務者，包括下列人員：	安全衛生人員之組成
	一、職業安全衛生業務主管。	
	二、職業安全管理師。	
	三、職業衛生管理師。	
	四、職業安全衛生管理員。	
第 34 條	本法第二十三條第一項所定安全衛生管理，由雇主或對事業具管理權限之雇主代理人綜理，並由事業單位內各級主管依職權指揮、監督所屬人員執行。	安全衛生管理由雇主綜理
第 35 條	本法第二十三條第二項所稱職業安全衛生管理系統，指事業單位依其規模、性質，建立包括規劃、實施、評估及改善措施之系統化管理體制。	職業安全衛生管理系統
第 36 條	本法第二十六條第一項規定之事前告知，應以書面為之，或召開協商會議並作成紀錄。	
第 37 條	本法第二十七條所稱共同作業，指事業單位與承攬人、再承攬人所僱用之勞工於同一期間、同一工作場所從事工作。	共同作業之定義
第 38 條	本法第二十七條第一項第一款規定之協議組織，應由原事業單位召集之，並定期或不定期進行協議下列事項：	原事業單位召集協議組織
	一、安全衛生管理之實施及配合。	
	二、勞工作業安全衛生及健康管理規範。	
	三、從事動火、高架、開挖、爆破、高壓電活線等危險作業之管制。	
	四、對進入局限空間、危險物及有害物作業等作業環境之作業管制。	
	五、機械、設備及器具等入場管制。	
	六、作業人員進場管制。	
	七、變更管理。	
	八、劃一危險性機械之操作信號、工作場所標識（示）、有害物空容器放置、警報、緊急避難方法及訓練等。	
	九、使用打樁機、拔樁機、電動機械、電動器具、軌道裝置、乙炔熔接裝置、氧乙炔熔接裝置、電弧熔接裝置、換氣裝置及沉箱、架設通道、上下設備、施工架、工作架台等機械、設備或構造物時，應協調使用上之安全措施。	
	十、其他認有必要之協調事項。	

第 41 條 【104 年】	本法第三十四條第一項所定安全衛生工作守則之內容，依下列事項定之： 一、事業之安全衛生管理及各級之權責。 二、機械、設備或器具之維護及檢查。 三、工作安全及衛生標準。 四、教育及訓練。 五、健康指導及管理措施。 六、急救及搶救。 七、防護設備之準備、維持及使用。 八、事故通報及報告。 九、其他有關安全衛生事項。	安全衛生工作守則之內容
第 42 條	前條之安全衛生工作守則，得依事業單位之實際需要，訂定適用於全部或一部分事業，並得依工作性質、規模分別訂定，報請勞動檢查機構備查。 事業單位訂定之安全衛生工作守則，其適用區域跨二以上勞動檢查機構轄區時，應報請中央主管機關指定之勞動檢查機構備查。	安全衛生工作守則應報請勞動檢查機構備查

第四章　監督及檢查

		與室內裝修相關
第 44 條	中央主管機關或勞動檢查機構為執行職業安全衛生監督及檢查，於必要時，得要求代行檢查機構或代行檢查人員，提出相關報告、紀錄、帳冊、文件或說明。	監督及檢查單位
第 45 條	本法第三十五條所定職業安全衛生諮詢會，置委員九人至十五人，任期二年，由中央主管機關就勞工團體、雇主團體、職業災害勞工團體、有關機關代表及安全衛生學者專家遴聘之。	職業安全衛生諮詢會，置委員九人至十五人，任期二年
第 46 條	勞動檢查機構依本法第三十六條第一項規定實施安全衛生檢查、通知限期改善或停工之程序，應依勞動檢查法相關規定辦理。	
第 46-1 條	本法第三十七條第一項所定雇主應即採取必要之急救、搶救等措施，包含下列事項： 一、緊急應變措施，並確認工作場所所有勞工之安全。 二、使有立即發生危險之虞之勞工，退避至安全場所。	立即採取必要之急救、搶救等措施

二、職業安全衛生法施行細則

第 47 條	本法第三十七條第二項規定雇主應於八小時內通報勞動檢查機構，所稱雇主，指罹災勞工之雇主或受工作場所負責人指揮監督從事勞動之罹災工作者工作場所之雇主；所稱應於八小時內通報勞動檢查機構，指事業單位明知或可得而知已發生規定之職業災害事實起八小時內，應向其事業單位所在轄區之勞動檢查機構通報。 雇主因緊急應變或災害搶救而委託其他雇主或自然人，依規定向其所在轄區之勞動檢查機構通報者，視為已依本法第三十七條第二項規定通報。	
第 48 條	本法第三十七條第二項第二款所稱發生災害之罹災人數在三人以上者，指於勞動場所同一災害發生工作者永久全失能、永久部分失能及暫時全失能之總人數達三人以上者。 本法第三十七條第二項第三款所稱發生災害之罹災人數在一人以上，且需住院治療者，指於勞動場所發生工作者罹災在一人以上，且經醫療機構診斷需住院治療者。	罹災人數在三人以上者之定義及罹災人數在一人以上，且需住院治療者，都必須通報
第 49 條	勞動檢查機構應依本法第三十七條第三項規定，派員對事業單位工作場所發生死亡或重傷之災害，實施檢查，並調查災害原因及責任歸屬。但其他法律已有火災、爆炸、礦災、空難、海難、震災、毒性化學物質災害、輻射事故及陸上交通事故之相關檢查、調查或鑑定機制者，不在此限。 前項所稱重傷之災害，指造成罹災者肢體或器官嚴重受損，危及生命或造成其身體機能嚴重喪失，且須住院治療連續達二十四小時以上之災害者。	勞動檢查機構之權責 重傷之災害之定義
第 50 條	本法第三十七條第四項所稱雇主，指災害發生現場所有事業單位之雇主；所稱現場，指造成災害之機械、設備、器具、原料、材料等相關物件及其作業場所。	責任歸屬問題
第 51 條	本法第三十八條所稱中央主管機關指定之事業如下： 一、勞工人數在五十人以上之事業。 二、勞工人數未滿五十人之事業，經中央主管機關指定，並由勞動檢查機構函知者。 前項第二款之指定，中央主管機關得委任或委託勞動檢查機構為之。 雇主依本法第三十八條規定填載職業災害內容及統計之格式，由中央主管機關定之。	事業之規模定義

職業安全衛生設施規則

修正日期：民國 111 年 08 月 12 日

第一章　總則	與室內裝修相關
第 1 條	本規則依職業安全衛生法（以下簡稱本法）第六條第三項規定訂定之。	
第 2 條	本規則為雇主使勞工從事工作之安全衛生設備及措施之最低標準。	本規則為設備及措施之最低標準
第 3 條	本規則所稱特高壓，係指超過二萬二千八百伏特之電壓；高壓，係指超過六百伏特至二萬二千八百伏特之電壓；低壓，係指六百伏特以下之電壓。	特高壓、高壓、低壓之定義
第 19-1 條	本規則所稱局限空間，指非供勞工在其內部從事經常性作業，勞工進出方法受限制，且無法以自然通風來維持充分、清淨空氣之空間。	局限空間之定義
第 20 條	雇主設置之安全衛生設備及措施，應依職業安全衛生法規及中央主管機關指定公告之國家標準、國際標準或團體標準之全部或部分內容規定辦理。	

第二章　工作場所及通路	與室內裝修相關

第 一 節　工作場所	
第 21 條	雇主對於勞工工作場所之通道、地板、階梯、坡道、工作台或其他勞工踩踏場所，應保持不致使勞工跌倒、滑倒、踩傷、滾落等之安全狀態，或採取必要之預防措施。 前項所定使用道路作業，不包括公路主管機關會勘、巡查、救災及事故處理。 第一項第七款安全防護計畫，除依公路主管機關規定訂有交通維持計畫者，得以交通維持計畫替代外，應包括下列事項： 一、交通維持布設圖。 二、使用道路作業可能危害之項目。 三、可能危害之防止措施。 四、提供防護設備、警示設備之檢點及維護方法。 五、緊急應變處置措施。
第 25 條	雇主對於建築物之工作室，其樓地板至天花板淨高應在二‧一公尺以上。 但建築法規另有規定者，從其規定。

.

| 第 27 條 | 雇主設置之安全門及安全梯於勞工工作期間內不得上鎖，其通道不得堆置物品。 | |

第 二 節 局限空間

第 29-1 條	雇主使勞工於局限空間從事作業前，應先確認該局限空間內有無可能引起勞工缺氧、中毒、感電、塌陷、被夾、被捲及火災、爆炸等危害，有危害之虞者，應訂定危害防止計畫，並使現場作業主管、監視人員、作業勞工及相關承攬人依循辦理。 前項危害防止計畫，應依作業可能引起之危害訂定下列事項： 一、局限空間內危害之確認。 二、局限空間內氧氣、危險物、有害物濃度之測定。 三、通風換氣實施方式。 四、電能、高溫、低溫與危害物質之隔離措施及缺氧、中毒、感電、塌陷、被夾、被捲等危害防止措施。 五、作業方法及安全管制作法。 六、進入作業許可程序。 七、提供之測定儀器、通風換氣、防護與救援設備之檢點及維護方法。 八、作業控制設施及作業安全檢點方法。 九、緊急應變處置措施。	局限空間作業之相關規定
第 29-2 條 【100 年】	雇主使勞工於局限空間從事作業，有危害勞工之虞時，應於作業場所入口顯而易見處所公告下列注意事項，使作業勞工周知： 一、作業有可能引起缺氧等危害時，應經許可始得進入之重要性。 二、進入該場所時應採取之措施。 三、事故發生時之緊急措施及緊急聯絡方式。 四、現場監視人員姓名。 五、其他作業安全應注意事項。	局限空間公告之內容
第 29-3 條	雇主應禁止作業無關人員進入局限空間之作業場所，並於入口顯而易見處所公告禁止進入之規定；於非作業期間，另採取上鎖或阻隔人員進入等管制措施。	局限空間之管制措施
第 29-4 條	雇主使勞工從事局限空間作業，有缺氧空氣、危害物質致危害勞工之虞者，應置備測定儀器；於作業前確認氧氣及危害物質濃度，並於作業期間採取連續確認之措施。	局限空間作業應置備測定儀器

第 29-5 條	雇主使勞工於有危害勞工之虞之局限空間從事作業時,應設置適當通風換氣設備,並確認維持連續有效運轉,與該作業場所無缺氧及危害物質等造成勞工危害。	局限空間作業應設置適當通風換氣設備
	前條及前項所定確認,應由專人辦理,其紀錄應保存三年。	
第 29-6 條	雇主使勞工於有危害勞工之虞之局限空間從事作業時,其進入許可應由雇主、工作場所負責人或現場作業主管簽署後,始得使勞工進入作業。對勞工之進出,應予確認、點名登記,並作成紀錄保存三年。	局限空間對勞工之進出,應予確認、點名登記,並作成紀錄保存三年
	前項進入許可,應載明下列事項:	
	一、作業場所。	
	二、作業種類。	
	三、作業時間及期限。	
	四、作業場所氧氣、危害物質濃度測定結果及測定人員簽名。	
	五、作業場所可能之危害。	
	六、作業場所之能源或危害隔離措施。	
	七、作業人員與外部連繫之設備及方法。	
	八、準備之防護設備、救援設備及使用方法。	
	九、其他維護作業人員之安全措施。	
	十、許可進入之人員及其簽名。	
	十一、現場監視人員及其簽名。	
	雇主使勞工進入局限空間從事焊接、切割、燃燒及加熱等動火作業時,除應依第一項規定辦理外,應指定專人確認無發生危害之虞,並由雇主、工作場所負責人或現場作業主管確認安全,簽署動火許可後,始得作業。	
第 29-7 條	雇主使勞工從事局限空間作業,有致其缺氧或中毒之虞者,應依下列規定辦理:	局限空間作業人員配戴之裝備,並指定缺氧作業主管
	一、作業區域超出監視人員目視範圍者,應使勞工佩戴符合國家標準 CNS14253-1 同等以上規定之全身背負式安全帶及可偵測人員活動情形之裝置。	
	二、置備可以動力或機械輔助吊升之緊急救援設備。但現場設置確有困難,已採取其他適當緊急救援設施者,不在此限。	
	三、從事屬缺氧症預防規則所列之缺氧危險作業者,應指定缺氧作業主管,並依該規則相關規定辦理。	

第 三 節 通路

第 30 條　雇主對於工作場所出入口、樓梯、通道、安全門、安全梯等,應依第三百一十三條規定設置適當之採光或照明。必要時並應視需要設置平常照明系統失效時使用之緊急照明系統。

第 31 條　雇主對於室內工作場所,應依下列規定設置足夠勞工使用之通道:

【105 年】　一、應有適應其用途之寬度,其主要人行道不得小於一公尺。

二、各機械間或其他設備間通道不得小於八十公分。

三、自路面起算二公尺高度之範圍內,不得有障礙物。但因工作之必要,經採防護措施者,不在此限。

四、主要人行道及有關安全門、安全梯應有明顯標示。

第 36 條　雇主架設之通道及機械防護跨橋,應依下列規定:

【105 年】　一、具有堅固之構造。

★　　二、傾斜應保持在三十度以下。但設置樓梯者或其高度未滿二公尺而設置有扶手者,不在此限。

三、傾斜超過十五度以上者,應設置踏條或採取防止溜滑之措施。

四、有墜落之虞之場所,應置備高度七十五公分以上之堅固扶手。在作業上認有必要時,得在必要之範圍內設置活動扶手。

五、設置於豎坑內之通道,長度超過十五公尺者,每隔十公尺內應設置平台一處。

六、營建使用之高度超過八公尺以上之階梯,應於每隔七公尺內設置平台一處。

七、通道路用漏空格條製成者,其縫間隙不得超過三公分,超過時,應裝置鐵絲網防護。

第 37 條 【104 年】 ★	雇主設置之固定梯，應依下列規定： 一、具有堅固之構造。 二、應等間隔設置踏條。 三、踏條與牆壁間應保持十六點五公分以上之淨距。 四、應有防止梯移位之措施。 五、不得有妨礙工作人員通行之障礙物。 六、平台用漏空格條製成者，其縫間隙不得超過三公分；超過時，應裝置鐵絲網防護。 七、梯之頂端應突出板面六十公分以上。 八、梯長連續超過六公尺時，應每隔九公尺以下設一平台，並應於距梯底二公尺以上部分，設置護籠或其他保護裝置。但符合下列規定之一者，不在此限： （一）未設置護籠或其它保護裝置，已於每隔六公尺以下設一平台者。 （二）塔、槽、煙囪及其他高位建築之固定梯已設置符合需要之安全帶、安全索、磨擦制動裝置、滑動附屬裝置及其他安全裝置，以防止勞工墜落者。 九、前款平台應有足夠長度及寬度，並應圍以適當之欄柵。 前項第七款至第八款規定，不適用於沉箱內之固定梯。
第 38 條	雇主如設置傾斜路代替樓梯時，應依下列規定： 一、傾斜路之斜度不得大於二十度。 二、傾斜路之表面應以粗糙不滑之材料製造。 三、其他準用前條第一款、第五款、第八款之規定。
第 39 條	雇主設置於坑內之通道或階梯，為防止捲揚裝置與勞工有接觸危險之虞，應於各該場所設置隔板或隔牆等防護措施。
第 40 條	雇主僱用勞工於軌道上或接近軌道之場所從事作業時，若通行於軌道上之車輛有觸撞勞工之虞時，應配置監視人員或警告裝置等措施。

第三章　機械災害之防止

第 一 節 一般規定

第 41 條	雇主對於下列機械、設備或器具，應使其具安全構造，並依機械設備器具安全標準之規定辦理： 一、動力衝剪機械。 二、手推刨床。 三、木材加工用圓盤鋸。 四、動力堆高機。 五、研磨機。 六、研磨輪。 七、防爆電氣設備。 八、動力衝剪機械之光電式安全裝置。 九、手推刨床之刃部接觸預防裝置。 十、木材加工用圓盤鋸之反撥預防裝置及鋸齒接觸預防裝置。 十一、其他經中央主管機關指定公告者。
第 42 條	雇主對於機械之設置，應事先妥為規劃，不得使其振動力超過廠房設計安全負荷能力；振動力過大之機械以置於樓下為原則。
第 43 條	雇主對於機械之原動機、轉軸、齒輪、帶輪、飛輪、傳動輪、傳動帶等有危害勞工之虞之部分，應有護罩、護圍、套胴、跨橋等設備。 雇主對用於前項轉軸、齒輪、帶輪、飛輪等之附屬固定具，應為埋頭型或設置護罩。 雇主對於傳動帶之接頭，不得使用突出之固定具。但裝有適當防護物，足以避免災害發生者，不在此限。

1 建築物室內裝修工程管理相關法規

2 防火避難及消防法相關法規

3 職業安全衛生法規

三、職業安全衛生設施規則

4 綠建材及相關設備類法規

5 其他與建築物室內裝修相關法規

229

第 55 條	加工物、切削工具、模具等因截斷、切削、鍛造或本身缺損，於加工時有飛散物致危害勞工之虞者，雇主應於加工機械上設置護罩或護圍。但大尺寸工件等作業，應於適當位置設置護罩或護圍。
第 56 條 【106 年】	雇主對於鑽孔機、截角機等旋轉刃具作業，勞工手指有觸及之虞者，應明確告知並標示勞工不得使用手套，並使勞工確實遵守。

第 三 節 木材加工機械

第 64 條 【106 年】	雇主對於木材加工用帶鋸鋸齒（鋸切所需之部分及鋸床除外）及帶輪，應設置護罩或護圍等設備。
第 65 條 【106 年】	雇主對於木材加工用帶鋸之突釘型導送滾輪或鋸齒型導送滾輪，除導送面外，應設接觸預防裝置或護蓋。但設有緊急制動裝置，使勞工能停止突釘型導送滾輪或鋸齒型導送滾輪轉動者，不在此限。
第 66 條 【106 年】	雇主對於有自動輸送裝置以外之截角機，應裝置刃部接觸預防裝置。但設置接觸預防裝置有阻礙工作，且勞工使用送料工具時不在此限。
第 67 條	雇主應禁止勞工進入自動輸材台或帶鋸輸材台與鋸齒之間，並加以標示。
第 68 條	雇主設置固定式圓盤鋸、帶鋸、手推刨床、截角機等合計五台以上時，應指定作業管理人員負責執行下列事項： 一、指揮木材加工用機械之操作。 二、檢查木材加工用機械及其安全裝置。 三、發現木材加工用機械及其安全裝置有異時，應即採取必要之措施。 四、作業中，監視送料工具等之使用情形。

第 二 節 道路

第 118 條	雇主對於勞工工作場所之自設道路，應依下列規定辦理： 一、應能承受擬行駛車輛機械之荷重。 二、危險區應設有標誌杆或防禦物。 三、道路，包括橋梁及涵洞等，應定期檢查，如發現有危害車輛機械行駛之情況，應予消除。 四、坡度須適當，不得有使擬行駛車輛機械滑下可能之斜度。 五、應妥予設置行車安全設備並注意其保養。 六、道路之邊緣及開口部分，應設置足以防止車輛機械翻落之設施。

第七章　物料搬運與處置

第 一 節 一般規定

第 152 條　物料搬運、處置，如以車輛機械作業時，應事先清除其通道、碼頭等之阻礙物及採取必要措施。

第 153 條　雇主對於搬運、堆放或處置物料，為防止倒塌、崩塌或掉落，應採取繩索捆綁、護網、擋樁、限制高度或變更堆積等必要設施，並禁止與作業無關人員進入該等場所。

第 154 條　雇主使勞工進入供儲存大量物料之槽桶時，應依下列規定：

一、應事先測定並確認無爆炸、中毒及缺氧等危險。

二、應使勞工佩掛安全帶及安全索等防護具。

三、應於進口處派人監視，以備發生危險時營救。

四、規定工作人員以由槽桶上方進入為原則。

第 二 節 搬運

第 155 條　雇主對於物料之搬運，應儘量利用機械以代替人力，凡四十公斤以上物品，以人力車輛或工具搬運為原則，五百公斤以上物品，以機動車輛或其他機械搬運為宜；運輸路線，應妥善規劃，並作標示。

第 155-1 條

【103 年】

★

雇主使勞工以捲揚機等吊運物料時，應依下列規定辦理：

一、安裝前須核對並確認設計資料及強度計算書。

二、吊掛之重量不得超過該設備所能承受之最高負荷，並應設有防止超過負荷裝置。但設置有困難者，得以標示代替之。

三、不得供人員搭乘、吊升或降落。但臨時或緊急處理作業經採取足以防止人員墜落，且採專人監督等安全措施者，不在此限。

四、吊鉤或吊具應有防止吊舉中所吊物體脫落之裝置。

五、錨錠及吊掛用之吊鏈、鋼索、掛鉤、纖維索等吊具有異狀時應即修換。

六、吊運作業中應嚴禁人員進入吊掛物下方及吊鏈、鋼索等內側角。

七、捲揚吊索通路有與人員碰觸之虞之場所，應加防護或有其他安全設施。

八、操作處應有適當防護設施，以防物體飛落傷害操作人員，採坐姿操作者應設坐位。

九、應設有防止過捲裝置，設置有困難者，得以標示代替之。

十、吊運作業時，應設置信號指揮聯絡人員，並規定統一之指揮信號。

十一、應避免鄰近電力線作業。

十二、電源開關箱之設置，應有防護裝置。

1 建築物室內裝修工程管理相關法規

2 防火避難及消防法相關法規

3 職業安全衛生法規

三、職業安全衛生設施規則

4 綠建材及相關設備類法規

5 其他與建築物室內裝修相關法規

第三節 處置

第 158 條　雇主對於物料儲存,為防止因氣候變化或自然發火發生危險者,應採取與外界隔離及溫濕控制等適當措施。

第 159 條　雇主對物料之堆放,應依下列規定:
【101 年】　一、不得超過堆放地最大安全負荷。
【109 年】　二、不得影響照明。
　★　　　三、不得妨礙機械設備之操作。
　　　　　四、不得阻礙交通或出入口。
　　　　　五、不得減少自動灑水器及火警警報器有效功用。
　　　　　六、不得妨礙消防器具之緊急使用。
　　　　　七、以不倚靠牆壁或結構支柱堆放為原則。並不得超過其安全負荷。

第 161 條　雇主對於堆積於倉庫、露存場等之物料集合體之物料積垛作業,應依下列規定:
　　　　　一、如作業地點高差在一‧五公尺以上時,應設置使從事作業之勞工能安全上下之設備。但如使用該積垛即能安全上下者,不在此限。
　　　　　二、作業地點高差在二‧五公尺以上時,除前款規定外,並應指定專人採取下列措施:
　　　　　　　(一)決定作業方法及順序,並指揮作業。
　　　　　　　(二)檢點工具、器具,並除去不良品。
　　　　　　　(三)應指示通行於該作業場所之勞工有關安全事項。
　　　　　　　(四)從事拆垛時,應確認積垛確無倒塌之危險後,始得指示作業。
　　　　　　　(五)其他監督作業情形。

第 162 條　雇主對於草袋、麻袋、塑膠袋等袋裝容器構成之積垛,高度在二公尺以上者,應規定其積垛與積垛間下端之距離在十公分以上。

第 163 條　雇主對於高度二公尺以上之積垛,使勞工從事拆垛作業時,應依下列規定:
　　　　　一、不得自積垛物料中間抽出物料。
　　　　　二、拆除袋裝容器構成之積垛,應使成階梯狀,除最底階外,其餘各階之高度應在一‧五公尺公下。

第 166 條　雇主對於勞工從事載貨台裝卸貨物其高差在一‧五公尺以上者,應提供勞工安全上下之設備。

第 167 條	雇主使勞工於載貨台從事單一之重量超越一百公斤以上物料裝卸時，應指定專人採取下列措施：

一、決定作業方法及順序，並指揮作業。

二、檢點工具及器具，並除去不良品。

三、禁止與作業無關人員進入作業場所。

四、從事解纜或拆墊之作業時，應確認載貨台上之貨物無墜落之危險。

五、監督勞工作業狀況。

第八章　爆炸、火災及腐蝕、洩漏之防止

與室內裝修相關

第 一 節　一般規定

第 171 條	雇主對於易引起火災及爆炸危險之場所，應依下列規定：

一、不得設置有火花、電弧或用高溫成為發火源之虞之機械、器具或設備等。

二、標示嚴禁煙火及禁止無關人員進入，並規定勞工不得使用明火。

第 173 條	雇主對於有危險物或有油類、可燃性粉塵等其他危險物存在之虞之配管、儲槽、油桶等容器，從事熔接、熔斷或使用明火之作業或有發生火花之虞之作業，應事先清除該等物質，並確認無危險之虞。

第 174 條	雇主對於從事熔接、熔斷、金屬之加熱及其他須使用明火之作業或有發生火花之虞之作業時，不得以氧氣供為通風或換氣之用。

第 175 條	雇主對於下列設備有因靜電引起爆炸或火災之虞者，應採取接地、使用除電劑、加濕、使用不致成為發火源之虞之除電裝置或其他去除靜電之裝置：

一、灌注、卸收危險物於槽車、儲槽、容器等之設備。

二、收存危險物之槽車、儲槽、容器等設備。

三、塗敷含有易燃液體之塗料、粘接劑等之設備。

四、以乾燥設備中，從事加熱乾燥危險物或會生其他危險物之乾燥物及其附屬設備。

五、易燃粉狀固體輸送、篩分等之設備。

六、其他有因靜電引起爆炸、火災之虞之化學設備或其附屬設備。

第 176 條	雇主對於勞工吸菸、使用火爐或其他用火之場所，應設置預防火災所需之設備。

工作場所禁菸

三、職業安全衛生設施規則

第九章　墜落、飛落災害防止		
第 一 節　人體墜落防止		
第 224 條 【93 年】 【105 年】 ★	雇主對於高度在二公尺以上之工作場所邊緣及開口部分，勞工有遭受墜落危險之虞者，應設有適當強度之護欄、護蓋等防護設備。 雇主為前項措施顯有困難，或作業之需要臨時將護欄、護蓋等拆除，應採取使勞工使用安全帶等防止因墜落而致勞工遭受危險之措施。	高度在二公尺以上有邊緣及開口時，應設護欄、護蓋等防護設備
第 225 條 【93 年】 【95 年】	雇主對於在高度二公尺以上之處所進行作業，勞工有墜落之虞者，應以架設施工架或其他方法設置工作台。但工作台之邊緣及開口部分等，不在此限。 雇主依前項規定設置工作台有困難時，應採取張掛安全網或使勞工使用安全帶等防止勞工因墜落而遭致危險之措施，但無其他安全替代措施者，得採取繩索作業。使用安全帶時，應設置足夠強度之必要裝置或安全母索，供安全帶鉤掛。 前項繩索作業，應由受過訓練之人員為之，並於高處採用符合國際標準 ISO22846　系列或與其同等標準之作業規定及設備從事工作。	高度二公尺以上應架設施工架或設置工作台 檢查機構必檢查的重點
第 226 條	雇主對於高度在二公尺以上之作業場所，有遇強風、大雨等惡劣氣候致勞工有墜落危險時，應使勞工停止作業。	
第 227 條	雇主對勞工於以石綿板、鐵皮板、瓦、木板、茅草、塑膠等易踏穿材料構築之屋頂及雨遮，或於以礦纖板、石膏板等易踏穿材料構築之夾層天花板從事作業時，為防止勞工踏穿墜落，應採取下列設施： 一、規劃安全通道，於屋架、雨遮或天花板支架上設置適當強度且寬度在三十公分以上之踏板。 二、於屋架、雨遮或天花板下方可能墜落之範圍，裝設堅固格柵或安全網等防墜設施。 三、指定屋頂作業主管指揮或監督該作業。 雇主對前項作業已採其他安全工法或設置踏板面積已覆蓋全部易踏穿屋頂、雨遮或天花板，致無墜落之虞者，得不受前項限制。	防止勞工踏穿墜落，應採取下列設施
第 228 條	雇主對勞工於高差超過一‧五公尺以上之場所作業時，應設置能使勞工安全上下之設備。	超過一‧五公尺以上應設置能使勞工安全上下之設備

第 229 條	雇主對於使用之移動梯,應符合下列之規定: 一、具有堅固之構造。 二、其材質不得有顯著之損傷、腐蝕等現象。 三、寬度應在三十公分以上。 四、應採取防止滑溜或其他防止轉動之必要措施。	移動梯之規定
第 230 條 【96 年】 【103 年】 ★	雇主對於使用之合梯,應符合下列規定: 一、具有堅固之構造。 二、其材質不得有顯著之損傷、腐蝕等。 三、梯腳與地面之角度應在七十五度以內,且兩梯腳間有金屬等硬質繫材扣牢,腳部有防滑絕緣腳座套。 四、有安全之防滑梯面。 雇主不得使勞工以合梯當作二工作面之上下設備使用,並應禁止勞工站立於頂板作業。	室內裝修業常用之合梯規定 也是檢察機構的檢查重點

第 231 條	雇主對於使用之梯式施工架立木之梯子,應符合下列規定: 一、具有適當之強度。 二、置於座板或墊板之上,並視土壤之性質埋入地下至必要之深度,使每一梯子之二立木平穩落地,並將梯腳適當紮結。 三、以一梯連接另一梯增加其長度時,該二梯至少應疊接一‧五公尺以上,並紮結牢固。
第 232 條	雇主對於勞工有墜落危險之場所,應設置警告標示,並禁止與工作無關之人員進入。

第 二 節 物體飛落防止

第 235 條	雇主對表土之崩塌或土石之崩落,有危害勞工之虞者,應依下列規定: 一、應使表土保持安全之傾斜,對有飛落之虞之土石應予清除或設置堵牆、擋土支撐等。 二、排除可能形成表土崩塌或土石飛落之雨水、地下水等。
第 236 條	雇主為防止坑內落磐、落石或側壁崩塌等對勞工之危害,應設置支撐或清除浮石等。
第 237 條	雇主對於自高度在三公尺以上之場所投下物體有危害勞工之虞時,應設置適當之滑槽、承受設備,並指派監視人員。
第 238 條 【94 年】	雇主對於工作場所有物體飛落之虞者,應設置防止物體飛落之設備,並供給安全帽等防護具,使勞工戴用。

三、職業安全衛生設施規則

第十章 電氣危害之防止

第 一 節 電氣設備及線路

第 243 條
【95 年】
【103 年】
【104 年】
★

雇主為避免漏電而發生感電危害，應依下列狀況，於各該電動機具設備之連接電路上設置適合其規格，具有高敏感度、高速型，能確實動作之防止感電用漏電斷路器：

一、使用對地電壓在一百五十伏特以上移動式或攜帶式電動機具。

二、於含水或被其他導電度高之液體濕潤之潮濕場所、金屬板上或鋼架上等導電性良好場所使用移動式或攜帶式電動機具。

三、於建築或工程作業使用之臨時用電設備。

第 244 條

電動機具合於下列之一者，不適用前條之規定：

一、連接於非接地方式電路（該電動機具電源側電路所設置之絕緣變壓器之二次側電壓在三百伏特以下，且該絕緣變壓器之負荷側電路不可接地者）中使用之電動機具。

二、在絕緣台上使用之電動機具。

三、雙重絕緣構造之電動機具。

第 245 條

雇主對電焊作業使用之焊接柄，應有相當之絕緣耐力及耐熱性。

第 254 條
【95 年】
【98 年】
★

雇主對於電路開路後從事該電路、該電路支持物、或接近該電路工作物之敷設、建造、檢查、修理、油漆等作業時，應於確認電路開路後，就該電路採取下列設施：

一、開路之開關於作業中，應上鎖或標示「禁止送電」、「停電作業中」或設置監視人員監視之。

二、開路後之電路如含有電力電纜、電力電容器等致電路有殘留電荷引起危害之虞，應以安全方法確實放電。

三、開路後之電路藉放電消除殘留電荷後，應以檢電器具檢查，確認其已停電，且為防止該停電電路與其他電路之混觸、或因其他電路之感應、或其他電源之逆送電引起感電之危害，應使用短路接地器具確實短路，並加接地。

四、前款停電作業範圍如為發電或變電設備或開關場之一部分時，應將該停電作業範圍以藍帶或網加圍，並懸掛「停電作業區」標誌；有電部分則以紅帶或網加圍，並懸掛「有電危險區」標誌，以資警示。

前項作業終了送電時，應事先確認從事作業等之勞工無感電之虞，並於拆除短路接地器具與紅藍帶或網及標誌後為之。

第 三 節 活線作業及活線接近作業

第 256 條 【97 年】 【104 年】 ★★	雇主使勞工於低壓電路從事檢查、修理等活線作業時，應使該作業勞工戴用絕緣用防護具，或使用活線作業用器具或其他類似之器具。	低壓電路檢查、修理等活線作業時，應戴用絕緣用防護具

第 257 條	雇主使勞工於接近低壓電路或其支持物從事敷設、檢查、修理、油漆等作業時，應於該電路裝置絕緣用防護裝備。但勞工戴用絕緣用防護具從事作業而無感電之虞者，不在此限。

第 258 條 【97 年】 【104 年】 ★	雇主使勞工從事高壓電路之檢查、修理等活線作業時，應有下列設施之一： 一、使作業勞工戴用絕緣用防護具，並於有接觸或接近該電路部分設置絕緣用防護裝備。 二、使作業勞工使用活線作業用器具。 三、使作業勞工使用活線作業用絕緣工作台及其他裝備，並不得使勞工之身體或其使用中之工具、材料等導電體接觸或接近有使勞工感電之虞之電路或帶電體。

第 四 節 管理

第 264 條	雇主對於裝有電力設備之工廠、供公眾使用之建築物及受電電壓屬高壓以上之用電場所，應依下列規定置專任電氣技術人員，或另委託用電設備檢驗維護業，負責維護與電業供電設備分界點以內一般及緊急電力設備之用電安全： 一、低壓：六百伏特以下供電，且契約容量達五十瓩以上之工廠或供公眾使用之建築物，應置初級電氣技術人員。 二、高壓：超過六百伏特至二萬二千八百伏特供電之用電場所，應置中級電氣技術人員。 三、特高壓：超過二萬二千八百伏特供電之用電場所，應置高級電氣技術人員。 前項專任電氣技術人員之資格，依用電場所及專任電氣技術人員管理規則規定辦理。

第 268 條	雇主對於六百伏特以下之電氣設備前方，至少應有八十公分以上之水平工作空間。但於低壓帶電體前方，可能有檢修、調整、維護之活線作業時，不得低於下表規定：

對地電壓（伏特）	最小工作空間（公分）		
	工 作 環 境		
	甲	乙	丙
○至一五○	九○	九○	九○
一五一至六○○	九○	一○五	一二○

第 269 條　雇主對於六百伏特以上之電氣設備，如配電盤、控制盤、開關、斷路器、電動機操作器、電驛及其他類似設備之前方工作空間，不得低於下表規定：

對地電壓（伏特）	最小工作空間（公分）		
	工　作　環　境		
	甲	乙	丙
六〇一至二五〇〇	九〇	一二〇	一五〇
二五〇一至九〇〇〇	一二〇	一五〇	一八〇
九〇〇一至二五〇〇〇	一五〇	一八〇	二七〇
二五〇〇一至七五〇〇〇	一八〇	二四〇	三〇〇
七五〇〇一以上	二四〇	三〇〇	三六〇

第 276 條　雇主為防止電氣災害，應依下列規定辦理：

【104 年】

一、對於工廠、供公眾使用之建築物及受電電壓屬高壓以上之用電場所，電力設備之裝設及維護保養，非合格之電氣技術人員不得擔任。

二、為調整電動機械而停電，其開關切斷後，須立即上鎖或掛牌標示並簽章。復電時，應由原掛簽人取下鎖或掛牌後，始可復電，以確保安全。但原掛簽人因故無法執行職務者，雇主應指派適當職務代理人，處理復電、安全控管及聯繫等相關事宜。

三、發電室、變電室或受電室，非工作人員不得任意進入。

四、不得以肩負方式攜帶竹梯、鐵管或塑膠管等過長物體，接近或通過電氣設備。

五、開關之開閉動作應確實，有鎖扣設備者，應於操作後加鎖。

六、拔卸電氣插頭時，應確實自插頭處拉出。

七、切斷開關應迅速確實。

八、不得以濕手或濕操作棒操作開關。

九、非職權範圍，不得擅自操作各項設備。

十、遇電氣設備或電路著火者，應用不導電之滅火設備。

十一、對於廣告、招牌或其他工作物拆掛作業，應事先確認從事作業無感電之虞，始得施作。

十二、對於電氣設備及線路之敷設、建造、掃除、檢查、修理或調整等有導致感電之虞者，應停止送電，並為防止他人誤送電，應採上鎖或設置標示等措施。但採用活線作業及活線接近作業，符合第二百五十六條至第二百六十三條規定者，不在此限。

第十一章　防護具		與室內裝修相關
第 277 條 【110 年】	雇主供給勞工使用之個人防護具或防護器具，應依下列規定辦理： 一、保持清潔，並予必要之消毒。 二、經常檢查，保持其性能，不用時並妥予保存。 三、防護具或防護器具應準備足夠使用之數量，個人使用之防護具應置備與作業勞工人數相同或以上之數量，並以個人專用為原則。 四、對勞工有感染疾病之虞時，應置備個人專用防護器具，或作預防感染疾病之措施。	個人防護具或防護器具之規定
第 277-1 條	雇主使勞工使用呼吸防護具時，應指派專人採取下列呼吸防護措施，作成執行紀錄，並留存三年： 一、危害辨識及暴露評估。 二、防護具之選擇。 三、防護具之使用。 四、防護具之維護及管理。 五、呼吸防護教育訓練。 六、成效評估及改善。 前項呼吸防護措施，事業單位勞工人數達二百人以上者，雇主應依中央主管機關公告之相關指引，訂定呼吸防護計畫，並據以執行；於勞工人數未滿二百人者，得以執行紀錄或文件代替。	使用呼吸防護具之規定
第 280 條	雇主對於作業中有物體飛落或飛散，致危害勞工之虞時，應使勞工確實使用安全帽及其他必要之防護設施。	安全帽為檢察機構必檢查之項目
第 280-1 條	雇主使勞工於有車輛出入或往來之工作場所作業時，有導致勞工遭受交通事故之虞者，除應明顯設置警戒標示外，並應置備反光背心等防護衣，使勞工確實使用。	
第 281 條	雇主對於在高度二公尺以上之高處作業，勞工有墜落之虞者，應使勞工確實使用安全帶、安全帽及其他必要之防護具，但經雇主採安全網等措施者，不在此限。 前項安全帶之使用，應視作業特性，依國家標準規定選用適當型式，對於鋼構懸臂突出物、斜籬、二公尺以上未設護籠等保護裝置之垂直固定梯、局限空間、屋頂或施工架組拆、工作台組拆、管線維修作業等高處或傾斜面移動，應採用符合國家標準 CNS 14253-1 同等以上規定之全身背負式安全帶及捲揚式防墜器。	高度二公尺以上之高處作業之防護措施，為檢察機構必檢查之項目

第 283 條	雇主為防止勞工暴露於強烈噪音之工作場所,應置備耳塞、耳罩等防護具,並使勞工確實戴用。
第 284 條	雇主對於勞工以電焊、氣焊從事熔接、熔斷等作業時,應置備安全面罩、防護眼鏡及防護手套等,並使勞工確實戴用。
	雇主對於前項電焊熔接、熔斷作業產生電弧,而有散發強烈非游離輻射線致危害勞工之虞之場所,應予適當隔離。但工作場所採隔離措施顯有困難者,不在此限。
第 286 條	雇主應依工作場所之危害性,設置必要之職業災害搶救器材。
第 286-2 條	雇主使勞工於經地方政府因天然災害宣布停止上班期間從事外勤作業,有危害勞工之虞者,應視作業危害性,置備適當救生衣、安全帽、連絡通訊設備與其他必要之安全防護設施及交通工具。
第 286-3 條	雇主對於使用機車、自行車等交通工具從事外送作業,應置備安全帽、反光標示、高低氣溫危害預防、緊急用連絡通訊設備等合理及必要之安全衛生防護設施,並使勞工確實使用。
	事業單位從事外送作業勞工人數在三十人以上,雇主應依中央主管機關發布之相關指引,訂定外送作業危害防止計畫,並據以執行;於勞工人數未滿三十人者,得以執行紀錄或文件代替。
	前項所定執行紀錄或文件,應留存三年。
第 287 條	雇主對於勞工有暴露於高溫、低溫、非游離輻射線、生物病原體、有害氣體、蒸氣、粉塵或其他有害物之虞者,應置備安全衛生防護具,如安全面罩、防塵口罩、防毒面具、防護眼鏡、防護衣等適當之防護具,並使勞工確實使用。
第 290 條【104 年】	雇主對於從事電氣工作之勞工,應使其使用電工安全帽、絕緣防護具及其他必要之防護器具。

第十二章　衛生

與室內裝修相關

第 一 節 有害作業環境

第 299 條	雇主應於明顯易見之處所設置警告標示牌,並禁止非與從事作業有關之人員進入下列工作場所:
	一、處置大量高熱物體或顯著濕熱之場所。
	二、處置大量低溫物體或顯著寒冷之場所。
	三、具有強烈微波、射頻波或雷射等非游離輻射之場所。
	四、氧氣濃度未達百分之十八之場所。
	五、有害物超過勞工作業場所容許暴露標準之場所。
	六、處置特殊有害物之場所。
	七、遭受生物病原體顯著污染之場所。
	前項禁止進入之規定,對於緊急時並使用有效防護具之有關人員不適用之。

１ 建築物室內裝修工程管理相關法規

２ 防火避難及消防法相關法規

３ 職業安全衛生法規

三、職業安全衛生設施規則

４ 綠建材及相關設備類法規

５ 其他與建築物室內裝修相關法規

第 300 條　　　雇主對於發生噪音之工作場所，應依下列規定辦理：

一、勞工工作場所因機械設備所發生之聲音超過九十分貝時，雇主應採取工程控制、減少勞工噪音暴露時間，使勞工噪音暴露工作日八小時日時量平均不超過（一）表列之規定值或相當之劑量值，且任何時間不得暴露於峰值超過一百四十分貝之衝擊性噪音或一百一十五分貝之連續性噪音；對於勞工八小時日時量平均音壓級超過八十五分貝或暴露劑量超過百分之五十時，雇主應使勞工戴用有效之耳塞、耳罩等防音防護具。

（一）勞工暴露之噪音音壓級及其工作日容許暴露時間如下列對照表：

工作日容許暴露時間（小時）	A權噪音音壓級（dBA）
八	九十
六	九十二
四	九十五
三	九十七
二	一百
一	一百零五
二分之一	一百一十
四分之一	一百一十五

（二）勞工工作日暴露於二種以上之連續性或間歇性音壓級之噪音時，其暴露劑量之計算方法為：

$$\frac{第一種噪音音壓級之暴露時間}{該噪音音壓級對應容許暴露時間} + \frac{第二種噪音音壓級之暴露時間}{該噪音音壓級對應容許暴露時間} + \cdots\cdots => < 1$$

其和大於一時，即屬超出容許暴露劑量。

（三）測定勞工八小時日時量平均音壓級時，應將八十分貝以上之噪音以增加五分貝降低容許暴露時間一半之方式納入計算。

二、工作場所之傳動馬達、球磨機、空氣鑽等產生強烈噪音之機械，應予以適當隔離，並與一般工作場所分開為原則。

三、發生強烈振動及噪音之機械應採消音、密閉、振動隔離或使用緩衝阻尼、慣性塊、吸音材料等，以降低噪音之發生。

四、噪音超過九十分貝之工作場所，應標示並公告噪音危害之預防事項，使勞工周知。

第 300-1 條　雇主對於勞工八小時日時量平均音壓級超過八十五分貝或暴露劑量超過百分之五十之工作場所，應採取下列聽力保護措施，作成執行紀錄並留存三年：

一、噪音監測及暴露評估。

二、噪音危害控制。

三、防音防護具之選用及佩戴。

四、聽力保護教育訓練。

五、健康檢查及管理。

六、成效評估及改善。

前項聽力保護措施，事業單位勞工人數達一百人以上者，雇主應依作業環境特性，訂定聽力保護計畫據以執行；於勞工人數未滿一百人者，得以執行紀錄或文件代替。

第 301 條　雇主僱用勞工從事振動作業，應使勞工每天全身振動暴露時間不超過下列各款之規定：

一、垂直振動三分之一八音度頻帶中心頻率（單位為赫、HZ）之加速度（單位為每平方秒公尺、M／S2），不得超過表一規定之容許時間。

二、水平振動三分之一八音度頻帶中心頻率之加速度，不得超過表二規定之容許時間。

第 302 條　雇主僱用勞工從事局部振動作業，應使勞工使用防振把手等之防振設備外，並應使勞工每日振動暴露時間不超過下表規定之時間：

局部振動每日容許暴露時間表

每日容許暴露時間	水平及垂直各方向局部振動 最大加速度值公尺／平方秒（m／s2）
四小時以上，未滿八小時	4
二小時以上，未滿四小時	6
一小時以上，未滿二小時	8
未滿一小時	12

1 建築物室內裝修工程管理相關法規

2 防火避難及消防法相關法規

3 職業安全衛生法規

三、職業安全衛生設施規則

4 綠建材及相關設備類法規

5 其他與建築物室內裝修相關法規

第 三 節 通風及換氣

第 309 條　雇主對於勞工經常作業之室內作業場所，除設備及自地面算起高度超過四公尺以上之空間不計外，每一勞工原則上應有十立方公尺以上之空間。

第 311 條　雇主對於勞工經常作業之室內作業場所，其窗戶及其他開口部分等可直接與大氣相通之開口部分面積，應為地板面積之二十分之一以上。但設置具有充分換氣能力之機械通風設備者，不在此限。

　　　　　雇主對於前項室內作業場所之氣溫在攝氏十度以下換氣時，不得使勞工暴露於每秒一公尺以上之氣流中。

第 312 條　雇主對於勞工工作場所應使空氣充分流通，必要時，應依下列規定以機械通風設備換氣：

　　　　　一、應足以調節新鮮空氣、溫度及降低有害物濃度。

　　　　　二、其換氣標準如下：

工作場所每一勞工所佔立方公尺數	每分鐘每一勞工所需之新鮮空氣之立方公尺數
未滿五‧七	○‧六以上
五‧七以上未滿十四‧二	○‧四以上
十四‧二以上未滿二八‧三	○‧三以上
二八‧三以上	○‧一四以上

第 四 節 採光及照明

第 313 條　雇主對於勞工工作場所之採光照明，應依下列規定辦理：

　　　　　一、各工作場所須有充分之光線。但處理感光材料、坑內及其他特殊作業之工作場所不在此限。

　　　　　二、光線應分佈均勻，明暗比並應適當。

　　　　　三、應避免光線之刺目、眩耀現象。

　　　　　四、各工作場所之窗面面積比率不得小於室內地面面積十分之一。但採用人工照明，照度符合第六款規定者，不在此限。

　　　　　五、採光以自然採光為原則，但必要時得使用窗簾或遮光物。

　　　　　六、作業場所面積過大、夜間或氣候因素自然採光不足時，可用人工照明，依下表規定予以補足：

照度表		照明種類
場所或作業別	照明米燭光數	場所別採全面照明，作業別採局部照明
室外走道、及室外一般照明	二〇米燭光以上	全面照明
一、走道、樓梯、倉庫、儲藏室堆置粗大物件處所。 二、搬運粗大物件，如煤炭、泥土等。	五〇米燭光以上	一、全面照明 二、全面照明
一、機械及鍋爐房、升降機、裝箱、精細物件儲藏室、更衣室、盥洗室、廁所等。 二、須粗辨物體如半完成之鋼鐵產品、配件組合、磨粉、粗紡棉布極其他初步整理之工業製造。	一〇〇米燭光以上	一、全面照明 二、局部照明
須細辨物體如零件組合、粗車床工作、普通檢查及產品試驗、淺色紡織及皮革品、製罐、防腐、肉類包裝、木材處理等。	二〇〇米燭光以上	局部照明
一、須精辨物體如細車床、較詳細檢查及精密試驗、分別等級、織布、淺色毛織等。 二、一般辦公場所	三〇〇米燭光以上	一、局部照明 二、全面照明
須極細辨物體，而有較佳之對襯，如精密組合、精細車床、精細檢查、玻璃磨光、精細木工、深色毛織等。	五〇〇至一〇〇〇米燭光以上	局部照明
須極精辨物體而對襯不良，如極精細儀器組合、檢查、試驗、鐘錶珠寶之鑲製、菸葉分級、印刷品校對、深色織品、縫製等。	一〇〇〇米燭光以上	局部照明

七、燈盞裝置應採用玻璃燈罩及日光燈為原則，燈泡須完全包蔽於玻璃罩中。

八、窗面及照明器具之透光部份，均須保持清潔。

第 314 條　雇主對於下列場所之照明設備，應保持其適當照明，遇有損壞，應即修復：

一、階梯、升降機及出入口。

二、電氣機械器具操作部份。

三、高壓電氣、配電盤處。

四、高度二公尺以上之勞工作業場所。

五、堆積或拆卸作業場所。

六、修護鋼軌或行於軌道上之車輛更換，連接作業場所。

七、其他易因光線不足引起勞工災害之場所。

第十二章之一 勞工身心健康保護措施

與室內裝修相關

第 324-1 條　雇主使勞工從事重複性之作業，為避免勞工因姿勢不良、過度施力及作業頻率過高等原因，促發肌肉骨骼疾病，應採取下列危害預防措施，作成執行紀錄並留存三年：

一、分析作業流程、內容及動作。
二、確認人因性危害因子。
三、評估、選定改善方法及執行。
四、執行成效之評估及改善。
五、其他有關安全衛生事項。

前項危害預防措施，事業單位勞工人數達一百人以上者，雇主應依作業特性及風險，參照中央主管機關公告之相關指引，訂定人因性危害預防計畫，並據以執行；於勞工人數未滿一百人者，得以執行紀錄或文件代替。

第 324-2 條　雇主使勞工從事輪班、夜間工作、長時間工作等作業，為避免勞工因異常工作負荷促發疾病，應採取下列疾病預防措施，作成執行紀錄並留存三年：

一、辨識及評估高風險群。
二、安排醫師面談及健康指導。
三、調整或縮短工作時間及更換工作內容之措施。
四、實施健康檢查、管理及促進。
五、執行成效之評估及改善。
六、其他有關安全衛生事項。

前項疾病預防措施，事業單位依規定配置有醫護人員從事勞工健康服務者，雇主應依勞工作業環境特性、工作形態及身體狀況，參照中央主管機關公告之相關指引，訂定異常工作負荷促發疾病預防計畫，並據以執行；依規定免配置醫護人員者，得以執行紀錄或文件代替。

第 324-3 條
【104 年】
★

雇主為預防勞工於執行職務，因他人行為致遭受身體或精神上不法侵害，應採取下列暴力預防措施，作成執行紀錄並留存三年：

一、辨識及評估危害。
二、適當配置作業場所。
三、依工作適性適當調整人力。
四、建構行為規範。
五、辦理危害預防及溝通技巧訓練。
六、建立事件之處理程序。
七、執行成效之評估及改善。
八、其他有關安全衛生事項。

前項暴力預防措施，事業單位勞工人數達一百人以上者，雇主應依勞工執行職務之風險特性，參照中央主管機關公告之相關指引，訂定執行職務遭受不法侵害預防計畫，並據以執行；於勞工人數未達一百人者，得以執行紀錄或文件代替。

第 324-4 條　雇主對於具有顯著之濕熱、寒冷、多濕暨發散有害氣體、蒸氣、粉塵及其他有害勞工健康之工作場所，應於各該工作場所外，設置供勞工休息、飲食等設備。但坑內等特殊作業場所設置有困難者，不在此限。

第 324-5 條	雇主對於連續站立作業之勞工，應設置適當之坐具，以供休息時使用。
第 324-6 條	雇主使勞工從事戶外作業，為防範環境引起之熱疾病，應視天候狀況採取下列危害預防措施：

一、降低作業場所之溫度。
二、提供陰涼之休息場所。
三、提供適當之飲料或食鹽水。
四、調整作業時間。
五、增加作業場所巡視之頻率。
六、實施健康管理及適當安排工作。
七、採取勞工熱適應相關措施。
八、留意勞工作業前及作業中之健康狀況。
九、實施勞工熱疾病預防相關教育宣導。
十、建立緊急醫療、通報及應變處理機制。

| 第 324-7 條 | 雇主使勞工從事外送作業，應評估交通、天候狀況、送達件數、時間及地點等因素，並採取適當措施，合理分派工作，避免造成勞工身心健康危害。 |

第 十三 章 附則

與室內裝修相關

第 325 條	各業特殊環境安全衛生設施標準及特殊危險、有害作業場所安全衛生設施標準，中央主管機關依其性質另行規定之。
第 325-1 條	事業單位交付無僱傭關係之個人親自履行外送作業者，外送作業危害預防及身心健康保護措施準用第二百八十六條之三及第三百二十四條之七之規定。
第 326 條	本規則規定之一切有關安全衛生設施，雇主應切實辦理，並應經常注意維修與保養。如發現有異常時，應即補修或採其他必要措施。如有臨時拆除或使其暫時喪失效能之必要時，應顧及勞工身體及作業狀況，使其暫停工作或採其他必要措施，於其原因消除後，應即恢復原狀。
第 326-1 條	自營作業者，準用本規則有關雇主義務之規定。 受工作場所負責人指揮或監督從事勞動之人員，比照該事業單位之勞工，適用本規則之規定。

自營者只要受工作場所負責人指揮或監督，則適用本規則之規定

第 327 條	雇主應規定勞工遵守下列事項，以維護依本規則規定設置之安全衛生設備： 一、不得任意拆卸或使其失去效能。 二、發現被拆卸或喪失效能時，應即報告雇主或主管人員。
第 328 條	本規則自發布日施行。 本規則中華民國一百零三年七月一日修正發布之條文，自一百零三年七月三日施行；一百零八年四月三十日修正發布之第二百七十七條之一，自一百零九年一月一日施行；一百十一年八月十二日修正發布之第一百二十八條之九，自一百十三年一月一日施行。

1 建築物室內裝修工程管理相關法規

2 防火避難及消防法相關法規

3 職業安全衛生法規

4 綠建材及相關設備類法規

5 其他與建築物室內裝修相關法規

四、職業安全衛生管理辦法

 四 **職業安全衛生管理辦法**

修正日期：民國 111 年 01 月 05 日

第 一 章 總則		與室內裝修相關
第 1 條	本辦法依職業安全衛生法（以下簡稱本法）第二十三條第四項規定訂定之。	
第 1-1 條	雇主應依其事業之規模、性質，設置安全衛生組織、人員及參照中央主管機關公告之相關指引，建立職業安全衛生管理系統，透過規劃、實施、檢查及改進等管理功能，實現安全衛生管理目標，提升安全衛生管理水準。	
第 2 條	本辦法之事業，依危害風險之不同區分如下： 一、第一類事業：具顯著風險者。 二、第二類事業：具中度風險者。 三、第三類事業：具低度風險者。 前項各款事業之例示，如附表一。	危害風險知事業區分
第 4 條	事業單位勞工人數未滿三十人者，雇主或其代理人經職業安全衛生業務主管安全衛生教育訓練合格，得擔任該事業單位職業安全衛生業務主管。但屬第二類及第三類事業之事業單位，且勞工人數在五人以下者，得由經職業安全衛生教育訓練規則第三條附表一所列丁種職業安全衛生業務主管教育訓練合格之雇主或其代理人擔任。	

第 二 章 職業安全衛生組織及人員		與室內裝修相關
第 2-1 條	事業單位應依下列規定設職業安全衛生管理單位（以下簡稱管理單位）： 一、第一類事業之事業單位勞工人數在一百人以上者，應設直接隸屬雇主之專責一級管理單位。 二、第二類事業勞工人數在三百人以上者，應設直接隸屬雇主之一級管理單位。 前項第一款專責一級管理單位之設置，於勞工人數在三百人以上者，自中華民國九十九年一月九日施行；勞工人數在二百人至二百九十九人者，自一百年一月九日施行；勞工人數在一百人至一百九十九人者，自一百零一年一月九日施行。	職業安全衛生管理單位（管理單位）之定義
第 3 條	第二條所定事業之雇主應依附表二之規模，置職業安全衛生業務主管及管理人員（以下簡稱管理人員）。 第一類事業之事業單位勞工人數在一百人以上者，所置管理人員應為專職；第二類事業之事業單位勞工人數在三百人以上者，所置管理人員應至少一人為專職。 依前項規定所置專職管理人員，應常駐廠場執行業務，不得兼任其他法令所定專責（任）人員或從事其他與職業安全衛生無關之工作。	職業安全衛生業務主管及管理人員（管理人員）

第 3-1 條	前條第一類事業之事業單位對於所屬從事製造之一級單位，勞工人數在一百人以上未滿三百人者，應另置甲種職業安全衛生業務主管一人，勞工人數三百人以上者，應再至少增置專職職業安全衛生管理員一人。	職業安全衛生業務主管以事業規模大小設置
	營造業之事業單位對於橋樑、道路、隧道或輸配電等距離較長之工程，應於每十公里內增置營造業丙種職業安全衛生業務主管一人。	
第 3-2 條	事業單位勞工人數之計算，包含原事業單位及其承攬人、再承攬人之勞工及其他受工作場所負責人指揮或監督從事勞動之人員，於同一期間、同一工作場所作業時之總人數。	
	事業設有總機構者，其勞工人數之計算，包含所屬各地區事業單位作業勞工之人數。	
第 4 條	事業單位勞工人數未滿三十人者，其應置之職業安全衛生業務主管，得由事業經營負責人或其代理人擔任。	未滿三十得由事業經營負責人或其代理人擔任
第 5-1 條	職業安全衛生組織、人員、工作場所負責人及各級主管之職責如下：	職業安全衛生組織、人員、工作場所負責人及各級主管之職責

第 5-1 條（續）

一、職業安全衛生管理單位：擬訂、規劃、督導及推動安全衛生管理事項，並指導有關部門實施。

二、職業安全衛生委員會：對雇主擬訂之安全衛生政策提出建議，並審議、協調及建議安全衛生相關事項。

三、未置有職業安全（衛生）管理師、職業安全衛生管理員事業單位之職業安全衛生業務主管：擬訂、規劃及推動安全衛生管理事項。

四、置有職業安全（衛生）管理師、職業安全衛生管理員事業單位之職業安全衛生業務主管：主管及督導安全衛生管理事項。

五、職業安全（衛生）管理師、職業安全衛生管理員：擬訂、規劃及推動安全衛生管理事項，並指導有關部門實施。

六、工作場所負責人及各級主管：依職權指揮、監督所屬執行安全衛生管理事項，並協調及指導有關人員實施。

七、一級單位之職業安全衛生人員：協助一級單位主管擬訂、規劃及推動所屬部門安全衛生管理事項，並指導有關人員實施。

前項人員，雇主應使其接受安全衛生教育訓練。

前二項安全衛生管理、教育訓練之執行，應作成紀錄備查。

1 建築物室內裝修工程管理相關法規

2 防火避難及消防法相關法規

3 職業安全衛生法規

4 綠建材及相關設備類法規

5 其他與建築物室內裝修相關法規

四、職業安全衛生管理辦法

第 7 條　職業安全衛生業務主管除第四條規定者外，雇主應自該事業之相關主管或辦理職業安全衛生事務者選任之。但營造業之事業單位，應由曾受營造業職業安全衛生業務主管教育訓練者選任之。

下列職業安全衛生人員，雇主應自事業單位勞工中具備下列資格者選任之：

一、職業安全管理師：

（一）高等考試工業安全類科錄取或具有工業安全技師資格。

（二）領有職業安全管理甲級技術士證照。

（三）曾任勞動檢查員，具有勞工安全檢查工作經驗三年以上。

（四）修畢工業安全相關科目十八學分以上，並具有國內外大專以上校院工業安全相關類科碩士以上學位。

二、職業衛生管理師：

（一）高等考試工業衛生類科錄取或具有工礦衛生技師資格。

（二）領有職業衛生管理甲級技術士證照。

（三）曾任勞動檢查員，具有勞工衛生檢查工作經驗三年以上。

（四）修畢工業衛生相關科目十八學分以上，並具有國內外大專以上校院工業衛生相關類科碩士以上學位。

三、職業安全衛生管理員：

（一）具有職業安全管理師或職業衛生管理師資格。

（二）領有職業安全衛生管理乙級技術士證照。

（三）曾任勞動檢查員，具有勞動檢查工作經驗二年以上。

（四）修畢工業安全衛生相關科目十八學分以上，並具有國內外大專以上校院工業安全衛生相關科系畢業。

（五）普通考試工業安全類科錄取。

前項大專以上校院工業安全相關類科碩士、工業衛生相關類科碩士、工業安全衛生相關科系與工業安全、工業衛生及工業安全衛生相關科目由中央主管機關定之。地方主管機關依中央主管機關公告之科系及科目辦理。

第二項第一款第四目及第二款第四目，自中華民國一百零一年七月一日起不再適用；第二項第三款第四目，自一百零三年七月一日起不再適用。

第 8 條　職業安全衛生人員因故未能執行職務時，雇主應即指定適當代理人。其代理期間不得超過三個月。

勞工人數在三十人以上之事業單位，其職業安全衛生人員離職時，應即報當地勞動檢查機構備查。

第 10 條　適用第二條之一及第六條第二項規定之事業單位，應設職業安全衛生委員會（以下簡稱委員會）。

| 第 三 章 職業安全衛生管理措施 | 與室內裝修相關 |

第 12-1 條	雇主應依其事業單位之規模、性質,訂定職業安全衛生管理計畫,要求各級主管及負責指揮、監督之有關人員執行;勞工人數在三十人以下之事業單位,得以安全衛生管理執行紀錄或文件代替職業安全衛生管理計畫。 勞工人數在一百人以上之事業單位,應另訂定職業安全衛生管理規章。 第一項職業安全衛生管理事項之執行,應作成紀錄,並保存三年。	職業安全衛生管理計畫 一百人以上訂定職業安全衛生管理規章

| 第 四 章 自動檢查 | 與室內裝修相關 |

第 一 節 機械之定期檢查

第 17 條	雇主對堆高機應每年就該機械之整體定期實施檢查一次。 雇主對前項之堆高機,應每月就下列規定定期實施檢查一次: 一、制動裝置、離合器及方向裝置。 二、積載裝置及油壓裝置。 三、頂蓬及桅桿。
第 20 條	雇主對移動式起重機,應每年就該機械之整體定期實施檢查一次。 雇主對前項移動式起重機、應每月依下列規定定期實施檢查一次: 一、過捲預防裝置、警報裝置、制動器、離合器及其他安全裝置有無異常。 二、鋼索及吊鏈有無損傷。 三、吊鉤、抓斗等吊具有無損傷。 四、配線、集電裝置、配電盤、開關及控制裝置有無異常。
第 22 條	雇主對升降機,應每年就該機械之整體定期實施檢查一次。 雇主對前項之升降機,應每月依下列規定定期實施檢查一次: 一、終點極限開關、緊急停止裝置、制動器、控制裝置及其他安全裝置有無異常。 二、鋼索或吊鏈有無損傷。 三、導軌之狀況。 四、設置於室外之升降機者,為導索結頭部分有無異常。

第 二 節 設備之定期檢查

第 40 條　雇主對局部排氣裝置、空氣清淨裝置及吹吸型換氣裝置應每年依下列規定定期實施檢查一次：

一、氣罩、導管及排氣機之磨損、腐蝕、凹凸及其他損害之狀況及程度。

二、導管或排氣機之塵埃聚積狀況。

三、排氣機之注油潤滑狀況。

四、導管接觸部分之狀況。

五、連接電動機與排氣機之皮帶之鬆弛狀況。

六、吸氣及排氣之能力。

七、設置於排放導管上之採樣設施是否牢固、鏽蝕、損壞、崩塌或其他妨礙作業安全事項。

八、其他保持性能之必要事項。

第 43 條
【96 年】　雇主對營造工程之施工架及施工構台，應就下列事項，每週定期實施檢查一次：

一、架材之損傷、安裝狀況。

二、立柱、橫檔、踏腳桁等之固定部分，接觸部分及安裝部分之鬆弛狀況。

三、固定材料與固定金屬配件之損傷及腐蝕狀況。

四、扶手、護欄等之拆卸及脫落狀況。

五、基腳之下沈及滑動狀況。

六、斜撐材、索條、橫檔等補強材之狀況。

七、立柱、踏腳桁、橫檔等之損傷狀況。

八、懸臂樑與吊索之安裝狀況及懸吊裝置與阻擋裝置之性能。

強風大雨等惡劣氣候、四級以上之地震襲擊後及每次停工之復工前，亦應實施前項檢查。

> 施工架及施工構台，應就下列事項，每週定期實施檢查一次

第 44 條　雇主對營造工程之模板支撐架，應每週依下列規定實施檢查：

一、架材之損傷、安裝狀況。

二、支柱等之固定部分、接觸部分及搭接重疊部分之鬆弛狀況。

三、固定材料與固定金屬配件之損傷及腐蝕狀況。

四、基腳（礎）之沉陷及滑動狀況。

五、斜撐材、水平繫條等補強材之狀況。

強風大雨等惡劣氣候、四級以上之地震襲擊後及每次停工之復工前，亦應實施前項檢查。

1 建築物室內裝修工程管理相關法規

2 防火避難及消防法相關法規

3 職業安全衛生法規

4 綠建材及相關設備類法規

5 其他與建築物室內裝修相關法規

四、職業安全衛生管理辦法

第 46 條
【102 年】
★

雇主對捲揚裝置於開始使用、拆卸、改裝或修理時，應依下列規定實施重點檢查：

一、確認捲揚裝置安裝部位之強度，是否符合捲揚裝置之性能需求。

二、確認安裝之結合元件是否結合良好，其強度是否合乎需求。

三、其他保持性能之必要事項。

第 三 節 機械、設備之重點檢查

第 47 條

雇主對局部排氣裝置或除塵裝置，於開始使用、拆卸、改裝或修理時，應依下列規定實施重點檢查：

一、導管或排氣機粉塵之聚積狀況。

二、導管接合部分之狀況。

三、吸氣及排氣之能力。

四、其他保持性能之必要事項。

第 四 節 機械、設備之作業檢點

第 51 條
【100 年】

雇主對捲揚裝置應於每日作業前就其制動裝置、安全裝置、控制裝置及鋼索通過部分狀況實施檢點。

第 63 條

雇雇主對營建工程施工架設備、施工構台、支撐架設備、露天開挖擋土支撐設備、隧道或坑道開挖支撐設備、沉箱、圍堰及壓氣施工設備、打樁設備等，應於每日作業前及使用終了後，檢點該設備有無異常或變形。

第 五 節 作業檢點

第 67 條

雇主使勞工從事營造作業時，應就下列事項，使該勞工就其作業有關事項實施檢點：

一、打樁設備之組立及操作作業。

二、擋土支撐之組立及拆除作業。

三、露天開挖之作業。

四、隧道、坑道開挖作業。

五、混凝土作業。

六、鋼架施工作業。

七、施工構台之組立及拆除作業。

八、建築物之拆除作業。

九、施工架之組立及拆除作業。

十、模板支撐之組立及拆除作業。

十一、其他營建作業。

四、職業安全衛生管理辦法

第 68 條	雇主使勞工從事缺氧危險或局限空間作業時，應使該勞工就其作業有關事項實施檢點。
第 69 條 【102 年】	雇主使勞工從事下列有害物作業時，應使該勞工就其作業有關事項實施檢點： 一、有機溶劑作業。 二、鉛作業。 三、四烷基鉛作業。 四、特定化學物質作業。 五、粉塵作業。

第 六 節 自動檢查紀錄及必要措施

第 79 條	雇主依第十三條至第六十三條規定實施之自動檢查，應訂定自動檢查計畫。
第 80 條	雇主依第十三條至第四十九條規定實施之定期檢查、重點檢查應就下列事項記錄，並保存三年： 一、檢查年月日。 二、檢查方法。 三、檢查部分。 四、檢查結果。 五、實施檢查者之姓名。 六、依檢查結果應採取改善措施之內容。
第 81 條	勞工、主管人員及職業安全衛生管理人員實施檢查、檢點時，發現對勞工有危害之虞者，應即報告上級主管。 雇主依第十三條至第七十七條規定實施自動檢查，發現有異常時，應立即檢修及採取必要措施。
第 84 條	事業單位以其事業之全部或部分交付承攬或再承攬時，如該承攬人使用之機械、設備或器具係由原事業單位提供者，該機械、設備或器具應由原事業單位實施定期檢查及重點檢查。 前項定期檢查及重點檢查於有必要時得由承攬人或再承攬人會同實施。 第一項之定期檢查及重點檢查如承攬人或再承攬人具有實施之能力時，得以書面約定由承攬人或再承攬人為之。
第 85 條	事業單位承租、承借機械、設備或器具供勞工使用者，應對該機械、設備或器具實施自動檢查。 前項自動檢查之定期檢查及重點檢查，於事業單位承租、承借機械、設備或器具時，得以書面約定由出租、出借人為之。

營造安全衛生設施標準

修正日期：民國 110 年 01 月 06 日

第 一 章 總則

與室內裝修相關

第 1 條　本標準依職業安全衛生法第六條第三項規定訂定之。

　　　　本標準未規定者，適用其他有關職業安全衛生法令之規定。

第 1-1 條　本標準用詞，定義如下：

一、露天開挖：指於室外採人工或機械實施土、砂、岩石等之開挖，包括土木構造物、建築物之基礎開挖、地下埋設物之管溝開挖與整地，及其他相關之開挖。

二、露天開挖作業：指使勞工從事露天開挖之作業。

三、露天開挖場所：指露天開挖區及與其相鄰之場所，包括測量、鋼筋組立、模板組拆、灌漿、管道及管路設置、擋土支撐組拆與搬運，及其他與露天開挖相關之場所。

第 2 條　本標準適用於從事營造作業之有關事業。

第 3 條　本標準規定之一切安全衛生設施，雇主應依下列規定辦理：

一、安全衛生設施於施工規劃階段須納入考量。

二、依營建法規等規定須有施工計畫者，應將安全衛生設施列入施工計畫內。

三、前二款規定，於工程施工期間須切實辦理。

四、經常注意與保養以保持其效能，發現有異常時，應即補修或採其他必要措施。

五、有臨時拆除或使其暫時失效之必要時，應顧及勞工安全及作業狀況，使其暫停工作或採其他必要措施，於其原因消失後，應即恢復原狀。

前項第三款之工程施工期間包含開工前之準備及竣工後之驗收、保固維修等工作期間。

第 4 條　本標準規定雇主應設置之安全衛生設備及措施，雇主應規定勞工遵守下列事項：

一、不得任意拆卸或使其失效，以保持其應有效能。

二、發現被拆卸或失效時，應即停止作業並應報告雇主或直屬主管人員。

五、營造安全衛生設施標準

第二章 工作場所

與室內裝修相關

第 5 條	雇主對於工作場所暴露之鋼筋、鋼材、鐵件、鋁件及其他材料等易生職業災害者，應採取彎曲尖端、加蓋或加裝護套等防護設施。
第 6 條	雇主使勞工於營造工程工作場所作業前，應指派所僱之職業安全衛生人員、工作場所負責人或專任工程人員等專業人員，實施危害調查、評估，並採適當防護設施，以防止職業災害之發生。依營建法規等規定應有施工計畫者，均應將前項防護設施列入施工計畫執行。
第 7 條	雇主對於營造工程用之模板、施工架等材料拆除後，應採取拔除或釘入凸出之鐵釘、鐵條等防護措施。

第 8 條　雇主對於工作場所，應依下列規定設置適當圍籬、警告標示：

施工現場勞動安全檢查必罰款項目

一、工作場所之周圍應設置固定式圍籬，並於明顯位置裝設警告標示。

二、大規模施工之土木工程，或設置前款圍籬有困難之其他工程，得於其工作場所周圍以移動式圍籬、警示帶圍成之警示區替代之。

第 8-1 條　雇主對於車輛機械，為避免於作業時發生該機械翻落或表土崩塌等情事，應就下列事項事先進行調查：

一、該作業場所之天候、地質及地形狀況等。

二、所使用車輛機械之種類及性能。

三、車輛機械之行經路線。

四、車輛機械之作業方法。

依前項調查，有危害勞工之虞者，應整理工作場所。

第一項第三款及第四款事項，應於作業前告知勞工。

第 10-1 條　雇主對於軌道上作業或鄰近軌道之場所從事作業時，為防止軌道機械等碰觸引起之危害，應依下列規定辦理：

一、設置於坑道、隧道、橋梁等供勞工通行之軌道，應於適當間隔處設置避難處所。但軌道側有相關空間，與軌道運行之機械無碰觸危險，或採人車分行管制措施者，不在此限。

二、通行於軌道上之車輛有碰觸勞工之虞時，應設置於車輛接近作業人員前，能發出電鈴或蜂鳴器等監視警報裝置或配置監視人員。

三、對於從事軌道維護作業或通行於軌道機械之替換、連結、解除連結作業時，應保持作業安全所必要之照明。

第 11 條	雇主對於工作場所人員及車輛機械出入口處，應依下列規定辦理：

一、事前調查地下埋設物之埋置深度、危害物質，並於評估後採取適當防護措施，以防止車輛機械輾壓而發生危險。

二、工作場所出入口應設置方便人員及車輛出入之拉開式大門，作業上無出入必要時應關閉，並標示禁止無關人員擅入工作場所。但車輛機械出入頻繁之場所，必須打開工地大門等時，應置交通引導人員，引導車輛機械出入。

三、人員出入口與車輛機械出入口應分隔設置。但設有警告標誌足以防止交通事故發生者不在此限。

四、應置管制人員辦理下列事項：

（一）管制出入人員，非有適當防護具不得讓其出入。

（二）管制、檢查出入之車輛機械，非具有許可文件上記載之要件，不得讓其出入。

五、規劃前款第二目車輛機械接受管制所需必要之停車處所，不得影響工作場所外道路之交通。

六、維持車輛機械進出有充分視線淨空。

第 11-1 條	雇主對於進入營繕工程工作場所作業人員，應提供適當安全帽，並使其正確戴用。	施工現場勞動安全檢查必罰款項目

第 13 條	雇主使勞工於下列有發生倒塌、崩塌之虞之場所作業者，應有防止發生倒塌、崩塌之設施：

一、邊坡上方或其周邊。

二、構造物或其他物體之上方、內部或其周邊。

第 17 條 【96 年】 【101 年】 【102 年】	雇主對於高度二公尺以上之工作場所，勞工作業有墜落之虞者，應訂定墜落災害防止計畫，依下列風險控制之先後順序規劃，並採取適當墜落災害防止設施：	施工現場勞動安全檢查必罰款項目 高度二公尺以上之工作場所採取適當墜落災害防止設施

一、經由設計或工法之選擇，儘量使勞工於地面完成作業，減少高處作業項目。

二、經由施工程序之變更，優先施作永久構造物之上下設備或防墜設施。

三、設置護欄、護蓋。

四、張掛安全網。

五、使勞工佩掛安全帶。

六、設置警示線系統。

七、限制作業人員進入管制區。

八、對於因開放邊線、組模作業、收尾作業等及採取第一款至第五款規定之設施致增加其作業危險者，應訂定保護計畫並實施。

第 18 條	雇主使勞工於屋頂從事作業時，應指派專人督導，並依下列規定辦理：	屋頂作業時，易踏穿材料構築應採取適當安全措施

雇主使勞工於屋頂從事作業時，應指派專人督導，並依下列規定辦理：

一、因屋頂斜度、屋面性質或天候等因素，致勞工有墜落、滾落之虞者，應採取適當安全措施。

二、於斜度大於三十四度，即高底比為二比三以上，或為滑溜之屋頂，從事作業者，應設置適當之護欄，支承穩妥且寬度在四十公分以上之適當工作臺及數量充分、安裝牢穩之適當梯子。但設置護欄有困難者，應提供背負式安全帶使勞工佩掛，並掛置於堅固錨錠、可供鉤掛之堅固物件或安全母索等裝置上。

三、於易踏穿材料構築之屋頂作業時，應先規劃安全通道，於屋架上設置適當強度，且寬度在三十公分以上之踏板，並於下方適當範圍裝設堅固格柵或安全網等防墜設施。但雇主設置踏板面積已覆蓋全部易踏穿屋頂或採取其他安全工法，致無踏穿墜落之虞者，不在此限。

於前項第三款之易踏穿材料構築屋頂作業時，雇主應指派屋頂作業主管於現場辦理下列事項：

一、決定作業方法，指揮勞工作業。

二、實施檢點，檢查材料、工具、器具等，並汰換其不良品。

三、監督勞工確實使用個人防護具。

四、確認安全衛生設備及措施之有效狀況。

五、前二款未確認前，應管制勞工或其他人員不得進入作業。

六、其他為維持作業勞工安全衛生所必要之設備及措施。

前項第二款之汰換不良品規定，對於進行拆除作業之待拆物件不適用之。

第 18-1 條

雇主對於新建、增建、改建或修建工廠之鋼構屋頂，勞工有遭受墜落危險之虞者，應依下列規定辦理：

一、於邊緣及屋頂突出物頂板周圍，設置高度九十公分以上之女兒牆或適當強度欄杆。

二、於易踏穿材料構築之屋頂，應於屋頂頂面設置適當強度且寬度在三十公分以上通道，並於屋頂採光範圍下方裝設堅固格柵。

前項所定工廠，為事業單位從事物品製造或加工之固定場所。

第 19 條
【101 年】

雇主對於高度二公尺以上之屋頂、鋼梁、開口部分、階梯、樓梯、坡道、工作臺、擋土牆、擋土支撐、施工構臺、橋梁墩柱及橋梁上部結構、橋臺等場所作業，勞工有遭受墜落危險之虞者，應於該處設置護欄、護蓋或安全網等防護設備。

雇主設置前項設備有困難，或因作業之需要臨時將護欄、護蓋或安全網等防護設備開啟或拆除者，應採取使勞工使用安全帶等防止墜落措施。但其設置困難之原因消失後，應依前項規定辦理。

第 20 條　　雇主依規定設置之護欄，應依下列規定辦理：

一、具有高度九十公分以上之上欄杆、中間欄杆或等效
設備（以下簡稱中欄杆）、腳趾板及杆柱等構材；
其上欄杆、中欄杆及地盤面與樓板面間之上下開口
距離，應不大於五十五公分。

二、以木材構成者，其規格如下：

（一）上欄杆應平整，且其斷面應在三十平方公分以
上。

（二）中間欄杆斷面應在二十五平方公分以上。

（三）腳趾板高度應在十公分以上，厚度在一公分以
上，並密接於地盤面或樓板面舖設。

（四）杆柱斷面應在三十平方公分以上，相鄰間距不
得超過二公尺。

三、以鋼管構成者，其上欄杆、中間欄杆及杆柱之直徑
均不得小於三點八公分，杆柱相鄰間距不得超過二點
五公尺。

四、採用前二款以外之其他材料或型式構築者，應具同
等以上之強度。

五、任何型式之護欄，其杆柱、杆件之強度及錨錠，應
使整個護欄具有抵抗於上欄杆之任何一點，於任何方
向加以七十五公斤之荷重，而無顯著變形之強度。

六、除必須之進出口外，護欄應圍繞所有危險之開口部
分。

七、護欄前方二公尺內之樓板、地板，不得堆放任何物
料、設備，並不得使用梯子、合梯、踏凳作業及停放
車輛機械供勞工使用。但護欄高度超過堆放之物料、
設備、梯、凳及車輛機械之最高部達九十公分以上，
或已採取適當安全設施足以防止墜落者，不在此限。

八、以金屬網、塑膠網遮覆上欄杆、中欄杆與樓板或地
板間之空隙者，依下列規定辦理：

（一）得不設腳趾板。但網應密接於樓板或地板，且
杆柱之間距不得超過一點五公尺。

（二）網應確實固定於上欄杆、中欄杆及杆柱。

（三）網目大小不得超過十五平方公分。

（四）固定網時，應有防止網之反彈設施。

五、營造安全衛生設施標準

第 21 條	雇主設置之護蓋，應依下列規定辦理：	設置護蓋之相關規定

一、應具有能使人員及車輛安全通過之強度。

二、應以有效方法防止滑溜、掉落、掀出或移動。

三、供車輛通行者，得以車輛後軸載重之二倍設計之，並不得妨礙車輛之正常通行。

四、為柵狀構造者，柵條間隔不得大於三公分。

五、上面不得放置機動設備或超過其設計強度之重物。

六、臨時性開口處使用之護蓋，表面漆以黃色並書以警告訊息。

第 22 條	雇主設置之安全網，應依下列規定辦理：	設置安全網之相關規定

一、安全網之材料、強度、檢驗及張掛方式，應符合下列國家標準規定之一：

(一)CNS 14252。

(二)CNS 16079-1 及 CNS16079-2。

二、工作面至安全網架設平面之攔截高度，不得超過七公尺。但鋼構組配作業得依第一百五十一條之規定辦理。

三、為足以涵蓋勞工墜落時之拋物線預測路徑範圍，使用於結構物四周之安全網時，應依下列規定延伸適當之距離。但結構物外緣牆面設置垂直式安全網者，不在此限：

(一)攔截高度在一點五公尺以下者，至少應延伸二點五公尺。

(二)攔截高度超過一點五公尺且在三公尺以下者，至少應延伸三公尺。

(三)攔截高度超過三公尺者，至少應延伸四公尺。

四、工作面與安全網間不得有障礙物；安全網之下方應有足夠之淨空，以避免墜落人員撞擊下方平面或結構物。

五、材料、垃圾、碎片、設備或工具等掉落於安全網上，應即清除。

六、安全網於攔截勞工或重物後應即測試，其防墜性能不符第一款之規定時，應即更換。

七、張掛安全網之作業勞工應在適當防墜設施保護之下，始可進行作業。

八、安全網及其組件每週應檢查一次。有磨損、劣化或缺陷之安全網，不得繼續使用。

第 23 條　雇主提供勞工使用之安全帶或安裝安全母索時，應依下列規定辦理：

一、安全帶之材料、強度及檢驗應符合國家標準 CNS 7534 高處作業用安全帶、CNS 6701 安全帶（繫身型）、CNS 14253 背負式安全帶、CNS 14253-1 全身背負式安全帶及 CNS 7535 高處作業用安全帶檢驗法之規定。

二、安全母索得由鋼索、尼龍繩索或合成纖維之材質構成，其最小斷裂強度應在二千三百公斤以上。

三、安全帶或安全母索繫固之錨錠，至少應能承受每人二千三百公斤之拉力。

四、安全帶之繫索或安全母索應予保護，避免受切斷或磨損。

五、安全帶或安全母索不得鉤掛或繫結於護欄之桿件。但該等桿件之強度符合第三款規定者，不在此限。

六、安全帶、安全母索及其配件、錨錠，在使用前或承受衝擊後，應進行檢查，有磨損、劣化、缺陷或其強度不符第一款至第三款之規定者，不得再使用。

七、勞工作業中，需使用補助繩移動之安全帶，應具備補助掛鉤，以供勞工作業移動中可交換鉤掛使用。但作業中水平移動無障礙，中途不需拆鉤者，不在此限。

八、水平安全母索之設置，應依下列規定辦理：

（一）水平安全母索之設置高度應大於三點八公尺，相鄰二錨錠點間之最大間距得採下式計算之值，其計算值超過十公尺者，以十公尺計：

L=4（H-3），

其中 H ≧ 3.8，且 L ≦ 10

L：母索錨錠點之間距（單位：公尺）

H：垂直淨空高度（單位：公尺）

（二）錨錠點與另一繫掛點間、相鄰二錨錠點間或母索錨錠點間之安全母索僅能繫掛一條安全帶。

（三）每條安全母索能繫掛安全帶之條數，應標示於母索錨錠端。

九、垂直安全母索之設置，應依下列規定辦理：

（一）安全母索之下端應有防止安全帶鎖扣自尾端脫落之設施。

（二）每條安全母索應僅提供一名勞工使用。但勞工作業或爬昇位置之水平間距在一公尺以下者，得二人共用一條安全母索。

第 24 條	雇主對於坡度小於十五度之勞工作業區域，距離開口部分、開放邊線或其他有墜落之虞之地點超過二公尺時，得設置警示線、管制通行區，代替護欄、護蓋或安全網之設置。
	設置前項之警示線、管制通行區，應依下列規定辦理：
	一、警示線應距離開口部分、開放邊線二公尺以上。
	二、每隔二點五公尺以下設置高度九十公分以上之杆柱，杆柱之上端及其二分之一高度處，設置黃色或紅色之警示繩、帶，其最小張力強度至少二百二十五公斤以上。
	三、作業進行中，應禁止作業勞工跨越警示線。
	四、管制通行區之設置依前三款之規定辦理，僅供作業相關勞工通行
第 28 條	雇主不得使勞工以投擲之方式運送任何物料。但採取下列安全設施者不在此限：
	一、劃定充分適當之滑槽承受飛落物料區域，設置能阻擋飛落物落地彈跳之圍屏，並依第二十四條第二項第二款之規定設置警示線。
	二、設置專責監視人員於地面全時監視，嚴禁人員進入警示線之區域內，非俟停止投擲作業，不得使勞工進入。
	前項作業遇強風大雨，致物料有飛落偏離警示線區域之虞時，應即停止作業。

第 三 章 物料之儲存

與室內裝修相關

第 29 條	雇主對於營造用各類物料之儲存、堆積及排列，應井然有序；且不得儲存於距庫門或升降機二公尺範圍以內或足以妨礙交通之地點。倉庫內應設必要之警告標示、護圍及防火設備。
第 30 條	雇主對於放置各類物料之構造物或平臺，應具安全之負荷強度。
第 31 條	雇主對於各類物料之儲存，應妥為規劃，不得妨礙火警警報器、滅火器、急救設備、通道、電氣開關及保險絲盒等緊急設備之使用狀態。
第 32 條	雇主對於鋼材之儲存，應依下列規定辦理：
	一、預防傾斜、滾落，必要時應用纜索等加以適當捆紮。
	二、儲存之場地應為堅固之地面。
	三、各堆鋼材之間應有適當之距離。
	四、置放地點應避免在電線下方或上方。
	五、採用起重機吊運鋼材時，應將鋼材重量等顯明標示，以便易於處理及控制其起重負荷量，並避免在電力線下操作。

第 33 條	雇主對於砂、石等之堆積，應依下列規定辦理：
	一、不得妨礙勞工出入，並避免於電線下方或接近電線之處。
	二、堆積場於勞工進退路處，不得有任何懸垂物。
	三、砂、石清倉時，應使勞工佩掛安全帶並設置監視人員。
	四、堆積場所經常灑水或予以覆蓋，以避免塵土飛揚。
第 34 條	雇主對於樁、柱、鋼套管、鋼筋籠等易滑動、滾動物件之堆放，應置於堅實、平坦之處，並加以適當之墊襯、擋樁或其他防止滑動之必要措施。
第 35 條 【102 年】	雇主對於磚、瓦、木塊、管料、鋼筋、鋼材或相同及類似營建材料之堆放，應置放於穩固、平坦之處，整齊緊靠堆置，其高度不得超過一點八公尺，儲存位置鄰近開口部分時，應距離該開口部分二公尺以上。
第 36 條 【95 年】	雇主對於袋裝材料之儲存，應依下列規定辦理，以保持穩定；
	一、堆放高度不得超過十層。
	二、至少每二層交錯一次方向。
	三、五層以上部分應向內退縮，以維持穩定。
	四、交錯方向易引起材料變質者，得以不影響穩定之方式堆放。
第 37 條 【95 年】	雇主對於管料之儲存，應依下列規定辦理：
	一、儲存於堅固而平坦之臺架上，並預防尾端突出、伸展或滾落。
	二、依規格大小及長度分別排列，以利取用。
	三、分層疊放，每層中置一隔板，以均勻壓力及防止管料滑出。
	四、管料之置放，避免在電線上方或下方。

第 四 章 施工架、施工構臺、吊料平臺及工作臺　　與室內裝修相關

第 39 條	雇主對於不能藉高空工作車或其他方法安全完成之二公尺以上高處營造作業，應設置適當之施工架。
第 40 條	雇主對於施工構臺、懸吊式施工架、懸臂式施工架、高度七公尺以上且立面面積達三百三十平方公尺之施工架、高度七公尺以上之吊料平臺、升降機直井工作臺、鋼構橋橋面板下方工作臺或其他類似工作臺等之構築及拆除，應依下列規定辦理：
	一、事先就預期施工時之最大荷重，應由所僱之專任工程人員或委由相關執業技師，依結構力學原理妥為設計，置備施工圖說及強度計算書，經簽章確認後，據以執行。
	二、建立按施工圖說施作之查驗機制。
	三、設計、施工圖說、簽章確認紀錄及查驗等相關資料，於未完成拆除前，應妥存備查。
	有變更設計時，其強度計算書及施工圖說，應重新製作，並依前項規定辦理。

五、營造安全衛生設施標準

第 41 條	雇主對於懸吊式施工架、懸臂式施工架及高度五公尺以上施工架之組配及拆除（以下簡稱施工架組配）作業，應指派施工架組配作業主管於作業現場辦理下列事項：

一、決定作業方法，指揮勞工作業。

二、實施檢點，檢查材料、工具、器具等，並汰換其不良品。

三、監督勞工確實使用個人防護具。

四、確認安全衛生設備及措施之有效狀況。

五、前二款未確認前，應管制勞工或其他人員不得進入作業。

六、其他為維持作業勞工安全衛生所必要之設備及措施。

前項第二款之汰換不良品規定，對於進行拆除作業之待拆物件不適用之。

第 42 條 【108 年】	雇主使勞工從事施工架組配作業，應依下列規定辦理：

一、將作業時間、範圍及順序等告知作業勞工。

二、禁止作業無關人員擅自進入組配作業區域內。

三、強風、大雨、大雪等惡劣天候，實施作業預估有危險之虞時，應即停止作業。

四、於紮緊、拆卸及傳遞施工架構材等之作業時，設寬度在二十公分以上之施工架踏板，並採取使勞工使用安全帶等防止發生勞工墜落危險之設備與措施。

五、吊升或卸放材料、器具、工具等時，要求勞工使用吊索、吊物專用袋。

六、構築使用之材料有突出之釘類均應釘入或拔除。

七、對於使用之施工架，事前依本標準及其他安全規定檢查後，始得使用。

勞工進行前項第四款之作業而被要求使用安全帶等時，應遵照使用之。

第 43 條 【95 年】 【96 年】	雇主對於構築施工架之材料，應依下列規定辦理：

一、不得有顯著之損壞、變形或腐蝕。

二、使用之竹材，應以竹尾末梢外徑四公分以上之圓竹為限，且不得有裂隙或腐蝕者，必要時應加防腐處理。

三、使用之木材，不得有顯著損及強度之裂隙、蛀孔、木結、斜紋等，並應完全剝除樹皮，方得使用。

四、使用之木材，不得施以油漆或其他處理以隱蔽其缺陷。

五、使用之鋼材等金屬材料，應符合國家標準 CNS4750　鋼管施工架同等以上抗拉強度。

第 44 條	雇主對於施工架及施工構臺，應經常予以適當之保養並維持各部分之牢穩。

第 45 條
【107 年】
★

雇主為維持施工架及施工構臺之穩定,應依下列規定辦理:

一、施工架及施工構臺不得與混凝土模板支撐或其他臨時構造連接。

二、對於未能與結構體連接之施工架,應以斜撐材或其他相關設施作適當而充分之支撐。

三、施工架在適當之垂直、水平距離處與構造物妥實連接,其間隔在垂直方向以不超過五點五公尺,水平方向以不超過七點五公尺為限。但獨立而無傾倒之虞或已依第五十九條第五款規定辦理者,不在此限。

四、因作業需要而局部拆除繫牆桿、壁連座等連接設施時,應採取補強或其他適當安全設施,以維持穩定。

五、獨立之施工架在該架最後拆除前,至少應有三分之一之踏腳桁不得移動,並使之與橫檔或立柱紮牢。

六、鬆動之磚、排水管、煙囪或其他不當材料,不得用以建造或支撐施工架及施工構臺。

七、施工架及施工構臺之基礎地面應平整,且夯實緊密,並襯以適當材質之墊材,以防止滑動或不均勻沈陷。

第 46 條
【95 年】

雇主對於施工架上物料之運送、儲存及荷重之分配,應依下列規定辦理:

一、於施工架上放置或搬運物料時,避免施工架發生突然之振動。

二、施工架上不得放置或運轉動力機械及設備,或以施工架作為固定混凝土輸送管、垃圾管槽之用,以免因振動而影響作業安全。但無作業危險之虞者,不在此限。

三、施工架上之載重限制應於明顯易見之處明確標示,並規定不得超過其荷重限制及應避免發生不均衡現象。

雇主對於施工構臺上物料之運送、儲存及荷重之分配,準用前項第一款及第三款規定。

第 48 條
【94 年】
【95 年】
【106 年】
★

雇主使勞工於高度二公尺以上施工架上從事作業時,應依下列規定辦理:

一、應供給足夠強度之工作臺。

二、工作臺寬度應在四十公分以上並舖滿密接之踏板,其支撐點應有二處以上,並應綁結固定,使其無脫落或位移之虞,踏板間縫隙不得大於三公分。

三、活動式踏板使用木板時,其寬度應在二十公分以上,厚度應在三點五公分以上,長度應在三點六公尺以上;寬度大於三十公分時,厚度應在六公分以上,長度應在四公尺以上,其支撐點應有三處以上,且板端突出支撐點之長度應在十公分以上,但不得大於板長十八分之一,踏板於板長方向重疊時,應於支撐點處重疊,重疊部分之長度不得小於二十公分。

四、工作臺應低於施工架立柱頂點一公尺以上。

前項第三款之板長,於狹小空間場所得不受限制。

五、營造安全衛生設施標準

第 51 條	雇主於施工架上設置人員上下設備時，應依下列規定辦理：

一、確實檢查施工架各部分之穩固性，必要時應適當補強，並將上下設備架設處之立柱與建築物之堅實部分牢固連接。

二、施工架任一處步行至最近上下設備之距離，應在三十公尺以下。

第 52 條 雇主構築施工架時，有鄰近結構物之周遭或跨越工作走道者，應於其下方設計斜籬及防護網等，以防止物體飛落引起災害。

第 53 條 雇主構築施工架時，有鄰近或跨越車輛通道者，應於該通道設置護籠等安全設施，以防車輛之碰撞危險。

第 57 條 雇主對於棧橋式施工架，應依下列規定辦理：

一、其寬度應使工作臺留有足夠運送物料及人員通行無阻之空間。

二、棧橋應架設牢固以防止移動，並具適當之強度。

三、不能構築兩層以上。

四、構築高度不得高出地面或地板四公尺以上者。

五、不得建於輕型懸吊式施工架之上。

第 60 條 雇主對於單管式鋼管施工架之構築，應依下列規定辦理：

一、立柱之間距：縱向為一點八五公尺以下；梁間方向為一點五公尺以下。

二、橫檔垂直間距不得大於二公尺。距地面上第一根橫檔應置於二公尺以下之位置。

三、立柱之上端量起自三十一公尺以下部分之立柱，應使用二根鋼管。

四、立柱之載重應以四百公斤為限。

雇主因作業之必要而無法依前項第一款之規定，而以補強材有效補強時，不受該款規定之限制。

第 61 條 雇主對於框式鋼管式施工架之構築，應依下列規定辦理：

一、最上層及每隔五層應設置水平梁。

二、框架與托架，應以水平牽條或鉤件等，防止水平滑動。

三、高度超過二十公尺及架上載有物料者，主框架應在二公尺以下，且其間距應保持在一點八五公尺以下。

第 62-1 條 雇主對於施工構臺，應依下列規定辦理：

一、支柱應依施工場所之土壤性質，埋入適當深度或於柱腳部襯以墊板、座鈑等以防止滑動或下沈。

二、支柱、支柱之水平繫材、斜撐材及構臺之梁等連結部分、接觸部分及安裝部分，應以螺栓或鉚釘等金屬之連結器材固定，以防止變位或脫落。

三、高度二公尺以上構臺之覆工板等板料間隙應在三公分以下。

四、構臺設置寬度應足供所需機具運轉通行之用，並依施工計畫預留起重機外伸撐座伸展及材料堆置之場地。

第 155 條
【 99 年 】

雇主於拆除構造物前，應依下列規定辦理：

一、檢查預定拆除之各構件。

二、對不穩定部分，應予支撐穩固。

三、切斷電源，並拆除配電設備及線路。

四、切斷可燃性氣體管、蒸汽管或水管等管線。管中殘存可燃性氣體時，應打開全部門窗，將氣體安全釋放。

五、拆除作業中須保留之電線管、可燃性氣體管、蒸氣管、水管等管線，其使用應採取特別安全措施。

六、具有危險性之拆除作業區，應設置圍柵或標示，禁止非作業人員進入拆除範圍內。

七、在鄰近通道之人員保護設施完成前，不得進行拆除工程。

雇主對於修繕作業，施工時須鑿開或鑽入構造物者，應比照前項拆除規定辦理。

第 157 條

雇主於拆除構造物時，應依下列規定辦理：

一、不得使勞工同時在不同高度之位置從事拆除作業。但具有適當設施足以維護下方勞工之安全者，不在此限。

二、拆除應按序由上而下逐步拆除。

三、拆除之材料，不得過度堆積致有損樓板或構材之穩固，並不得靠牆堆放。

四、拆除進行中，隨時注意控制拆除構造物之穩定性。

五、遇強風、大雨等惡劣氣候，致構造物有崩塌之虞者，應立即停止拆除作業。

六、構造物有飛落、震落之虞者，應優先拆除。

七、拆除進行中，有塵土飛揚者，應適時予以灑水。

八、以拉倒方式拆除構造物時，應使用適當之鋼纜、纜繩或其他方式，並使勞工退避，保持安全距離。

九、以爆破方法拆除構造物時，應具有防止爆破引起危害之設施。

十、地下擋土壁體用於擋土及支持構造物者，在構造物未適當支撐或以板樁支撐土壓前，不得拆除。

十一、拆除區內禁止無關人員進入，並明顯揭示。

第 161 條
【95 年】
【96 年】
雇主於拆除結構物之牆、柱或其他類似構造物時,應依下列規定辦理:

一、自上至下,逐次拆除。

二、拆除無支撐之牆、柱或其他類似構造物時,應以適當支撐或控制,避免其任意倒塌。

三、以拉倒方式進行拆除時,應使勞工站立於作業區外,並防範破片之飛擊。

四、無法設置作業區時,應設置承受臺、施工架或採取適當防範措施。

五、以人工方式切割牆、柱或其他類似構造物時,應採取防止粉塵之適當措施。

拆除結構物之牆、柱或其他類似構造物時,應依下列規定辦理

第 162 條
【95 年】
雇主對於樓板或橋面板等構造物之拆除,應依下列規定辦理:

一、拆除作業中或勞工須於作業場所行走時,應採取防止人體墜落及物體飛落之措施。

二、卸落拆除物之開口邊緣,應設護欄。

三、拆除樓板、橋面板等後,其底下四周應加圍柵。

第 163 條
雇主對鋼鐵等構造物之拆除,應依下列規定辦理:

一、拆除鋼構、鐵構件或鋼筋混凝土構件時,應有防止各該構件突然扭轉、反彈或倒塌等之適當設備或措施。

二、應由上而下逐層拆除。

三、應以纜索卸落構件,不得自高處拋擲。但經採取特別措施者,不在此限。

第 165 條
雇主對於從事構造物拆除作業之勞工,應使其佩帶適當之個人防護具。

第 十二 章 油漆、瀝青工程作業

與室內裝修相關

第 166 條
【97 年】
雇主對於油漆作業場所,應有適當之通風、換氣,以防易燃或有害氣體之危害。

第 167 條
【97 年】
雇主對於噴漆作業場所,不得有明火、加熱器或其他火源發生之虞之裝置或作業,並在該範圍內揭示嚴禁煙火之標示。

第 十四 章 附則

與室內裝修相關

第 173-1 條
自營作業者,準用本標準有關雇主義務之規定。

受工作場所負責人指揮或監督從事勞動之人員,比照該事業單位之勞工,適用本標準之規定。

1 建築物室內裝修工程管理相關法規

2 防火避難及消防法相關法規

3 職業安全衛生法規

五、營造安全衛生設施標準

4 綠建材及相關設備類法規

5 其他與建築物室內裝修相關法規

機械設備器具安全標準

修正日期：民國 111 年 5 月 11 日

第 一 章 總則	與室內裝修相關

第 1 條　　本標準依職業安全衛生法（以下簡稱本法）第六條第三項、第七條第二項及第八條第五項規定訂定之。

第 3 條　　本標準用詞，定義如下：

一、快速停止機構：指衝剪機械檢出危險或異常時，能自動停止滑塊、刀具或撞錘（以下簡稱滑塊等）動作之機構。

二、緊急停止裝置：指衝剪機械發生危險或異常時，以人為操作而使滑塊等動作緊急停止之裝置。

三、可動式接觸預防裝置：指手推刨床之覆蓋可隨加工材之進給而自動開閉之刃部接觸預防裝置。

第 一 章 總則	與室內裝修相關

第 一 節 安全護圍

第 4 條　　以動力驅動之衝壓機械及剪斷機械（以下簡稱衝剪機械），應具有安全護圍、安全模、特定用途之專用衝剪機械或自動衝剪機械（以下簡稱安全護圍等）。但具有防止滑塊等引起危害之機構者，不在此限。

因作業性質致設置前項安全護圍等有困難者，應至少設有第六條所定安全裝置一種以上。

第一項衝剪機械之原動機、齒輪、轉軸、傳動輪、傳動帶及其他構件，有引起危害之虞者，應設置護罩、護圍、套胴、圍柵、護網、遮板或其他防止接觸危險點之適當防護物。

第 5 條　　前條安全護圍等，應具有防止身體之一部介入滑塊等動作範圍之危險界限之性能，並符合下列規定：

一、安全護圍：具有使手指不致通過該護圍或自外側觸及危險界限之構造。

二、安全模：下列各構件間之間隙應在八毫米以下：

（一）上死點之上模與下模之間。

（二）使用脫料板者，上死點之上模與下模脫料板之間。

（三）導柱與軸襯之間。

三、特定用途之專用衝剪機械：具有不致使身體介入危險界限之構造。

四、自動衝剪機械：具有可自動輸送材料、加工及排出成品之構造。

1

建築物室內裝修工程管理相關法規

2

防火避難及消防法相關法規

3

職業安全衛生法規

4

綠建材及相關設備類法規

5

其他與建築物室內裝修相關法規

六、機械設備器具安全標準

第 三 章 手推刨床

與室內裝修相關

攜帶用以外之手推刨床符合下列規定之刃部接觸預防裝置

第 50 條　攜帶用以外之手推刨床，應具有符合下列規定之刃部接觸預防裝置。但經檢查機構認可具有同等以上性能者，得免適用其之一部或全部：

一、覆蓋應遮蓋刨削工材以外部分。

二、具有不致產生撓曲、扭曲等變形之強度。

三、可動式接觸預防裝置之鉸鏈部分，其螺栓、插銷等，具有防止鬆脫之性能。

四、除將多數加工材料固定其刨削寬度從事刨削者外，所使用之刃部接觸預防裝置，應使用可動式接觸預防裝置。但直角刨削用手推刨床型刀軸之刃部接觸預防裝置，不在此限。

手推刨床之刃部接觸預防裝置，其覆蓋之安裝，應使覆蓋下方與加工材之進給側平台面間之間隙在八毫米以下。

第 51 條　手推刨床應設置遮斷動力時，可使旋轉中刀軸停止之制動裝置。但遮斷動力時，可使其於十秒內停止刀軸旋轉者，或使用單相線繞轉子型串激電動機之攜帶用手推刨床，不在此限。

第 52 條　手推刨床應設可固定刀軸之裝置。

第 53 條　手推刨床應設置不離開作業位置即可操作之動力遮斷裝置。

前項動力遮斷裝置應易於操作，且具有不因意外接觸、振動等，致手推刨床有意外起動之虞之構造。

第 54 條　攜帶用以外之手推刨床，其加工材進給側平台，應具有可調整與刃部前端

第 55 條　手推刨床之刀軸，其帶輪、皮帶及其他旋轉部分，於旋轉中有接觸致生危險之虞者，應設置覆蓋。但刀軸為刨削所必要之部分者，不在此限。

第 56 條　手推刨床之刃部，其材料應符合下列規定之規格或具有同等以上之機械性質：

一、刀刃：符合國家標準 CNS 2904 「高速工具鋼鋼料」規定之 SKH2 規格之鋼料。

二、刀身：符合國家標準 CNS 2473 「一般結構用軋鋼料」或國家標準 CNS 3828「機械構造用碳鋼鋼料」規定之鋼料。

第 57 條　手推刨床之刃部，應依下列方法安裝於刀軸：

一、國家標準 CNS 4813 「木工機械用平刨刀」規定之 A 型（厚刀）刃部，並至少取其安裝孔之一個承窩孔之方法。

二、國家標準 CNS 4813 「木工機械用平刨刀」規定之 B 型（薄刀）刃部，其分軸之安裝隙槽或壓刃板之斷面，使其成為尖劈形或與其類似之方法。

第 四 章 木材加工用圓盤鋸

第 59 條　木材加工用圓盤鋸（以下簡稱圓盤鋸）之材料、安裝方法及緣盤，應符合下列規定：

一、材料：依圓鋸片種類及圓鋸片構成部分，符合附表五規定之材料規格或具有同等以上之機械性質。

二、安裝方法：

（一）使用第三款規定之緣盤。但多片圓盤鋸或複式圓盤鋸等圓盤鋸於使用專用裝配具者，不在此限。

（二）固定側或移動側緣盤以收縮配合、壓入等方法，或使用銷、螺栓等方式固定於圓鋸軸。

（三）圓鋸軸之夾緊螺栓，具有不可任意旋動之性能。

（四）使用於緣盤之固定用螺栓、螺帽等，具有防止鬆脫之性能，以防止制動裝置制動時引起鬆脫。

三、圓盤鋸之緣盤：

（一）使用具有國家標準 CNS 2472 灰口鐵鑄件規定之 FC150 鑄鐵品之抗拉強度之材料，且不致變形者。

（二）緣盤直徑在固定側與移動側均應等值。

第 60 條　圓盤鋸應設置下列安全裝置：
【104 年】
一、圓盤鋸之反撥預防裝置（以下簡稱反撥預防裝置）。但橫鋸用圓盤鋸或因反撥不致引起危害者，不在此限。

二、圓盤鋸之鋸齒接觸預防裝置（以下簡稱鋸齒接觸預防裝置）。但製材用圓盤鋸及設有自動輸送裝置者，不在此限。

第 61 條　反撥預防裝置之撐縫片（以下簡稱撐縫片）及鋸齒接觸預防裝置之安裝，應符合下列規定：

一、撐縫片及鋸齒接觸預防裝置經常使包含其縱斷面之縱向中心線而和其側面平行之面，與包含圓鋸片縱斷面之縱向中心線而和其側面平行之面，位於同一平面上。

二、木材加工用圓盤鋸，使撐縫片與其面對之圓鋸片鋸齒前端之間隙在十二毫米以下。

六、機械設備器具安全標準

第 62 條	圓盤鋸應設置遮斷動力時可使旋轉中圓鋸軸停止之制動裝置。但下列圓盤鋸，不在此限：

一、圓盤鋸於遮斷動力時，可於十秒內停止圓鋸軸旋轉者。

二、攜帶用圓盤鋸使用單相串激電動機者。

三、設有自動輸送裝置之圓盤鋸，其本體內藏圓鋸片或其他不因接觸致引起危險之虞者。

四、製榫機及多軸製榫機。

第 64 條 【95 年】	圓盤鋸之動力遮斷裝置，應符合下列規定：

一、設置於操作者不離開作業位置即可操作之處。

二、須易於操作，且具有不因意外接觸、振動等致圓盤鋸有意外起動之虞之構造。

第 69 條	供反撥預防裝置所設之反撥防止爪（以下簡稱反撥防止爪）及反撥防止輥（以下簡稱反撥防止輥），應符合下列規定：

一、材料：符合國家標準 CNS 2473 「一般結構用軋鋼料」規定 SS400 規格或具有同等以上機械性質之鋼料。

二、構造：

（一）反撥防止爪及反撥防止輥，應依加工材厚度，具有可防止加工材於圓鋸片斜齒側撥升之機能及充分強度。但具有自動輸送裝置之圓盤鋸之反撥防止爪，不在此限。

（二）具有自動輸送裝置之圓盤鋸反撥防止爪，應依加工材厚度，具有防止加工材反彈之機能及充分強度。

三、反撥防止爪及反撥防止輥之支撐部，具有可充分承受加工材反彈時之強度。

四、除自動輸送裝置之圓盤鋸外，圓鋸片直徑超過四百五十毫米之圓盤鋸，使用反撥防止爪及反撥防止輥等以外型式之反撥預防裝置。

第 85 條　研磨機之研磨輪，應具有下列性能：

一、平直形研磨輪、盤形研磨輪、彈性研磨輪及切割研磨輪，其最高使用周速度，以製成該研磨輪之結合劑製成之樣品，經由研磨輪破壞旋轉試驗定之。

二、研磨輪樣品之研磨砂粒，為鋁氧（礬土）質系。

三、平直形研磨輪及盤形研磨輪之尺寸，依附表十五所定之值。

四、第一款之破壞旋轉試驗，採抽取試樣三個以上或採同一製造條件依附表十五所定尺寸製成之研磨輪樣品為之。以各該破壞旋轉周速度值之最低值，為該研磨輪樣品之破壞旋轉周速度值。

五、使用於粗磨之平直形研磨輪以外之研磨輪，以附表十六所定普通使用周速度限度以內之速度（以下簡稱普通速度），供機械研磨使用者，其最高使用周速度值，應在前款破壞旋轉周速度值除以一點八所得之值以下。但超過附表十六表所列普通速度之限度值者，為該限度值。

六、除第五款所列研磨輪外，第一款研磨輪最高使用周速度值，應在第四款破壞旋轉周速度值除以二所得之值以下。但於普通速度下使用者，其值超過附表十六所定普通速度之限度值時，為該限度值。

七、研磨輪之最高使用周速度值，應依附表十七所列之研磨輪種類及結合劑種類，依前二款規定之平直形研磨輪所得之最高使用周速度值乘以附表十七所定數值所得之值以下。但環片式研磨輪者，得由中央主管機關另定之。

第 97 條　研磨輪之護罩，應依下列規定覆蓋。但研磨輪供研磨之必要部分者，不在此限：

一、使用側面研磨之研磨輪之護罩：研磨輪周邊面及固定側之側面。

二、前款護罩以外之攜帶用研磨機之護罩，其周邊板及固定側之側板使用無接縫之單片壓延鋼板製成者：研磨輪之周邊面、固定側之側面及拆卸側之側面，如附圖五所示之處。但附圖五所示將周邊板頂部，有五毫米以上彎弧至拆卸側上且其厚度較第九十九條第一項之附表二十九所列之值增加百分之二十以上者，為拆卸側之側面。

三、前二款所列護罩以外之護罩：研磨輪之周邊、兩側面及拆卸側研磨輪軸之側面。

前項但書所定之研磨輪供研磨之必要部分，應依研磨機種類及附圖六之規定。

第 八 章 標示

第 115 條　手推刨床應於明顯易見處標示下列事項：

一、製造者名稱。

二、製造年月。

三、額定功率或額定電流。

四、額定電壓。

五、無負荷回轉速率。

六、有效刨削寬度。

七、刃部接觸預防裝置，標示適用之手推刨床之有效刨削寬度

第 116 條　圓盤鋸應於明顯易見處標示下列事項：

【105 年】

★

一、製造者名稱。

二、製造年月。

三、額定功率或額定電流。

四、額定電壓。

五、無負荷回轉速率；具有變速機構之圓盤鋸者，為其變速階段之無負
荷回轉速率。

六、適用之圓鋸片之直徑範圍及圓鋸軸之旋轉方向；具有變速機構之圓
盤鋸者，為其變速階段可使用之圓鋸片直徑範圍、種類及圓鋸軸旋
轉方向。

七、撐縫片適用之圓鋸片之直徑、厚度範圍及標準鋸台位置。

八、鋸齒接觸預防裝置，其適用之圓鋸片之直徑範圍及用途。

第 117 條　堆高機應於明顯易見處標示下列事項：

一、製造者名稱。

二、製造年份。

三、製造號碼。

四、最大荷重。

五、容許荷重：指依堆高機之構造、材質及貨叉等裝載貨物之重心位置，
決定其足以承受之最大荷重。

第 118 條　研磨機應於明顯易見處標示下列事項：

一、製造者名稱。

二、製造年月。

三、額定電壓。

四、無負荷回轉速率。

五、適用之研磨輪之直徑、厚度及孔徑。

六、研磨輪之回轉方向。

七、護罩標示適用之研磨輪之最高使用周速度、厚度、直徑。

1 建築物室內裝修工程管理相關法規

2 防火避難及消防法相關法規

3 職業安全衛生法規

4 綠建材及相關設備類法規

5 其他與建築物室內裝修相關法規

六、機械設備器具安全標準

職業安全衛生標示設置準則

修正日期：民國 103 年 07 月 02 日

第 1 條	本準則依職業安全衛生法第六條第三項規定訂定之。

第 2 條	雇主設置之標示，除其他法規或國家標準另有規定外，應依本準則之規定辦理。

第 3 條　本準則所稱安全衛生標示（以下簡稱標示），其用途種類及告知事項如下：

一、防止危害：

（一）禁止標示：嚴格管制有發生危險之虞之行為，包括禁止煙火、禁止攀越、禁止通行等。

（二）警告標示：警告既存之危險或有害狀況，包括高壓電、墜落、高熱、輻射等危險。

（三）注意標示：提醒避免相對於人員行為而發生之危害，包括當心地面、注意頭頂等。

二、一般說明或提示：

（一）用途或處所之標示，包括反應塔、鍋爐房、安全門、伐木區、急救箱、急救站、救護車、診所、消防栓、機房等。

（二）操作或儀控之標示，包括有一定順序之機具操作方法、儀表控制盤之說明、安全管控方法等。

（三）說明性質之標示，包括工作場所各種行動方向、管制信號意義等。

第 4 條　標示之形狀種類如下：

一、圓形：用於禁止。

二、尖端向上之正三角形：用於警告。

三、尖端向下之正三角形：用於注意。

四、正方形或長方形：用於一般說明或提示。

第 5 條　標示應依設置之永久性或暫時性，採固定式或移動式，並應依下列規定設置：

一、大小及位置力求明顯易見，安裝穩妥。

二、材質堅固耐久，並適當處理所有尖角銳邊，以免危險。

第 6 條	標示應力求簡明，並以文字及圖案併用。文字以中文為主，不得採用難以辨識之字體。
	前項標示之文字書寫方式如下：
	一、直式：由上而下，由右而左。
	二、橫式：由左而右。但有箭號指示方向者，依箭號方向。
第 7 條	標示之顏色，應依國家標準 CNS9328 安全用顏色通則之規定，其底色、外廓、文字及圖案之用色，應力求對照顯明，以利識別。
第 8 條	本準則自中華民國一百零三年七月三日施行。

109 年營造業職業災害統計

職業災害 類型比較	墜落	物體 飛落	物體 倒塌 崩塌	被撞	被夾 被捲	溺斃	與有害 物等之 接　觸	感電	火災 爆炸	其他
營造業	49% (153 人)	4% (11 人)	8% (26 人)	7% (21 人)	4% (12 人)	3% (8 人)	2% (5 人)	11% (35 人)	7% (21 人)	7% (21 人)

職業安全衛生法與職業安全衛生管理辦法範圍	
一	列舉 10 種室內裝修施工中 常遭遇到的職業災害有哪些?(勞動檢查年報營建業職災統計)【96 年】
答:	1.墜落、滾落 2.跌倒 3.衝撞 4.物體、飛落 5.物體倒塌、崩塌 6.被撞 7.被夾、被捲 8.被刺、割、擦傷 9.踩踏 10.感電
二	請列舉現場勞工安全衛生人員管理重點三項。 【94 年】
答:	「職業安全衛生管理辦法施行細則」第三章　安全衛生管理　第 31 條 本法第二十三條第一項所定職業安全衛生管理計畫,包括下列事項: 1.工作環境或作業危害之辨識、評估及控制。 2.機械、設備或器具之管理。 3.危害性化學品之分類、標示、通識及管理。 4.有害作業環境之採樣策略規劃與監測。 5.危險性工作場所之製程或施工安全評估。 6.採購管理、承攬管理及變更管理。 7.安全衛生作業標準。 8.定期檢查、重點檢查、作業檢點及現場巡視。 9.安全衛生教育訓練。 10.個人防護具之管理。 11.健康檢查、管理及促進。 12.安全衛生資訊之蒐集、分享與運用。 13.緊急應變措施。 14.職業災害、虛驚事故、影響身心健康事件之調查處理與統計分析。 15.安全衛生管理紀錄與績效評估措施。 16.其他安全衛生管理措施。

八、歷屆考古題

三	勞工災害乃因不安全狀態、不衛生與不安全行所造成，請列舉施工現場中常見之不安全狀態 5 種。【94 年】
答：	職業災害的原因皆因不安全的動作或行為： （一）不知：不知安全的操作方法，不會使用防護器具。 （二）不顧：缺乏安全意願，或為圖舒適、方便、不顧及安全守則或不使用防護 器具。 （三）不能：智力、體能或技能不能配合從事的工作。 （四）不理：不聽信安全管理人員之教導，拒絕使用規定的防護具，或不遵守安全守則。 （五）粗心：工作時粗心大意、動作粗魯、漫不經心、旁若無人。 （六）運轉：反應不夠靈敏，當一項災害發生時，不能預感或不能及時控制或逃避。 （七）失檢：工作中嬉戲、行為粗暴、不服從、生活不正常，致影響其正常的動作與行為。
四	請列舉任 3 種與建築物室內裝修工程工地安全維護有關法令 。【94 年】
答：	（一）職業安全衛生法 （二）職業安全衛生管理辦法 （三）職業安全衛生設施規則 （四）營造安全衛生設施標準
五	室內裝修工程在進行安全管理時，至少做到哪些事項？【96 年】
答：	「職業安全衛生法」第 三 章 安全衛生管理　第 32 條 雇主對勞工應施以從事工作與預防災變所必要之安全衛生教育及訓練。 前項必要之教育及訓練事項、訓練單位之資格條件與管理及其他應遵行事項之規則，由中央主管機關定之。 勞工對於第一項之安全衛生教育及訓練，有接受之義務。 「職業安全衛生法」第 三 章 安全衛生管理　第 33 條 雇主應負責宣導本法及有關安全衛生之規定，使勞工周知。 「職業安全衛生法」第 三 章 安全衛生管理　第 34 條 雇主應依本法及有關規定會同勞工代表訂定適合其需要之安全衛生工作守則，報經勞動檢查機構備查後，公告實施。 勞工對於前項安全衛生工作守則，應切實遵行。
六	室內裝修施工現場若遭意外事故，緊急應變處理原則為何？【96 年】
答：	「職業安全衛生法」第 四 章 監督與檢查　第 37 條 事業單位工作場所發生職業災害，雇主應即採取必要之急救、搶救等措施，並會同勞工代表實施調查、分析及作成紀錄。 事業單位勞動場所發生下列職業災害之一者，雇主應於八小時內通報勞動檢查機構： 一、發生死亡災害。 二、發生災害之罹災人數在三人以上。 三、發生災害之罹災人數在一人以上，且需住院治療。 四、其他經中央主管機關指定公告之災害。 勞動檢查機構接獲前項報告後，應就工作場所發生死亡或重傷之災害派員檢查。 事業單位發生第二項之災害，除必要之急救、搶救外，雇主非經司法機關或勞動檢查機構許可，不得移動或破壞現場。

七	建築物室內裝修進行斷電、斷水時可能發生電能之危害，請列舉5項預防原則？【99年】【100年】
答：	（一）確實通報：斷電、斷水前應確實公告周知，通報個別使用單位確實於斷水斷電前停止工作，待確認完畢方可開始停電
	（二）殘電放電：有可能殘留電力之電力器具設備管線等應確實放電
	（三）防護具：斷電、斷水時如有必要應採防護器具
	（四）檢電器具檢查確實已斷電
	（五）接地：應加設接地短路設備以避免其他電路感應、混濁導致逆送電之危害
	（六）停電完畢送電前亦應確實通報並拆除接地及圍欄才能送電
八	室內裝修施工現場，經常會發生倒塌類型之災害，寫出五項與此類災害相關之主要作業？【98年】
答：	（一）天花板拆除施作作業
	（二）鷹架搭架作業
	（三）水電、空調、消防等天花板設備安裝、配管、配線作業
	（四）砌磚牆作業
	（五）石材吊掛安裝作業
	（六）牆面貼磁磚作業
	（七）混凝土灌漿作業
	（八）材料堆置存放作業
九	從事室內裝修作業中，工地使用移動式施工架，為預防施工人員發生墜落災害，請列舉五項作業安全應注意事項。【102年】
答：	（一）應使用防墜用具。
	（二）設置上下設備樓梯。
	（三）應設置護欄 / 施工架兩側應設置交叉拉桿及上下拉桿。
	（四）工作台應滿鋪。
	（五）工作台板應有效固定。
	（六）施工架上不得使用梯子、合梯或踏凳。
	（七）裝有腳輪之移動式施工架，勞工作業時其腳部應以有效方法固定之，勞工於其上作業時不得移動施工架。

1 建築物室內裝修工程管理相關法規

2 防火避難及消防法相關法規

3 職業安全衛生法規

4 綠建材及相關設備類法規

5 其他與建築物室內裝修相關法規

八、歷屆考古題

十	依「勞工安全衛生組織管理及自動檢查辦法」規定，現場施工技術人員應對捲揚裝置於開始使用、拆卸、改裝或修理時，實施哪些重點檢查？
	【102 年】
	註：「勞工安全衛生組織管理及自動檢查辦法」於一百零二年七月三日經總統公布修正為「職業安全衛生管理辦法」
答：	「職業安全衛生管理辦法」第 46 條
	雇主對捲揚裝置於開始使用、拆卸、改裝或修理時，應依下列規定實施重點檢查：
	（一）確認捲揚裝置安裝部位之強度，是否符合捲揚裝置之性能需求。
	（二）確認安裝之結合元件是否結合良好，其強度是否合乎需求。
	（三）其他保持性能之必要事項。
十一	請至少列舉 5 項職業安全衛生法及其施行細則所定職業安全衛生管理計畫，應包含之事項【105 年】
答：	「職業安全衛生法」第 23 條
	雇主應依其事業單位之規模、性質，訂定職業安全衛生管理計畫；並設置安全衛生組織、人員，實施安全衛生管理及自動檢查。
	「職業安全衛生法施行細則」第 31 條
	本法第二十三條第一項所定職業安全衛生管理計畫，包括下列事項：
	（一）工作環境或作業危害之辨識、評估及控制。
	（二）機械、設備或器具之管理。
	（三）危害性化學品之分類、標示、通識及管理。
	（四）有害作業環境之採樣策略規劃及監測。
	（五）危險性工作場所之製程或施工安全評估。
	（六）採購管理、承攬管理及變更管理。
	（七）安全衛生作業標準。
	（八）定期檢查、重點檢查、作業檢點及現場巡視。
	（九）安全衛生教育訓練。
	（十）個人防護具之管理。
	（十一）健康檢查、管理及促進。
	（十二）安全衛生資訊之蒐集、分享及運用。
	（十三）緊急應變措施。
	（十四）職業災害、虛驚事故、影響身心健康事件之調查處理及統計分析。
	（十五）安全衛生管理紀錄及績效評估措施。
	（十六）其他安全衛生管理措施。

十二	依「職業安全衛生管理辦法」規定,雇主對在職勞工應施行哪些健康檢查?【106 年】
答:	「職業安全衛生法」第 20 條 雇主於僱用勞工時,應施行體格檢查;對在職勞工應施行下列健康檢查: (一)一般健康檢查。 (二)從事特別危害健康作業者之特殊健康檢查。 (三)經中央主管機關指定為特定對象及特定項目之健康檢查。
十三	依「職業安全衛生法」訂定之「粉塵危害預防標準」規定,雇主使勞工從事於室內以手提式或可搬動式動力工具切斷岩石、礦物或雕刻及修飾之作業時,應提供並令該作業勞工使用適當之呼吸防護具。但有對特定粉塵發生源應採行哪些設備或措施者可不在此限?【107 年】
答:	「粉塵危害預防標準」第 13 條 下列各款之一之特定粉塵作業,雇主除於室內作業場所設置整體換氣裝置及於坑內作業場所設置第十一條第二項之換氣裝置外,並使各該作業勞工使用適當之呼吸防護具時,得不適用第六條之規定。 (一)於使用前直徑小於三十公分之研磨輪從事作業時。 (二)使用搗碎或粉碎之最大能力每小時小於二十公斤之搗碎機或粉碎機從事作業時。 (三)使用篩選面積小於七百平方公分之篩選機從事作業時。 (四)使用內容積小於十八公升之混合機從事作業時。

職業安全衛生施行細則範圍

一	請至少列舉 5 項職業安全衛生法及其施行細則所定安全衛生工作守則之內容【104 年】
答:	「職業安全衛生法施行細則」第 41 條 「職業安全衛生法」第 34 條第 1 項所定安全衛生工作守則之內容,依下列事項定之: (一)事業之安全衛生管理及各級之權責 (二)機械 設備或器具之維護及檢查 (三)工作安全及衛生標準 (四)教育及訓練 (五)健康指導及管理措施 (六)急救及搶救 (七)防護設備之準備 維持及使用 (八)事故通報及報告 (九)其他有關安全衛生事項

1

建築物室內裝修工程管理相關法規

2

防火避難及消防法相關法規

3

職業安全衛生法規

八、歷屆考古題

4

綠建材及相關設備類法規

5

其他與建築物室內裝修相關法規

二	請至少列舉 5 項職業安全衛生法及其施行細則所定預防執行職務因他人行為遭受身體或精神不法侵害應妥為規劃及採取必要之安全衛生措施，其內容應包含之事項【104 年】
答：	「職業安全衛生法施行細則」第 11 條
	本法第六條第二項第三款所定預防執行職務因他人行為遭受身體或精神不法侵害之妥為規劃，其內容應包含下列事項：
	（一）危害辨識及評估
	（二）作業場所之配置
	（三）工作適性安排
	（四）行為規範之建構
	（五）危害預防及溝通技巧之訓練
	（六）事件之處理程序
	（七）成效評估及改善
	（八）其他有關安全衛生事項
三	試例舉 5 項說明感電災害之防止措施【104 年】
答：	「職業安全衛生法施行細則」第 254 條
	雇主對於電路開路後從事該電路、該電路支持物、或接近該電路工作物之敷設、建造、檢查、修理、油漆等作業時，應於確認電路開路後，就該電路採取下列設施：
	（一）開路之開關於作業中，應上鎖或標示「禁止送電」、「停電作業中」或設置監視人員監視之。
	（二）開路後之電路如含有電力電纜、電力電容器等致電路有殘留電荷引起危害之虞，應以安全方法確實放電。
	（三）開路後之電路藉放電消除殘留電荷後，應以檢電器具檢查，確認其已停電，且為防止該停電電路與其他電路之混觸、或因其他電路之感應、或其他電源之逆送電引起感電之危害，應使用短路接地器具確實短路，並加接地。
	（四）前款停電作業範圍如為發電或變電設備或開關場之一部分時，應將該停電作業範圍以藍帶或網加圍，並懸掛「停電作業區」標誌；有電部分則以紅帶或網加圍，並懸掛「有電危險區」標誌，以資警示。
	前項作業終了送電時，應事先確認從事作業等之勞工無感電之虞，並於拆除短路接地器具與紅藍帶或網及標誌後為之。

職業安全衛生設施規則範圍

一	依據「勞工安全衛生設施規則」第256條活線作業時勞工應使用哪些器具？ 【97年】
答：	「職業安全衛生設施規則」第256條 雇主使勞工於低壓電路從事檢查、修理等活線作業時，應使該作業勞工戴用絕緣用防護具，或使用活線作業用器具或其他類似之器具。 依據「屋內線路裝置規則」 （一）絕緣用防護具 （二）活線作業用器具 （三）活線作業用絕緣工作台 （四）護圍或絕緣用防護裝備
二	水電工班進場從事電路開路後之電路舖設、組立檢查、修理等作業時，應採取哪些安全措施？【98年】
答：	「職業安全衛生設施規則」第254條 （一）開路之開關於作業中，應上鎖或標示「禁止送電」、「停電作業中」或設置監視人員監視之。 （二）開路後之電路如含有電力電纜、電力電容器等致電路有殘留電荷引起危害之虞，應以安全方法確實放電。 （三）開路後之電路藉放電消除殘留電荷後，應以檢電器具檢查，確認其已停電，且為防止該停電電路與其他電路之混觸、或因其他電路之感應、或其他電源之逆送電引起感電之危害，應使用短路接地器具確實短路，並加接地。 （四）前款停電作業範圍如為發電或變電設備或開關場之一部分時，應將該停電作業範圍以藍帶或網加圍，並懸掛「停電作業區」標誌；有電部分則以紅帶或網加圍，並懸掛「有電危險區」標誌，以資警示。 前項作業終了送電時，應事先確認從事作業等之勞工無感電之虞，並於拆除短路接地器具與紅藍帶或網及標誌後為之。
三	依據「勞工安全衛生設施規則」第29-2條規定，雇主使勞工於侷限空間從事作業，有危害勞工之虞時，應於作業場所入口顯而易見處所公告哪些注意事項，使作業勞工周知？請例舉4項 【100年】
答：	「職業安全衛生設施規則」第29-2條 雇主使勞工於局限空間從事作業，有危害勞工之虞時，應於作業場所入口顯而易見處所公告下列注意事項，使作業勞工周知： （一）作業有可能引起缺氧等危害時，應經許可始得進入之重要性。 （二）進入該場所時應採取之措施。 （三）事故發生時之緊急措施及緊急聯絡方式。 （四）現場監視人員姓名。 （五）其他作業安全應注意事項。

四	依據「勞工安全衛生設施規則」第 159 條規定，對物料之堆放，應遵守哪些規定？請至少應列出 5 項。【101 年】
答：	「職業安全衛生設施規則」第 159 條
	雇主對物料之堆放，應依下列規定：
	（一）不得超過堆放地最大安全負荷。
	（二）不得影響照明。
	（三）不得妨礙機械設備之操作。
	（四）不得阻礙交通或出入口。
	（五）不得減少自動灑水器及火警警報器有效功用。
	（六）不得妨礙消防器具之緊急使用。
	（七）以不倚靠牆壁或結構支柱堆放為原則。並不得超過其安全負荷。
五	依據「職業安全衛生設施規則」規定，有關捲揚機吊運物料時，應依哪些規定辦理？請列舉出五項。【103 年】
答：	「職業安全衛生設施規則」第 155-1 條
	雇主使勞工以捲揚機等予運物料時 應依下列規定辦理：
	（一）安裝前須核對並確認設計資料及強度計算書
	（二）吊掛之重量不得超過該設備所能承受之最高負荷 且應加以標示
	（三）不得供人員搭乘 吊升或降落 但臨時或緊急處理作業經採取足以防止人員墜落 且採專人監督等安全措施者 不在此限
	（四）吊鉤或吊具應有防止吊舉中所吊物體脫落之裝置
	（五）錨錠及吊掛用之吊鏈 鋼索 掛鉤 纖維索等吊具有異狀時應即修換
	（六）吊運作業中應嚴禁人員進入吊掛物下方及吊鏈 鋼索等 側角
	（七）捲揚吊索通路有與人員碰觸之虞之場所 應加防護或有其他安全設施
	（八）操作處應有適當防護設施 以防物體飛落傷害操作人員 如採坐姿操作者應設坐位
	（九）應設有防止過捲裝置 設置有困難者 得以標示代替之
	（十）吊運作業時 應設置信號指揮聯絡人員 並規定統一之指揮信號
	（十一）應避免鄰近電力線作業
	（十二）電源開關箱之設置 應有防護裝置
六	請依「職業安全衛生設施規則」說明使用合梯之規定為何？【103 年】
答：	「職業安全衛生設施規則」第 230 條
	（一）具有堅固之構造
	（二）其材質不得有顯著之損傷、腐蝕等
	（三）梯腳與地面之角度應在七十五度以，且兩梯腳間有繫材扣牢
	（四）有安全之梯面

八、歷屆考古題

七	依「職業安全衛生設施規則」規定，雇主對於使用對地電壓在一百五十伏特以上之移動式或攜帶式電動機具，或於濕潤場所，應裝置防止感電用漏電斷路器。而前述裝置有困難時，為防止因漏電而生感電危害，應將機具金屬製外殼及電動機具金屬製外殼非帶電部分，如何辦理接地使用？ 【103年】

答：	「職業安全衛生設施規則」第243條
	
	（一）將非帶電金屬部分，以下列方法之一連接至接地極：
	
	    1.使用具有專供接地用芯線之移動式電線及具有專供接地用接地端子之連接器，連接於接地極者
	
	    2.使用附加於移動式電線之接地線，及設於該電動機具之電源插頭座上或其近設置之接地端子，連接於接地極者
	
	（二）取前款一、之方法時，應採取防止接地連接裝置與電氣線路連接裝置混淆及防止接地端子與電氣線路端子混淆之措施
	
	（三）接地極應充分埋設於地下，確實與大地連接

八	請依「職業安全衛生設施規則」規定，請例舉5項雇主設置之固定梯子，應符合之規定為何？【104年】

答：	「職業安全衛生設施規則」第37條
	
	雇主設置之固定梯子，應依下列規定：
	
	（一）具有堅固之構造
	
	（二）應等間隔設置踏條
	
	（三）踏條與牆壁間應保持十六.五公分以上之淨距
	
	（四）應有防止梯子移位之措施
	
	（五）不得有防礙工作人員通行之障礙物
	
	（六）平台如用漏空格條製成，間隙不得超過三十公厘；超過時，應裝置鐵絲網防護
	
	（七）梯子之頂端應突出板面六十公分以上
	
	（八）梯長連續超過六公尺時 應每隔九公尺以下設一平台 並應於距梯底二公尺以上部分 設置護籠或其他保護裝置 但符合下列規定之一者 不在此限
	
	    1.未設置護籠或其它保護裝置，已於每隔六公尺以下設一平台者
	
	    2.塔、槽、煙囪及其他高位建築之固定梯已設置符合需要之安全帶、安全索、磨擦制動裝置 滑動附屬裝置及其他安全裝置 以防止勞工墜落者
	
	（九）前款平台應有足夠長度及寬度，並應圍以適當之欄柵
	
	（十）前項第七款至第八款規定，不適用於沉箱之梯子

九	塗裝作業場所為防止塗料、溶劑造成火災的危險，應設置塗料放置場所，以免塗料散置四處 請列舉4項塗料保管應注意事項【103年】
答：	「職業安全衛生設施規則」第171條 （一）不得設置有火花、電弧或用高溫成為發火源之虞之機械、器具或設備 （二）標示嚴禁煙火 （三）設置警戒線禁止無關人員進入 （四）規定勞工不得使用明火 （五）放置地點保持通風

十	依「職業安全衛生設施規則」規定，請列舉 4 項雇主架設之通道（包括機械防護跨橋），應符合之規定？【105 年】
答：	「職業安全衛生設施規則」第 36 條 雇主架設之通道（包括機械防護跨橋），應符合之規定 （一）具有堅固之構造。 （二）傾斜應保持在三十度以下。但設置樓梯者或其高度未滿二公尺而設置有扶手者，不在此限。 （三）傾斜超過十五度以上者，應設置踏條或採取防止溜滑之措施。 （四）有墜落之虞之場所，應置備高度七十五公分以上之堅固扶手。在作業上認有必要時，得在必要之範圍內設置活動扶手。 （五）設置於豎坑內之通道，長度超過十五公尺者，每隔十公尺內應設置平台一處。 （六）營建使用之高度超過八公尺以上之階梯，應於每隔七公尺內設置平台一處。 （七）通道路用漏空格條製成者，其縫間隙不得超過三公分，超過時，應裝置鐵絲網防護。
十一	依「職業安全衛生設施規則」有關人體墜落防止之規定，雇主對於高度在二公尺以上之處所進行作業，應採取哪些防護措施？【105 年】
答：	「職業安全衛生設施規則」第 224 條 雇主對於高度在二公尺以上之工作場所邊緣及開口部分，勞工有遭受墜落危險之虞者，應設有適當強度之護欄、護蓋等防護設備。 雇主為前項措施顯有困難，或作業之需要臨時將護欄、護蓋等拆除，應採取使勞工使用安全帶等防止因墜落而致勞工遭受危險之措施。
十二	請依「職業安全衛生設施規則」規定回答下列問題 （一）雇主對於鑽孔機、截角機等旋轉刀具作業，勞工手指有觸及之虞者，應明　確告知並標示勞工不得使用 (1) （二）雇主對於木材加工用帶鋸鋸齒（鋸切所需之部分及鋸床除外）及帶輪，應設置 (2) 等設備 （三）雇主對於木材加工用帶鋸之突釘型導送滾輪或鋸齒型導送滾輪，除導送面外應設 (3) (4) （四）雇主對於有自動輸送裝置以外之截角機，應裝置 (5) 預防裝置 【106 年】
答：	(1) 手套 –「職業安全衛生設施規則」第 56 條 (2) 護罩或護圍 –「職業安全衛生設施規則」第 64 條 (3) 接觸預防裝置 –「職業安全衛生設施規則」第 65 條 (4) 護蓋 –「職業安全衛生設施規則」第 65 條 (5) 刃部接觸預防裝置 –「職業安全衛生設施規則」第 66 條
十三	依據「職業安全衛生設施規則」規定，雇主供給勞工使用之個人防護具或防護器具應注意事項？【110 年】 職業安全衛生設施規則 第 277 條規定 雇主供給勞工使用之個人防護具或防護器具，應依下列規定辦理：
答：	（一）保持清潔，並予必要之消毒。 （二）經常檢查，保持其性能，不用時並妥予保存。 （三）防護具或防護器具應準備足夠使用之數量，個人使用之防護具應置備與作業勞工人數相同或以上之數量，並以個人專用為原則。 （四）對勞工有感染疾病之虞時，應置備個人專用防護器具，或作預防感染疾病之措施。

1 建築物室內裝修工程管理相關法規

2 防火避難及消防法相關法規

3 職業安全衛生法規

4 綠建材及相關設備類法規

5 其他與建築物室內裝修相關法規

八、歷屆考古題

營造安全衛生設施規則範圍	
一	依「營造安全衛生設施標準」第 161 條，對於牆面拆除，應遵守何種規定？ 【95 年】
答：	「營造安全衛生設施標準」第 161 條 雇主於拆除結構物之牆、柱或其他類似構造物時，應依下列規定辦理： 一、自上至下，逐次拆除。 二、拆除無支撐之牆、柱或其他類似構造物時，應以適當支撐或控制，避免其任意倒塌。 三、以拉倒方式進行拆除時，應使勞工站立於作業區外，並防範破片之飛擊。 四、無法設置作業區時，應設置承受臺、施工架或採取適當防範措施。 五、以人工方式切割牆、柱或其他類似構造物時，應採取防止粉塵之適當措施。
二	依「營造安全衛生設施標準」第 43 條，雇主對於構築施工架及施工構台之材料及竹子之材料，應依何種規定？ 【95 年】
答：	依「營造安全衛生設施標準」第 43 條 雇主對於構築施工架之材料，應依下列規定辦理： 一、不得有顯著之損壞、變形或腐蝕。 二、使用之竹材，應以竹尾末梢外徑四公分以上之圓竹為限，且不得有裂隙或腐蝕者，必要時應加防腐處理。 三、使用之木材，不得有顯著損及強度之裂隙、蛀孔、木結、斜紋等，並應完全剝除樹皮，方得使用。 四、使用之木材，不得施以油漆或其他處理以隱蔽其缺陷。 五、使用之鋼材等金屬材料，應符合國家標準 CNS4750 鋼管施工架同等以上抗拉強度。
三	依「營造安全衛生設施標準」第 162 條，對於建築物樓板拆除，應遵守何種規定？ 【95 年】
答：	「營造安全衛生設施標準」第 162 條 雇主對於樓板或橋面板等構造物之拆除，應依下列規定辦理： 一、拆除作業中或勞工須於作業場所行走時，應採取防止人體墜落及物體飛落之措施。 二、卸落拆除物之開口邊緣，應設護欄。 三、拆除樓板、橋面板等後，其底下四周應加圍柵。

四	依「營造安全衛生設施標準」第 37 條規定雇主對於管料之儲存，應遵守何種規定？【95 年】
答：	「營造安全衛生設施標準」第 37 條 雇主對於管料之儲存，應依下列規定辦理： 一、儲存於堅固而平坦之臺架上，並預防尾端突出、伸展或滾落。 二、依規格大小及長度分別排列，以利取用。 三、分層疊放，每層中置一隔板，以均勻壓力及防止管料滑出。 四、管料之置放，避免在電線上方或下方。
五	依據「營造安全衛生設施標準」的規定，油漆作業場所的勞工安全衛生考量為何？ 【97 年】
答：	「營造安全衛生設施標準」第 166 條　第 167 條 （一）進入工區應戴安全帽 （二）注意室內通風換氣 （三）施工前後嚴禁明火、加熱器 （四）應於工作區域揭示嚴禁煙火之標示 （五）作業人員應配戴護目鏡及口罩 （六）高架作業應配戴安全索 （七）揮發性、可燃性漆料之儲放、堆置需遠離火源
六	依據「營造安全衛生設施標準」第 155 條規定，有關廚房分間牆拆除前應注意之安全事項為何？ 【99 年】
答：	「營造安全衛生設施標準」第 155 條 雇主於拆除構造物前，應依下列規定辦理： （一）檢查預定拆除之各構件。 （二）對不穩定部分，應予支撐穩固。 （三）切斷電源，並拆除配電設備及線路。 （四）切斷可燃性氣體管、蒸汽管或水管等管線。管中殘存可燃性氣體時，應打開全部門窗，將氣體安全釋放。 （五）拆除作業中須保留之電線管、可燃性氣體管、蒸氣管、水管等管線，其使用應採取特別安全措施。 （六）具有危險性之拆除作業區，應設置圍柵或標示，禁止非作業人員進入拆除範圍內。 （七）在鄰近通道之人員保護設施完成前，不得進行拆除工程。 雇主對於修繕作業，施工時須鑿開或鑽入構造物者，應比照前項拆除規定辦理。

八、歷屆考古題

七	依「營造安全衛生設施標準」第 17 條規定，於高度 2 公尺以上工作場所之勞作業時，為防止墜落災害之虞者，應採取哪些防止措施？請至少應列出 5 項 【101 年】
答：	「營造安全衛生設施標準」第 17 條 雇主對於高度二公尺以上之工作場所，勞工作業有墜落之虞者，應訂定墜落災害防止計畫，依下列風險控制之先後順序規劃，並採取適當墜落災害防止設施： （一）經由設計或工法之選擇，盡量使勞工於地面完成作業，減少高處作業項目。 （二）經由施工程序之變更，優先施作永久構造物之上下設備或防墜設施。 （三）設置護欄、護蓋。 （四）張掛安全網。 （五）使勞工佩掛安全帶。 （六）設置警示線系統。 （七）限制作業人員進入管制區。 （八）對於因開放邊線、組模作業、收尾作業等及採取第一款至第五款規定之設施致增加其作業危險者，應訂定保護計畫並實施。
八	依「營造安全衛生設施標準」規定，磚、瓦、木塊或相同及類似材料之堆放，應符合哪些規定？【102 年】
答：	「營造安全衛生設施標準」第 35 條 雇主對於磚、瓦、木塊或相同及類似材料之堆放，應置放於穩固、平坦之處、整齊緊靠堆置，其高度不得超過一點八公尺，儲存位置鄰近開口部分時，應距
九	室內裝修作業中，使勞工於高度 2 公尺以上施工架上從事作業時，應依規定辦理哪些事項？【106 年】
答：	「營造安全衛生設施標準」第 48 條 雇主使勞工於高度二公尺以上施工架上從事作業時，應依下列規定辦理： （一）應供給足夠強度之工作臺。 （二）工作臺寬度應在四十公分以上並舖滿密接之踏板，其支撐點應有二處以上，並應綁結固定，使其無脫落或位移之虞，踏板間縫隙不得大於三公分。 （三）活動式踏板使用木板時，其寬度應在二十公分以上，厚度應在三點五公分以上，長度應在三點六公尺以上；寬度大於三十公分時，厚度應在六公分以上，長度應在四公尺以上，其支撐點應有三處以上，且板端突出支撐點之長度應在十公分以上，但不得大於板長十八分之一，踏板於板長方向重疊時，應於支撐點處重疊，重疊部分之長度不得小於二十公分。 （四）工作臺應低於施工架立柱頂點一公尺以上。 前項第三款之板長，於狹小空間場所得不受限制。

十	依「機械設備器具安全標準」規定，木材加工用圓盤鋸應於明顯易見處標示何事項？請至少例舉 5 項【105 年】
答：	「機械設備器具安全標準」第 116 條 圓盤鋸應於明顯易見處標示下列事項： （一）製造者名稱。 （二）製造年月。 （三）額定功率或額定電流。 （四）額定電壓。 （五）無負荷回轉速率；具有變速機構之圓盤鋸者，為其變速階段之無負荷回轉速率。 （六）適用之圓鋸片之直徑範圍及種類；具有變速機構之圓盤鋸者，為其變速階段可使用之圓鋸片直徑範圍及種類。 （七）撐縫片適用之圓鋸片之直徑、厚度範圍及標準鋸台位置。 （八）鋸齒接觸預防裝置，標示適用之圓鋸片之直徑範圍及用途。
十一	室內裝修作業中，使勞工於高度 2 公尺以上施工架上從事作業時，應依規定辦理哪些事項？【106 年】
答：	「營造安全衛生設施標準」第 48 條 雇主使勞工於高度二公尺以上施工架上從事作業時，應依下列規定辦理： （一）應供給足夠強度之工作臺。 （二）工作臺寬度應在四十公分以上並舖滿密接之踏板，其支撐點應有二處以上，並應綁結固定，使其無脫落或位移之虞，踏板間縫隙不得大於三公分。 （三）活動式踏板使用木板時，其寬度應在二十公分以上，厚度應在三點五公分以上，長度應在三點六公尺以上；寬度大於三十公分時，厚度應在六公分以上，長度應在四公尺以上，其支撐點應有三處以上，且板端突出支撐點之長度應在十公分以上，但不得大於板長十八分之一，踏板於板長方向重疊時，應於支撐點處重疊，重疊部分之長度不得小於二十公分。 （四）工作臺應低於施工架立柱頂點一公尺以上。 前項第三款之板長，於狹小空間場所得不受限制。
十二	室內裝修工程依「營造安全衛生設施標準」之規定，試說明雇主為維持施工架之穩定，應依規定辦理哪些事項？【107 年】
答：	「營造安全衛生設施標準」第 45 條 雇主為維持施工架及施工構臺之穩定，應依下列規定辦理： （一）施工架及施工構臺不得與混凝土模板支撐或其他臨時構造連接。 （二）以斜撐材作適當而充分之支撐。 （三）施工架在適當之垂直、水平距離處與構造物妥實連接，其間隔在垂直方向以不超過五點五公尺，水平方向以不超過七點五公尺為限。 　　　但獨立而無傾倒之虞或已依第五十九條第四款規定辦理者，不在此限。 （四）因作業需要而局部拆除繫牆桿、壁連座等連接設施時，應採取補強或其他適當安全設施，以維持穩定。 （五）獨立之施工架在該架最後拆除前，至少應有三分之一之踏腳桁不得移動，並使之與橫檔或立柱紮牢。 （六）鬆動之磚、排水管、煙囪或其他不當材料，不得用以建造或支持施工架及施工構臺。 （七）施工架及施工構臺之基礎地面應平整，且夯實緊密，並襯以適當材質之墊材，以防止滑動或不均勻沈陷。

1 建築物室內裝修工程管理相關法規

2 防火避難及消防法相關法規

3 職業安全衛生法規

4 綠建材及相關設備類法規

5 其他與建築物室內裝修相關法規

八、歷屆考古題

一、用詞定義
職業安全衛生法 第 2 條

1. 工作者	指勞工、自營作業者及其他受工作場所負責人指揮或監督從事勞動之人員
2. 勞工	指受僱從事工作獲致工資者
3. 雇主	指事業主或事業之經營負責人
4. 事業單位	指本法適用範圍內僱用勞工從事工作之機構
5. 職業災害	指因勞動場所之建築物、機械、設備、原料、材料、化學品、氣體、蒸氣、粉塵等或作業活動及其他職業上原因引起之工作者疾病、傷害、失能或死亡

二、雇主對下列事項應有符合規定之必要安全衛生設備及措施
職業安全衛生法 第 6 條

1. 防止機械、設備或器具等引起之危害
2. 防止爆炸性或發火性等物質引起之危害
3. 防止電、熱或其他之能引起之危害
4. 防止採石、採掘、裝卸、搬運、堆積或採伐等作業中引起之危害
5. 防止有墜落、物體飛落或崩塌等之虞之作業場所引起之危害
6. 防止高壓氣體引起之危害
7. 防止原料、材料、氣體、蒸氣、粉塵、溶劑、化學品、含毒性物質或缺氧空氣等引起之危害
8. 防止輻射、高溫、低溫、超音波、噪音、振動或異常氣壓等引起之危害
9. 防止監視儀表或精密作業等引起之危害
10. 防止廢氣、廢液或殘渣等廢棄物引起之危害
11. 防止水患、風災或火災等引起之危害
12. 防止動物、植物或微生物等引起之危害
13. 防止通道、地板或階梯等引起之危害
14. 防止未採取充足通風、採光、照明、保溫或防濕等引起之危害

九、重點整理

三、雇主對下列事項，應妥為規劃及採取必要之安全衛生措施
職業安全衛生法 第 6 條

1. 重複性作業等促發肌肉骨骼疾病之預防
2. 輪班、夜間工作、長時間工作等異常工作負荷促發疾病之預防
3. 執行職務因他人行為遭受身體或精神不法侵害之預防
4. 避難、急救、休息或其他為保護勞工身心健康之事項

四、雇主於僱用勞工時，應施行體格檢查；對在職勞工應施行下列健康檢查施
職業安全衛生法 第 20 條

1. 一般健康檢查
2. 從事特別危害健康作業者之特殊健康檢查
3. 經中央主管機關指定為特定對象及特定項目之健康檢查
前項檢查應由中央主管機關會商中央衛生主管機關認可之醫療機構之醫師為之；檢查紀錄雇主應予保存，並負擔健康檢查費用
勞工對於第一項之檢查，有接受之義務
新進員工進行體格檢查，費用自付

五、事業單位工作場所發生職業災害，雇主應即採取必要之急救、搶救等措施，8 小時內通報勞動檢查機構之條件
職業安全衛生法 第 37 條

1. 發生死亡災害
2. 發生災害之罹災人數在三人以上
3. 發生災害之罹災人數在一人以上，且需住院治療
4. 其他經中央主管機關指定公告之災害
勞動檢查機構接獲前項報告後，應就工作場所發生死亡或重傷之災害派員檢查
事業單位發生第二項之災害，除必要之急救、搶救外，雇主非經司法機關或勞動檢查機構許可，不得移動或破壞現場

六、工作者發現下列情形之一者，得向雇主、主管機關或勞動檢查機構申訴
職業安全衛生法 第 39 條

1. 事業單位違反本法或有關安全衛生之規定
2. 疑似罹患職業病
3. 身體或精神遭受侵害
主管機關或勞動檢查機構為確認前項雇主所採取之預防及處置措施，得實施調查
前項之調查，必要時得通知當事人或有關人員參與
雇主不得對第一項申訴之工作者予以解僱、調職或其他不利之處

七、勞動場所、工作場所、作業場所之定義
職業安全衛生法施行細則 第 5 條

1. 勞動場所	本法第二條第五款、第三十六條第一項及第三十七條第二項
	(1) 於勞動契約存續中,由雇主所提示,使勞工履行契約提供勞務之場所
	(2) 自營作業者實際從事勞動之場所
	(3) 其他受工作場所負責人指揮或監督從事勞動之人員,實際從事勞動之場所
2. 工作場所	(1) 本法第十五條第一項、第十七條、第十八條第一項、第二十三條第二項、第二十七條第一項、第三十七條第一項、第三項、第三十八條及第五十一條第二項
	(2) 勞動場所中,接受雇主或代理雇主指示處理有關勞工事務之人所能支配、管理之場所
3. 作業場所	(1) 本法第六條第一項第五款、第十二條第一項、第三項、第五項、第二十一條第一項及第二十九條第三項
	(2) 指工作場所中,從事特定工作目的之場所

八、中央主管機關指定之機械、設備或器具
職業安全衛生法施行細則 第 12 條

指定之機械、設備或器具	1. 動力衝剪機械
	2. 手推刨床
	3. 木材加工用圓盤鋸
	4. 動力堆高機
	5. 研磨機
	6. 研磨輪
	7. 防爆電氣設備
	8. 動力衝剪機械之光電式安全裝置
	9. 手推刨床之刃部接觸預防裝置
	10 木材加工用圓盤鋸之反撥預防裝置及鋸齒接觸預防裝置
	11. 其他經中央主管機關指定公告者

九、職業安全衛生管理計畫包括事項
職業安全衛生法施行細則 第 31 條

1. 工作環境或作業危害之辨識、評估及控制
2. 機械、設備或器具之管理
3. 危害性化學品之分類、標示、通識及管理
4. 有害作業環境之採樣策略規劃及監測
5. 危險性工作場所之製程或施工安全評估
6. 採購管理、承攬管理及變更管理
7. 安全衛生作業標準
8. 定期檢查、重點檢查、作業檢點及現場巡視
9. 安全衛生教育訓練
10. 個人防護具之管理
11. 健康檢查、管理及促進
12. 安全衛生資訊之蒐集、分享及運用
13. 緊急應變措施
14. 職業災害、虛驚事故、影響身心健康事件之調查處理及統計分析
15. 安全衛生管理紀錄及績效評估措施
16. 其他安全衛生管理措施

十、安全衛生組織的組成
職業安全衛生法施行細則 第 32 條

1. 職業安全衛生管理單位	為事業單位內擬訂、規劃、推動及督導職業安全衛生有關業務之組織
2. 職業安全衛生委員會	為事業單位內審議、協調及建議職業安全衛生有關業務之組織

十一、安全衛生人員，指事業單位內擬訂、規劃及推動安全衛生管理業務者，包括人員
職業安全衛生法施行細則 第 33 條

1. 職業安全衛生業務主管
2. 職業安全管理師
3. 職業衛生管理師
4. 職業安全衛生管理員

1 建築物室內裝修工程管理相關法規

2 防火避難及消防法相關法規

3 職業安全衛生法規

4 綠建材及相關設備類法規

5 其他與建築物室內裝修相關法規

九、重點整理

十二、安全衛生工作守則內容之訂定
職業安全衛生法施行細則 第 41 條

I. 事業之安全衛生管理及各級之權責
2. 機械、設備或器具之維護及檢查
3. 工作安全及衛生標準
4. 教育及訓練
5. 健康指導及管理措施
6. 急救及搶救
7. 防護設備之準備、維持及使用
8. 事故通報及報告
9. 其他有關安全衛生事項

十三、特高壓、高壓、低壓之定義
職業安全衛生設施規則 第 3 條

I. 特高壓	超過二萬二千八百伏特之電壓	應置高級電氣技術人員
2. 高壓	超過六百伏特至二萬二千八百伏特之電壓	應置中級電氣技術人員
3. 低壓	六百伏特以下之電壓	應置初級電氣技術人員

十四、局限空間之定義
職業安全衛生設施規則 第 19-1 條

局限空間	I. 非供勞工在其內部從事經常性作業
	2. 勞工進出方法受限制
	3. 無法以自然通風來維持充分、清淨空氣之空間

十五、局限空間之危害防止計畫
職業安全衛生設施規則 第 29-1 條

局限空間危害防止計畫	I. 局限空間內危害之確認
	2. 局限空間內氧氣、危險物、有害物濃度之測定
	3. 通風換氣實施方式
	4. 電能、高溫、低溫與危害物質之隔離措施及缺氧、中毒、感電、塌陷、被夾、被捲等危害防止措施
	5. 作業方法及安全管制作法
	6. 進入作業許可程序
	7. 提供之測定儀器、通風換氣、防護與救援設備之檢點及維護方法
	8. 作業控制設施及作業安全檢點方法
	9. 緊急應變處置措施

十六、雇主架設之通道及機械防護跨橋，應符合規定
職業安全衛生設施規則 第 36 條

1. 具有堅固之構造
2. 傾斜應保持在三十度以下。但設置樓梯者或其高度未滿二公尺而設置有扶手者，不在此限
3. 傾斜超過十五度以上者，應設置踏條或採取防止溜滑之措施
4. 有墜落之虞之場所，應置備高度七十五公分以上之堅固扶手。在作業上認有必要時，得在必要之範圍內設置活動扶手
5. 設置於豎坑內之通道，長度超過十五公尺者，每隔十公尺內應設置平台一處
6. 營建使用之高度超過八公尺以上之階梯，應於每隔七公尺內設置平台一處
7. 通道路用漏空格條製成者，其縫間隙不得超過三公分，超過時，應裝置鐵絲網防護

十七、雇主設置之固定梯，應符合規定
職業安全衛生設施規則 第 37 條

1. 具有堅固之構造	
2. 應等間隔設置踏條	
3. 踏條與牆壁間應保持十六點五公分以上之淨距	
4. 應有防止梯移位之措施	
5. 不得有妨礙工作人員通行之障礙物	
6. 平台用漏空格條製成者，其縫間隙不得超過三公分；超過時，應裝置鐵絲網防護	
7. 梯之頂端應突出板面六十公分以上	
8. 梯長連續超過六公尺時，應每隔九公尺以下設一平台，並應於距梯底二公尺以上部分，設置護籠或其他保護裝置。但符合下列規定之一者，不在此限	(1) 未設置護籠或其它保護裝置，已於每隔六公尺以下設一平台者
	(2) 塔、槽、煙囪及其他高位建築之固定梯已設置符合需要之安全帶、安全索、磨擦制動裝置、滑動附屬裝置及其他安全裝置，以防止勞工墜落者
9. 前款平台應有足夠長度及寬度，並應圍以適當之欄柵	
前項第七款至第八款規定，不適用於沉箱內之固定梯	

十八、雇主使勞工以捲揚機等吊運物料**時，應符合規定**
職業安全衛生設施規則 第 155-1 條

1. 安裝前須核對並確認設計資料及強度計算書
2. 吊掛之重量不得超過該設備所能承受之最高負荷，並應設有防止超過負荷裝置。但設置有困難者，得以標示代替之
3. 不得供人員搭乘、吊升或降落。但臨時或緊急處理作業經採取足以防止人員墜落，且採專人監督等安全措施者，不在此限
4. 吊鉤或吊具應有防止吊舉中所吊物體脫落之裝置
5. 錨錠及吊掛用之吊鏈、鋼索、掛鉤、纖維索等吊具有異狀時應即修換
6. 吊運作業中應嚴禁人員進入吊掛物下方及吊鏈、鋼索等內側角
7. 捲揚吊索通路有與人員碰觸之虞之場所，應加防護或有其他安全設施
8. 操作處應有適當防護設施，以防物體飛落傷害操作人員，採坐姿操作者應設坐位
9. 應設有防止過捲裝置，設置有困難者，得以標示代替之
10. 吊運作業時，應設置信號指揮聯絡人員，並規定統一之指揮信號
11. 應避免鄰近電力線作業
12. 電源開關箱之設置，應有防護裝置

十九、雇主對物料之堆放**，應符合規定**
職業安全衛生設施規則 第 159 條

1. 不得超過堆放地最大安全負荷
2. 不得影響照明
3. 不得妨礙機械設備之操作
4. 不得阻礙交通或出入口
5. 不得減少自動灑水器及火警警報器有效功用
6. 不得妨礙消防器具之緊急使用
7. 以不倚靠牆壁或結構支柱堆放為原則。並不得超過其安全負荷

二十、雇主對於在高度二公尺以上之處所進行作業，勞工有墜落之虞者，**架設施工架或其他方法設置工作台有困難時，應採取之措施**
職業安全衛生設施規則 第 225 條

1. 取張掛安全網或使勞工使用安全帶
2. 無其他安全替代措施者，得採取繩索作業
3. 使用安全帶時，應設置足夠強度之必要裝置或安全母索，供安全帶鉤掛
前項繩索作業，應由受過訓練之人員為之，並於高處採用符合國際標準 ISO22846 系列或與其同等標準之作業規定及設備從事工作

二十一、雇主防止勞工於夾層天花板從事作業時踏穿墜落，應採取之措施
職業安全衛生設施規則 第 227 條

1. 規劃安全通道，於屋架、雨遮或天花板支架上設置適當強度且寬度在三十公分以上之踏板
2. 於屋架、雨遮或天花板下方可能墜落之範圍，裝設堅固格柵或安全網等防墜設施
3. 指定屋頂作業主管指揮或監督該作業
雇主對前項作業已採其他安全工法或設置踏板面積已覆蓋全部易踏穿屋頂、雨遮或天花板，致無墜落之虞者，得不受前項限制

二十二、雇主對於使用之移動梯，應採取之措施
職業安全衛生設施規則 第 229 條

1. 具有堅固之構造
2. 其材質不得有顯著之損傷、腐蝕等現象
3. 寬度應在三十公分以上
4. 應採取防止滑溜或其他防止轉動之必要措施

二十三、雇主對於使用之合梯，應採取之措施
職業安全衛生設施規則 第 230 條

1. 具有堅固之構造
2. 其材質不得有顯著之損傷、腐蝕等
3. 梯腳與地面之角度應在七十五度以內，且兩梯腳間有金屬等硬質繫材扣牢，腳部有防滑絕緣腳座套
4. 有安全之防滑梯面
雇主不得使勞工以合梯當作二工作面之上下設備使用，並應禁止勞工站立於頂板作業

二十四、雇主為避免漏電而發生感電危害，應採取之措施
職業安全衛生設施規則 第 243 條

於各該電動機具設備之連接電路上設置適合其規格，具有高敏感度、高速型，能確實動作之防止感電用漏電斷路器
1. 使用對地電壓在一百五十伏特以上移動式或攜帶式電動機具
2. 於含水或被其他導電度高之液體濕潤之潮濕場所、金屬板上或鋼架上等導電性良好場所使用移動式或攜帶式電動機具
3. 於建築或工程作業使用之臨時用電設備

1 建築物室內裝修工程管理相關法規

2 防火避難及消防法相關法規

3 職業安全衛生法規

4 綠建材及相關設備類法規

5 其他與建築物室內裝修相關法規

九、重點整理

二十五、雇主對於電路開路後從事該電路、該電路支持物、或接近該電路工作物敷設、建造、檢查、修理、油漆等作業時，應於確認電路開路後，該電路採取之措施
職業安全衛生設施規則 第 254 條

1. 開路之開關於作業中，應上鎖或標示「禁止送電」、「停電作業中」或設置監視人員監視之
2. 開路後之電路如含有電力電纜、電力電容器等致電路有殘留電荷引起危害之虞，應以安全方法確實放電
3. 開路後之電路藉放電消除殘留電荷後，應以檢電器具檢查，確認其已停電，且為防止該停電電路與其他電路之混觸、或因其他電路之感應、或其他電源之逆送電引起感電之危害，應使用短路接地器具確實短路，並加接地
4. 前款停電作業範圍如為發電或變電設備或開關場之一部分時，應將該停電作業範圍以藍帶或網加圍，並懸掛「停電作業區」標誌；有電部分則以紅帶或網加圍，並懸掛「有電危險區」標誌，以資警示
前項作業終了送電時，應事先確認從事作業等之勞工無感電之虞，並於拆除短路接地器具與紅藍帶或網及標誌後為之

二十六、雇主使勞工從事高壓電路之檢查、修理等活線作業時應採取之措施
職業安全衛生設施規則 第 258 條

1. 使作業勞工戴用絕緣用防護具，並於有接觸或接近該電路部分設置絕緣用防護裝備
2. 使作業勞工使用活線作業用器具
3. 使作業勞工使用活線作業用絕緣工作台及其他裝備，並不得使勞工之身體或其使用中之工具、材料等導電體接觸或接近有使勞工感電之虞之電路或帶電體

二十七、雇主為防止電氣災害，應採取之措施
職業安全衛生設施規則 第 276 條

1. 對於工廠、供公眾使用之建築物及受電電壓屬高壓以上之用電場所，電力設備之裝設及維護保養，非合格之電氣技術人員不得擔任
2. 為調整電動機械而停電，其開關切斷後，須立即上鎖或掛牌標示並簽章。復電時，應由原掛簽人取下鎖或掛牌後，始可復電，以確保安全。但原掛簽人因故無法執行職務者，雇主應指派適當職務代理人，處理復電、安全控管及聯繫等相關事宜
3. 發電室、變電室或受電室，非工作人員不得任意進入
4. 不得以肩負方式攜帶竹梯、鐵管或塑膠管等過長物體，接近或通過電氣設備
5. 開關之開閉動作應確實，有鎖扣設備者，應於操作後加鎖
6. 拔卸電氣插頭時，應確實自插頭處拉出
7. 切斷開關應迅速確實
8. 不得以濕手或濕操作棒操作開關
9. 非職權範圍，不得擅自操作各項設備
10. 遇電氣設備或電路著火者，應用不導電之滅火設備

1 建築物室內裝修工程管理相關法規

2 防火避難及消防法相關法規

3 職業安全衛生法規

4 綠建材及相關設備類法規

5 其他與建築物室內裝修相關法規

九、重點整理

	11. 對於廣告、招牌或其他工作物拆掛作業，應事先確認從事作業無感電之虞，始得施作
	12. 對於電氣設備及線路之敷設、建造、掃除、檢查、修理或調整等有導致感電之虞者，應停止送電，並為防止他人誤送電，應採上鎖或設置標示等措施。但採用活線作業及活線接近作業，符合第二百五十六條至第二百六十三條規定者不在此限

二十八、雇主供給勞工使用之個人防護具或防護器具，**應採取之措施**
職業安全衛生設施規則 第 277 條

1. 保持清潔，並予必要之消毒
2. 經常檢查，保持其性能，不用時並妥予保存
3. 防護具或防護器具應準備足夠使用之數量，個人使用之防護具應置備與作業勞工人數相同或以上之數量，並以個人專用為原則
4. 對勞工有感染疾病之虞時，應置備個人專用防護器具，或作預防感染疾病之措施

二十九、雇主為預防勞工於執行職務，因他人行為致遭受身體或精神上不法侵害，**應採取暴力預防措施，作成執行紀錄並留存三年**
職業安全衛生設施規則 第 324-3 條

1. 辨識及評估危害
2. 適當配置作業場所
3. 依工作適性適當調整人力
4. 建構行為規範
5. 辦理危害預防及溝通技巧訓練
6. 建立事件之處理程序
7. 執行成效之評估及改善
8. 其他有關安全衛生事項
前項暴力預防措施，事業單位勞工人數達一百人以上者，雇主應依勞工執行職務之風險特性，參照中央主管機關公告之相關指引，訂定執行職務遭受不法侵害預防計畫，並據以執行；於勞工人數未達一百人者，得以執行紀錄或文件代替。

三十、事業單位職業安全衛生業務主管及管理人員設置
職業安全衛生管理辦法

	未滿 30	30-99	100-299	300-499	500-999	1000 以上
非營造	丙種	乙	甲+員	甲+員+師	甲+員2+師	甲+員2+師2
營造	丙種	乙+員	甲+員	甲+員2+師	甲+員2+師2	甲+員2+師2
第二類	丙種	乙	甲	甲+員	甲+員+師	甲+員+師
第三類	丙種	乙	甲	甲	甲+員	甲+員

三十一、本辦法之事業，依危害風險之不同區分
職業安全衛生管理辦法 第 2 條

| 1. 第一類事業：具顯著風險者 |
| 2. 第二類事業：具中度風險者 |
| 3. 第三類事業：具低度風險者 |

三十二、職業安全衛生組織、人員、工作場所負責人及各級主管之職責
職業安全衛生管理辦法 第 5-1 條

| 1. 職業安全衛生管理單位：擬訂、規劃、督導及推動安全衛生管理事項，並指導有關部門實施 |
| 2. 職業安全衛生委員會：對雇主擬訂之安全衛生政策提出建議，並審議、協調及建議安全衛生相關事項 |
| 3. 未置有職業安全（衛生）管理師、職業安全衛生管理員事業單位之職業安全衛生業務主管：擬訂、規劃及推動安全衛生管理事項 |
| 4. 置有職業安全（衛生）管理師、職業安全衛生管理員事業單位之職業安全衛生業務主管：主管及督導安全衛生管理事項 |
| 5. 職業安全（衛生）管理師、職業安全衛生管理員：擬訂、規劃及推動安全衛生管理事項，並指導有關部門實施 |
| 6. 工作場所負責人及各級主管：依職權指揮、監督所屬執行安全衛生管理事項，並協調及指導有關人員實施 |
| 7. 一級單位之職業安全衛生人員：協助一級單位主管擬訂、規劃及推動所屬部門安全衛生管理事項，並指導有關人員實施 |
| 前項人員，雇主應使其接受安全衛生教育訓練 |
| 前二項安全衛生管理、教育訓練之執行，應作成紀錄備查 |

三十三、雇主對捲揚裝置於開始使用、拆卸、改裝或修理時，應依規定實施重點檢查
職業安全衛生管理辦法 第 46 條

| 1. 確認捲揚裝置安裝部位之強度，是否符合捲揚裝置之性能需求 |
| 2. 確認安裝之結合元件是否結合良好，其強度是否合乎需求 |
| 3. 其他保持性能之必要事項 |

三十四、雇主使勞工於下列有發生倒塌、崩塌之虞之場所作業者，應有防止發生倒塌、崩塌之設施
營造安全衛生設施標準 第 13 條

| 1. 邊坡上方或其周邊 |
| 2. 構造物或其他物體之上方、內部或其周邊 |

三十五、雇主對於高度二公尺以上之工作場所，勞工作業有墜落之虞者，應訂定墜落災害防止計畫
營造安全衛生設施標準 第 17 條

1. 經由設計或工法之選擇，儘量使勞工於地面完成作業，減少高處作業項目
2. 經由施工程序之變更，優先施作永久構造物之上下設備或防墜設施
3. 設置護欄、護蓋
4. 張掛安全網
5. 使勞工佩掛安全帶
6. 設置警示線系統
7. 限制作業人員進入管制區
8. 對於因開放邊線、組模作業、收尾作業等及採取第一款至第五款規定之設施致增加其作業危險者，應訂定保護計畫並實施

三十六、雇主對於磚、瓦、木塊、管料、鋼筋、鋼材或相同及類似營建材料之堆放，應依下列規定辦理
營造安全衛生設施標準 第 35 條

1. 應置放於穩固、平坦之處，整齊緊靠堆置
2. 其高度不得超過一點八公尺
3. 儲存位置鄰近開口部分時，應距離該開口部分二公尺以上。

三十七、雇主對於袋裝材料之儲存，應依下列規定辦理，以保持穩定
營造安全衛生設施標準 第 36 條

1. 堆放高度不得超過十層
2. 至少每二層交錯一次方向
3. 五層以上部分應向內退縮，以維持穩定
4. 交錯方向易引起材料變質者，得以不影響穩定之方式堆放

三十八、雇主對於管料之儲存，應依下列規定辦理
營造安全衛生設施標準 第 37 條

1. 儲存於堅固而平坦之臺架上，並預防尾端突出、伸展或滾落。
2. 依規格大小及長度分別排列，以利取用。
3. 分層疊放，每層中置一隔板，以均勻壓力及防止管料滑出。
4. 管料之置放，避免在電線上方或下方。

三十九、雇主為維持施工架及施工構臺之穩定，應依下列規定辦理
營造安全衛生設施標準 第 45 條

1. 施工架及施工構臺不得與混凝土模板支撐或其他臨時構造連接
2. 以斜撐材作適當而充分之支撐

1 建築物室內裝修工程管理相關法規

2 防火避難及消防法相關法規

3 職業安全衛生法規

4 綠建材及相關設備類法規

5 其他與建築物室內裝修相關法規

九、重點整理

3. 施工架在適當之垂直、水平距離處與構造物妥實連接,其間隔在垂直方向以不超過五點五公尺,水平方向以不超過七點五公尺為限。但獨立而無傾倒之虞或已依第五十九條第五款規定辦理者,不在此限
4. 因作業需要而局部拆除繫牆桿、壁連座等連接設施時,應採取補強或其他適當安全設施,以維持穩定
5. 獨立之施工架在該架最後拆除前,至少應有三分之一之踏腳桁不得移動,並使之與橫檔或立柱紮牢
6. 鬆動之磚、排水管、煙囪或其他不當材料,不得用以建造或支撐施工架及施工構臺
7. 施工架及施工構臺之基礎地面應平整,且夯實緊密,並襯以適當材質之墊材,以防止滑動或不均勻沈陷

四十、雇主使勞工於高度二公尺以上施工架上從事作業**時,應依下列規定辦理**
營造安全衛生設施標準 第 48 條

1. 應供給足夠強度之工作臺
2. 工作臺寬度應在四十公分以上並舖滿密接之踏板,其支撐點應有二處以上,並應綁結固定,使其無脫落或位移之虞,踏板間縫隙不得大於三公分
3. 活動式踏板使用木板時,其寬度應在二十公分以上,厚度應在三點五公分以上,長度應在三點六公尺以上;寬度大於三十公分時,厚度應在六公分以上,長度應在四公尺以上,其支撐點應有三處以上,且板端突出支撐點之長度應在十公分以上,但不得大於板長十八分之一,踏板於板長方向重疊時,應於支撐點處重疊,重疊部分之長度不得小於二十公分
4. 工作臺應低於施工架立柱頂點一公尺以上
前項第三款之板長,於狹小空間場所得不受限制

四十一、雇主於施工架上設置人員上下設備**時,應依下列規定辦理**
營造安全衛生設施標準 第 51 條

1. 確實檢查施工架各部分之穩固性,必要時應適當補強,並將上下設備架設處之立柱與建築物之堅實部分牢固連接
2. 施工架任一處步行至最近上下設備之距離,應在三十公尺以下

四十二、雇主於拆除構造物前**時,應依下列規定辦理**
營造安全衛生設施標準 第 155 條

1. 檢查預定拆除之各構件。
2. 對不穩定部分,應予支撐穩固。
3. 切斷電源,並拆除配電設備及線路。
4. 切斷可燃性氣體管、蒸汽管或水管等管線。管中殘存可燃性氣體時,應打開全部門窗,將氣體安全釋放。
5. 拆除作業中須保留之電線管、可燃性氣體管、蒸氣管、水管等管線,其使用應採取特別安全措施。
6. 具有危險性之拆除作業區,應設置圍柵或標示,禁止非作業人員進入拆除範圍內。
7. 在鄰近通道之人員保護設施完成前,不得進行拆除工程。
雇主對於修繕作業,施工時須鑿開或鑽入構造物者,應比照前項拆除規定辦理。

1 建築物室內裝修工程管理相關法規

2 防火避難及消防法相關法規

3 職業安全衛生法規

4 綠建材及相關設備類法規

5 其他與建築物室內裝修相關法規

九、重點整理

四十三、雇主於拆除構造物前時，**應依下列規定辦理**
營造安全衛生設施標準 第 157 條

1. 不得使勞工同時在不同高度之位置從事拆除作業。但具有適當設施足以維護下方勞工之安全者，不在此限。
2. 拆除應按序由上而下逐步拆除。
3. 拆除之材料，不得過度堆積致有損樓板或構材之穩固，並不得靠牆堆放。
4. 拆除進行中，隨時注意控制拆除構造物之穩定性。
5. 遇強風、大雨等惡劣氣候，致構造物有崩塌之虞者，應立即停止拆除作業。
6. 構造物有飛落、震落之虞者，應優先拆除。
7. 拆除進行中，有塵土飛揚者，應適時予以灑水。
8. 以拉倒方式拆除構造物時，應使用適當之鋼纜、纜繩或其他方式，並使勞工退避，保持安全距離。

四十四、雇主於拆除結構物之牆、柱或其他類似構造物時，**應依下列規定辦理**
營造安全衛生設施標準 第 161 條

1. 自上至下，逐次拆除
2. 拆除無支撐之牆、柱或其他類似構造物時，應以適當支撐或控制，避免其任意倒塌
3. 以拉倒方式進行拆除時，應使勞工站立於作業區外，並防範破片之飛擊
4. 無法設置作業區時，應設置承受臺、施工架或採取適當防範措施
5. 以人工方式切割牆、柱或其他類似構造物時，應採取防止粉塵之適當措施

四十五、雇主對於樓板或橋面板等構造物之拆除，**應依下列規定辦理**
營造安全衛生設施標準 第 162 條

1. 拆除作業中或勞工須於作業場所行走時，應採取防止人體墜落及物體飛落之措施。
2. 卸落拆除物之開口邊緣，應設護欄。
3. 拆除樓板、橋面板等後，其底下四周應加圍柵。

四十五、圓盤鋸應於明顯易見處標示下列事項
機械器具設備安全標準 第 116 條

1. 製造者名稱
2. 製造年月
3. 額定功率或額定電流
4. 額定電壓
5. 無負荷回轉速率；具有變速機構之圓盤鋸者，為其變速階段之無負荷回轉速率
6. 適用之圓鋸片之直徑範圍及種類；具有變速機構之圓盤鋸者，為其變速階段可使用之圓鋸片直徑範圍及種類
7. 撐縫片適用之圓鋸片之直徑、厚度範圍及標準鋸台位置
8. 鋸齒接觸預防裝置，標示適用之圓鋸片之直徑範圍及用途

四十六、有立即發生危險之虞**之類型**
勞動檢查法第二十八條所定勞工有立即發生危險之虞認定標準 第 2 條

1. 墜落
2. 感電
3. 倒塌、崩塌
4. 火災、爆炸
5. 中毒、缺氧

四十七、雇主對於樓板或橋面板等構造物之拆除**時，應依下列規定辦理**
營造安全衛生設施標準 第 162 條

1. 拆除作業中或勞工須於作業場所行走時，應採取防止人體墜落及物體飛落之措施。
2. 卸落拆除物之開口邊緣，應設護欄。
3. 拆除樓板、橋面板等後，其底下四周應加圍柵。

四十八、有立即發生墜落危險之虞**之情事**
勞動檢查法第二十八條所定勞工有立即發生危險之虞認定標準 第 3 條

1. 於高差二公尺以上之工作場所邊緣及開口部分，未設置符合規定之護欄、護蓋、安全網或配掛安全帶之防墜設施
2. 於高差二公尺以上之處所進行作業時，未使用高空工作車，或未以架設施工架等方法設置工作臺；設置工作臺有困難時，未採取張掛安全網或配掛安全帶之設施
3. 於石綿板、鐵皮板、瓦、木板、茅草、塑膠等易踏穿材料構築之屋頂從事作業時，未於屋架上設置防止踏穿及寬度三十公分以上之踏板、裝設安全網或配掛安全帶
4. 於高差超過一‧五公尺以上之場所作業，未設置符合規定之安全上下設備
5. 高差超過二層樓或七‧五公尺以上之鋼構建築，未張設安全網，且其下方未具有足夠淨空及工作面與安全網間具有障礙物
6. 使用移動式起重機吊掛平台從事貨物、機械等之吊升，鋼索於負荷狀態且非不得已情形下，使人員進入高度二公尺以上平台運搬貨物或駕駛車輛機械，平台未採取設置圍欄、人員未使用安全母索、安全帶等足以防止墜落之設施

四十九、有立即發生感電危險之虞**之情事**
勞動檢查法第二十八條所定勞工有立即發生危險之虞認定標準 第 4 條

1. 對電氣機具之帶電部分，於作業進行中或通行時，有因接觸（含經由導電體而接觸者）或接近致發生感電之虞者，未設防止感電之護圍或絕緣被覆
2. 使用對地電壓在一百五十伏特以上移動式或攜帶式電動機具，或於含水或被其他導電度高之液體濕潤之潮濕場所、金屬板上或鋼架上等導電性良好場所使用移動式或攜帶式電動機具，未於各該電動機具之連接電路上設置適合其規格，用高敏感度、高速型，能確實動作之防止感電用漏電斷路器
3. 於良導體機器設備內之狹小空間，或於鋼架等有觸及高導電性接地物之虞之場所，作業時所使用之交流電焊機（不含自動式焊接者），未裝設自動電擊防止裝置
4. 於架空電線或電氣機具電路之接近場所從事工作物之裝設、解體、檢查、修理、油漆等作業及其附屬性作業或使用車輛系營建機械、移動式起重機、高空工作車及其他有關作業時，該作業使用之機械、車輛或勞工於作業中或通行之際，有因接觸或接近該電路引起感電之虞者，未使勞工與帶電體保持規定之接近界線距離，未設置護圍或於該電路四周裝置絕緣用防護裝備或採取移開該電路之措施
5. 從事電路之檢查、修理等活線作業時，未使該作業勞工戴用絕緣用防護具，或未使用活線作業用器具或其他類似之器具，對高壓電路未使用絕緣工作台及其他裝備，或使勞工之身體、其使用中之工具、材料等導電體接觸或接近有使勞工感電之虞之電路或帶電體

五十、有立即發生倒塌、崩塌危險之虞之情事
勞動檢查法第二十八條所定勞工有立即發生危險之虞認定標準 第 5 條

1. 施工架之垂直方向 5.5 公尺、水平方向 7.5 公尺內，未與穩定構造物妥實連接
2. 露天開挖場所開挖深度在一‧五公尺以上，或有地面崩塌、土石飛落之虞時，未設擋土支撐、反循環樁、連續壁、邊坡保護或張設防護網之設施
3. 隧道、坑道作業有落磐或土石崩塌之虞，未設置支撐、岩栓或噴凝土之支持構造及未清除浮石；隧道、坑道進出口附近表土有崩塌或土石落，未設置擋土支撐、張設防護網、清除浮石或邊坡保護之措施，進出口之地質惡劣時，未採鋼筋混凝土從事洞口之防護
4. 模板支撐支柱基礎之周邊易積水，導致地盤軟弱，或軟弱地盤未強化承載力

五十一、有立即發生火災、爆炸危險之虞之情事
勞動檢查法第二十八條所定勞工有立即發生危險之虞認定標準 第 6 條

1. 對於有危險物或有油類、可燃性粉塵等其他危險物存在配管、儲槽、油桶等容器，從事熔接、熔斷或使用明火作業或有發生火花之虞之作業，未事先清除該等物質，並確認安全無虞
2. 對於存有易燃液體之蒸氣或有可燃性氣體滯留，而有火災、爆炸之作業場所，未於作業前測定前述蒸氣、氣體之濃度；或其濃度爆炸下限值之百分之三十以上時，未即刻使勞工退避至安全場所，並停止使用煙火及其他點火源之機具
3. 對於存有易燃液體之蒸氣、可燃性氣體或可燃性粉塵，致有引起火災、爆炸之工作場所，未有通風、換氣、除塵、去除靜電等必要設施
4. 對於化學設備及其附屬設備之改善、修理、清掃、拆卸等作業，有危險物洩漏致危害作業勞工之虞，未指定專人依規定將閥或旋塞設置雙重關閉或設置盲板
5. 對於設置熔融高熱物處理設備之建築物及處理、廢棄高熱礦渣之場所，未設有良好排水設備及其他足以防止蒸氣爆炸之必要措施
6. 局限空間作業場所，使用純氧換氣

五十二、有立即發生中毒、缺氧危險之虞之情事
勞動檢查法第二十八條所定勞工有立即發生危險之虞認定標準 第 7 條

1. 於曾裝儲有機溶劑或其混合物之儲槽內部、通風不充分之室內作業場所，或在未設有密閉設備、局部排氣裝置或整體換氣裝置之儲槽等之作業場所，未供給作業勞工輸氣管面罩，並使其確實佩戴使用	
2. 製造、處置或使用特定化學物質危害預防標準所稱之丙類第一種或丁類物質之特定化學管理設備時，未設置適當之溫度、壓力及流量之計測裝置及發生異常之自動警報裝置	
3. 製造、處置或使用特定化學物質危害預防標準所稱之丙類第一種及丁類物質之特定化學管理設備，未設遮斷原料、材料、物料之供輸、未設卸放製品之裝置、未設冷卻用水之裝置，或未供輸惰性氣體	
4. 處置或使用特定化學物質危害預防標準所稱之丙類第一種或丁類物質時，未設洩漏時能立即警報之器具及除卻危害必要藥劑容器之設施	
5. 在人孔、下水道、溝渠、污（蓄）水池、 坑道、隧道、水井、集水（液）井、沈箱、儲槽、反應器、蒸餾塔、生（消）化槽、穀倉、船艙、逆打工法之地下層、筏基坑、溫泉業之硫磺儲水桶及其他自然換氣不充分之工作場所有下列情形之一時	(1) 空氣中氧氣濃度未滿百分之十八、硫化氫濃度超過十 PPM 或一氧化碳濃度超過三十五 PPM 時，未確實配戴空氣呼吸器等呼吸防護具、安全帶及安全索
	(2) 未確實配戴空氣呼吸器等呼吸防護具時，未置備通風設備予以適當換氣，或未置備空氣中氧氣、硫化氫、一氧化碳濃度之測定儀器，並未隨時測定保持氧氣濃度在百分之十八以上、硫化氫濃度在十 PPM 以下及一氧化碳濃度在三十五 PPM 以下

綠建材及
相關設備類法規

　　綠建材的規範，主要在管制材料的內容物之 **TVOC** 總揮發性有機化合物的溢散，這些有害物質是指常溫下能夠揮發成氣體的各種有機化合物的統稱。如何在室內裝修時做源頭的管控，在使用材質時就選擇綠建材，未來環境中可以減少很多空氣裡的危害因子，引發身體上的不適。現今材料送審的項目已經非常多，法規規定綠建材的使用率也逐漸提高，更能維護良好的居住環境。

　　另外在裝修配線時，電壓的流量與配置原則，應注意相關設備用電的配線規範，以及安裝各項建築設備須注意的相關法規，以保障居住環境的設備用電安全，避免發生用電意外災害。

綠建材及相關設備類法規

 建築技術規則設計施工編 - 綠建築基準

修正日期：民國 110 年 10 月 7 日

第十七章　綠建築基準	與室內裝修相關
第一節	一般設計通則
第 298 條	本章規定之適用範圍如下： 一、建築基地綠化：指促進植栽綠化品質之設計，其適用範圍為新建建築物。但個別興建農舍及基地面積三百平方公尺以下者，不在此限。 二、建築基地保水：指促進建築基地涵養、貯留、滲透雨水功能之設計，其適用範圍為新建建築物。但本編第十三章山坡地建築、地下水位小於一公尺之建築基地、個別興建農舍及基地面積三百平方公尺以下者，不在此限。 三、建築物節約能源：指以建築物外殼設計達成節約能源目的之方法，其適用範圍為學校類、大型空間類、住宿類建築物，及同一幢或連棟建築物之新建或增建部分之地面層以上樓層（不含屋頂突出物）之樓地板面積合計超過一千平方公尺之其他各類建築物。但符合下列情形之一者，不在此限： （一）機房、作業廠房、非營業用倉庫。 （二）地面層以上樓層（不含屋頂突出物）之樓地板面積在五百平方公尺以下之農舍。 （三）經地方主管建築機關認可之農業或研究用溫室、園藝設施、構造特殊之建築物。 四、建築物雨水或生活雜排水回收再利用：指將雨水或生活雜排水貯集、過濾、再利用之設計，其適用範圍為總樓地板面積達一萬平方公尺以上之新建建築物。但衛生醫療類（F-1 組）或經中央主管建築機關認可之建築物，不在此限。 五、綠建材：指第二百九十九條第十二款之建材；其適用範圍為供公眾使用建築物及經內政部認定有必要之非供公眾使用建築物。	相關細節在綠建築標章均有詳細規範

1 建築物室內裝修工程管理相關法規

2 防火避難及消防法相關法規

3 職業安全衛生法規

4 綠建材及相關設備類法規

一、建築技術規則設計施工編‧綠建築基準

5 其他與建築物室內裝修相關法規

第 299 條	本章用詞，定義如下：
【95 年】 【106 年】 ★	一、綠化總固碳當量：指基地綠化栽植之各類植物固碳當量與其栽植面積乘積之總和。
	二、最小綠化面積：指基地面積扣除執行綠化有困難之面積後與基地內應保留法定空地比率之乘積。
	三、基地保水指標：指建築後之土地保水量與建築前自然土地之保水量之相對比值。
	四、建築物外殼耗能量：指為維持室內熱環境之舒適性，建築物外周區之空調單位樓地板面積之全年冷房顯熱熱負荷。
	五、外周區：指空間之熱負荷受到建築外殼熱流進出影響之空間區域，以外牆中心線五公尺深度內之空間為計算標準。
	六、外殼等價開窗率：指建築物各方位外殼透光部位，經標準化之日射、遮陽及通風修正計算後之開窗面積，對建築外殼總面積之比值。
	七、平均熱傳透率：指當室內外溫差在絕對溫度一度時，建築物外殼單位面積在單位時間內之平均傳透熱量。
	八、窗面平均日射取得量：指除屋頂外之建築物所有開窗面之平均日射取得量。
	九、平均立面開窗率：指除屋頂以外所有建築外殼之平均透光開口比率。
	十、雨水貯留利用率：指在建築基地內所設置之雨水貯留設施之雨水利用量與建築物總用水量之比例。
	十一、生活雜排水回收再利用率：指在建築基地內所設置之生活雜排水回收再利用設施之雜排水回收再利用量與建築物總生活雜排水量之比例。
【95 年】 【106 年】	十二、綠建材：指經中央主管建築機關認可符合生態性、再生性、環保性、健康性及高性能之建材。
	十三、耗能特性分區：指建築物室內發熱量、營業時程較相近且由同一空調時程控制系統所控制之空間分區。
	前項第二款執行綠化有困難之面積，包括消防車輛救災活動空間、戶外預鑄式建築物污水處理設施、戶外教育運動設施、工業區之戶外消防水池及戶外裝卸貨空間、住宅區及商業區依規定應留設之騎樓、迴廊、私設通路、基地內通路、現有巷道或既成道路。
第 300 條	適用本章之建築物，其容積樓地板面積、機電設備面積、屋頂突出物之計算，得依下列規定辦理：
	一、建築基地因設置雨水貯留利用系統及生活雜排水回收再利用系統，所增加之設備空間，於樓地板面積容積千分之五以內者，得不計入容積樓地板面積及不計入機電設備面積。
	二、建築物設置雨水貯留利用系統及生活雜排水回收再利用系統者，其屋頂突出物之高度得不受本編第一條第九款第一目之限制。但不超過九公尺。

第 301 條	為積極維護生態環境，落實建築物節約能源，中央主管建築機關得以增加容積或其他獎勵方式，鼓勵建築物採用綠建築綜合設計。
第六節	**綠建材**

第 321 條	建築物應使用綠建材，並符合下列規定：	室內裝修綠建材使用率 109 年已從 45% 提高到 60%
【93 年】	一、建築物室內裝修材料、樓地板面材料及窗，其綠建材使用率應達總面積百分之六十以上。但窗未使用綠建材者，得不計入總面積檢討。	
	二、建築物戶外地面扣除車道、汽車出入緩衝空間、消防車輛救災活動空間、依其他法令規定不得鋪設地面材料之範圍及地面結構上無須再鋪設地面材料之範圍，其餘地面部分之綠建材使用率應達百分之二十以上。	

第 322 條	綠建材材料之構成，應符合左列規定之一：
【98 年】 ★	一、塑橡膠類再生品：塑橡膠再生品的原料須全部為國內回收塑橡膠，回收塑橡膠不得含有行政院環境保護署公告之毒性化學物質。
	二、建築用隔熱材料：建築用的隔熱材料其產品及製程中不得使用蒙特婁議定書之管制物質且不得含有環保署公告之毒性化學物質。
	三、水性塗料：不得含有甲醛、鹵性溶劑、汞、鉛、鎘、六價鉻、砷及銻等重金屬，且不得使用三酚基錫 (TPT) 與三丁基錫 (TBT)。
	四、回收木材再生品：產品須為回收木材加工再生之產物。
	五、資源化磚類建材：資源化磚類建材包括陶、瓷、磚、瓦等需經窯燒之建材。其廢料混合攪配之總和使用比率須等於或超過單一廢料攪配比率。
	六、資源回收再利用建材：資源回收再利用建材係指不經窯燒而回收料摻配比率超過一定比率製成之產品。
	七、其他經中央主管建築機關認可之建材。

第 323 條	綠建材之使用率計算，應依設計技術規範辦理。 前項綠建材設計技術規範，由中央主管建築機關定之。	綠建材設計技術規範

二 建築技術規則建築設備編

修正日期：民國 110 年 10 月 7 日

第一章　電氣設備		與室內裝修相關
第一節	**通則**	
第 1 條	建築物之電氣設備，應依屋內線路裝置規則、各類場所消防安全設備設置標準及輸配電業所定電度表備置相關規定辦理；未規定者，依本章之規定辦理。	電氣設備之規定
第 1-1 條	配電場所應設置於地面或地面以上樓層。如有困難必須設置於地下樓層時，僅能設於地下一層。 配電場所設置於地下一層者，應裝設必要之防水或擋水設施。但地面層之開口均位於當地洪水位以上者，不在此限。	
第 2 條	使用於建築物內之電氣材料及器具，均應為經中央目的事業主管機關或其認可之檢驗機構檢驗合格之產品。	
第 2-1 條	電氣設備之管道間應有足夠之空間容納各電氣系統管線。其與電信、給水排水、消防、燃燒、空氣調節及通風等設備之管道間採合併設置時，電氣管道與給水排水管、消防水管、燃氣設備之供氣管路、空氣調節用水管等管道應予以分隔。	
第二節	**照明設備及緊急供電設備**	
第 3 條	建築物之各處所除應裝置一般照明設備外，應依本規則建築設計施工編第一百一十六條之二規定設置安全維護照明裝置，並應依各類場所消防安全設備設置標準之規定裝置緊急照明燈、出口標示燈及避難方向指示燈等設備。	依各類場所消防安全設備設置標準之規定裝置緊急照明燈、出口標示燈及避難方向指示燈等設備
第 7 條 【99 年】 ★	建築物內之下列各項設備應接至緊急電源： 一、火警自動警報設備。 二、緊急廣播設備。 三、地下室排水、污水抽水幫浦。 四、消防幫浦。 五、消防用排煙設備。 六、緊急昇降機。 七、緊急照明燈。 八、出口標示燈。 九、避難方向指示燈。 十、緊急電源插座。 十一、防災中心用電設備。	應接至緊急電源之設備

第三節	特殊供電

第 11 條 凡裝設於舞臺之電氣設備，應依下列規定：

一、對地電壓應為三百伏特以下。

二、配電盤前面須為無活電露出型，後面如有活電露出，應用牆、鐵板或
鐵網隔開。

三、舞臺燈之分路，每路最大負荷不得超過二十安培。

四、凡簾幕馬達使用電刷型式者，其外殼須為全密閉型者。

五、更衣室內之燈具不得使用吊管或鏈吊型，燈具離樓地板面高度低於二
點五公尺者，並應加裝燈具護罩。

第 14 條 招牌廣告燈及樹立廣告燈之裝設，應依下列規定：

一、於每一組個別獨立安裝之廣告燈可視及該廣告燈之範圍內，均應裝設
一可將所有非接地電源線切斷之專用開關，且其電路上應有漏電斷路
器。

二、設置於屋外者，其電源回路之配線應採用電纜。

三、廣告燈之金屬外殼及固定支撐鐵架等，均應接地。

四、應在明顯處所附有永久之標示，註明廣告燈製造廠名稱、電源電壓及
輸入電流，以備日後檢查之用。

五、電路之接地、漏電斷路器、開關箱、配管及配線等裝置，應依屋內線
路裝置規則辦理。

第 15 條 X 光機或放射線之電氣裝置，應依下列規定：

一、每一組機器應裝設保護開關於該室之門上，並應將開關連接至機器控
制器上，當室門未緊閉時，機器即自動斷電。

二、室外門上應裝設紅色及綠色標示燈，當機器開始操作時，紅燈須點亮，
機器完全停止時，綠燈點亮。

第 16 條 游泳池之電氣設備，應依下列規定：

一、為供應游泳池內電氣器具之電源，應使用絕緣變壓器，其一次側電壓，
應為三百伏特以下，二次側電壓，應為一百五十伏特以下，且絕緣變
壓器之二次側不得接地，並附接地隔屏於一次線圈與二次線圈間，絕
緣變壓器二次側配線應按金屬管工程施工。

二、供應游泳池部分之電源應裝設漏電斷路器。

三、所有器具均應按第三種地線工程妥為接地。

第二章　給水排水系統及衛生設備　與室內裝修相關

第一節　給水排水系統

第 26 條　建築物給水排水系統設計裝設及設備容量、管徑計算，除自來水用戶用水設備標準、下水道用戶排水設備標準，及各地區另有規定者從其規定外，應依本章及建築物給水排水設備設計技術規範規定辦理。

前項建築物給水排水設備設計技術規範，由中央主管建築機關定之。

第 29 條　給水排水管路之配置，應依建築物給水排水設備設計技術規範設計，以確保建築物安全，避免管線設備腐蝕及污染。

排水系統應裝設衛生上必要之設備，並應依下列規定設置截留器、分離器：

【93 年】

一、餐廳、店鋪、飲食店、市場、商場、旅館、工廠、機關、學校、醫院、老人福利機構、身心障礙福利機構、兒童及少年安置教養機構及俱樂部等建築物之附設食品烹飪或調理場所之水盆及容器落水，應裝設油脂截留器。

二、停車場、車輛修理保養場、洗車場、加油站、油料回收場及涉及機械設施保養場所，應裝設油水分離器。

三、營業性洗衣工廠及洗衣店、理髮理容場所、美容院、寵物店及寵物美容店等應裝設截留器及易於拆卸之過濾罩，罩上孔徑之小邊不得大於十二公釐。

四、牙科醫院診所、外科醫院診所及玻璃製造工廠等場所，應裝設截留器。

未設公共污水下水道或專用下水道之地區，沖洗式廁所排水及生活雜排水均應納入污水處理設施加以處理，污水處理設施之放流口應高出排水溝經常水面三公分以上。

沖洗式廁所排水、生活雜排水之排水管路應與雨水排水管路分別裝設，不得共用。

住宅及集合住宅設有陽臺之每一住宅單位，應至少於一處陽臺設置生活雜排水管路，並予以標示。

第二節	自動撒水設備
第 51 條	本規則建築設計施工編第一一四第二款規定之自動撒水設備，其裝置方法及必需之配件，應依本節規定。
第 52 條	自動撒水設備管系採用之材料，應依本編第四十三條規定。

第 55 條　自動撒水設備之撒水頭，其配置應依左列規定：

一、撒水頭之配置，在正常情形下應採交錯方式。

二、戲院、舞廳、夜總會、歌廳、集會堂表演場所之舞台及道具室、電影院之放映室及貯存易燃物品之倉庫，每一撒水頭之防護面積不得大於六平方公尺，撒水頭間距，不得大於三公尺。

三、前款以外之建築物，每一撒水頭之防護面積不得大於九平方公尺，間距不得大於三公尺半。但防火建築物或防火構造建築物，其防護面積得增加為十一平方公尺以下，間距四公尺以下。

四、撒水頭與牆壁間距離，不得大於前兩款規定間距之半數。

第 56 條　撒水頭裝置位置與結構體之關係，應依左列規定：

一、撒水頭之迴水板，應裝置成水平，但樓梯上得與樓梯斜面平行。

二、撒水頭之迴水板與屋頂板，或天花板之間距，不得小於八公分，且不得大於四十公分。

三、撒水頭裝置於樑下時，迴水板與梁底之間距不得大於十公分，且與屋頂板，或天花板之間距不得大於五十公分。

四、撒水頭四週，應保持六十公分以上之淨空間。

五、撒水頭側面有樑時，應依左表規定裝置之：

撒水頭與樑側面淨距離（公分）	1 ~ 30	31 ~ 60	61 ~ 75	76 ~ 90	91 ~ 105	106 ~ 120	121 ~ 135	136 ~ 150	151 ~ 165	166 ~ 180
迴水板高出樑底面尺寸（公分）	0	2.5	5.0	7.5	10.0	15.0	17.5	22.5	27.5	35.0

六、撒水頭迴水板與其下方隔間牆頂或櫥櫃頂之間距，不得小於四十五公分。

七、撒水裝在空花型天花板內，對熱感應與撒水皆有礙時，應用定格溫度較低之撒水頭。

1 建築物室內裝修工程管理相關法規

2 防火避難及消防法相關法規

3 職業安全衛生法規

4 綠建材及相關設備類法規

二、建築技術規則建築設備編

5 其他與建築物室內裝修相關法規

第 57 條	左列房間,得**免裝撒水頭**:	免裝撒水頭之房間
	一、洗手間、浴室、廁所。	
	二、室內太平梯間。	
	三、防火構造之電梯機械室。	
	四、防火構造之通信設備室及電腦室,具有其他有效滅火設備者。	
	五、貯存鋁粉、碳酸鈣、磷酸鈣、鈉、鉀、生石灰、鎂粉、過氧化鈉等遇水將發生危險之化學品倉庫或房間。	

第 58 條　撒水頭裝置數量與其管徑之配比,應依左表規定:

撒水頭數量(個)	2	3	5	10	30	30	60	100	100 以上
管徑(公厘)	0	2.5	5.0	7.5	10.0	15.0	17.5	22.5	27.5

　　　　　　每一直接接裝撒水頭之支管上,撒水頭不得超過八個。

第 59 條　撒水頭放水量應依左列規定:

　　　　　　一、密閉濕式或乾式:每分鐘不得小於八十公升。

　　　　　　二、開放式:每分鐘不得小於一六〇公升。

第 61 條	每一裝有自動警報逆止閥之自動撒水系統,應與左列規定,配置查驗管:	查驗管在二階段室內裝修送審時,消防局派員至現場檢查時,必檢查之重點之一
	一、管徑不得小於二十五公厘。	
	二、出口端配裝平滑而防銹之噴水口,其放水量應與本編第五十九條規定相符。	
	三、查驗管應接裝在建築物最高層或最遠支管之末端。	
	四、查驗管控制閥距離地板面之高度,不得大於二‧一公尺。	

第 63 條　裝置自動撒水設備之建築物,應依本編第四十九條第一、二、三款設置送水口,並在送水口上標明「自動撒水送水口」字樣。

第三節	**火警自動警報器設備**

第 64 四條　本規則建築設計施工編第一一五條規定之火警自動警報器,其裝置方法及必需之配件,應依本節規定。

第 65 條　裝設火警自動警報器之建築物,應依左列規定,劃定火警分區:

　　　　　　一、每一火警分區不得超過一樓層,且不得超過樓地板面積六〇〇平方公尺,但上下兩層樓地板面積之和不超過五〇〇平方公尺者,得二層共同一分區。

　　　　　　二、每一分區之任一邊長,不得超過五十公尺。

　　　　　　三、如由主要出入口,或直通樓梯出入口能直接觀察該樓層任一角落時,第一款規定之六〇〇平方公尺得增為一、〇〇〇平方公尺。

第 66 條	火警自動警報設備應包括左列設備：	火警自動警報設備之內容
【96 年】	一、自動火警探測設備。	
	二、手動報警機。	
	三、報警標示燈。	
	四、火警警鈴。	
	五、火警受信機總機。	
	六、緊急電源。	
	裝置於散發易燃性塵埃處所之火警自動警報設備，應具有防爆性能。裝置於散發易燃性飛絮或非導電性及非可燃性塵埃處所者，應具有防塵性能。	

第 67 條	自動火警探測設備，應為符合左列規定型式之任一型：	自動火警探測設備之類型
【93 年】	一、定溫型：裝置點溫度到達探測器定格溫度時，即行動作。該探測器之性能，應能在室溫攝氏二十度昇至攝氏八十五度時，於七分鐘內動作。	廚房裝置定溫型
	二、差動型：當裝置點溫度以平均每分鐘攝氏十度上昇時，應能在四分半鐘以內即行動作，但通過探測器之氣流較裝置處所室溫高出攝氏二十度時，該探測器亦應能在三十秒內動作。	其他居室裝置偵煙型
	三、偵煙型：裝置點煙之濃度到達百分之八遮光程度時，探測器應能在二十秒內動作。	

第 68 條	探測器之有效探測範圍，應依左表規定：	探測器之有效探測範圍

型式	離地板面高度	有效探測範圍（平方公尺）	
		防火建築物及防火構造建築物	其他建築物
定溫型	四公尺以下	二十	十五
差動型	四公尺以下	七十	四十
	四～八公尺	四十	二五
偵煙型	四公尺以下	一○○	一○○
	四～八公尺	五十	五十
	八～二十公尺	三十	三十

探測器裝置於四週均為通達天花板牆壁之房間內時，其探測範圍，除照前項規定外，並不得大於該房間樓地板面積。

探測器裝置於四週均為淨高六十公分以上之樑或類似構造體之平頂時，其探測範圍，除照本條表列規定外，並不得大於該樑或類似構造體所包圍之面積。

1

建築物室內裝修工程管理相關法規

2

防火避難及消防法相關法規

3

職業安全衛生法規

4

綠建材及相關設備類法規

5

其他與建築物室內裝修相關法規

二、建築技術規則建築設備編

第 69 條	探測器之構造,應依左列規定:	
	一、動作用接點,應裝置於密封之容器內,不得與外面空氣接觸。	
	二、氣溫降至攝氏零下十度時,其性能應不受影響。	
	三、底板應有充力之強度,裝置後不致因構造體變形而影響其性能。	
	四、探測器之動作,不得因熱氣流方向之不同,而有顯著之變化。	
第 70 條	探測器裝置位置,應依左列規定:	探測器裝置位置
	一、應裝置在天花板下方三十公分範圍內。	
	二、設有排氣口時,應裝置於排氣口週圍一公尺範圍內。	
	三、天花板上設出風口時,應距離該出風口一公尺以上。	
	四、牆上設有出風口時,應距離該出風口三公尺以上。	
	五、高溫處所,應裝置耐高溫之特種探測器。	
第 71 條	手動報警機應依左列規定:	手動報警機之規定
	一、按鈕按下時,應能即刻發出火警音響。	
	二、按鈕前應有防止隨意撥弄之保護板,但在八公斤靜指壓力下,該保護板應即時破裂。	
	三、電氣接點應為雙接點式。	
	裝置於屋外之報警機,應具有防水性能。	
第 72 條	標示燈應依左列規定:	報警標示燈之規定
	一、用五瓦特或十瓦特之白熾燈泡,裝置於玻璃製造之紅色透明罩內。	
第 73 條	火警警鈴應依左列規定:	火警警鈴之規定
	一、電源應為直流式。	
	二、電壓到達規定電壓之百分之八十時,應能即刻發出音響。	
	三、在規定電壓下,離開火警警鈴一百公分處,所測得之音量,不得小於八十五貧(phon)。	
	四、電鈴絕緣電阻在二〇兆歐姆以上。	
	五、警鈴音響應有別於建築物其他音響,並除報警外,不得兼作他用。	

| 第 74 條 | 手動報警機、標示燈及火警鈴之裝置位置，應依左列規定： | 手動報警機、標示燈及火警鈴之裝置位置 |

第 74 條　手動報警機、標示燈及火警鈴之裝置位置，應依左列規定：

一、應裝設於火警時人員避難通道內適當而明顯之位置。

二、手動報警機高度，離地板面之高度不得小於一‧二公尺，並不得大於一‧五公尺。

三、標示燈及火警警鈴距離地板面之高度，應在二公尺至二‧五公尺之間，但與手動報警機合併裝設者，不在此限。

四、建築物內裝有消防立管之消防栓箱時，手動報警機、標示燈、及火警警鈴應裝設在消火栓箱上方牆上。

第 75 條　火警受信總機應依左列規定：

一、應具有火警表示裝置，指示火警發生之分區。

二、火警發生時，應能發出促使警戒人員注意之音響。

三、應具有試驗火警表示動作之裝置。

四、應為交直流電源兩用型，火警分區不超過十區之總機，其直流電源得採用適當容量之乾電池，超過十區者，應採用附裝自動充電裝置之蓄電池。

五、應裝有全自動電源切換裝置，交流電源停電時，可自動切換至直流電源。

六、火警分區超過十區之總機，應附有線路斷線試驗裝置。

七、總機開關，應能承受最大負荷電流之二倍，且使用一萬次以上而無任何異狀者，總機所用電鍵如非在定位時，應以亮燈方式表示。

八、火警表示裝置之燈泡，每分區至少應有二個並聯，以免因燈泡損壞而影響火警。

九、繼電器應為雙接點式並附有防塵外殼，在正常負荷下，使用三十萬次後，不得有任何異狀。

第 76 條　火警受信總機之裝置位置，應依左列規定：

一、應裝置於值日室或警衛室等經常有人之處所。

二、應裝在日光不直接照射之位置。

三、應垂直裝置，避免傾斜，其外殼並須接地。

四、壁掛型總機操作開關距離樓地板之高度，應在一‧五公尺至一‧八公尺之間。

第四章　燃燒設備

第一節	燃氣設備

第 78 條　建築物安裝天然氣、煤氣、液化石油氣、油裂氣或混合氣等非工業用燃氣設備,其燃氣供給管路、燃氣器具及供排氣設備等,除應符合燃氣及燃燒設備之目的事業主管機關有關規定外,應依本節規定。

第 79 條　燃氣設備之燃氣供給管路,應依下列規定:

一、燃氣管材應符合中華民國國家標準或經目的事業主管機關認定者。

二、管徑大小應能足量供應其所連接之燃氣設備之最大用量,其壓力下降以不影響供給壓力為準。

三、不得埋設於建築物基礎、樑柱、牆壁、樓地板及屋頂構造體內。

四、埋設於基地內之室外引進管,應依下列規定:

（一）埋設深度不得小於三十公分,深度不足時應加設抵禦外來損傷之保護層。

（二）可能與腐蝕性物質接觸者,應有防腐蝕措施。

（三）貫穿外牆（含地下層）時,應裝套管,管壁間孔隙應用填料填塞,並應有吸收相對變位之措施。

五、敷設於建築物內之供氣管路,應符合下列規定:

（一）燃氣供給管路貫穿主要結構時,不得對建築物構造應力產生不良影響。

（二）燃氣供給管路不得設置於昇降機道、電氣設備室及煙囪等高溫排氣風道。

（三）分歧管或不定期使用管路應有分歧閥等開閉裝置。

（四）燃氣供給管路穿越伸縮縫時,應有吸收變位之措施。

（五）燃氣供給管路穿越隔震構造建築物之隔震層時,應有吸收相對變位之措施。

（六）燃氣器具連接供氣管路之連接管,得為金屬管或橡皮管。橡皮管長度不得超過一點八公尺,並不得隱蔽在構造體內或貫穿樓地板或牆壁。

（七）燃氣供給管路之固定、支承應使地震時仍能安。

燃氣設備之燃氣供給管路之規定

1 建築物室內裝修工程管理相關法規

2 防火避難及消防法相關法規

3 職業安全衛生法規

4 綠建材及相關設備類法規

二、建築技術規則建築設備編

5 其他與建築物室內裝修相關法規

六、管路內有積留水份之虞處，應裝置適當之洩水裝置。

七、管路出口、應依下列規定：

（一）應裝置牢固。

（二）不得裝置於門後，並應伸出樓地板面、牆面及天花板適當長度，以便扳手工作。

（三）未車牙管子伸出樓地板面之長度，不得小於五公分，伸出牆面或天花板面，不得小於二點五公分。

（四）所有出口，不論有無關閉閥，未連接器具前，均應裝有管塞或管帽。

八、建築物之供氣管路立管應考慮層間變位，容許層間變位為百分之一。

第 80 條　燃氣器具及其供排氣等附屬設備應為符合中華民國國家標準之製品。

燃氣器具之設置安裝應符合下列規定：

一、燃氣器具及其供排氣等附屬設備設置安裝時，應依燃燒方式、燃燒器具別、設置方式別、周圍建築物之可燃、不可燃材料裝修別，設置防火安全間距並預留維修空間。

二、設置燃氣器具之室內裝修材料，應達耐燃二級以上。

三、燃氣器具不得設置於危險物貯存、處理或有易燃氣體發生之場所。

四、燃氣器具應擇建築物之樓板、牆面、樑柱等構造部固定安裝，並能防止因地震、其他振動、衝擊等而發生傾倒、破損，連接配管及供排氣管鬆脫、破壞等現象。

第 80-1 條　燃氣設備之供排氣管設置安裝應符合下列規定：

一、燃氣器具排氣口周圍為非不燃材料裝修或設有建築物開口部時，應依本編第八十條之二規定，保持防火安全間距。

二、燃氣器具連接之煙囪、排氣筒、供排氣管（限排氣部分）等應使用材質為不鏽（型號：SUS 三〇四）或同等性能以上之材料。

三、煙囪、排氣筒、供排氣管應牢固安裝，可耐自重、風壓、振動，且各部分之接續與器具之連接處應為不易鬆脫之氣密構造。

四、煙囪、排氣筒、供排氣管應為不易積水之構造，必要時設置洩水裝置。

五、煙囪、排氣筒、供排氣管不得與建築物之其他換氣設備之風管連接共用。

第 80-2 條	燃氣器具之煙囪、排氣筒、供排氣管之周圍為非不燃材料裝修時,應保持安全之防火間距或有效防護,並符合下列規定:

一、當排氣溫度達攝氏二百六十度以上時,防火間距取十五公分以上或以厚度十公分以上非金屬不燃材料包覆。

二、當排氣溫度未達攝氏二百六十度時,防火間距取排氣筒直徑之二分之一或以厚度二公分以上非金屬不燃材料包覆。但密閉式燃燒器具之供排氣筒或供排氣管之排氣溫度在攝氏二百六十度以下時,不在此限。

第 80-4 條	燃氣設備之排氣管及供排氣管貫穿風道管道間,或有延燒之虞之外牆時,其設置安裝應符合下列規定:

一、排氣管及供排氣管之材料除應符合本編第八十條之一第二款規定外,並應符合該區劃或外牆防火時效以上之性能。

二、貫穿位置應防火填塞,且該風道管道間僅供排氣使用(密閉式燃燒設備除外),頂部開放外氣或以排氣風機排氣。

三、貫穿防火構造外牆時,貫穿部分之斷面積,密閉式燃燒設備應在一千五百平方公分以下,非密閉式燃燒設備應在二百五十平方公分以下。

第 81-1 條	於室內使用燃氣器具時,其設置換氣通風設備之構造,應符合下列規定:

一、供氣口應設置在該室天花板高度二分之一以下部分,並開向與外氣直接流通之空間。以煙囪或換氣扇行換氣通風且無礙燃氣器具之燃燒者,得選擇適當之位置。

二、排氣口應設置在該室天花板下八十公分範圍內,設置換氣扇或開放外氣或以排氣筒連接。以煙囪或排氣罩連接排氣筒行換氣通風者,選擇適當之位置。

三、直接開放外氣之排氣口或排氣筒頂罩,其構造不得因外氣流妨礙排氣功能。

四、燃氣器具以排氣罩接排氣筒者,其排氣罩應為不燃材料製造。

第三節	**熱水器**
第 89 條	家庭用電氣或燃氣熱水器,應為符合中華民國國家標準之製品或經中央主管檢驗機關檢驗合格之製品,並應符合本節規定。
第 90 條	熱水器之構造及安裝,應依下列規定:

一、應裝有安全閥及逆止閥,其誤差不得超過標定洩放壓之百分之十五。

二、應安裝在防火構造或以不燃材料建造之樓地板或牆壁上。

三、燃氣熱水器之裝置,應符合本章第一節燃氣設備及燃氣熱水器及其配管安裝標準之有關規定。

1 建築物室內裝修工程管理相關法規

2 防火避難及消防法相關法規

3 職業安全衛生法規

4 綠建材及相關設備類法規

二、建築技術規則建築設備編

5 其他與建築物室內裝修相關法規

第一節	空氣調節及通風設備之安裝

第 91 條　建築物內設置空氣調節及通風設備之風管、風口、空氣過濾器、鼓風機、冷卻或加熱等設備，構造應依本節規定。

第 92 條　機械通風設備及空氣調節設備之風管構造，應依左列規定：

一、應採用鋼、鐵、鋁或其他經中央主管建築機關認可之材料製造。

二、應具有適度之氣密，除為運轉或養護需要面設置者外，不得開設任何開口。

三、有包覆或襯裡時，該包覆或襯裡層均應用不燃材料製造。有加熱設備時，包覆或襯裡層均應在適當處所切斷，不得與加熱設備連接。

四、風管以不貫穿防火牆為原則，如必需貫穿時，其包覆或襯裡層均應在適當處所切斷，並應在防火牆兩側均設置符合本編第九十三條規定之防火閘門。

五、風管貫穿牆壁、樓地板等防火構造體時，貫穿處周圍，應以石綿繩、礦棉或其他不燃材料密封，並設置符合本編第九十四條規定之防火閘板，其包覆或襯裡層亦應在適當處所切斷，不得妨礙防火閘板之正常作用。

六、垂直風管貫穿整個樓層時，風管應設於管道間內。三層以下建築物，其管道間之防火時效不得小於一小時，四層以上者，不得小於二小時。

七、除垂直風管外，風管應設有清除內部灰塵或易燃物質之清掃孔，清掃孔間距以六公尺為度。

八、空氣全部經過噴水或過濾設備再進入送風管者，該送風管得免設第七款規定之清掃孔。

九、專供銀行、辦公室、教堂、旅社、學校、住宅等不產生棉絮、塵埃、油汽等類易燃物質之房間使用之回風管，且其構造符合左列規定者，該回風管得免設第七款規定之清掃孔：

（一）回風口距離樓地板面之高度在二 · 一公尺以上者。

（二）回風口裝有一 · 八公厘以下孔徑之不朽金屬網罩者。

（三）回風管內風速每分鐘不低於三百公尺者。

十、風管安裝不得損傷建築物防火構造體之防火性能，構造體上設置與風管有關之必要開口時，應採用不燃材料製造且具防火時效不低於構造體防火時效之門或蓋予以嚴密關閉或掩蓋。

十一、鋼鐵構造建築物內，風管不得安裝在鋼鐵結構體與其防火保護層之間。

十二、風管與機械設備連接處，應設置石棉布或經中央主管建築機關認可之其他不燃材料製造之避震接頭，接頭長度不得大於二十五公分。

1 建築物室內裝修工程管理相關法規

2 防火避難及消防法相關法規

3 職業安全衛生法規

4 綠建材及相關設備類法規

5 其他與建築物室內裝修相關法規

二、建築技術規則建築設備編

第 93 條　防火閘門應依左列規定：

一、其構造應符合本規則建築設計施工編第七十六條第一款甲種防火門窗之規定。

二、應設有便於檢查及養護防火閘門之手孔，手孔應附有緊密之蓋。

三、溫度超過正常運轉之最高溫度達攝氏二十八度時，熔鍊或感溫裝置應即行作用，使防火閘門自動嚴密關閉。

四、發生事故時，風管即使損壞，防火閘門應仍能確保原位，保護防火牆貫穿孔。

第 94 條　防火閘板之設置位置及構造，應依左列規定：

一、風管貫穿具有一小時防火時效之分間牆處。

二、本編第九十二條第六款規定之管道間開口處。

三、供應二層以上樓層之風管系統：

（一）垂直風管在管道間上之直接送風口及排風口，或此垂直風管貫穿樓地板後之直接送回風口。

（二）支管貫穿管道間與垂直主風管連接處。

四、未設管道間之風管貫穿防火構造之樓地板處。

五、以熔鍊或感溫裝置操作閘板，使溫度超過正常運轉之最高溫度達攝氏二十八度時，防火閘板即自動嚴密關閉。

六、關閉時應能有效阻止空氣流通。

七、火警時，應保持關閉位置，風管即使損壞，防火閘板應仍能確保原位，並封閉該構造體之開口。

八、應以不銹材料製造，並有一小時半以上之防火時效。

九、應設有便於檢查及養護防火閘門之手孔，手孔應附有緊密之蓋。

第 95 條　與風管連接備空氣進出風管之進風口、回風口、送風口及排風口等之位置及構造，應依左列規定：

一、空氣中存有易燃氣體、棉絮、塵埃、煤煙及惡臭之處所，不得裝設新鮮空氣進風口及回風口。

二、醫院、育幼院、養老院、學校、旅館、集合住宅、寄宿舍等及其他類似建築物之採用中間走廊型者，該走廊不得作為進風或回風用之空氣來源。但集合住宅內廚房、浴、廁或其他有燃燒設備之空間而設有排風機者，該走廊得作為該等空間補充空氣之來源。

三、送風口、排風口及回風口距離樓地板面之高度不得小於七・五公分，但戲院、集會堂等觀眾席座位下設有保護裝置之送風口，不在此限。

四、送風口及排風口距離樓地板面之高度不足二一〇公分時，該等風口應裝孔徑不大於一・二公分之櫃柵或金屬網保護。

五、新鮮空氣進風口應裝設在不致吸入易燒物質及不易著火之位置，並應裝有孔徑不大於一・二公分之不銹金屬網罩。

六、風口應為不燃材料製造。

第 96 條	空氣過濾器應為不自燃及接觸火焰時不產生濃煙或其他有害氣體之材料製造。
	過濾器應有適當訊號裝置,當器內積集塵埃對氣流之阻力超過原有阻力二倍時,應即能發出訊號者。

第三節	**廚房排除油煙設備**
第 103 條	本規則建築設計施工編第四十三條第二款規定之排除油煙設備、包括煙罩、排煙管、排風機及濾脂網等,均應依本節規定。
第 104 條	煙罩之構造,應依左列規定:
	一、應為厚度一・二七公厘(十八號)以上之鐵板,或厚度〇・九五公厘(二十號)以上之不銹鋼板製造。
	二、所有接縫均應為水密性焊接。
	三、應有瀝油槽,寬度不得大於四公分,深度不得大於六公厘,並應有適當坡度連接金屬容器,容器容量不得大於四公升。
	四、與易燃物料間之距離不得小於四十五公分。
	五、應能將燃燒設備完全蓋罩,其下邊距離地板面之高度不得大於二一〇公分。煙罩本身高度不得小於六十公分。
	六、煙罩四週得將裝置燈具,該項燈具應以鐵殼及玻璃密封。
第 106 條	排煙機之裝置,應依左列規定:
	一、排煙機之電氣配線不得裝置在排煙管內,並應依本編第一章電氣設備有關規定。
	二、排煙機為隱蔽裝置者,應在廚房內適當位置裝置運轉指示燈。
	三、應有檢查、養護及清理排煙機之適當措施。
	四、排煙管內風速每分鐘不得小於四五〇公尺。
	五、設有煙罩之廚房應以機械方法補充所排除之空氣。
第 107 條	濾脂網之構造,應依左列規定:
	一、應為不燃材料製造。
	二、應安裝固定,並易於拆卸清理。
	三、下緣與燃燒設備頂面之距離,不得小於一二〇公分。
	四、與水平面所成角度不得小於四十五度。
	五、下緣應設有符合本編第一〇四條第三款規定之瀝油槽及金屬容器。
	六、濾脂網之構造,不得減小排煙機之排風量,並不得減低前條第四款規定之風速。

第六章 昇降設備

第四節	昇降送貨機
第 130 條	昇降送貨機之昇降機道，應使用不燃材料建造，其開口部須設有金屬門。
第 132 條	應裝置連動開關使當昇降機道所有之門未緊閉前，應無法運轉昇降機。

第八章 電信設備

第 136 條　建築物電信設備應依建築物電信設備及空間設置使用管理規則及建築物屋內外電信設備工程技術規範規定辦理。

第 138 條　建築物為收容第一類電信事業之電信設備，供建築物用戶自用通信之需要，配合設置單獨電信室時，其面積應依建築物電信設備及空間設置使用管理規則規定辦理。

建築物收容前項電信設備與建築物安全、監控及管理服務之資訊通信設備時，得設置設備室，其供電信設備所需面積依前項規則規定辦理。

第 138-1 條　建築物設置符合下列規定之中央監控室，屬建築設計施工編第一百六十二條規定之機電設備空間，得與同編第一百八十二條、第二百五十九條及前條第二項規定之中央管理室、防災中心及設備室合併設計：

一、四周應以不燃材料建造之牆壁及門窗予以分隔，其內部牆面及天花板，以不燃材料裝修為限。

二、應具備監視、控制及管理下列設備之功能：

（一）電氣、電力設備。

（二）消防安全設備。

（三）排煙設備及通風設備。

（四）緊急昇降機及昇降設備。但建築物依法免裝設者，不在此限。

（五）連絡通信及廣播設備。

（六）空氣調節設備。

（七）門禁保全設備。

（八）其他必要之設備。

建築物給水排水衛生設備設計技術規範

修正日期：民國 111 年 12 月 29 日

第二章　配管計畫一般要項	與室內裝修相關

2.1	一般事項
2.1.3	配管路徑之規劃，應以最短或直線路徑規劃，並在避免發生功能上障礙之情況下，整齊有秩序地排列配置。
2.1.4	配管應該設置專用管道間，同時空間之留設應考慮配管之施工、保養、檢查、修理或部材之更換等，及操作空間充分的情況下之構造尺寸空間留設，必要時應預留將來擴充可能之管道空間。
3.1.3	給水設備之進水管口徑，應足以輸送該建築物尖峰時所需之水量，並不得小於 19 公釐。
3.3.2	建築物給熱水設備裝接軟管用之水栓或衛生設備，應裝設逆止閥，並高出最高用水點 15 公分以上；未裝設逆止閥之水栓或衛生設備，不得裝接軟管。
3.4.2	衛生設備連接水管之口徑不得小於下列規定： (1) 洗面盆：10 公釐。 (2) 浴缸：13 公釐。 (3) 蓮篷頭：13 公釐。 (4) 小便器：13 公釐。 (5) 水洗馬桶（水箱式）：10 公釐。 (6) 水洗馬桶（沖水閥式）：25 公釐。 (7) 飲水器：10 公釐。 (8) 水栓：13 公釐。 前項各款以外之裝置，其口徑按用水量決定之。
3.5.2	建築物給水配管貫穿部位應以合於法規規定之材料填充之。
3.5.4	埋設於地下之用戶給水管線，與排水或污水管溝渠之水平距離不得小於 30 公分，其與排水溝或污水管相交者，應在排水溝或污水管之頂上或溝底通過。
3.5.16	用戶給水管線裝妥，在未澆置混凝土之前，自來水管承裝商應施行壓力試驗；壓力試驗之試驗壓力不得小於 10kg/cm2，並應保持 60 分鐘而無滲漏現象為合格。

三、建築物給水排水衛生設備設計技術規範

4.1.3 建築物採用同層排水系統時，管路設備規劃設計應符合下列規定： (1)同層排水系統之敷設方式、構造形式、管道間位置及衛生設備配置等，應與建築、結構及機電各專業協調後確定。 (2)同層排水系統之設計應滿足建築環境衛生及設備功能要求，不得造成堵塞及對用戶健康及安全產生不利影響，採用之管材、管件及配件等須滿足系統設計要求。 (3)同層排水系統採用之排水管路配管材質及其他相關配件，均應符合中華民國國家標準，並根據敷設方式選擇使用。 (4)同層排水系統採用之地板落水設備應個別設置存水彎，或併入集合式總存水彎，並應採取防止水封乾涸及防逆流措施。

説明： (1)建築物採用同層排水系統時，給水排水衛生系統之排水管、排水橫支管及給水排水衛生設備應同層敷設，不得貫穿分戶樓板進入他戶所有權空間，以確保該戶管路設備管理檢查、維護更新之自主性，並避免住戶間不必要之紛爭及干擾。 (2)同層排水系統應採用樓板上配管或牆前配管，根據排水立管位置及衛生設備配置，樓板上配管與牆前配管可結合規劃設計。 (3)同層排水系統採用樓板上配管時，建議可採用降板或架高地板構造，局部降板或整體降板應根據排水立管之位置及衛生設備之配置確定，其配置重點如下：a. 在滿足管道敷設、施工維修前提下，盡量縮小降板區域，降板區域之鋼筋混凝土樓板厚度應經結構專業計算後確定。 b. 同層排水系統降板或架高地板所留設之設備空間高度，應根據衛生設備型式及配置、降板區域、管徑大小、管道長度、接管要求、管材種類及管材型式等因素綜合確定，採用集合式總存水彎設備時，空間高度應符合產品要求。 c. 管道穿越外牆或樓板時，應採取防滲漏措施，採用降板或架高地板時，樓板面及完成地面均應設置防水層，衛生設備之安裝不應破壞地面防水層。 d. 降板空間或架高地板空間如採用填充方式時，建議應填充輕質材料，排水管道二側應對稱分層填充密實，填充時應整體澆灌，並應採取措施防止龜裂。 e. 同層排水配管區域之管路有漏水或不易察覺積水之虞者，建議設有預備排水落水頭或其他防止積水之機制，以免發生漏水及積水現　象。 (4)同層排水系統採用牆前配管時，衛生設備之配置應便於連接排水管道，其配置重點建議如下：a. 接入同一排水立管之排水橫支管及設備排水管，宜沿同一牆面或相鄰牆面敷設，大便器宜靠近排水立管佈置。 b. 大便器及小便器應採用壁掛式或後排水式，浴缸及淋浴間地板落水設備應設置存水彎。 c. 牆前配管沿牆敷設之衛生設備宜採用配套支架，支架應有足夠強度及剛度，並應採取防鏽蝕措施。 d. 壁掛式大便器及洗面盆等衛生設備應固定在支架上，支架安裝在非承重牆或裝飾牆內，並應固定在承重結構上。 e. 非承重牆內埋設排水橫支管及設備排水管，或利用裝飾牆隱藏管道時，該牆體厚度或空間應滿足排水管道及配件的敷設要求。當設置隱蔽式水箱時，應滿足設備安裝要求。 f. 管道敷設部位宜採用輕質附加隔牆或外封牆體，並應採用防水材料，原牆面應採取防水防潮措施。

4.2.3 建築物排水管之橫支管及橫主管管徑小於 75 公釐（包括 75 公釐）時，其坡度不得小於 1/50，管徑超過 75 公釐時，不得小於 1/100。

4.2.16 為確保建築物排水橫支管路之污物搬送性能，其總長度應小於 12 公尺，以避免過長之橫支管路影響排水性能而造成阻塞等不良影響。

4.4.3 一般壁掛式洗手臺之存水彎設置，設備落水口至存水彎堰口之垂直距離，不得大於 60 公分。

4.4.4	存水彎裝置封水深度原則上不得小於 5 公分，並不得大於 10 公分，特殊情況經確認無妨礙衛生安全之虞，或仍具備阻絕功能者不在此限。
4.4.5	存水彎裝置應附有清潔口或可以拆卸之構造，得以隨時排除排水阻塞之情況。但埋設於地下而附有過濾網者，得免設清潔口。

4.5.1	建築物內排水系統應於適當位置設置清潔口，管徑 100 公釐以下之排水橫管，清潔口間距不得超過 15 公尺，管徑 125 公釐以上者，不得超過 30 公尺。
	排水立管底端及管路轉向角度大於 45°處，及具下列情形者，均應符合規定裝設清潔口：
	(1) 排水橫支管及排水橫主管之起點。
	(2) 橫向排水管延伸太長時其中途。
	(3) 排水立管之最低處。
	(4) 排水橫主管與基地排水管衛接處附近。
	(5) 管徑變化、異種管相接、或器具存水彎等處。

4.5.4	排水管管徑 100 公釐以下者，清潔口口徑應與排水管之管徑相同。大於 100 公釐時，清潔口口徑不得小於 100 公釐。

4.5.7	下列機器或設備應行間接排水：
	(1) 服務用機具：食品冷藏、冷凍庫、洗衣機、製冰機、食器洗淨機、消毒器，洗衣機，飲水器等。
	(2) 醫療研究用機器。
	(3) 游泳池之排水、溢流及過濾裝置。
	(4) 噴水池之排水、溢流及過濾裝置。
	(5) 各式蓄水池之溢流及排水、給水、熱水及冷用水泵之排水，空氣調節機器、給水用之水處理設備等。
	(6) 其他因排水造成衛生安全之虞之機器或設備。

4.6.2	餐廳、店鋪、飲食店、市場、商場、旅館、工廠、機關、學校、醫院、老人福利機構、身心障礙福利機構、兒童及少年安置教養機構及俱樂部等建築物之附設食品烹飪或調理場所之水盆及容器落水，應裝設油脂截留器。
4.6.3	停車場、車輛修理保養場、洗車場、加油站、油料回收場及涉及機械設施保養場所，應裝設油水分離器。
4.6.4	營業性洗衣工廠及洗衣店、理髮理容場所、美容院、寵物店及寵物美容店等應裝設截留器及易於拆卸之過濾罩，罩上孔徑之小邊不得大於 12 公釐。
4.6.5	牙科醫院診所、外科醫院診所及玻璃製造工廠等場所，應裝設截留器，以阻止固體物質流入公共排水系統。

四 **用戶用電設備裝置規則**（屋內線路裝置規則）

修正日期：民國 110 年 03 月 17 日

第一章	總則	與室內裝修相關

第一節	通則
第 1 條	本規則依電業法第三十二條第五項規定訂定之。
第 2 條	用戶用電設備至該設備與電業責任分界點間之裝置，除下列情形外，依本規則規定：
	一、不屬電業供電之用電設備裝置。
	二、軌道系統中車輛牽引動力變壓器之負載側電力的產生、轉換、輸送或分配，專屬供車輛運轉用或號誌與通訊用之裝設。
	三、其他法規另有規定者。
第 4 條	本規則所稱「電壓」係指電路之線間電壓。
第 5 條	本規則未指明「電壓」時概適用於六〇〇伏以下之低壓工程。
第 6 條	本規則之用電設備應以國家標準（CNS）、國際電工技術委員會（International Electrotechnical Commission, IEC）標準或其他經各該目的事業主管機關認可之標準為準。
	前項用電設備經商品檢驗主管機關或各該目的事業主管機關規定須實施檢驗者，應取得證明文件，始得裝用。

第二節	名詞釋義
第 7 條	本規則除另有規定外，用詞定義如下：
【94 年】	一、接戶線：由輸配電業供電線路引至接戶點或進屋點之導線。依其用途
【95 年】	包括下列用詞：【95 年】【97 年】
【96 年】	（一）單獨接戶線：單獨而無分歧之接戶線。【96 年】
【97 年】	（二）共同接戶線：由屋外配電線路引至各連接接戶線間之線路。【96 年】
【106 年】	（三）連接接戶線：由共同接戶線分歧而出引至用戶進屋點間之線路，
★★★	包括簷下線路。【95 年】
	（四）低壓接戶線：以六〇〇伏以下電壓供給之接戶線。
	（五）高壓接戶線：以三三〇〇伏級以上高壓供給之接戶線。

第 7 條　二、進屋線：由進屋點引至電度表或總開關之導線。【95 年】【96 年】

三、用戶用電設備線路：用戶用電設備至該設備與電業責任分界點間之分路、幹線、回路及配線，又名線路。

四、接戶開關：凡能同時啟斷進屋線各導線之開關又名總開關。【106 年】

五、用戶配線（系統）：指包括電力、照明、控制及信號電路之用戶用電設備配線，包含永久性及臨時性之相關設備、配件及線路裝置。

六、電壓：【94 年】

（一）標稱電壓：指電路或系統電壓等級之通稱數值，例如一一〇伏、二二〇伏或三八〇伏。惟電路之實際運轉電壓於標稱值容許範圍上下變化，仍可維持設備正常運轉。

（二）電路電壓：指電路中任兩導線間最大均方根值（rms）（有效值）之電位差。

（三）對地電壓：於接地系統，指非接地導線與電路接地點或接地導線間之電壓。於非接地系統，指任一導線與同一電路其他導線間之最高電壓。【95 年】

七、導線：用以傳導電流之金屬線纜。【95 年】

八、單線：指由單股裸導線所構成之導線，又名實心線。【95 年】【97 年】【106 年】

九、絞線：指由多股裸導線扭絞而成之導線。【95 年】【97 年】

十、可撓軟線：指由細小銅線組成，外層並以橡膠或塑膠為絕緣及被覆之可撓性導線，於本規則中又稱花線。

十一、安培容量：指在不超過導線之額定溫度下，導線可連續承載之最大電流，以安培為單位。【94 年】【95 年】

十二、分路：指最後一個過電流保護裝置與導線出線口間之線路。按其用途區分，常用類型定義如下：【96 年】

（一）一般用分路：指供電給二個以上之插座或出線口，以供照明燈具或用電器具使用之分路。

（二）用電器具分路：指供電給一個以上出線口，供用電器具使用之分路，該分路並無永久性連接之照明燈具。

（三）專用分路：指專供給一個用電器具之分路。

（四）多線式分路：指由二條以上有電位差之非接地導線，及一條與其他非接地導線間有相同電位差之被接地導線組成之分路，且該被接地導線被接至中性點或系統之被接地導線。【95 年】

十三、幹線：由總開關接至分路開關之線路。【95 年】

十四、需量因數：指在特定時間內，一個系統或部分系統之最大需量與該系統或部分系統總連接負載之比值。

十五、連續負載：指可持續達三小時以上之最大電流負載。

第 7 條

【94 年】

【95 年】

【96 年】

【97 年】

【106 年】

★★★

十六、責務：

（一）連續責務：指負載定額運轉於一段無限定長之時間。

（二）間歇性責務：指負載交替運轉於負載與無載，或負載與停機，或負載、無載與停機之間。

（三）週期性責務：指負載具週期規律性之間歇運轉。

（四）變動責務：指運轉之負載及時間均可能大幅變動。

十七、用電器具：指以標準尺寸或型式製造，且安裝或組合成一個具備單一或多種功能等消耗電能之器具，例如電子、化學、加熱、照明、電動機、洗衣機、冷氣機等。第三百九十六條之二十九第二項第一款所稱用電設備，亦屬之。

十八、配線器材：指承載或控制電能，作為其基本功能之電氣系統單元，例如手捺開關、插座等。

十九、配件：指配線系統中主要用於達成機械功能而非電氣功能之零件，例如鎖緊螺母、套管或其他組件等。

二十、壓力接頭：指藉由機械壓力連接而不使用銲接方式連結二條以上之導線，或連結一條以上導線至一端子之器材，例如壓力接線端子、壓接端子或或壓接套管等。

二十一、帶電組件：指帶電之導電性元件。

二十二、暴露：

（一）暴露（用於帶電組件時）：指帶電組件無適當防護、隔離或絕緣，可能造成人員不經意碰觸、接近或逾越安全距離。

（二）暴露（用於配線方法時）：指置於或附掛在配電盤表面或背面，設計上為可觸及。

二十三、封閉：指被外殼、箱體、圍籬或牆壁包圍，以避免人員意外碰觸帶電組件。

二十四、敷設面：用以設施電路之建築物面。

二十五、明管：顯露於建築物表面之導線管。

二十六、隱蔽：指利用建築物結構或其外部裝飾使成為不可觸及。在隱蔽式管槽內之導線，即使抽出後成為可觸及，亦視為隱蔽。

二十七、可觸及：指接觸設備或配線時，需透過攀爬或移除障礙始可進行操作。依其使用狀況不同分別定義如下：

（一）可觸及（用於設備）：指設備未上鎖、置於高處或以其他有效方式防護，仍可靠近或接觸。

（二）可觸及（用於配線方法）：指配線在不損壞建築結構或其外部裝潢下，即可被移除或暴露。

二十八、可輕易觸及：指接觸設備或配線時，不需攀爬或移除障礙，亦不需可攜式梯子等，即可進行操作、更新或檢查工作。

四、用戶用電設備裝置規則

第 7 條
【94 年】
【95 年】
【96 年】
【97 年】
【106 年】
★★★

二十九、可視及：指一設備可以從另一設備處看見，或在其視線範圍內，該被指定之設備應為可見，且兩者間之距離不超過一五公尺，又稱視線可及。

三　十、防護：指藉由蓋板、外殼、隔板、欄杆、防護網、襯墊或平台等，以覆蓋、遮蔽、圍籬、封閉或其他合適保護方式，阻隔人員或外物可能接近或碰觸危險處所。

三十一、乾燥場所：指正常情況不會潮濕或有濕氣之場所，惟仍然可能有暫時性潮濕或濕氣情形。

三十二、濕氣場所：指受保護而不易受天候影響且不致造成水或其他液體產生凝結，惟仍然有輕微水氣之場所，例如在雨遮下、遮篷下、陽台、冷藏庫等場所。

三十三、潮濕場所：指可能受水或其他液體浸潤或其他發散水蒸汽之場所，例如浴室、廚房、釀造及貯藏醬油等物質之處所、冷凍廠、製冰廠、洗車場、山洞等，於本規則中又稱潮濕處所。

三十四、附接插頭：指藉由插入插座，使附著於其上之可撓軟線，與永久固定連接至插座上導線，建立連結之裝置。

三十五、插座：指裝在出線口之插接裝置，供附接插頭插入連接。按插接數量，分類如下：

　　（一）單連插座：指單一插接裝置。

　　（二）多連插座：指在同一軛框上有二個以上插接裝置。

三十六、照明燈具：指由一個以上之光源，與固定該光源及將其連接至電源之一個完整照明單元。

三十七、過載：指設備運轉於超過滿載額定或導線之額定安培容量，當其持續一段夠長時間後會造成損害或過熱之危險。

三十八、過電流：指任何通過並超過該設備額定或導線容量之電流，可能係由過載、短路或接地故障所引起。

三十九、過電流保護：指導線及設備過電流保護，在電流增加到某一數值而使溫度上升致危及導線及設備之絕緣時，能切斷該電路。

四　十、過電流保護裝置：指能保護超過接戶設施、幹線、分路及設備等額定電流，且能啟斷過電流之裝置。

四十一、啟斷額定：指在標準測試條件下，一個裝置於其額定電壓下經確認所能啟斷之最大電流。

四十二、開關：用以「啟斷」、「閉合」電路之裝置，無啟斷故障電流能力，適用在額定電流下操作。按其用途區分，常用類型定義如下：【95 年】【96 年】

　　（一）一般開關：指用於一般配電及分路，以安培值為額定，在額定電壓下能啟斷其額定電流之開關。

　　（二）手捺開關：指裝在盒內或盒蓋上或連接配線系統之一般用開關。

第 7 條

【94 年】
【95 年】
【96 年】
【97 年】
【106 年】

★★★

（三）分路開關：指用以啟閉分路之開關。【95 年】【97 年】

（四）切換開關：指用於切換由一電源至其他電源之自動或非自動裝置。

（五）隔離開關：指用於隔離電路與電源，無啟斷額定，須以其他設備啟斷電路後，方可操作之開關。

（六）電動機電路開關：指在開關額定內，可啟斷額定馬力電動機之最大運轉過載電流之開關。

四十三、分段設備：指藉其開啟可使電路與電源隔離之裝置，又稱隔離設備。

四十四、熔線：指藉由流過之過電流加熱熔斷其可熔組件以啟斷電路之過電流保護裝置。

四十五、斷路器：指於額定能力內，當電路發生過電流時，其能自動跳脫，啟斷該電路，且不致使其本體失能之過電流保護裝置。按其功能，常用類型定義如下：【106 年】

（一）可調式斷路器：指斷路器可在預定範圍內依設定之各種電流值或時間條件下跳脫。

（二）不可調式斷路器：指斷路器不能做任何調整以改變跳脫電流值或時間。

（三）瞬時跳脫斷路器：指在斷路器跳脫時沒有刻意加入時間延遲。

（四）反時限斷路器：指在斷路器跳脫時刻意加入時間延遲，且當電流愈大時，延遲時間愈短。

四十六、漏電斷路器：指當接地電流超過設備額定靈敏度電流時，於預定時間內啟斷電路，以保護人員及設備之裝置。漏電斷路器應具有啟斷負載及漏電功能。包括不具過電流保護功能之漏電斷路器 (RCCB)，與具過電流保護功能之漏電斷路器 (RCBO)。

四十七、漏電啟斷裝置：漏電啟斷裝置 (GFCI 或稱 RCD)：指當接地電流超過設備額定靈敏度電流時，於預定時間內啟斷電路，以保護人員之裝置。漏電啟斷裝置應具有啟斷負載電流之能力。

四十八、中性點：指多相式系統 Y 接、單相三線式系統、三相△系統之一相或三線式直流系統等之中間點。

四十九、中性線：指連接至電力系統中性點之導線。【95 年】

五　十、接地：指線路或設備與大地有導電性之連接。【95 年】【96 年】

五十一、被接地：指被接於大地之導電性連接。

五十二、接地電極：指與大地建立直接連接之導電體。

五十三、接地線：連接設備、器具或配線系統至接地電極之導線，於本規則中又稱接地導線。【97 年】【106 年】

五十四、被接地導線：指被刻意接地之導線。

五十五、設備接地導線：指連接設備所有正常非帶電金屬組件，至接地電極之導線。

五十六、接地電極導線：接地電極導線：指設備或系統接地導線連接至接地電極或接地電極系統上一點之導線。

1 建築物室內裝修工程管理相關法規

2 防火避難及消防法相關法規

3 職業安全衛生法規

4 綠建材及相關設備類法規

5 其他與建築物室內裝修相關法規

四、用戶用電設備裝置規則

第 7 條

【94 年】

【95 年】

【96 年】

【97 年】

【106 年】

★★★

五十七、搭接：指連接設備或裝置以建立電氣連續性及導電性。

五十八、搭接導線：指用以連接金屬組件並確保導電性之導線，或稱為跳接線。

五十九、接地故障：指非故意使電路之非被接地導線與接地導線、金屬封閉箱體、金屬管槽、金屬設備或大地間有導電性連接。

六　十、雨線：指自屋簷外端線，向建築物之鉛垂面作形成四五度夾角之斜面；此斜面與屋簷及建築物外牆三者相圍部分屬雨線內，其他部分為雨線外。

六十一、耐候：指暴露在天候下不影響其正常運轉之製造或保護方式。

六十二、通風：指提供空氣循環流通之方法，使其能充分帶走過剩之熱、煙或揮發氣。

六十三、封閉箱體：指機具之外殼或箱體，以避免人員意外碰觸帶電組件，或保護設備免於受到外力損害。

六十四、配電箱：指具有框架、中隔板及門板，且裝有匯流排、過電流保護或其他裝置之單一封閉箱體，該箱體崁入或附掛於牆上或其他支撐物，並僅由正面可觸及。

六十五、配電盤：指具有框架、中隔板及門板，且裝有匯流排、過電流保護裝置等之封閉盤體，可於其盤面或背後裝上儀表、指示燈或操作開關等裝置，該盤體自立裝設於地板上。

六十六、電動機控制中心（MCC）：指由一個以上封閉式電動機控制單元組成，且內含共用電源匯流排之組合體。

六十七、出線口：指配線系統上之一點，於該點引出電流至用電器具。

六十八、出線盒：指設施於導線之末端用以引出管槽內導線之盒。

六十九、接線盒：指設施電纜、金屬導線管及非金屬導線管等用以連接或分接導線之盒。

七　十、導管盒：指導管或配管系統之連接或終端部位，透過可移動之外蓋板，可在二段以上管線系統之連接處或終端處，使其系統內部成為可觸及。但安裝器具之鑄鐵盒或金屬盒，則非屬導管盒。

七十一、管子接頭：指用以連接導線管之配件。

七十二、管子彎頭：指彎曲形之管子接頭。

七十三、管槽：指專門設計作為容納導線、電纜或匯流排之封閉管道，包括金屬導線管、非金屬導線管、金屬可撓導線管、非金屬可撓導線管、金屬導線槽及非金屬導線槽、匯流排槽等。

七十四、人孔：指位於地下之封閉設施，供人員進出，以便進行地下設備及電纜之裝設、操作及維護。

七十五、手孔：指用於地下之封閉設施，具有開放或封閉之底部，人員無須進入其內部，即可進行安裝、操作、維修設備或電纜。

七十六、設計者：指依電業法規定取得設計電業設備工程及用戶用電設備工程資格者。

第 7 條	七十七、合格人員：指依電業法取得設計、承裝、施作、監造、檢驗及維護用戶用電設備資格之業者或人員。
【94 年】 【95 年】 【96 年】 【97 年】 【106 年】 ★★★	七十八、放電管燈：指日光燈、水銀燈及霓虹燈等利用電能在管中放電，作為照明等使用。

七十九、短路啟斷容量 IC(Short-circuitbreaking capacity)：指斷路器能安全啟斷最大短路故障電流（含非對稱電流成分）之容量。低壓斷路器之額定短路啟斷容量規定分為額定極限短路啟斷容量(Icu)及額定使用短路啟斷容量(Ics)，以 Icu/Ics 標示之，單位為 kA：

（一）　額定極限短路啟斷容量 Icu (Rated ultimate short-circuit breaking capacity)：指按規定試驗程序及規定條件下所作試驗之啟斷容量，該試驗程序不包括連續額定電流載流性之試驗。

（二）　額定使用短路啟斷容量 Ics（Ratedservice short-circuit breaking capacity）：指依規定試驗程序及規定條件下所作試驗之啟斷容量，該試驗程序包括連續額定電流載流性之試驗。

本規則所稱電氣設備或受電設備為用電設備之別稱。但第五章所稱電氣設備、用電設備泛指用電設備或用電器具。

第四節	電壓降
第 9 條	供應電燈、電力、電熱或該等混合負載之低壓幹線及其分路，其電壓降均不得超過標稱電壓百分之三，兩者合計不得超過百分之五。

第五節	導線
第 10 條	屋內配線之導線依下列規定辦理： 一、除匯流排及另有規定外，用於承載電流導體之材質應為銅質者。 二、導體材質採非銅質者，其尺寸應配合安培容量調整。 三、除本規則另有規定外，低壓配線應具有適用於六○○伏之絕緣等級。 四、絕緣軟銅線適用於屋內配線，絕緣硬銅線適用於屋外配線。 五、可撓軟線之使用依第二章第二節規定辦理。

第七節	電路之絕緣及檢驗試驗
第 18 條	除下列各處所外，電路應與大地絕緣： 一、低壓電源系統或內線系統之接地。 二、避雷器之接地。 三、特高壓支撐物上附架低壓設備之供電變壓器負載側之一端或中性點。 四、低壓電路與一五○伏以下控制電路之耦合變壓器二次側電路接地。 五、屋內使用接觸導線，作為滑接軌道之接觸導線。 六、電弧熔接裝置之被熔接器材及其與電氣連接固定之金屬體。 七、變比器之二次側接地。 八、低壓架空線路共架於特高壓支撐物之接地。 九、Ｘ光及醫療裝置。 十、陰極防蝕之陽極。 十一、電氣爐、電解槽等，技術上無法與大地絕緣者。

第 21 條	除管燈用變壓器、X光管用變壓器、試驗用變壓器等特殊用途變壓器外，以最大使用電壓之一‧五倍交流試驗電壓加於變壓器各繞組之間、與鐵心及外殼之間，應能耐壓一〇分鐘。

第八節	接地及搭接

第 24 條

【 96 年 】

【 108 年 】

★

接地系統之接地方式及搭接依下列規定之一辦理：

一、系統接地：電氣系統之接地方式應能抑制由雷擊、線路突波，或意外接觸較高電壓線路所引起之異常電壓，且可穩定正常運轉時之對地電壓。其接地方式如下：

（一）內線系統接地：用戶用電線路屬於被接地導線之再行接地。

（二）低壓電源系統接地：配電變壓器之二次側低壓線或中性線之接地。

（三）設備與系統共同接地：內線系統接地與設備接地共用一接地導線或同一接地電極。

二、設備接地：用電設備及用電器具之非帶電金屬部分應予接地。

三、設備搭接：用電設備及用電器具之非帶電金屬部分，或其他可能帶電之非帶電導電體或設備，應連接至系統接地，建立有效接地故障電流路徑。

四、有效接地故障電流路徑：

（一）可能帶電之用電設備、用電器具、配線及其他導電體，應建立低阻抗電路，使過電流保護裝置或高阻抗接地系統之接地故障偵測器動作。

（二）若配線系統內任一點發生接地故障時，該有效接地故障電流路徑應能承載回流至電源之最大接地故障電流。

（三）大地不得視為有效之接地故障電流路徑。

第 24-1 條　設備接地及搭接之連接依下列規定辦理：

一、設備接地導線、接地電極導線及搭接導線，應以下列方式之一連接：

（一）壓接接頭。

（二）接地匯流排。

（三）熱熔接處理。

（四）其他經設計者確認之裝置。

| 第 26 條 | 接地及搭接導線之大小應符合下列規定之一辦理： |

一、特種接地

（一）變壓器容量五〇〇千伏安以下接地電極導線應使用二二平方公厘以上絕緣線。

（二）變壓器容量超過五〇〇千伏安接地電極導線使用三八平方公厘以上絕緣。

二、第一種接地應使用五・五平方公厘以上絕緣線。

三、第二種接地：

（一）變壓器容量超過二〇千伏安之接地電極導線應使用二二平方公厘以上絕緣線。

（二）變壓器容量二〇千伏安以下之接地電極導線應使用八平方公厘以上絕緣線。

四、第三種接地：

（一）變比器二次線接地應使用三・五平方公厘以上絕緣線。

（二）內線系統單獨接地或與設備共同接地之接地引接線，按表二六～一規定。

（三）用電設備單獨接地之接地線或用電設備與內線系統共同接地之連接線按表二六～二規定。

| **第九節** | **低壓開關** |

| 第 28 條 | 用電器具及其配線應符合下列規定之一接地： |

一、金屬盒、金屬箱或其他固定式用電器具之非帶電金屬部分，依下列之一施行接地：

（一）妥接於被接地金屬導線管上。

（二）在導線管內或電纜內多置一條接地導線與電路導線共同配裝，以供接地。該接地導線絕緣或被覆，應為綠色或綠色加一條以上之黃色條紋者。

（三）個別裝設接地導線。

（四）固定式用電器具牢固裝置於接地之建築物金屬構架上，且金屬構架之接地電阻符合要求，並且保持良好之接觸者。

二、移動式用電器具之設備接地依下列方法接地：

（一）採用接地型插座，且該插座之固定接地極應予接地。

（二）移動式用電器具之引接線中多置一接地導線，其一端接於接地插頭之接地極，另一端接於用電器具之非帶電金屬部分。

| **第十節** | **過電流保護** |

| 第 48 條 | 裝設於住宅場所之二〇安以下分路之斷路器及栓型熔線應為反時限保護。 |

| 第 50 條 | 斷路器應符合下列規定： |

一、熔線及斷路器裝設之位置或防護，應避免人員於操作時被灼傷或受其他傷害。斷路器之把手或操作桿，可能因瞬間動作致使人員受傷者，應予防護或隔離。

二、斷路器應能指示啟斷（OFF）或閉合（ON）電路之位置。

三、斷路器應有耐久而明顯之標識，標示其額定電壓、額定電流、啟斷電流，及廠家名稱或型號

1 建築物室內裝修工程管理相關法規

2 防火避難及消防法相關法規

3 職業安全衛生法規

4 綠建材及相關設備類法規

四、用戶用電設備裝置規則

5 其他與建築物室內裝修相關法規

第 52 條	進屋導線之過電流保護依下列規定辦理：

一、每一非接地之進屋導線應有過電流保護裝置，其額定或標置，不得大於該導線之安培容量。但斷路器或熔線之標準額定不能配合導線之安培容量時，得選用高一級之額定值，額定值超過八〇〇安時，不得作高一級之選用。

二、被接地之導線除其所裝設之斷路器能將該線與非接地之導線同時啟斷者外，不得串接過電流保護裝置。

三、過電流保護裝置應為接戶開關整體設備之一部分。

四、進屋導線依第一百零一條之二規定設置三具以下之接戶開關時，該進屋導線之過電流保護亦應有三具以下之斷路器或三組以下之熔線。

第 52-1 條	照明燈具、用電器具及其他用電設備，或用電器具內部電路及元件之附加過電流保護，不得取代分路所需之過電流保護裝置，或代替所需之分路保護。

附加過電流保護裝置不須為可輕易觸及。

第 56 條	導線之過電流保護除有下列情形之一者外，應裝於該導線由電源受電之分接點。

一、進屋導線之過電流保護裝置於接戶開關之負載側。

二、自分路導線分接至個別出線口之分接線其長度不超過三公尺，且符合第一章第八節之一分路與幹線規定者，得視為由分路過電流保護裝置保護。

三、幹線之分接導線長度不超過三公尺而有下列之情形者，在分接點處得免裝過電流保護裝置：

（一）分接導線之安培容量不低於其所供各分路之分路額定容量之和，或其供應負載之總和。

（二）該分接導線係配裝在配電箱內，或裝於導線管內者。

四、幹線之分接導線長度不超過八公尺而有下列之情形者，得免裝於分接點：

（一）分接導線之安培容量不低於幹線之三分之一者。

（二）有保護使其不易受外物損傷者。

（三）分接導線終端所裝之一具斷路器或一組熔線，其額定容量不超過該分接導線之安培容量。

五、過電流保護裝設於屋內者，其位置除有特殊情形者外，應裝於可輕易觸及處、不得暴露於可能為外力損傷處以及不得與易燃物接近處，且不得置於浴室內。

1　建築物室內裝修工程管理相關法規

2　防火避難及消防法相關法規

3　職業安全衛生法規

4　綠建材及相關設備類法規

四、用戶用電設備裝置規則

5　其他與建築物室內裝修相關法規

第十一節	漏電斷路器之裝置

第 59 條　漏電斷路器以裝設於分路為原則。裝設不具過電流保護功能之漏電斷路器（RCCB）者，應加裝具有足夠啟斷短路容量之無熔線斷路器或熔線作為後衛保護。

下列各款用電設備或線路，應在電路上或該等設備之適當處所裝設漏電斷路器：

一、建築或工程興建之臨時用電設備。

二、游泳池、噴水池等場所之水中及周邊用電器具。

三、公共浴室等場所之過濾或給水電動機分路。

四、灌溉、養魚池及池塘等之用電設備。

五、辦公處所、學校及公共場所之飲水機分路。

六、住宅、旅館及公共浴室之電熱水器及浴室插座分路。

七、住宅場所陽台之插座及離廚房水槽外緣一・八公尺以內之插座分路。

八、住宅、辦公處所、商場之沉水式用電器具。

九、裝設在金屬桿或金屬構架或對地電壓超過一五〇伏之路燈、號誌燈、招牌廣告燈。

十、人行地下道、陸橋之用電設備。

十一、慶典牌樓、裝飾彩燈。

十二、由屋內引至屋外裝設之插座分路及雨線外之用電器具。

十三、遊樂場所之電動遊樂設備分路。

十四、非消防用之電動門及電動鐵捲門之分路。

十五、公共廁所之插座分路。

第 62 條　漏電斷路器之選擇依下列規定辦理：

一、裝置於低壓電路之漏電斷路器，應採用電流動作型，且符合下列規定：

（一）漏電斷路器應屬表六二～一所示之任一種。

（二）漏電斷路器之額定電流，不得小於該電路之負載電流。

（三）漏電警報器之聲音警報裝置，以電鈴或蜂鳴式為原則。

二、漏電斷路器之額定靈敏度電流及動作時間之選擇，應依下列規定辦理：

（一）以防止感電事故為目的而裝置之漏電斷路器，應採用高靈敏度高速型。但用電器具另施行外殼接地，其設備接地電阻值未超過表六二～二之接地電阻值，且動作時間在〇・一秒以內者（高速型），得採用中靈敏度型漏電斷路器。

（二）以防止火災及防止電弧損害設備等其他非防止感電事故為目的而裝設之漏電斷路器，得依其保護目的選用適當之漏電斷路器。

第 62-1 條　插座裝設於下列場所，應裝設額定靈敏度電流為一五毫安以下，且動作時間〇‧一秒以內之漏電啟斷裝置。但該插座之分路已裝有漏電斷路器者，不在此限：

一、住宅場所之單相額定電壓一五〇伏以下、額定電流一五安及二〇安之插座：

　　（一）浴室。

　　（二）安裝插座供流理台上面用電器具使用者及位於水槽外緣一‧八公尺以內者。

　　（三）位於廚房以外之水槽，其裝設插座位於水槽外緣一‧八公尺以內者。

　　（四）陽台。

　　（五）屋外。

二、非住宅場所之單相額定電壓一五〇伏以下、額定電流五〇安以下之插座：

　　（一）公共浴室。

　　（二）商用專業廚房。

　　（三）插座裝設於水槽外緣一‧八公尺以內者。但符合下列情形者，不在此限：

　　　　1.插座裝設於工業實驗室內，供電之插座會因斷電而導致更大危險。

　　　　2.插座裝設於醫療照護設施內之緊急照護區或一般照護區病床處，非浴室內之水槽。

　　（四）有淋浴設備之更衣室。

　　（五）室內潮濕場所。

　　（六）陽台或屋外場所。

1

建築物室內裝修工程管理相關法規

2

防火避難及消防法相關法規

3

職業安全衛生法規

4

綠建材及相關設備類法規

四、用戶用電設備裝置規則

5

其他與建築物室內裝修相關法規

第 十一 節 之一	低壓突波保護裝置

第 63-1 條 六〇〇伏以下用戶配線系統若有裝設突波保護裝置（SPD）者，依本節規定辦理。

第 63-2 條 突波保護裝置不得裝設於下列情況：

一、超過六〇〇伏之電路。

二、非接地系統或阻抗接地系統。但經設計者確認適用於該等系統者，不在此限。

三、突波保護裝置額定電壓小於其安裝位置之最大相對地電壓。

第 63-3 條 突波保護裝置裝設於電路者，應連接至每條非接地導線。

突波保護裝置得連接於非接地導線與任一條被接地導線、設備接地導線或接地電極導線間。

突波保護裝置應標示其短路電流額定，且不得裝設於系統故障電流超過其額定短路電流之處。

第 63-4 條 突波保護裝置裝設於電源系統端者，依下列規定辦理：

一、得連接至接戶開關或隔離設備之供電側。

二、裝設於接戶設施處，應連接至下列之一：

（一）被接地接戶導線。

（二）接地電極導線。

（三）接戶設施之接地電極。

（四）進屋導線端用電設備之設備接地端子。

第 63-5 條 突波保護裝置裝設於幹線端者，依下列規定辦理：

一、由接戶設施所供電之建築物或構造物，應連接於接戶開關或隔離設備過電流保護裝置負載側。

二、由幹線所供電之建築構造物，應連接於建築構造物之第一個過電流保護裝置負載側。

三、第二型突波保護裝置應連接於獨立電源供電系統之第一個過電流保護裝置負載側。

第 63-6 條 突波保護裝置得安裝於保護設備之分路過電流保護裝置負載側。

第二節	可撓軟線及可撓電纜

第 95 條　可撓軟線及可撓電纜之個別導線應為可撓性絞線，其截面積應為一‧○平方公厘以上。但廠製用電器具之附插頭可撓軟線不在此限。

第 96 條　可撓軟線及可撓電纜適用於下列情況或場所：

一、懸吊式用電器具。

二、照明燈具之配線。

三、活動組件、可攜式燈具或用電器具等之引接線。

四、升降機之電纜配線。

五、吊車及起重機之配線。

六、固定式小型電器經常改接之配線。

附插頭可撓軟線應由插座出線口引接供電。

第 97 條

【 103 年 】

★

可撓軟線及可撓電纜不得使用於下列情況或場所：

一、永久性分路配線。

二、貫穿於牆壁、建築物結構體之天花板、懸吊式天花板或地板。

三、貫穿於門、窗或其他類似開口。

四、附裝於建築物表面。但符合第二百九十條第二款規定者，不在此限。

五、隱藏於牆壁、地板、建築物結構體天花板或位於懸吊式天花板上方。

六、易受外力損害之場所。

第 99-5 條　插座裝設之場所及位置依下列規定辦理：

一、非閉鎖型之二五○伏以下之一五安及二○安插座：

（一）裝設於濕氣場所應以附可掀式蓋板、封閉箱體或其他可防止濕氣滲入之保護。

（二）裝設於潮濕場所，應以水密性蓋板或耐候性封閉箱體保護。

二、插座不得裝設於浴缸或淋浴間之空間內部或其上方位置。

三、地板插座應能容許地板清潔設備之操作而不致損害插座。

四、插座裝設於嵌入建築物完成面，且位於濕氣或潮濕場所者，其封閉箱體應具耐候性，使用耐候性面板及組件組成，提供面板與完成面間之水密性連接。

第 99-6 條　移動式用電器具插座之額定電壓為二五○伏以下者，額定電流不得小於一五安。但二五○伏、一○安之插座，使用於非住宅場所，而不作為移動式之手提電動工具、手提電燈及延長線者，得不受限制。

第 100 條　可撓軟線及可撓電纜中間不得有接續或分歧。

1 建築物室內裝修工程管理相關法規

2 防火避難及消防法相關法規

3 職業安全衛生法規

4 綠建材及相關設備類法規

5 其他與建築物室內裝修相關法規

四、用戶用電設備裝置規則

第 二 節之 一	低壓開關

第 101-1 條 除另有規定者外，運轉電壓為六○○伏以下之所有開關、開關裝置及作為開關使用之斷路器，依本節規定辦理。

第 101-2 條 接戶開關之裝設依下列規定辦理：

一、每一戶應設置接戶開關，能同時啟斷進屋之各導線。同一用戶在其範圍內有數棟房屋者，各棟應備有隔離設備以切斷各導線。

二、接戶開關應採用不露出帶電之開關或斷路器。

三、接戶開關應裝設於最接近進屋點之可輕易到達處，其距地面高度以一‧五公尺至二公尺間為宜，且應在電度表之負載側。

四、接戶開關應有耐久且清楚標示啟斷（OFF）或閉合（ON）位置之標識。

五、一組進屋導線供應數戶用電時，各戶之接戶開關、隔離設備，得裝設於同一開關箱，或共裝於一處之個別開關箱；接戶開關數在三具以下者，得免裝設表前總接戶開關或隔離設備。

六、多線式電路之接戶開關無法同時啟斷被接地導線者，被接地導線應以壓接端子固定於端子板或匯流排作為隔離設備。

第 101-8 條 開關或斷路器裝設於濕氣或潮濕場所者，依下列規定辦理：

一、露出型裝設之開關或斷路器應包封於耐候型封閉箱體或配電箱內。

二、嵌入型裝設之開關或斷路器應裝設耐候型覆蓋。

三、開關不得裝設於浴缸或淋浴空間內。但開關係組成浴缸或淋浴設備組件之一部分，且經設計者確認者，不在此限。

第 二 節之 二	配電盤及配電箱

第 101-25 條 配電盤及配電箱之裝置依下列規定辦理：

一、配電盤、配電箱應由不燃性材質所製成。

二、箱體若採用鋼板者，其厚度應在一‧二公厘以上；若採用不燃性之非金屬板者，應具有相當於本款規定之鋼板強度。

三、匯流排若能牢固架設，得用裸導體製成。

四、儀表、指示燈、比壓器及其他附有電壓線圈之用電設備，應由另一電路供應，且該電路之過電流保護裝置額定值為一五安以下之回路。但此等用電設備因該過電流保護裝置動作，而可能產生危險者，該項過電流保護額定值得容許超過一五安培。

五、裸露之金屬部分及匯流排等，其異極間之間隔應符合表一○一之二五規定。但符合下列規定者，不在此限：

（一）經設計者確認緊鄰配置不致引起過熱者，開關、封閉型熔線等之同極配件得容許儘量緊靠配置。

（二）裝設於配電盤及配電箱之斷路器、開關及經設計者確認之組件，其異極間之間隔得小於表一○一之二五所示值。

第條	101-40	照明燈具配線之導線與絕緣保護依下列規定辦理：

一、導線應予固定，且不會割傷或磨損破壞其絕緣。

二、導線通過金屬物體時，應保護使其絕緣不受到磨損。

三、在照明燈具支架或吊桿內，導線不得有接續及分接頭。

四、照明燈具不得有非必要之導線接續或分接頭。

五、附著於照明燈具鏈上及其可移動或可撓部分之配線，應使用絞線。

六、導線應妥為配置，不得使照明燈具重量或可移動部分，對導線產生張力。

第條	101-46	特殊場所之照明燈具裝設依下列規定辦理：

一、潮濕或濕氣場所：照明燈具不得讓水氣進入或累積於配線盒、燈座或其他電氣部位。裝設於潮濕或濕氣場所之照明燈具，應使用有標示適用於該場所者。

二、腐蝕性場所：照明燈具應使用有標示適用於該場所者。

三、商業用烹調場所：符合下列各目規定者，得於烹調抽油煙機罩內裝設照明燈具：

（一）燈具應經設計者確認適用於商業用烹調抽油煙機，且不超過其使用材質之溫度極限。

（二）燈具之構造，能使所有排出之揮發氣、油脂、油狀物，或烹調揮發氣不會進入電燈及配線盒。散光罩能承受熱衝擊。

（三）抽油煙機罩範圍內暴露之燈具配件，為耐腐蝕性或有防腐蝕保護，表面為平滑且易清潔者。

（四）燈具之配線未暴露於抽油煙機罩範圍內。

四、浴缸及淋浴區域：

（一）燈具連接可撓軟線、鏈條、電纜，或可撓軟線懸吊燈具、燈用軌道或天花板吊扇等，不得位於浴缸外緣水平距離九〇〇公厘及自浴缸外緣頂部或淋浴間門檻垂直距離二‧五公尺範圍內。

（二）位於浴缸外緣水平距離九〇〇公厘及自浴缸外緣頂部或淋浴間門檻垂直距離二‧五公尺範圍外使用之燈具，若容易遭受淋浴水沫者，應使用有標示適用於潮濕場所，其餘應使用有標示適用於濕氣場所。

1
建築物室內裝修工程管理相關法規

2
防火避難及消防法相關法規

3
職業安全衛生法規

4
綠建材及相關設備類法規

5
其他與建築物室內裝修相關法規

五、歷屆考古題

 歷屆考古題

建築技術規則範圍	
一	經中央主管建築機機關認可綠建材材料之構成，至少符合5項規定，並說明其內容？【98年】
答：	「建築技術規則設計施工編」第322條規定，綠建材之材料構成
	（一）塑膠橡膠再生品：塑橡膠再生品的原料需全部為國內回收塑橡膠，會收塑橡膠不得含有行政院環境保護署公告之毒性化學物質。
	（二）建築用隔熱材料：建築用的隔熱材料其產品及製程中不得使用蒙特婁議定書支管制物質且不得含有環保署公告之毒性化學物質。
	（三）水性塗料：不得含有甲醛、鹵性溶劑、汞、鉛、鎘、六價鉻、砷及銻等重金屬，且不得使用三酚基錫(TPT)與三丁基錫（TBT）。
	（四）回收木材再生品：產品需為回收木材加工再生之產物。
	（五）資源化磚類建材：資源化碑類建材包括陶、瓷、磚、瓦等需經窯燒之建材，其廢料混合攪配之總合使用比率需等於或超過單一廢料攪配比率。
	（六）資源回收再利用建材：資源回收再利用建材係指不經窯燒而回收料摻配比率超過一定比率製成之產品。
	（七）其他經中央主管建築認可之建材。
二	依據建築技術規則規定，建築物內哪些電源應接至緊急電源？【99年】
答：	「建築技術規則建築設備編」第7條
	（一）火警自動警報設備
	（二）緊急廣播設備
	（三）地下室排水 污水抽水幫浦
	（四）消防幫浦
	（五）消防用排煙設備
	（六）緊急昇降機
	（七）緊急照明燈
	（八）出口標示燈
	（九）避難方向指示燈
	（十 緊急電源插座
	（十一）防災中心用電設備
三	依「建築技術規則」規定：建築物室內裝修材料、樓地板面材料及窗，其綠建材使用率應達總面積百分之四十五以上。請問經中央主管建築機關認可符合之綠建材，依性能分為哪5種？【106年】 註：現行法規綠建材使用率應達總面積百分之六十以上
答：	「建築技術規則設計施工編」第299條 應符合生態性、再生性、環保性、健康性、高性能之建材

用戶用電設備裝置規則範圍	
一	依「屋內線路裝置規則」名詞定義，解釋下列名詞 1.絞線 2.實心線 3.接戶線 4.分路開關 5.接地線【97年】
答：	依「屋內線路裝置規則」第7條規定 （一）絞線 由多股裸線扭絞而成之導線 又名撚線 （二）實心線 由單股裸線扭絞而成之導線 又名單線 （三）接戶線 由屋外配電線路引至用戶進屋點之導線 （四）分路開關 用以啟閉分路之開關 （五）接地線 連接設備 器具或配線系統至接地極之導線
二	請依「屋內線路裝置規則」規定說明花線不得使用於哪些處所？【103年】
答：	依「屋內線路裝置規則」第97條規定 （一）永久性分路配線 （二）貫穿於牆壁 天花板或地板 （三）窗或其他開啟式設備配線 （四）沿建築物表面配線 （五）隱藏於牆壁 天花板或地板 配線
三	依「屋內線路裝置規則」規定，解釋下列名詞？(106年) （一）接地線（二）接戶開關（三）斷路器（四）出線頭（五）實心線：
答：	「用戶用電設備裝置規則」第7條 （一）接地線：連接設備、器具或配線系統至接地極之導線。 （二）接戶開關：凡能同時啟斷進屋線各導線之開關又名總開關。 （三）斷路器：於額定能力內，電路發生過電流時、能自動切斷該電路、而不致損及其本體之過電流保護器。 （四）出線頭：凡屬用電線路之出口處並可連接用電器具者又名出線口。 （五）實心線：由單股裸線所構成之導線，又名單線。
四	依據「用戶用電設備裝置規則」，請列舉接地方式應符合那些規定？(108年)
答：	「用戶用電設備裝置規則」第24條 接地方式應符合左列規定之一： （一）設備接地：高低壓用電設備非帶電金屬部分之接地。 （二）內線系統接地：屋內線路屬於被接地一線之再行接地。 （三）低壓電源系統接地：配電變壓器之二次側低壓線或中性線之接地。 （四）設備與系統共同接地：內線系統接地與設備接地共用一接地線或同一接地電極。

重點整理

- - - - - - - -

一、綠建材定義
建築技術規則 - 設計施工編 第 299 條

1. 綠建材	指符合生態性、再生性、環保性、健康性 及高性能之建材
2. 生態性	指運用自然材料，具備無匱乏疑慮、低環境衝擊之性能
3. 再生性	指具備可回收、再利用、低污染、省資源等性能
4. 環保性	指本法適用範圍內僱用勞工從事工作之機構
5. 健康性	指對人體健康危害較低，具低甲醛及低揮發性有機物質（TVOC）逸散量之性能
6. 高性能	指能克服傳統建材、建材組件 之性能缺陷，在整體性能上具有高度物化性能表現之建材，包括安全性、功能性、防音性、透水性等特殊性能

二、**建築物應**使用綠建材，**應符合下列規定**
建築技術規則 - 設計施工編 第 321 條

1. 綠建材使用率應達總面積百分之六十以上	建築物室內裝修材料、樓地板面材料及窗應使用綠建材。但窗未使用綠建材者，得不計入總面積檢討
2. 綠建材使用率應達百分之二十以上	建築物戶外地面扣除車道、汽車出入緩衝空間、消防車輛救災活動空間、依其他法令規定不得鋪設地面材料之範圍及地面結構上無須再鋪設地面材料之範圍外之剩餘面積，要使用綠建材

三、**綠建材**材料之構成，**應符合下列規定**
建築技術規則 - 設計施工編 第 322 條

1. 塑橡膠類再生品	塑橡膠再生品的原料須全部為國內回收塑橡膠，回收塑橡膠不得含有行政院環境保護署公告之毒性化學物質
2. 建築用隔熱材料	建築用的隔熱材料其產品及製程中不得使用蒙特婁議定書之管制物質且不得含有環保署公告之毒性化學物質
3. 水性塗料	不得含有甲醛、鹵性溶劑、汞、鉛、鎘、六價鉻、砷及銻等重金屬，且不得使用三酚基錫 (TPT) 與三丁基錫 (TBT)
4. 回收木材再生品	產品須為回收木材加工再生之產物
5. 資源化磚類建材	資源化磚類建材包括陶、瓷、磚、瓦等需經窯燒之建材。其廢料混合攙配之總和使用比率須等於或超過單一廢料攙配比率
6. 資源回收再利用建材	資源回收再利用建材係指不經窯燒而回收料攙配比率超過一定比率製成之產品
7. 其他經中央主管建築機關認可之建材	

1 建築物室內裝修工程管理相關法規

2 防火避難及消防法相關法規

3 職業安全衛生法規

4 綠建材及相關設備類法規

5 其他與建築物室內裝修相關法規

六、重點整理

四、建築物內之下列各項設備應接至緊急電源
建築技術規則 - 建築設備編 第 7 條

1. 火警自動警報設備
2. 緊急廣播設備
3. 地下室排水、污水抽水幫浦
4. 消防幫浦
5. 消防用排煙設備
6. 緊急昇降機
7. 緊急照明燈
8. 出口標示燈
9. 避難方向指示燈
10. 緊急電源插座
11. 防災中心用電設備

五、排水系統應裝設衛生上必要之設備，並應依下列規定設置截留器、分離器
建築技術規則 - 建築設備編 第 29 條

1. 裝設油脂截留器	附設食品烹飪或調理場所之水盆及容器落水	餐廳、店鋪、飲食店、市場、商場、旅館、工廠、機關、學校、醫院、老人福利機構、身心障礙福利機構、兒童及少年安置教養機構及俱樂部等建築物
2. 裝設油水分離器	停車場、車輛修理保養場、洗車場、加油站、油料回收場及涉及機械設施保養場所	
3. 裝設截留器及易於拆卸之過濾罩	罩上孔徑之小邊不得大於十二公釐	營業性洗衣工廠及洗衣店、理髮理容場所、美容院、寵物店及寵物美容店等
4. 裝設截留器	牙科醫院診所、外科醫院診所及玻璃製造工廠	
沖洗式廁所排水、生活雜排水之排水管路應與雨水排水管路分別裝設，不得共用		

六、免裝撒水頭之房間
建築技術規則 - 建築設備編 第 57 條

1. 洗手間、浴室、廁所
2. 室內太平梯間
3. 防火構造之電梯機械室
4. 防火構造之通信設備室及電腦室，具有其他有效滅火設備者
5. 貯存鋁粉、碳酸鈣、磷酸鈣、鈉、鉀、生石灰、鎂粉、過氧化鈉等遇水將發生危險之化學品倉庫或房間

七、火警自動警報設備之內容
建築技術規則 - 建築設備編 第 66 條

1. 自動火警探測設備
2. 手動報警機
3. 報警標示燈
4. 火警警鈴
5. 火警受信機總機
6. 緊急電源
裝置於散發易燃性塵埃處所之火警自動警報設備，應具有防爆性能。裝置於散發易燃性飛絮或非導電性及非可燃性塵埃處所者，應具有防塵性能

八、動火警探測設備，應為符合左列規定型式之任一型
建築技術規則 - 建築設備編 第 67 條

1. 定溫型	裝置點溫度到達探測器定格溫度時，即行動作。該探測器之性能，應能在室溫攝氏二十度昇至攝氏八十五度時，於七分鐘內動作
2. 差動型	當裝置點溫度以平均每分鐘攝氏十度上昇時，應能在四分半鐘以內即行動作，但通過探測器之氣流較裝置處所室溫度高出攝氏二十度時，該探測器亦應能在三十秒內動作
3. 偵煙型	裝置點煙之濃度到達百分之八遮光程度時，探測器應能在二十秒內動作

九、探測器裝置位置，應依左列規定
建築技術規則 - 建築設備編 第 70 條

1. 應裝置在天花板下方三十公分範圍內
2. 設有排氣口時，應裝置於排氣口週圍一公尺範圍內
3. 天花板上設出風口時，應距離該出風口一公尺以上
4. 牆上設有出風口時，應距離該出風口三公尺以上
5. 高溫處所，應裝置耐高溫之特種探測器

十、中央監控室之機電設備空間應與中央管理室、防災中心及設備室合併設計規定
建築技術規則 - 建築設備編 第 138-1 條

1.四周應以不燃材料建造之牆壁及門窗予以分隔，其內部牆面及天花板，以不燃材料裝修為限	
2. 應具備監視、控制及管理下列設備之功能	(1) 電氣、電力設備
	(2) 消防安全設備
	(3) 排煙設備及通風設備
	(4) 緊急昇降機及昇降設備。但建築物依法免裝設者，不在此限
	(5) 連絡通信及廣播設備
	(6) 空氣調節設備
	(7) 門禁保全設備
	(8) 其他必要之設備

十一、衛生設備連接水管之口徑不得小於下列規定
建築物給水排水設備設計技術規範 第 3.4.2 條

1. 洗面盆：10 公釐
2. 浴缸：13 公釐
3. 蓮篷頭：13 公釐
4. 小便器：13 公釐
5. 水洗馬桶（水箱式）：10 公釐
6. 水洗馬桶（沖水閥式）：25 公釐
7. 飲水器：10 公釐
8. 水栓：13 公釐
前項各款以外之裝置，其口徑按用水量決定之

十二、下列機器或設備應行 間接排水
建築物給水排水設備設計技術規範 第 4.5.7 條

1. 服務用機具：食品冷藏、冷凍庫、洗衣機、製冰機、食器洗淨機、消毒器，洗衣機，飲水器等
2. 醫療研究用機器
3. 游泳池之排水、溢流及過濾裝置
4. 噴水池之排水、溢流及過濾裝置
5. 各式蓄水池之溢流及排水、給水、熱水及冷用水泵之排水，空氣調節機器、給水用之水處理設備等
6. 其他因排水造成衛生安全之虞之機器或設備
間接排水系統及特殊排水系統之通氣管，不得與其他通氣系統相接續，應單獨直接有效地向大氣中開放

十三、用詞定義
用戶用電設備裝置規則 第 7 條

1. 接戶線	由輸配電業供電線路引至接戶點或進屋點之導線。依其用途包括下列用詞	
	(1) 單獨接戶線	單獨而無分歧之接戶線
	(2) 共同接戶線	由屋外配電線路引至各連接接戶線間之線路
	(3) 連接接戶線	由共同接戶線分歧而出引至用戶進屋點間之線路，包括簷下線路
	(4) 低壓接戶線	以六〇〇伏以下電壓供給之接戶線
	(5) 高壓接戶線	以三三〇〇伏級以上高壓供給之接戶線
2. 進屋線		由進屋點引至電度表或總開關之導線
3. 用戶用電設備線路	又名線路	用戶用電設備至該設備與電業責任分界點間之分路、幹線、回路及配線
4. 接戶開關	又名總開關	凡能同時啟斷進屋線各導線之開關
5. 用戶配線（系統）		包括電力、照明、控制及信號電路之用戶用電設備配線，包含永久性及臨時性之相關設備、配件及線路裝置
6. 電壓	(1) 標稱電壓	指電路或系統電壓等級之通稱數值，例如一一〇伏、二二〇伏或三八〇伏。惟電路之實際運轉電壓於標稱值容許範圍上下 變化，仍可維持設備正常運轉
	(2) 電路電壓	指電路中任兩導線間最大均方根值（rms）（有效值）之電位差
	(3) 對地電壓	於接地系統，指非接地導線與電路接地點或接地導線間之電壓。於非接地系統，指任一導線與同一電路其他導線間之最高電壓
7. 導線		用以傳導電流之金屬線纜
8. 單線	又名實心線	指由單股裸導線所構成之導線

9. 絞線	指由多股裸導線扭絞而成之導線.	
10. 可撓軟線	又稱花線	指由細小銅線組成，外層並以橡膠或塑膠為絕緣及被覆之可撓性導線
11. 安培容量	以安培為單位	指在不超過導線之額定溫度下，導線可連續承載之最大電流
12. 分路	指最後一個過電流保護裝置與導線出線口間之線路。按其用途區分，常用類型定義如下	
	(1) 一般用分路	指供電給二個以上之插座或出線口，以供照明燈具或用電器具使用之分路
	(2) 用電器具分路	指供電給一個以上出線口，供用電器具使用之分，該分路並無永久性連接之照明燈具
	(3) 專用分路	指專供給一個用電器具之分路
	(4) 多線式分路	指由二條以上有電位差之非接地導線，及一條與其他非接地導線間有相同電位差之被接地導線組成之分路，且該被接地導線被接至中性點或系統之被接地導線
13. 幹線	由總開關接至分路開關之線路	
14. 連續負載	指可持續達三小時以上之最大電流負載	
15. 配線器材	例如手捺開關、插座等	指承載或控制電能，作為其基本功能之電氣系統單元
16. 封閉	指被外殼、箱體、圍籬或牆壁包圍	以避免人員意外碰觸帶電組件
17. 明管	顯露於建築物表面之導線管	
18. 插座	指裝在出線口之插接裝置，供附接插頭插入連接。按插接數量，分類如下	
	1. 單連插座	指單一插接裝置
	2. 多連插座	指在同一軛框上有二個以上插接裝置
19. 過載	指設備運轉於超過滿載額定或導線之額定安培容量，當其持續一段夠長時間後會造成損害或過熱之危險	
20. 過電流	由過載、短路或接地故障所引起	指任何通過並超過該設備額定或導線容量之電流
21. 過電流保護裝置	指能保護超過接戶設施、幹線、分路及設備等額定電流，且能啟斷過電流之裝置	
22. 啟斷額定	指在標準測試條件下，一個裝置於其額定電壓下經確認所能啟斷之最大電流	

1 建築物室內裝修工程管理相關法規

2 防火避難及消防法相關法規

3 職業安全衛生法規

4 綠建材及相關設備類法規

5 其他與建築物室內裝修相關法規

六、重點整理

23. 開關	用以「啟斷」、「閉合」電路之裝置，無啟斷故障電流能力，適用在額定電流下操作。按其用途區分，常用類型定義如下	
	(1) 一般開關	指用於一般配電及分路，以安培值為額定，在額定電壓下能啟斷其額定電流之開關
	(2) 手捺開關	指裝在盒內或盒蓋上或連接配線系統之一般用開關
	(3) 分路開關	指用以啟閉分路之開關
	(4) 切換開關	指用於切換由一電源至其他電源之自動或非自動裝置
	(5) 隔離開關	指用於隔離電路與電源，無啟斷額定，須以其他設備啟斷電路後，方可操作之開關
	(6) 電動機電路開關	指在開關額定內，可啟斷額定馬力電動機之最大運轉過載電流之開關
24. 分段設備	又稱隔離設備	指藉其開啟可使電路與電源隔離之裝置
25. 斷路器	指於額定能力內，當電路發生過電流時，其能自動跳脫，啟斷該電路，且不致使其本體失能之過電流保護裝置。按其功能，常用類型定義如下	
	(1) 可調式斷路器	指斷路器可在預定範圍內依設定之各種電流值或時間條件下跳脫
	(2) 不可調式斷路器	指斷路器不能做任何調整以改變跳脫電流值或時間
	(3) 瞬時跳脫斷路器	指在斷路器跳脫時沒有刻意加入時間延遲
	(4) 反時限斷路器	指在斷路器跳脫時刻意加入時間延遲，且當電流愈大時，延遲時間愈短
26. 漏電斷路器	具有啟斷負載、漏電、過載及短路電流之能力	指當接地電流超過設備額定感度電流時，於預定時間內啟斷電路，以保護人員及設備之裝置
27. 漏電啟斷裝置	具有啟斷負載電流之能力	指當接地電流超過設備額定感度電流時，於預定時間內啟斷電路，以保護人員之裝置
28. 接地	指線路或設備與大地有導電性之連接	
29. 被接地	指被接於大地之導電性連接	
30. 接地線	又稱接地導線	連接設備、器具或配線系統至接地電極之導線
31. 設備接地導線	指連接設備所有正常非帶電金屬組件，至接地電極之導線	
32. 封閉箱體	指機具之外殼或箱體，以避免人員意外碰觸帶電組件，或保護設備免於受到外力損害	
33. 配（分）電箱	簡稱配電箱	指具有框架、箱體、中隔板及門蓋，並裝有開關、過電流保護設備、匯流排或儀表等用電設備之封閉箱體

34. 配電盤	落地型封閉箱體	指具有框架、箱體、中隔板及門蓋,並裝有開關、過電流保護設備、匯流排或儀表等用電設備
35. 出線口	指配線系統上之一點,於該點引出電流至用電器具	
36. 出線盒	指設施於導線之末端用以引出管槽內導線之盒	
37. 管槽	指專門設計作為容納導線、電纜或匯流排之封閉管道,包括金屬導線管、非金屬導線管、金屬可撓導線管、非金屬可撓導線管、金屬導線槽及非金屬導線槽、匯流排槽等	
38. 人孔	指位於地下之封閉設施,供人員進出,以便進行地下設備及電纜之裝設、操作及維護	

十四、接地方式應符合規定
用戶用電設備裝置規則 第 24 條

1. 設備接地	高低壓用電設備非帶電金屬部分之接地
2. 內線系統接地	指設施於導線之末端用以引出管槽內導線之盒
3. 低壓電源系統接地	配電變壓器之二次側低壓線或中性線之接地
4. 設備與系統共同接地	內線系統接地與設備接地共用一接地線或同一接地電極

十五、接戶開關應有之額定不得低於第二章第三節所計得之負載及左列之額定值
用戶用電設備裝置規則 第 31 條

1. 僅供應一分路者,其接戶開關額定值不得低於一五安
2. 僅供應單相二線式分路二路者,其接戶開關額定值不得低於三〇安
3. 進屋線為單相三線式,計得之負載大於一〇千瓦特或分路在六路以上者,其接戶開關額定值應不低於五〇安
4. 上述以外情形者,其(接戶開關)額定值不得低於三〇安

十六、左列各款用電設備或線路,應按規定施行接地外,並在電路上或該等設備之適當處所裝設漏電斷路器
用戶用電設備裝置規則 第 59 條

1. 建築或工程興建之臨時用電設備
2. 游泳池、噴水池等場所水中及周邊用電設備
3. 公共浴室等場所之過濾或給水電動機分路
4. 灌溉、養魚池及池塘等用電設備
5. 辦公處所、學校和公共場所之飲水機分路
6. 住宅、旅館及公共浴室之電熱水器及浴室插座分路
7. 住宅場所陽台之插座及離廚房水槽一‧八公尺以內之插座分路

8. 住宅、辦公處所、商場之沉水式用電設備
9. 裝設在金屬桿或金屬構架之路燈、號誌燈、廣告招牌燈
10. 人行地下道、路橋用電設備
11. 慶典牌樓、裝飾彩燈
12. 由屋內引至屋外裝設之插座分路
13. 遊樂場所之電動遊樂設備分路

十七、可撓軟線及可撓電纜適用於下列情況或場所
用戶用電設備裝置規則 第 96 條

1. 懸吊式用電器具
2. 照明燈具之配線
3. 活動組件、可攜式燈具或用電器具等之引接線
4. 升降機之電纜配線
5. 吊車及起重機之配線
6. 固定式小型電器經常改接之配線
附插頭可撓軟線應由插座出線口引接供電。

十八、可撓軟線及可撓電纜不得使用於下列情況或場所
用戶用電設備裝置規則 第 97 條

1. 永久性分路配線。
2. 貫穿於牆壁、建築物結構體之天花板、懸吊式天花板或地板。
3. 貫穿於門、窗或其他類似開口。
4. 附裝於建築物表面。但符合第二百九十條第二款規定者,不在此限。
5. 隱藏於牆壁、地板、建築物結構體天花板或位於懸吊式天花板上方。
6. 易受外力損害之場所。

十九、插座裝設之場所及位置之規定
用戶用電設備裝置規則 第 99-5 條

1. 非閉鎖型之二五〇伏以下之一五安及二〇安插座:	(一)裝設於濕氣場所應以附可掀式蓋板、封閉箱體或其他可防止濕氣滲入之保護。
	(二)裝設於潮濕場所,應以水密性蓋板或耐候性封閉箱體保護。
2. 插座不得裝設於浴缸或淋浴間之空間內部或其上方位置。	
3. 地板插座應能容許地板清潔設備之操作而不致損害插座。	
4. 插座裝設於嵌入建築物完成面,且位於濕氣或潮濕場所者,其封閉箱體應具耐候性,使用耐候性面板及組件組成,提供面板與完成面間之水密性連接。	

1 建築物室內裝修工程管理相關法規

2 防火避難及消防法相關法規

3 職業安全衛生法規

4 綠建材及相關設備類法規

5 其他與建築物室內裝修相關法規

六、重點整理

355

其他與建築物
室內裝修相關法規

　　室內裝修相關法規範圍很廣，對於無障礙空間的設計要求，是為了讓身體不便的族群，在各種環境中都享有應有的權利，安全的使用各類場所。

　　而對於施工期間，相關的施工規範也是需要符合公寓大廈管理條例的內容，以及達到各社區住戶規約的規定，有些施工項目是需要經過區權大會的會議通過才能施作，這些都要先了解清楚。

　　招牌廣告及樹立廣告管理辦法主要對安裝於牆面上廣告尺寸及設置做相關的規範，以符合安全上的考量。

　　中華民國國家標準 CNS 建築圖例主要在設計時，圖面上的標示圖例皆有統一的規範，讓圖面能夠有統一的符號，在溝通上才有一致性的語言。

5 其他與建築物室內裝修相關法規

 ## 一 建築物無障礙設施設計規範

修正日期：民國 109 年 5 月 11 日

◎室內裝修案件若屬公有建築物或既有公共建築物（不含寺廟、教堂及住宅）之室內裝修申請案件，符合下列各款規定：

1. 圖說審核時檢附經建築師或專業設計技術人員簽證之無障礙通路出入口檢討說明書。

2. 後續於申請竣工審查時檢具出入口順平之竣工照片。

第一章	總則	與室內裝修相關
101	依據：本規範依據建築技術規則建築設計施工編（以下簡稱本編）第 167 條第 4 項規定訂定之。	
102	適用範圍：建築物無障礙設施設計依本規範規定。但經檢附申請書及評估報告或其他證明文件，向中央主管建築機關申請認可者，其設計得不適用本規範一部或全部之規定。	
103	一般事項說明	
103.1	尺寸：本規範中未註明「最大」、「最小」或「限定範圍」（如 3 公分至 5 公分）者，所有該項尺寸之誤差不得大於 3%。	
103.2	圖表：本規範所有圖表，除非特別註明者，皆為規定之一部分。	
104	用語定義	
104.1	行動不便者：個人身體因先天或後天受損、退化，如肢體障礙、視覺障礙、聽覺障礙等，導致在使用建築環境時受到限制者。另因暫時性原因導致行動受限者，如孕婦及骨折病患等，為「暫時性行動不便者」。	
104.2	無障礙設施：係指定著於建築物之建築構件（含設備），使建築物、空間為行動不便者可獨立到達、進出及使用。	
104.3	無障礙通路：符合本規範規定的室內或室外之連續通路可使行動不便者獨立進出及通行。	
104.4	路緣坡道：穿過路緣石或是建在其上的短坡道。	
104.5	坡度：上下兩端之高度與水平長度之比值。	

1 建築物室內裝修工程管理相關法規

2 防火避難及消防法相關法規

3 職業安全衛生法規

4 綠建材及相關設備類法規

5 其他與建築物室內裝修相關法規

一、建築物無障礙設施設計規範

104.6	自動門：使用動力機制來操作及控制的門。	無障礙之空間設置電動門為必要措施
104.7	點字：以六點為單元（方），運用其凸點的排列組合，構成供視覺障礙者觸讀之文字符號。	
104.8	標誌：由陳列的文字、符號、觸覺裝置或是圖畫所組成的構件，用以傳達資訊。	
104.9	觸覺裝置：可經由觸覺感知傳達資訊之方式。	
104.10	引導設施：指為引導行動不便者進出建築物設置之延續性設施，以引導其行進方向或協助其界定通路位置或注意前行路況。如藉由觸覺、語音、邊界線或其他相關設施組成，達到引導視覺障礙者之功能。	
104.11	引導標誌：為引導行動不便者進出建築物與使用相關設施之延續及不中斷的方向引導標誌。	
105	參考附錄：參考附錄提供設計者參考，具指導性質，非屬強制性規定。	

第二章　無障礙通路 與室內裝修相關

201	適用範圍：建築物依規定應設置無障礙通路者，其通路設計應符合本章規定。	
202	通則	
202.1	組成：無障礙通路應由以下一個或多個設施組成，包括室外通路、室內通路走廊、出入口、坡道、扶手、昇降設備、升降平台等。	
202.2	高差：高差在 0.5 公分至 3 公分者，應作 1/2 之斜角處理；高差超過 3 公分者，應設置符合本規範之坡道、昇降設備、升降平台。但高差未達 0.5 公分者，得不受限制（如圖 202.2）。 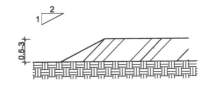 圖 202.2 （圖片來源：內政部營建署 建築物無障礙設施設計規範）	在室內裝修時，大門入口的高低差若超過 0.5 公分，則需順平或做緩坡，讓輪椅能進出無障礙
202.3	地面：通路地面應平整、防滑且易於通行。	

202.4	獨棟或連棟建築物之特別規定
202.4.1	適用對象：建築基地內該棟自地面層至最上層均屬同一住宅單位且僅供住宅使用者。
202.4.2	組成：其地面層無障礙通路，僅須設置室外通路。
202.4.3	設有騎樓者：其室外通路得於騎樓與道路邊界設置 1 處以上坡道，經由騎樓通達各棟出入口。
202.4.4	免設置：位於山坡地者，或其臨接道路之淹水潛勢高度達 50 公分以上且地面層須自基地地面提高 50 公分以上者，或地面層設有室內停車位者，或建築基地未達 10 個住宅單位者，得免設置室外通路。
202.4.5	部分設置：建築基地具 10 個以上、未達 50 個住宅單位者，應至少有 1/10 以上之住宅單位設置室外通路。其計算如有餘數者，應再增加 1 個住宅單位設置室外通路。
203	室外通路
203.1	適用範圍：建築線（道路或人行道）至建築物主要出入口，或基地內各幢建築物間，設有引導設施，作為無障礙通路之室外通路應符合本節規定。
203.2	室外通路設計
203.2.1	室外通路引導標誌：室外無障礙通路與建築物室外主要通路不同時，必須於室外主要通路入口處標示無障礙通路之方向。
203.2.2	室外通路坡度：地面坡度不得大於 1/15；但適用本規範 202.4 者，其地面坡度不得大於 1/10，超過者應依本規範 206 節規定設置坡道，且兩不同方向之坡道交會處應設置平台，該平台之坡度不得大於 1/50。
203.2.3	室外通路寬度：室外通路寬度不得小於 130 公分；但適用本規範 202.4 者，其通路寬度不得小於 90 公分。
203.2.4	室外通路排水：室外通路應考慮排水，洩水坡度為 1/100 至 1/50。
203.2.5	室外通路開口：室外通路寬度 130 公分範圍內，儘量不設置水溝格柵或其他開口，如需設置，水溝格柵或其他開口應至少有一方向開口不得大於 1.3 公分（如圖 203.2.5）。

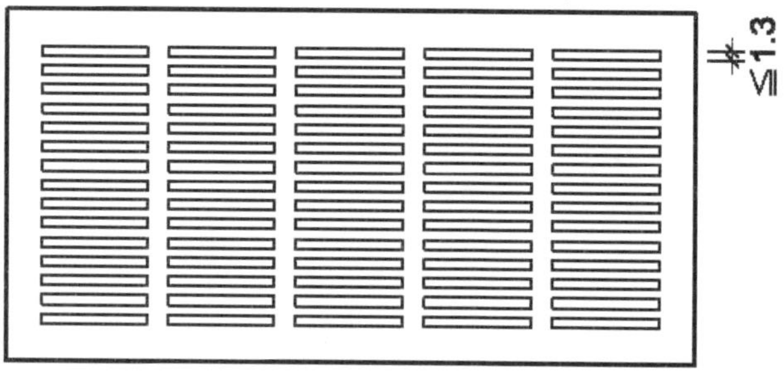

圖 203.2.5 （圖片來源：內政部營建署 建築物無障礙設施設計規範）

204	室內通路走廊
204.1	適用範圍：無障礙通路之室內通路走廊，應符合本節規定。
204.2	室內通路走廊設計
204.2.1	室內通路走廊坡度：地面坡度不得大於 1/50，超過者應依本規範 206 節規定設置坡道。
	室內通路走廊寬度：室內通路走廊寬度不得小於 120 公分，走廊中如有開門，則扣除門扇開啟之空間後，其寬度不得小於 120 公分（如圖 204.2.2）。
204.2.2	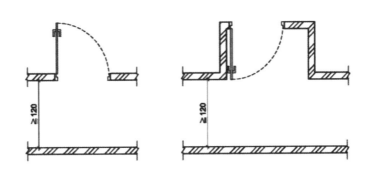

 圖 204.2.2（圖片來源：內政部營建署 建築物無障礙設施設計規範）

205	出入口
205.1	適用範圍：無障礙通路上之出入口、驗（收）票口及門之設計應符合本節規定。
205.2	出入口設計
205.2.1	通則：出入口兩側之地面 120 公分之範圍內應平整、防滑、易於通行，不得有高差，且坡度不得大於 1/50。
205.2.2	避難層出入口：出入口前應設置平台，平台淨寬度與出入口同寬，且不得小於 150 公分，淨深度亦不得小於 150 公分，且坡度不得大於 1/50。地面順平避免設置門檻，門外可考慮設置溝槽防水（開口至少有一方向應小於 1.3 公分，如圖 203.2.5），若設門檻時，應為 3 公分以下。門檻高度在 0.5 公分至 3 公分者，應作 1/2 之斜角處理，高度未達 0.5 公分者，得不受限制。

如果是公家機關或是供公眾使用的場所，其避難層出入口就必須平整、順平，不能有高低差及階梯，遇到此類場所都需要符合相關規定

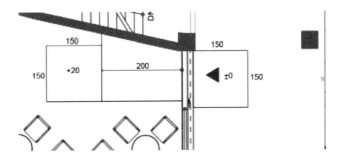

（圖片來源：內政部營建署 建築物無障礙設施設計規範）

室內出入口：門扇打開時，地面應平順不得設置門檻，且門框間之距離不得小於 90 公分（如圖 205.2.3）；另橫向拉門、折疊門開啟後之淨寬度不得小於 80 公分。

205.2.3

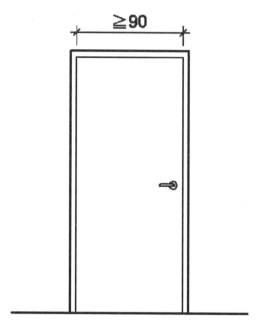

圖 205.2.3 （圖片來源：內政部營建署 建築物無障礙設施設計規範）

205.2.4　操作空間：通路走廊與門垂直者，門把側邊之操作空間不得小於 45 公分（如圖 205.2.4.1）；通路走廊與門平行者，門把側邊之操作空間不得小於 60 公分（如圖 205.2.4.2）；設有風除室者，應留設直徑 150 公分以上之迴轉空間（如圖 205.2.4.3）。

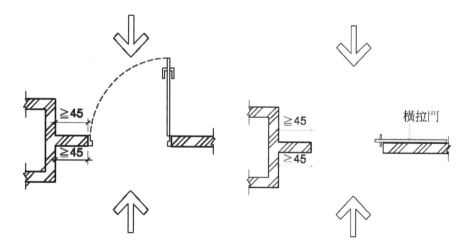

圖 205.2.4.1 （圖片來源：內政部營建署 建築物無障礙設施設計規範）

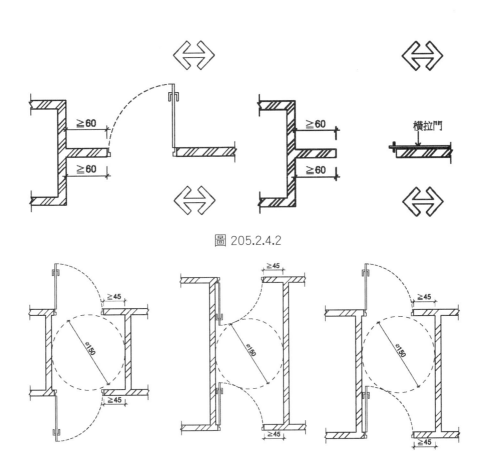

圖 205.2.4.2

圖 205.2.4.3 （圖片來源：內政部營建署 建築物無障礙設施設計規範）

205.4	門
205.4.1	開門方式：不得使用旋轉門、彈簧門。如設有自動開關裝置時，其裝置之中心點應距地板面 85 公分至 90 公分，且距柱、牆角 30 公分以上。使用自動門者，應設有當門受到物體或人之阻礙時，可自動停止並重新開啟之裝置。

門扇：門扇得設於牆之內、外側。若門扇或牆版為整片透明玻璃，應於距地板面 110 公分至 150 公分範圍內設置告知標誌（如圖 205.4.2）。

205.4.2

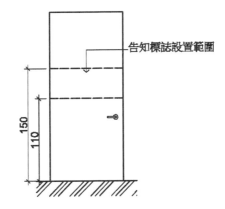

告知標誌設置範圍

圖 205.4.2 （圖片來源：內政部營建署 建築物無障礙設施設計規範）

1 建築物室內裝修工程管理相關法規

2 防火避難及消防法相關法規

3 職業安全衛生法規

4 綠建材及相關設備類法規

5 其他與建築物室內裝修相關法規

一、建築物無障礙設施設計規範

門把：門把應採用容易操作之型式，不得使用凹入式或扭轉型式，中心點應設置於距地板面 75 公分至 85 公分、門邊 4 公分至 6 公分之範圍。使用橫向拉門者，門把應留設 4 公分至 6 公分之防夾手空間（如圖 205.4.3.1、圖 205.4.3.2）。

205.4.3

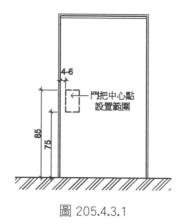

圖 205.4.3.1

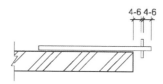

圖 205.4.3.2 （圖片來源：內政部營建署 建築物無障礙設施設計規範）

205.4.4　門鎖：應設置於距地板面 70 公分至 100 公分之範圍，並採用容易操作之型式，不得使用喇叭鎖、扭轉型式之門鎖。

第五章	廁所盥洗室	與室內裝修相關
501	適用範圍：建築物依規定應設置無障礙廁所盥洗室者，其設計應符合本章規定。	
502	通則	
502.1	位置：無障礙廁所盥洗室應設於無障礙通路可到達之處。	
502.2	地面：無障礙廁所盥洗室之地面應堅硬、平整、防滑，尤其應注意地面潮濕及有肥皂水時之防滑。	
502.3	高差：由無障礙通路進入無障礙廁所盥洗室不得有高差，止水得採用截水溝，水溝格柵或其他開口應至少有一方向開口小於 1.3 公分。	
502.4	電燈開關：電燈開關設置高度應於距地板面 70 公分至 100 公分範圍內，設置位置應距柱或牆角 30 公分以上。	

503	引導標誌
503.1	入口引導：無障礙廁所盥洗室與一般廁所相同，應於適當處設置廁所位置指示，如無障礙廁所盥洗室未設置於一般廁所附近，應於一般廁所處及沿路轉彎處設置方向指示。
503.2	標誌：無障礙廁所盥洗室前牆壁或門上應設置無障礙標誌。如主要通路走廊與廁所盥洗室開門方向平行，則應另設置垂直於牆面之無障礙標誌（如圖503.2）。 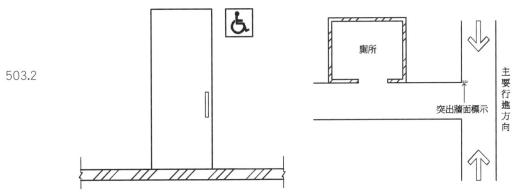 圖 503.2 （圖片來源：內政部營建署 建築物無障礙設施設計規範）

504	廁所盥洗室設計
504.1	淨空間：無障礙廁所盥洗室應設置直徑 150 公分以上之迴轉空間，其迴轉空間邊緣 20 公分範圍內，如符合膝蓋淨容納空間規定者，得納入迴轉空間計算（如圖504.1）。 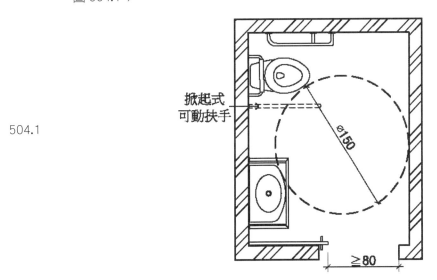 圖 504.1 （圖片來源：內政部營建署 建築物無障礙設施設計規範）
504.2	門：應採用橫向拉門，出入口淨寬不得小於 80 公分，且符合本規範 205.4 規定（如圖 504.1）。

鏡子：鏡面底端距地板面不得大於 90 公分，鏡面高度應在 90 公分以上（如圖 504.3）。

504.3

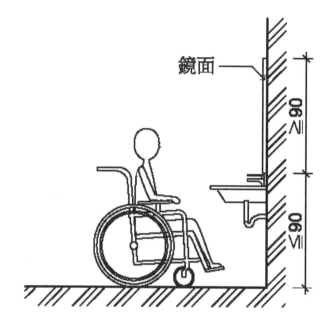

圖 504.3（圖片來源：內政部營建署 建築物無障礙設施設計規範）

504.4　求助鈴

位置：無障礙廁所盥洗室內應設置 2 處求助鈴，1 處按鍵中心點在距離馬桶前緣往後 15 公分、馬桶座墊上 60 公分，另設置 1 處可供跌倒後使用之求助鈴，按鍵中心距地板面高 15 公分至 25 公分範圍內，且應明確標示，易於操控（如圖 504.4.1)。

504.4.1

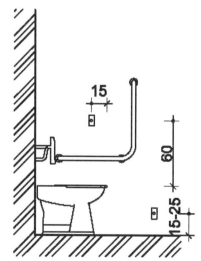

圖 504.4.1（圖片來源：內政部營建署 建築物無障礙設施設計規範）

504.4.2	連接裝置：求助鈴應連至服務台或類似空間，若無服務台，應連接至無障礙廁所盥洗室外之警示燈或聲響。
505	**馬桶及扶手**
505.1	適用範圍：無障礙廁所盥洗室設置馬桶及扶手，應符合本節規定。

淨空間：馬桶至少有一側邊之淨空間不得小於 70 公分，扶手如設於側牆時，馬桶中心線距側牆之距離不得大於 60 公分，馬桶前緣淨空間不得小於 70 公分（如圖 505.2）。

505.2

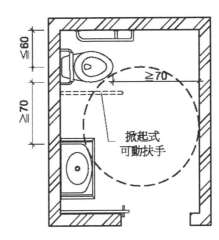

圖 505.2 （圖片來源：內政部營建署 建築物無障礙設施設計規範）

高度：應使用一般型式之馬桶，座墊高度為 40 公分至 45 公分，馬桶不可有蓋，且應設置背靠，背靠距離馬桶前緣 42 公分至 50 公分，背靠下緣與馬桶座墊之淨距離為 20 公分（水箱作為背靠需考慮其平整及耐壓性，應距離馬桶前緣 42 公分至 50 公分）（如圖 505.3 ）。

505.3

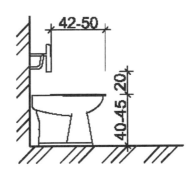

圖 505.3 （圖片來源：內政部營建署 建築物無障礙設施設計規範）

一、建築物無障礙設施設計規範

沖水控制：沖水控制可為手動或自動，手動沖水控制應設置於 L 型扶手之側牆上，中心點距馬桶前緣往前 10 公分及馬桶座墊上 40 公分處（如圖 505.4 ）；馬桶旁無側面牆壁，手動沖水控制應符合手可觸及範圍之規定。

505.4

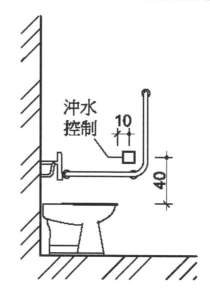

圖 505.4 （圖片來源：內政部營建署 建築物無障礙設施設計規範）

側邊 L 型扶手：馬桶側面牆壁裝置扶手時，應設置 L 型扶手，扶手外緣與馬桶中心線之距離為 35 公分（如圖 505.5.1），扶手水平與垂直長度皆不得小於 70 公分，垂直扶手外緣與馬桶前緣之距離為 27 公分，水平扶手上緣與馬桶座墊距離為 27 公分（如圖 505.5.2）。L 型扶手中間固定點並不得設於扶手垂直部分。

505.5

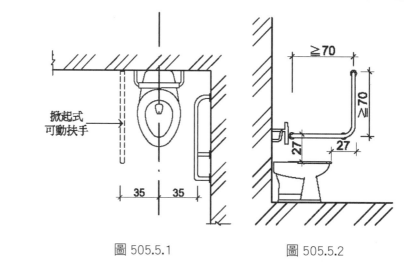

圖 505.5.1   圖 505.5.2
（圖片來源：內政部營建署 建築物無障礙設施設計規範）

可動扶手：馬桶至少有一側為可固定之掀起式扶手。使用狀態時，扶手外緣與馬桶中心線之距離為 35 公分，且兩側扶手上緣與馬桶座墊距離為 27 公分，長度不得小於馬桶前端且突出部分不得大於 15 公分（如圖 505.6 ）。

505.6

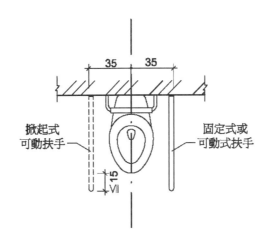

圖 505.6 （圖片來源：內政部營建署 建築物無障礙設施設計規範）

506	無障礙小便器
506.1	位置：一般廁所設有小便器者，應設置至少一處無障礙小便器。無障礙小便器應設置於廁所入口便捷之處，且不得設有門檻。
506.2	高差：無障礙小便器前方不得有高差。

高度：無障礙小便器之突出端距地板面高度不得大於 38 公分（如圖 506.3 ）。

506.3

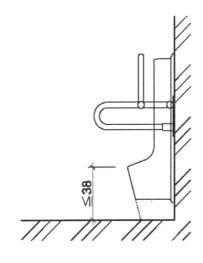

圖 506.3 （圖片來源：內政部營建署 建築物無障礙設施設計規範）

506.4	沖水控制：沖水控制可為手動或自動，手動沖水控制應符合手可觸及範圍之規定。

一、建築物無障礙設施設計規範

淨空間：無障礙小便器與其他小便器間應裝設隔板，且隔板間之淨空間不得小於小便器中心線左右各 50 公分（如圖 506.5）。

506.5

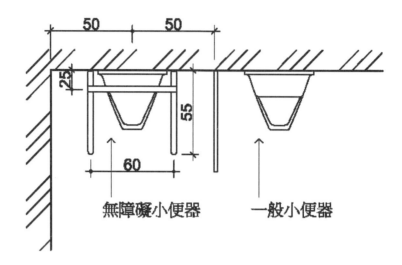

圖 506.5 （圖片來源：內政部營建署 建築物無障礙設施設計規範）

扶手：無障礙小便器兩側及前方應設置扶手。兩側扶手中心線之距離為 60 公分（如圖 506.5），長度為 55 公分，扶手上緣距地板面為 85 公分，扶手下緣距地板面 65 公分至 70 公分。前方扶手上緣距地板面為 120 公分，其中心線與牆壁之距離為 25 公分（如圖 506.6.1、圖 506.6.2）。

506.6

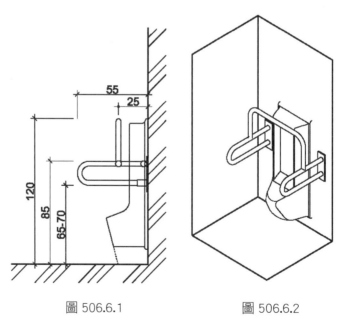

圖 506.6.1   圖 506.6.2

（圖片來源：內政部營建署 建築物無障礙設施設計規範）

507	洗面盆

507.1　適用範圍：無障礙廁所盥洗室設置洗面盆，應符合本節規定。

507.2　高差：無障礙洗面盆前方不得有高差。

507.3　高度：無障礙洗面盆上緣距地板面不得大於 80 公分，下緣應符合膝蓋淨容納空間規定（如圖 507.3）。

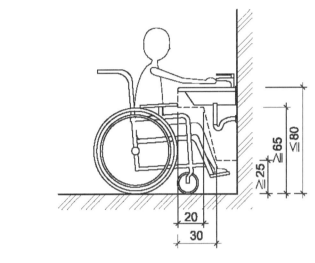

圖 507.3（圖片來源：內政部營建署 建築物無障礙設施設計規範）

507.4　水龍頭：水龍頭應有撥桿，或設置自動感應控制設備。

507.5　洗面盆深度：洗面盆外緣距離可控制水龍頭操作端、可自動感應處、出水口均不得大於 40 公分（如圖 507.6.1、圖 507.6.2、圖 507.6.1），如設有環狀扶手時深度應計算至環狀扶手外緣。洗面盆下方空間，外露管線及器具表面不得有尖銳或易磨蝕之設備。

507.6　扶手：洗面盆應設置扶手，型式可為環狀扶手或固定扶手。設置環狀扶手者，扶手上緣應高於洗面盆邊緣 1 公分至 3 公分（如圖 507.6.1）。設置固定扶手者，使用狀態時，扶手上緣高度應與洗面盆上緣齊平，突出洗面盆邊緣長度為 25 公分，兩側扶手之內緣距離為 70 公分至 75 公分（如圖 507.6.2）。但設置檯面式洗面盆或設置壁掛式洗面盆已於下方加設安全支撐者，得免設置扶手（如圖 507.6.3）。

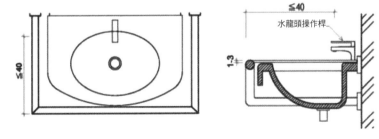

圖 507.6.1（圖片來源：內政部營建署 建築物無障礙設施設計規範）

1 建築物室內裝修工程管理相關法規

2 防火避難及消防法相關法規

3 職業安全衛生法規

4 綠建材及相關設備類法規

5 其他與建築物室內裝修相關法規

一、建築物無障礙設施設計規範

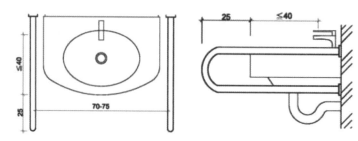

圖 507.6.2 （圖片來源：內政部營建署 建築物無障礙設施設計規範）

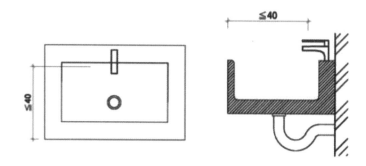

圖 507.6.3 （圖片來源：內政部營建署 建築物無障礙設施設計規範）

第九章	無障礙標誌	與室內裝修相關
901	適用範圍：無障礙設施需設置無障礙標誌者，應符合本章規定設置。	
902	通則	

標誌：無障礙標誌應符合圖 902.1 規定之比例。

902.1	

格子作為定位參考點，
正式標誌應無格

圖 902.1 （圖片來源：內政部營建署 建築物無障礙設施設計規範）

902.2	顏色：無障礙標誌之圖案顏色與底色應有明顯不同，得採用藍色底、白色圖案；且該標誌若設置於壁面上，該標誌之底色亦應與壁面顏色有明顯不同；得採用藍色底、白色圖案。

第十章	無障礙客房	與室內裝修相關

1001	適用範圍：建築物依規定應設置無障礙客房者，其設計應符合本章規定。
1002	通則
1002.1	位置：無障礙客房應設於無障礙通路可到達之處，且應出入方便。
1002.2	地面：無障礙客房之地面應平順、防滑。
1002.3	出入口：由無障礙通路進入無障礙客房之出入口應符合本規範 205.2.3 及 205.2.4 之規定。
1003	衛浴設備
1003.1	組成：無障礙客房內應設置衛浴設備，衛浴設備至少應包括馬桶、洗面盆及浴缸或淋浴間等。
1003.2	迴轉空間：衛浴設備空間應設置直徑 135 公分以上之迴轉空間，其迴轉空間邊緣 20 公分範圍內如符合膝蓋淨容納空間規定者，得納入迴轉空間計算。
1003.3	馬桶及扶手：應符合本規範 505 節之規定。
1003.4	洗面盆：應符合本規範 507 節之規定。
1003.5	衛浴設備空間之浴缸或淋浴間：應符合本規範 605 節、606 節之規定。
1003.6	衛浴設備空間內求助鈴
1003.6.1	位置：馬桶、浴缸或淋浴間求助鈴之設置應分別符合本規範 504.4.1、605.5.1 及 606.6.1 之規定，並得合併檢討。
1004	設置尺寸
1004.1	客房內通路：客房內通路寬度不得小於 120 公分，床間淨寬度不得小於 90 公分。
1004.2	門：其設置應符合本規範 205.4 之規定。
1004.3	供房客使用之電器插座及開關：應設置於距地板面高 70 公分至 100 公分範圍內，設置位置應距柱、牆角 30 公分以上。
1005	客房內求助鈴
1005.1	位置：應至少設置 2 處，1 處按鍵中心點設置於距地板面 90 公分至 120 公分範圍內；另設置 1 處可供跌倒後使用之求助鈴，按鍵中心點距地板面 15 公分至 25 公分範圍內，且應明確標示，易於操控。
1005.2	連接裝置：求助鈴應連接至服務台或類似空間，若無服務台，應連接至無障礙客房外部之警示燈或聲響。

公寓大廈管理條例

修正日期：民國 105 年 11 月 16 日

第一章　總則	與室內裝修相關

第 1 條　為加強公寓大廈之管理維護，提昇居住品質，特制定本條例。

　　　　本條例未規定者，適用其他法令之規定。

第 2 條　本條例所稱主管機關：在中央為內政部；在直轄市為直轄市政府；在縣（市）為縣（市）政府。

第 3 條　本條例用辭定義如下：

　　　　一、公寓大廈：指構造上或使用上或在建築執照設計圖樣標有明確界線，得區分為數部分之建築物及其基地。

　　　　二、區分所有：指數人區分一建築物而各有其專有部分，並就其共用部分按其應有部分有所有權。

　　　　三、專有部分：指公寓大廈之一部分，具有使用上之獨立性，且為區分所有之標的者。

　　　　四、共用部分：指公寓大廈專有部分以外之其他部分及不屬專有之附屬建築物，而供共同使用者。

　　　　五、約定專用部分：公寓大廈共用部分經約定供特定區分所有權人使用者。

　　　　六、約定共用部分：指公寓大廈專有部分經約定供共同使用者。

　　　　七、區分所有權人會議：指區分所有權人為共同事務及涉及權利義務之有關事項，召集全體區分所有權人所舉行之會議。

　　　　八、住戶：指公寓大廈之區分所有權人、承租人或其他經區分所有權人同意而為專有部分之使用者或業經取得停車空間建築物所有權者。

　　　　九、管理委員會：指為執行區分所有權人會議決議事項及公寓大廈管理維護工作，由區分所有權人選任住戶若干人為管理委員所設立之組織。

　　　　十、管理負責人：指未成立管理委員會，由區分所有權人推選住戶一人或依第二十八條第三項、第二十九條第六項規定為負責管理公寓大廈事務者。

　　　　十一、管理服務人：指由區分所有權人會議決議或管理負責人或管理委員會僱傭或委任而執行建築物管理維護事務之公寓大廈管理服務人員或管理維護公司。

　　　　十二、規約：公寓大廈區分所有權人為增進共同利益，確保良好生活環境，經區分所有權人會議決議之共同遵守事項。

第二章　住戶之權利義務

與室內裝修
相關

第 4 條　區分所有權人除法律另有限制外，對其專有部分，得自由使用、收益、處分，並排除他人干涉。

專有部分不得與其所屬建築物共用部分之應有部分及其基地所有權或地上權之應有部分分離而為移轉或設定負擔。

第 5 條　區分所有權人對專有部分之利用，不得有妨害建築物之正常使用及違反區分所有權人共同利益之行為。

第 6 條　住戶應遵守下列事項：

一、於維護、修繕專有部分、約定專用部分或行使其權利時，不得妨害其他住戶之安寧、安全及衛生。

二、他住戶因維護、修繕專有部分、約定專用部分或設置管線，必須進入或使用其專有部分或約定專用部分時，不得拒絕。

三、管理負責人或管理委員會因維護、修繕共用部分或設置管線，必須進入或使用其專有部分或約定專用部分時，不得拒絕。

四、於維護、修繕專有部分、約定專用部分或設置管線，必須使用共用部分時，應經管理負責人或管理委員會之同意後為之。

五、其他法令或規約規定事項。

前項第二款至第四款之進入或使用，應擇其損害最少之處所及方法為之，並應修復或補償所生損害。

住戶違反第一項規定，經協調仍不履行時，住戶、管理負責人或管理委員會得按其性質請求各該主管機關或訴請法院為必要之處置。

第 7 條　公寓大廈共用部分不得獨立使用供做專有部分。其為下列各款者，並不得為約定專用部分：

一、公寓大廈本身所占之地面。

二、連通數個專有部分之走廊或樓梯，及其通往室外之通路或門廳；社區內各巷道、防火巷弄。

三、公寓大廈基礎、主要樑柱、承重牆壁、樓地板及屋頂之構造。

四、約定專用有違法令使用限制之規定者。

五、其他有固定使用方法，並屬區分所有權人生活利用上不可或缺之共用部分。

第 8 條　公寓大廈周圍上下、外牆面、樓頂平臺及不屬專有部分之防空避難設備，其變更構造、顏色、設置廣告物、鐵鋁窗或其他類似之行為，除應依法令規定辦理外，該公寓大廈規約另有規定或區分所有權人會議已有決議，經向直轄市、縣（市）主管機關完成報備有案者，應受該規約或區分所有權人會議決議之限制。

隱形鐵窗裝設之法源依據，管委會不能禁止設置

公寓大廈有十二歲以下兒童或六十五歲以上老人之住戶，外牆開口部或陽臺得設置不妨礙逃生且不突出外牆面之防墜設施。防墜設施設置後，設置理由消失且不符前項限制者，區分所有權人應予改善或回復原狀。

住戶違反第一項規定，管理負責人或管理委員會應予制止，經制止而不遵從者，應報請主管機關依第四十九條第一項規定處理，該住戶並應於一個月內回復原狀。屆期未回復原狀者，得由管理負責人或管理委員會回復原狀，其費用由該住戶負擔。

第 9 條　各區分所有權人按其共有之應有部分比例，對建築物之共用部分及其基地有使用收益之權。但另有約定者從其約定。

住戶對共用部分之使用應依其設置目的及通常使用方法為之。但另有約定者從其約定。

前二項但書所約定事項，不得違反本條例、區域計畫法、都市計畫法及建築法令之規定。

住戶違反第二項規定，管理負責人或管理委員會應予制止，並得按其性質請求各該主管機關或訴請法院為必要之處置。如有損害並得請求損害賠償。

第 10 條　專有部分、約定專用部分之修繕、管理、維護，由各該區分所有權人或約定專用部分之使用人為之，並負擔其費用。

共用部分、約定共用部分之修繕、管理、維護，由管理負責人或管理委員會為之。其費用由公共基金支付或由區分所有權人按其共有之應有部分比例分擔之。但修繕費係因可歸責於區分所有權人或住戶之事由所致者，由該區分所有權人或住戶負擔。其費用若區分所有權人會議或規約另有規定者，從其規定。

前項共用部分、約定共用部分，若涉及公共環境清潔衛生之維持、公共消防滅火器材之維護、公共通道溝渠及相關設施之修繕，其費用政府得視情況予以補助，補助辦法由直轄市、縣（市）政府定之。

第 11 條　共用部分及其相關設施之拆除、重大修繕或改良，應依區分所有權人會議之決議為之。

涉及共有部分（如梯廳），變更需要經過區權大會同意

前項費用，由公共基金支付或由區分所有權人按其共有之應有部分比例分擔。

第 12 條　專有部分之共同壁及樓地板或其內之管線，其維修費用由該共同壁雙方或樓地板上下方之區分所有權人共同負擔。但修繕費係因可歸責於區分所有權人之事由所致者，由該區分所有權人負擔。

第 13 條　公寓大廈之重建，應經全體區分所有權人及基地所有權人、地上權人或典權人之同意。但有下列情形之一者，不在此限：

一、配合都市更新計畫而實施重建者。

二、嚴重毀損、傾頹或朽壞，有危害公共安全之虞者。

三、因地震、水災、風災、火災或其他重大事變，肇致危害公共安全者。

第 14 條　公寓大廈有前條第二款或第三款所定情形之一，經區分所有權人會議決議重建時，區分所有權人不同意決議又不出讓區分所有權或同意後不依決議履行其義務者，管理負責人或管理委員會得訴請法院命區分所有權人出讓其區分所有權及其基地所有權應有部分。

前項之受讓人視為同意重建。

重建之建造執照之申請，其名義以區分所有權人會議之決議為之。

第 15 條　住戶應依使用執照所載用途及規約使用專有部分、約定專用部分，不得擅自變更。

住戶違反前項規定，管理負責人或管理委員會應予制止，經制止而不遵從者，報請直轄市、縣（市）主管機關處理，並要求其回復原狀。

第 16 條　住戶不得任意棄置垃圾、排放各種污染物、惡臭物質或發生喧囂、振動及其他與此相類之行為。

住戶不得於私設通路、防火間隔、防火巷弄、開放空間、退縮空地、樓梯間、共同走廊、防空避難設備等處所堆置雜物、設置柵欄、門扇或營業使用，或違規設置廣告物或私設路障及停車位侵占巷道妨礙出入。但開放空間及退縮空地，在直轄市、縣（市）政府核准範圍內，得依規約或區分所有權人會議決議供營業使用；防空避難設備，得為原核准範圍之使用；其兼作停車空間使用者，得依法供公共收費停車使用。

住戶為維護、修繕、裝修或其他類似之工作時，未經申請主管建築機關核准，不得破壞或變更建築物之主要構造。

住戶飼養動物，不得妨礙公共衛生、公共安寧及公共安全。但法令或規約另有禁止飼養之規定時，從其規定。

住戶違反前四項規定時，管理負責人或管理委員會應予制止或按規約處理，經制止而不遵從者，得報請直轄市、縣（市）主管機關處理。

> 室內裝修業者應注意裝修前現況是否已經外牆變更（大門變更尺寸或位置、陽台外推、窗戶尺寸及位置變更等事項）
>
> 涉及外牆變更部分若在 84 年 6 月 28 日公寓大廈管理條例實施後施作，則變更需要經過區權大會同意

第 17 條　住戶於公寓大廈內依法經營餐飲、瓦斯、電焊或其他危險營業或存放有爆炸性或易燃性物品者，應依中央主管機關所定保險金額投保公共意外責任保險。其因此增加其他住戶投保火災保險之保險費者，並應就其差額負補償責任。其投保、補償辦法及保險費率由中央主管機關會同財政部定之。

前項投保公共意外責任保險，經催告於七日內仍未辦理者，管理負責人或管理委員會應代為投保；其保險費、差額補償費及其他費用，由該住戶負擔。

招牌廣告及樹立廣告管理辦法

修正日期：民國 112 年 4 月 19 日

第一章　總則	與室內裝修相關
第 1 條　本辦法依建築法第九十七條之三第三項規定訂定之。	

第 2 條　本辦法用辭定義如下：

一、招牌廣告：指固著於建築物牆面上之電視牆、電腦顯示板、廣告看板、以支架固定之帆布等廣告。

二、樹立廣告：指樹立或設置於地面或屋頂之廣告牌（塔）、綵坊、牌樓等廣告。

第 3 條　下列規模之招牌廣告及樹立廣告，免申請雜項執照：

一、正面式招牌廣告縱長未超過二公尺者。

二、側懸式招牌廣告縱長未超過六公尺者。

三、設置於地面之樹立廣告高度未超過六公尺者。

四、設置於屋頂之樹立廣告高度未超過三公尺者。

> 招牌廣告及樹立廣告，免申請雜項執照之規定
>
> 超過規模要聲請雜項執照

第 4 條　側懸式招牌廣告突出建築物牆面不得超過一點五公尺，並應符合下列規定：

一、位於車道上方者，自下端計量至地面淨距離應在四點六公尺以上。

二、前款以外者，自下端計量至地面淨距離應在三公尺以上；位於退縮騎樓上方者，並應符合當地騎樓淨高之規定。

正面式招牌廣告突出建築物牆面不得超過五十公分。

前二項規定於都市計畫及其相關法令已有規定者，從其規定。

第 5 條　設置招牌廣告及樹立廣告者，應備具申請書，檢同設計圖說，設置處所之所有權或使用權證明及其他相關證明文件，向直轄市、縣（市）主管建築機關或其委託之專業團體申請審查許可。

設置應申請雜項執照之招牌廣告及樹立廣告，其申請審查許可，應併同申請雜項執照辦理。

第 6 條　前條之專業團體受託辦理招牌廣告及樹立廣告之審查業務時，應將審查結果送當地主管建築機關，合格者，由該管主管建築機關核發許可。

第 7 條　招牌廣告及樹立廣告申請審查許可時，其廣告招牌燈之裝設，應依建築技術規則建築設備編第十四條之規定辦理。

設置於建築物之招牌廣告及樹立廣告，其裝設之廣告招牌燈應依建築物公共安全檢查簽證及申報辦法之規定辦理。

第 8 條	直轄市、縣（市）主管建築機關為因應地方特色之發展，得就招牌廣告及樹立廣告之規模、突出建築物牆面之距離，於第三條及第四條規定範圍內另定規定；並得就其形狀、色彩及字體型式等事項，訂定設置規範。
	申請設置樹立廣告及招牌廣告時，直轄市、縣（市）主管建築機關應依前項規定及設置規範審查；其審查得委託第五條第一項之專業團體辦理。
第 9 條	直轄市、縣（市）主管建築機關依前條之設置規範，得製定各種招牌廣告及樹立廣告之標準圖樣供申請人選用。
	申請人選用前項之標準圖樣時，得由直轄市、縣（市）主管建築機關簡化其審查程序。
第 10 條	取得許可之招牌廣告及樹立廣告，應將許可證核准日期及字號標示於廣告物之左下角、右下角或明顯處。
第 11 條	招牌廣告及樹立廣告未經直轄市、縣（市）主管建築機關許可，不得擅自變更；其有變更時，應重新申請審查許可。
第 12 條	招牌廣告及樹立廣告許可之有效期限為五年，期限屆滿後，原雜項使用執照及許可失其效力，應重新申請審查許可或恢復原狀。
第 13 條	下列用途之建築物或場所，其招牌廣告及樹立廣告除商標以外之文字，應附加英語標示： 一、觀光旅館。 二、百貨公司。 三、總樓地板面積超過一萬平方公尺之超級市場、量販店、餐廳。
第 14 條	下列處所不得設置招牌廣告及樹立廣告： 一、公路、高岡處所或公園、綠地、名勝、古蹟等處所。但經各目的事業主管機關核准者，不在此限。 二、妨礙公共安全或交通安全處所。 三、妨礙市容、風景或觀瞻處所。 四、妨礙都市計畫或建築工程認為不適當之處所。 五、公路兩側禁建、限建範圍不得設置之處所。 六、阻礙該建築物各樓層依各類場所消防安全設備標準規定設置之避難器具開口部開啟、使用及下降操作之處所。 七、其他法令禁止設置之處所。
第 14-1 條	固著於建築物牆面上之電視牆、電腦顯示板之招牌廣告，其系統連網環境欠缺資通安全防護措施或防護不全者，直轄市、縣（市）主管建築機關應以書面命設置者立即停止使用並改善；設置者完成改善並報經直轄市、縣（市）主管建築機關同意後，始得恢復使用。 前項書面，應載明設置者不立即停止使用將依第三項規定辦理之意旨。 設置者未依第一項規定立即停止使用，直轄市、縣（市）主管建築機關得斷絕第一項招牌廣告使用所必須之電力或其他能源。
第 15 條	本辦法所定書、表格式，由中央主管建築機關定之。
第 16 條	本辦法自發布日施行。

四 土地使用分區的重要性

室內裝修送審前，應先檢討土地使用分區是否能夠設立相關類組的行業別，舉例：工業區不能當住宅、工業區要設立餐廳應該先查詢當區地方政府的適用法令、住宅區要符合附條件允許使用的規定才能設立相關行業・・・等，當檢討後的土地使用分區不能設立時，就會面臨被立即拆除及恢復原狀的命運，這個步驟非常重要。而土地使用分區為各縣市政府的地方自治權，所以每個縣市的條文都不盡相同，本書列出台北市的範例當說明，其他縣市政府的相關條文，請讀者自行上網查詢。

臺北市土地使用分區管制自治條例

修正日期：民國 112 年 8 月 4 日

第一章 總則

| 第 1 條 | 臺北市（以下簡稱本市）為落實都市計畫土地使用分區管制，依臺北市都市計畫施行自治條例第二十六條規定制定本自治條例。 |

第 1-1 條　本自治條例之主管機關為臺北市政府（以下簡稱市政府），並得委任市政府都市發展局執行。

第 2 條　本自治條例用詞定義如下：

（節錄）　一、住宅：含一個以上相連之居室及非居室建築物，有臥室、廁所等實際供居住使用之空間，並有單獨出入口，可供進出者。

二、基地線：建築基地範圍之界線。

二十二、使用組：為土地及建築物各種相容或相同之使用彙成之組別。

二十三、不合規定之使用：自本自治條例公布施行或修正公布之日起，形成不合本自治條例規定之使用者。

二十四、不合規定之基地：自本自治條例公布施行或修正公布之日起，形成不合本自治條例規定最小面積或最小深度、寬度之基地。

二十五、不合規定之建築物：自本自治條例公布施行或修正公布之日起，形成不合本自治條例規定建蔽率、容積率、庭院等之建築物。

二十六、附條件允許使用：土地及建築物之使用，須符合市政府訂定之標準始得使用者。

二十七、工業大樓：專供特定工業組別使用，符合規定條件，並且具有共同設備之四層以上建築物。

二十八、策略性產業，指符合下列規定之一者：

（一）資訊服務業。

（二）產品設計業。

（三）機械設備租賃業。

（四）產品展示、會議及展覽服務業。

（五）文化藝術工作室（三百六十平方公尺以上者）。

（六）劇場、舞蹈表演場。

（七）剪接錄音工作室。

（八）電影電視攝製及發行業。

第 5 條　前條各使用分區劃定之目的如下：

一、第一種住宅區：為維護最高之實質居住環境水準，專供建築獨立或雙併住宅為主，維持最低之人口密度與建築密度，並防止非住宅使用而劃定之住宅區。

二、第二種住宅區：為維護較高之實質居住環境水準，供設置各式住宅及日常用品零售業或服務業等使用，維持中等之人口密度與建築密度，並防止工業與稍具規模之商業等使用而劃定之住宅區。

三、第二之一種住宅區、第二之二種住宅區：第二種住宅區內面臨較寬之道路，臨接或面前道路對側有公園、廣場、綠地、河川等，而經由都市計畫程序之劃定，其容積率得酌予提高，並維持原使用管制之地區。

四、第三種住宅區：為維護中等之實質居住環境水準，供設置各式住宅及一般零售業等使用，維持稍高之人口密度與建築密度，並防止工業與較具規模之商業等使用而劃定之住宅區。

五、第三之一種住宅區、第三之二種住宅區：第三種住宅區內面臨較寬之道路，臨接或面前道路對側有公園、廣場、綠地、河川等，而經由都市計畫程序之劃定，其容積率得酌予提高，使用管制部分有別於第三種住宅區之地區。

六、第四種住宅區：為維護基本之實質居住環境水準，供設置各式住宅及公害最輕微之輕工業與一般零售業等使用，並防止一般大規模之工業與商業等使用而劃定之住宅區。

七、第四之一種住宅區：第四種住宅區內面臨較寬之道路，臨接或面前道路對側有公園、廣場、綠地、河川等，而經由都市計畫程序之劃定，其容積率得酌予提高，使用管制部分有別於第四種住宅區之地區。

八、第一種商業區：為供住宅區日常生活所需之零售業、服務業及其有關商業活動之使用而劃定之商業區。

九、第二種商業區：為供住宅區與地區性之零售業、服務業及其有關商業活動之使用而劃定之商業區。

十、第三種商業區：為供地區性之零售業、服務業、娛樂業、批發業及其有關商業活動之使用而劃定之商業區。

十一、第四種商業區：為供全市、區域及臺灣地區之主要商業、專門性服務業、大規模零售業、專門性零售業、娛樂業及其有關商業活動之使用而劃定之商業區。

十二、第二種工業區：以供外部環境影響程度中等工業之使用為主，維持適度之實質工作環境水準，使此類工業對周圍環境之不良影響減至最小，並容納支援工業之相關使用項目而劃定之分區。

十三、第三種工業區：以供外部環境影響程度輕微工業之使用為主，維持稍高之實質工作環境水準，使此類工業對周圍環境之不良影響減至最小，減少居住與工作場所間之距離，並容納支援工業之相關使用項目而劃定之分區。

十四、行政區：為發揮行政機關、公共建築等之功能，便利各機關間之連繫，並增進其莊嚴寧靜氣氛而劃定之分區。

十五、文教區：為促進非里鄰性文化教育之發展，並維護其寧靜環境而劃定之分區。

十六、風景區：為保育及開發自然風景而劃定之分區。

十七、農業區：為保持農業生產而劃定之分區。

十八、保護區：為國土保安、水土保持、維護天然資源及保護生態功能而劃定之分區。

十九、河川區：為保護水道防止洪泛損害而劃定之分區。

二十、保存區：為維護古蹟及具有紀念性或藝術價值應予保存之建築物並保全其環境景觀而劃定之分區。

二十一、特定專用區：為特定目的而劃定之分區。

第 5 條　本市都市計畫範圍內土地及建築物之使用，依其性質、用途、規模，訂定之組別及使用項目如附表。

第 6 條　在第一種住宅區內得為 下列 規定之使用：

一、 允許使用

（一）第一組：獨立、雙併住宅。

（二）第六組：社區遊憩設施。

（三）第九組：社區通訊設施。

（四）第十組：社區安全設施。

（五）第十五組：社教設施。

（六）第四十九組：農藝及園藝業。

二、 附條件允許使用

（一）第二組：多戶住宅。

（二）第四組：托兒教保服務設施。

（三）第五組：教育設施之（一）小學。

（四）第八組：社會福利設施。

（五）第十二組：公用事業設施。但不包括（十）加油站、液化石油氣汽車加氣站。

1 建築物室內裝修工程管理相關法規

2 防火避難及消防法相關法規

3 職業安全衛生法規

4 綠建材及相關設備類法規

5 其他與建築物室內裝修相關法規

四、土地使用分區的重要性

（六）第十三組：公務機關。

（七）第十六組：文康設施。

（八）第十七組：日常用品零售業。

（九）第三十七組：旅遊及運輸服務業之（六）營業性停車空間。

礙於版面的限制，其他各區允許使用及附條件允許使用的內容，請掃描 QR code 上網查詢：

臺北市土地使用分區附條件允許使用標準

修正日期：民國 110 年 2 月 23 日

第 1 條　　本標準依臺北市土地使用分區管制自治條例第九十七條之五規定訂定之。

第 2 條　　臺北市（以下簡稱本市）各使用分區附條件允許使用之組別及使用項目如附表。

礙於版面的限制，其他各區附條件允許使用之組別及使用項目的全文內容，請掃描 QR code 上網查詢：

舉例附表內容：

使用組	使用項目
第一組：獨立、雙併住宅	（一）獨立住宅。 （二）雙併住宅。
第二組：多戶住宅	（一）連棟住宅。 （二）集合住宅。
第三組：寄宿住宅	
第四組：托兒教保服務設施	（一）托嬰中心。 （二）幼兒園。 （三）兒童課後照顧服務中心。

109 臺北市土地使用分區附條件允許使用標準各區必遵守之條件，請掃描 QR code 上網查詢：

舉例附表內容：

分區	使用組及使用項目	允許使用條件	備註
住三	第二十一組：飲食業本組限於營業樓地板面積一五〇平方公尺以下之下列各款： （一）冰果店。 （二）點心店。 （三）飲食店。 （四）麵食店。 （五）自助餐廳。 （六）泡沫紅茶店。 （七）餐廳（館）。 （八）咖啡館。 （九）茶藝館。	一、設置地點應臨接寬度八公尺以上之道路。 二、限於建築物第一層及地下一層使用。	
住三	第二十六組：日常服務業 （一）洗衣。 （二）美容美髮。 （三）織補。 （四）傘、皮鞋修補及擦鞋。 （五）修配鎖、刻印。 （六）自行車修理及租賃。 （七）圖書出租。 （八）唱片、錄音帶、錄影節目帶、光碟片等影音媒體出租。 （九）溫泉浴室。 （十）代客磨刀。	一、營業樓地板面積未達一五〇平方公尺者，應臨接寬度六公尺以上之道路；營業樓地板面積一五〇平方公尺以上者，應臨接寬度八公尺以上之道路。 二、營業樓地板面積應在五〇〇平方公尺以下。 三、第（二）目限於建築物第一層、第二層及地下一層使用。設於第二層者，其同層及以下地面各層須均為非住宅使用。 四、第（九）目之設置地點應臨接寬度六公尺以上道路，並限於建築物第一層及地下一層、地下二層使用，其中地下二層應直接面臨寬度六公尺以上道路並編有門牌，且非法定停車空間及防空避難室。 五、其餘各目均限於建築物第一使用。	

查詢步驟：

一、先利用地址查詢當區的使用分區

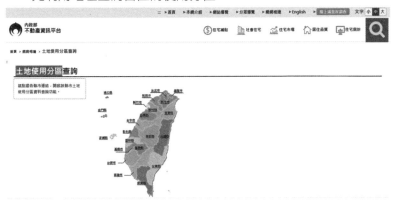

https://pip.moi.gov.tw/V3/Z/SCRZ0206.aspx

二、以此地址未來要設立的使用組及使用項目比對查詢到的使用分區的表格，就可以查到允許使用應遵守的條件有哪些。

舉例：

要在住宅區設立 G3 類組第十七組的便利商店，面積 250 ㎡欲設立於一樓，應符合哪些條件？

經查詢使用分區網頁後，該地址屬於住三之一的土地使用分區，則 250 ㎡的便利商店應該檢討的項目：

I. 營業樓地板面積 100 ㎡以上者，應鄰接寬度八公尺以上之道路。

住三之一 住三之二	第十七組：日常用品零售業 （一）飲食成品。 （二）便利商店、日用百貨（營業樓地板面積三〇〇平方公尺以下者）。 （三）糧食。 （四）蔬果。 （五）肉品、水產。	一、營業樓地板面積未達一〇〇平方公尺者，應臨接寬度六公尺以上之道路；營業樓地板面積一〇〇平方公尺以上者，應臨接寬度八公尺以上之道路。 二、限於建築物第一層及地下一層使用。 三、營業樓地板面積應在三〇〇平方公尺以下。	

經檢討原始竣工圖一樓圖面的面前道路，的確符合鄰接寬度八公尺以上之道路，且設立於一樓，所以符合附允許設立的條件，才能開始進行後續的室內裝修送審的流程。

要所有條件都要符合條件，若是只有其中一個條件符合，則不能設立便利商店。

1 建築物室內裝修工程管理相關法規

2 防火避難及消防法相關法規

3 職業安全衛生法規

4 綠建材及相關設備類法規

5 其他與建築物室內裝修相關法規

四、土地使用分區的重要性

三、面前道路寬度查詢：請至各縣市政府的地籍圖套繪查詢，利用地址就可以查詢到巷道的寬度，對照各縣市的土地使用分區附條件允許使用標準，就可以知道在這地址能不能商業使用登記。

圖一 舉例臺北市土地使用分區地籍套繪查詢

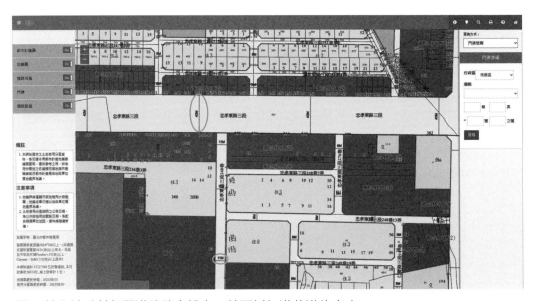

圖二 輸入地址並打開道路路寬設定，就可以知道巷道的寬度

　　工業宅顧名思義就是在「工業區」的「住宅」，在工業區出現住宅卻不是政府所允許的彈性使用範圍，如果你看到住家是位在工業區，多半都有違法的嫌疑，各縣市政府的處理方式也有所不同。

　　土地使用分區是政府用來規範每塊土地可以應用的方式，雖然說還是會留一點彈性，舉例來說部分住宅區是可以有一定比例以下的商業使用的，某些商業區也是可以有一定比

例的住宅，所以也才會有住商混合大樓的出現！當然針對這類的混合使用也都會用負面表列的方式來規範，避免兩種使用過度的干擾。

以台北市的法規為例：

臺北市政府處理工業區內平面設計類似集合住宅原則

一、臺北市政府為防範建商將原屬於工業區或工業用地土地，以平面類似集合住宅之設計，出售民眾為住家使用，造成購屋糾紛，並影響合法建築開發業者之權益，特訂定本原則。

二、依本原則申請之建造執照應符合下列規定。未符合規定者，不予核發建造執照：

（一）單戶室內面積（含浴廁空間及茶水間）須大於一百五十平方公尺。但文化藝術工作室另依臺北市土地使用分區管制自治條例之規定認定之。

（二）機電設備空間須集中設置於公共空間，並為公共使用且不得約定專用。

（三）各戶僅能設置一處之浴廁空間。

（四）各戶室內隔間面積以室內面積三分之一為限（含茶水間及浴廁空間），扣除隔間所餘面積應達一百五十平方公尺以上。

（五）於建造執照注意事項附表加註：「起造人應依原核定用途使用，並將建築物用途詳細告知各承買戶，除於公寓大廈管理規約草約中明確記載外，產權移轉時應列入交代且須轉載於公寓大廈管理規約中。施工中應加強樣品屋及預售中心之管理，樣品屋、實品屋及圖說應符合發照圖說及用途，並於現場張貼公告說明。現場如作核准用途以外之使用，均視為違規使用，將依建築法相關規定處理。」

（六）起造人須切結：「確實作 ○○○○○ 使用，如誤導民眾為住宅用途，或有不實廣告惡意欺瞞等行為，經行政院公平交易委員會認定而受處罰，或受敗訴判決確定時，廢止建造執照。」

（七）如以策略性產業或類似用途作為申請用途且每戶面積小於三百平方公尺應依下列規定繳納保證金：

1. 繳納保證金按戶收取。

2. 繳納保證金之計算依建築基地當期公告現值乘零點四五乘每戶樓地板面積（單位：平方公尺）之金額。

3. 單戶面積大於一百五十平方公尺者，保證金可折半計算。

4. 建造執照保證金於該建案領得使用執照前繳納。

5. 保證金除以現金繳納外，得選擇下列一種方式繳納，除有第六目之情形者外，繳納後不得轉換繳納方式：

（1）在中華民國境內有登記營業之金融機構簽發之本票、支票或保付支票

（2）設定質權之在中華民國境內有登記營業之金融機構定期存款單。

（3）在中華民國境內有登記營業之金融機構書面連帶保證書。但書面保證應以該金融機構營業執照登記有保證業務者為限。

設定質權之金融機構定期存款單（含自動展期）效期應達三年六個月以上。書面連帶保證書之保證期限應達三年六個月以上。 所提供之金融機構書面連帶保證書及辦理質權設定之定期存款單，皆應加註拋棄行使抵銷權及先訴抗辯權。

6. 本原則 103 年 10 月 16 日修正前以現金或金融機構簽發之支票繳納之案件得依前目規定轉換繳納方式，但以一次為限。

7. 因作為住宅或其他違反都市計畫之使用時，該保證金予以沒入，並納入都市發展局年度預算或預算外收入。

三、相關後續執行方式如下：

（一）九十五年一月五日前掛號之建造執照申請案件（含變更設計案），依第二點（三）、（四）、（五）、（六）款規定辦理。

（二）九十五年一月六日後至本原則修正實施日前掛號之建造執照申請案件，依第二點（一）、（二）、（三）、（四）、（五）、（六）款規定辦理。已完成都市設計或都市更新審議者，仍應依第二點（三）、（四）、（五）、（六）款規定辦理。

（三）本原則修正實施日後掛號之建造執照申請案件，依第二點各款規定辦理。已完成都市設計或都市更新審議者，仍應依第二點（三）、（四）、（五）、（六）、（七）款規定辦理，且以策略性產業或類似用途作為用途申請時，至少有一半戶數以上室內面積需大於一百五十平方公尺。

（四）本原則修正實施日後辦理變更設計之案件，依下列規定辦理：

（五）原建造執照非屬策略性產業使用及類似集合住宅平面，擬辦理變更設計為策略性產業使用或其他類似集合住宅平面之案件，仍依第二點各款規定辦理。

（六）原建造執照屬策略性產業或其他類似集合住宅平面使用之變更設計案件，如欲調整設計平面者，除僅為第二點第（四）款之變更者，得僅就該款檢討外，仍依第二點各款規定辦理。

（七）使用執照核發時於附表內註記：「起造人應依原核定用途使用，並將建築物用途詳細告知各承買戶，且應於公寓大廈管理規約草約中載明，應依原核定用途使用，不得供作其他用途之使用，並應列入產權移轉交代，轉載於公寓大廈管理規約中。」且起造人須另行切結：「如作為住宅或其他違反都市計畫之使用，繳納之保證金同意主管機關沒入。」

（八）於使用執照核發時於附表內註記：「本案承買戶應依原核定用途使用，不得作為住宅或其他違反都市計畫之使用，買賣時應列入產權移轉交代，不得隱瞞。如未交代致發生糾紛賣方應自負法律責任，並轉載於公寓大廈管理規約中。」

（九）如經查核發現有預留管線供日後違規使用之情形，得將監造人及承造人依相關規定移送懲戒。

（十）本市地政事務所配合於建物所有權第一次登記時，以「一般註記事項」於建物標示部其他登記事項欄記明。

（十一）使用執照核發或變更使用竣工勘驗後三年內，持續加強巡查及不定期檢查，如發現未依原核定用途使用，將依法查處並沒收保證金。但三年內均未作為住宅或其他違反都市計畫之使用，保證金無息退還。但能證明確實作為策略性產

業或類似用途之使用得隨時申請退還保證金。

(十二) 已領得使用執照之建築物辦理變更使用執照、室內裝修許可或分戶時後續執行方式如下：

    1. 依第二點規定辦理。

    2. 變更使用執照及室內裝修許可之保證金於該案竣工勘驗前繳納；戶數變更申請案於核准函發文前繳納。

臺北市工業區作住宅使用違反都市計畫法

第七十九條第一項裁處作業原則

一、臺北市政府 (以下簡稱本府) 為積極有效處理工業區違規作住宅使用之違反都市計畫法案件，並兼顧行政能量，循適當原則予以有效之裁處，建立執行之公平性，減少爭議及訴願之行政成本，特定本原則。

二、本原則所指工業區，係依都市計畫劃定為第二種工業區、第三種工業區、科技工業區、科技工業區 A 區、科技工業區 A 區 (特)、科技工業區 B 區、科技工業區 B 區 (特)、科技工業區 C 區、科技工業區 D 區、策略型工業區、軟體工業園區 (供軟體工業使用)、汽車修護展售工業區、科技產業專用區等地區 (詳附件一)。

三、違規案件區分處理方式為以下二類：

(一) 建築物屬九十一年一月一日 (不含) 前領得使用執照，且不符臺北市土地使用分區管制自治條例或都市計畫書等相關法令，違規作住宅使用者。

(二) 建築物屬九十一年一月一日 (含) 後領得使用執照，且不符臺北市土地使用分區管制自治條例或都市計畫書等相關法令，違規作住宅使用者。

四、本府都市發展局 (以下簡稱都發局) 經橫向聯繫臺北市稅捐稽徵處及本府民政局等相關機關，查得疑似供作住宅使用之情形者，依下列方式辦理：

(一) 屬前點第一款者，由都發局函知建物所有權人依法改善或另覓合法地點，同時函請相關機關依權管法令持續就民眾反映之消防及公安等問題積極稽查管理。如經各權責機關依權管法令處理後，認屬有礙公共安全之虞等違規情節重大者，移由都發局依都市計畫法第七十九條第一項規定裁處。

(二) 屬前點第二款者，由都發局函知建物所有權人相關法令規定 及說明使用事實，倘於文到一個月後經查違規作住宅使用屬實者，將依違反都市計畫法第七十九條第一項規定裁處。本原則之作業流程如附件二。 五、為有效遏止違規住宅使用之情形，對違規之建物所有權人採二階段之裁罰處理，裁罰基準如下表：第一階段 第二階段 處六萬元罰鍰，並限一個月內停止違規使用。 受處分人未停止違規使用，處三十萬元罰鍰，並停止供水、供電。 註：罰鍰單位為新臺幣。

四、土地使用分區的重要性

中華民國國家標準 CNS 建築圖例

修正日期：民國 101 年 03 月 06 日

相關內容請上網下載 CNS11567 建築圖例規範

國家標準 CNS- 消防設備符號練習網站

圖例整理

電信電鈴電視設備	⊙ ：插座	----- ：接地導線
		----- ：通氣管（給排水）
HH ：手孔	E ：總接地箱	TR ：電信室
◎ ：人孔	O ：電桿	⏚ ：接地
┤ ：拉線	：RA箱	▣ ：按鈕開關
IC ：對講機出線口	TV ：電視天線出線口	—TV— ：電視天線用管線
：蜂鳴器	：共同天線	：電鈴
：電視天線	：內線電話出線口	：外線電話出線口
T ：電話或對講機管線	：交換機出線口	
空調及機械設備	—CWS— ：冷卻送水管	—CWR— ：冷卻回水管
—CHS— ：冰水送水管	—CHR— ：冰水回水管	—RD— ：冷媒送出管
—D— ：排水管	—RL— ：冷媒液管	—RS— ：冷媒吸入管
300x200 ：風管	R ：風管上彎	D ：風管下彎
：風管內貼消音層	：伸縮接頭	：軟管
M ：電動閘門	F ：防火閘門	：手動閘門
：牆上出風口	：回風口或排風口	：門上百葉
：風管剖面正壓	：風管剖面負壓	：平頂出風口
：電力總分電盤（電氣）	：電燈總分電盤（電氣）	

配置圖圖例	—·— ：土地界線(深綠色)	—·— ：建築線(紅色)
：計畫道路(兩旁褐色線)	：停車位(黃色線)	：現有巷道
：騎樓(黃色斜紅線)	：新(改修增)建房屋(紅線)	：防空地下室(紅色對角虛線)
：鄰近房屋(不著色)	：空地(綠色)	：防火間隔(草綠色)
≋：河、川、溝渠(藍色)	：保留地(黃色)	：退縮地(橙色)
○：木樁		

○：立管(給排水) ○：電桿(電信) ○：吸頂白熾燈(電氣) ○：自動灑水頭-直立型(消防) ◎◎：電鐘出線口(室配)
○：一般鹵素燈或燭光燈(室配)

電氣設備	●：電極開關	●₂：雙極開關
●₃：三路開關	●₄：四路開關	●K：鑰匙操作開關
●P：開關及標示燈	●WP：屋外型開關防水型	●T：時控開關
8.0M 2.2mm：埋設於平頂混凝土或牆內管線	5.5M 16mm：埋設於地坪混凝土或牆內管線	20M 16mm：明管配線
▽：電纜頭　▽ 共同天線	⚡：接戶點	⏚：接地
：電燈總配電盤	：電燈分電盤　　風管剖面負壓(空調)	：電燈動力混合配電盤
：電力總配電盤	：電力分電盤　　風管剖面正壓(空調)	⊗：電風扇
Ⓖ：發電機	Ⓜ：電動機	Ⓗ：電熱機
⊖：單連插座　⊖G：單連插座接地型	⊖：雙連插座　⊖G：雙連插座接地型	M：人孔
白熾燈　○吸頂　Ⓡ嵌頂　Ｈ壁式	Ⓙ：接線盒及出線口	H：手孔
T-BAR日光燈　T 長形　T 方形	長形日光燈　S吸頂 R嵌頂 ▭壁式 ∞吊頂	

圖號及圖樣佈置	A：建築圖	S：結構圖
		S：標準I型鋼(材料) S：板(構材) S：鋼構造(構造)
F：消防設備圖	M：空調及機械設備圖	E：電氣設備圖
F：基腳(構材)	M：夾層(層別)	
G：瓦斯設備圖	L：環境景觀植栽圖	P：給水、排水及衛生設備圖
G：構架樑(構材)	L：角鋼(材料) L：長度(尺度)	P：桁條(構材) P：屋頂突出物(層別)
W：汙水處理設施圖	A-A剖面線	剖面繪製於他圖時加註
W：寬度(尺度) W：窗(門窗) W：寬緣I型鋼(材料) W：牆(構材) W：木構造(構造)		
指北針	該張圖內之編號 / 圖號	X X 圖 1:100 / 圖號
流向箭頭	水流	管路通風或空調
尺度、規格及位置	D,d：直徑	R,r：半徑
	D：門(門窗) R：屋頂(層別)	R：樓梯級高(垂直交通) R：鉚釘(材料)
W：寬度	L：長度	D：深度
t：厚度	@：間隔	C.C.：中心間隔
₵：中心線	BM：水準點(1M-1.2M)	HL：水平線
	BW：承重牆(構材)	
VL：垂直線	GL：地盤線	WL：牆面線
CL：天花板線	FL：地板面線	FFL：地板裝飾面線
PF：屋頂突出物	RF：屋頂	
P：屋頂突出物(層別)	R：屋頂(層別)	
垂直交通	UP：上(樓梯、坡道)	DN：下(樓梯、坡道)
R：樓梯級高	T：樓梯級深	ELEV：昇降機
	T：桁架(構材)	
ESCA：電扶梯		
門窗	D：門　　　W：窗	DW：門連窗
平面圖門窗編號	Dn：普通門　Dn爆：防爆門	Wn：普通窗
	Dn甲：甲種防火門	Wn乙：乙種防火窗

弧、弦、大圓弧	65 65	R=1700,或1700R
消防水管及火警系統	—F—：消防水管	—FA—：火警系統管線
—AS—：自動灑水管	—SP—：播音管線	FMC：消防栓箱
：消防送水口	：測試出水口 壁式白幟燈（電氣）	：出口標示燈
：自動灑水送水口	：自動警報逆止閥	：查驗管
：自動灑水頭-直立型	：水霧自動灑水頭	：感應灑水頭-下垂型 ：緊急照明燈
：泡沫自動灑水頭	：自動灑水受信總機	：火警受信總機
Ⓟ：手動警報器	Ⓑ：火警警報器	Ⓛ：警報標示燈
Ⓢ：揚聲器	Ⓒ：滅火器	Ⓔ：緊急照明燈
Ⓢ：警報發信器	：緊急電源插座	ⓅⒷⓁ：綜合盤 P B L
：定溫型火警探測器	：差動型火警探測器	Ⓢ：偵煙型火警探測器
：避難方向指標	：排煙設備排煙口	：排煙設備進風口
電信電鈴電視	：總配線箱	：主配線箱
：支配線箱	Ⓣ：地板型暗式出線匣或拖線匣	Ⓣ：壁型暗式出線匣或拖線匣 T：電信管線使用符號 t：內部自用通信設備（PBX LAN）使用符號
PB：拖線箱	ⓅⓉ：壁型暗式公共電話出線匣	Ⓣ：扁型管連接匣
MDF：總（主）配線箱	—T—：電信管線暗式	–·–T–·–：電信管線明式
–––T–––：電信管線扁型管	：電信管線上行	：電信管線下行
：電信管線上下行	：電話機	PT：公共電話機

394

電氣設備

⊕：三連插座
⊕G：三連插座接地型

⊕：四連插座
⊕G：四連插座接地型

◐：專用單插座
◐G：專用單插座接地型

◐：專用雙插座
◐G：專用雙插座接地型

⊖R：電灶插座
⊖RG：電灶插座接地型

⊟：單地板插座
⊟G：單地板插座接地型

⊟：雙地板插座
⊟G：雙地板插座接地型

：地板線槽地線盒

Ⓙc：電鐘出線口

Ⓙf：風扇出線口

A／C：冷氣機

⊙：避雷針

：避雷器

給排水及衛生設備

- - - - -：通氣管
- - - - -：接地導線（電信）

—D—：排水管

—RD—：雨水排水管

—DWS—：飲水管

—DWR—：飲水回水管

—•—：冷水管

—••—：熱水管

—•••—：熱水回水管

—S—：蒸氣管
—S—：排汙管

—SC—：蒸氣凝水管

—G—：瓦斯管

—A—：壓縮空氣管

—V—：真空吸氣管

—O—：氧氣管

—N—：氮氣管

：壓力錶

Ⓣ：溫度計

CO：清潔口（地板下）

FCO：清潔口（地板面）

FD：地板落水頭（附存水彎）

：逆止閥

：球型閥（常開型）

：球型閥（常閉型）

：蝶閥

：閘閥

：過濾器

：控制閥

—○：上灣

—⊃：下灣

○：立管

：蹲式馬桶

：小便斗

：洗臉台（掛牆式）
：洗臉台（嵌台式）

：拖布盆

：人孔陰井

：坐式馬桶

：浴缸

：蓮蓬頭

材料	W：寬緣I型鋼	S：標準I型鋼
	W：汙水處理設施圖(圖號) W：寬度(尺度) W：窗(門窗) W：牆(構材) W：木構造(構造)	
H：H型鋼	Z：Z型鋼	T：T型鋼
⊏：槽型鋼	⊏：C型鋼	L：角鋼
B：螺栓	R：鉚釘	FB：扁鋼
B：磚構造(構造)		
IL：鋼板	GIP：鍍鋅鐵管(壽命5~7年)	CIP：鑄鐵管
SSP：不銹鋼管(壽命15年)	PVCP：聚氯乙烯管	GIS：鍍鋅鋼板
#：規格號碼	D,d,Ø：直徑	
層別	R：屋頂	P：屋頂突出物
	RS：屋頂板(構材)	PS：屋頂突出物板(構材)
RS：屋頂板	B：地下室	M：夾層
	B1C：地下1層柱(構材) B2G：地下2層樑(構材)	
構造	RC：鋼筋混凝土構造	S：鋼構造
B：磚構造	RB：加強磚構造	W：木構造
SRC：鋼骨鋼筋混凝土構造	SSRC：鋼骨鋼筋混凝土制震構造	
構材	C：柱 S：板 W：牆	F：基腳　　　J：欄柵
G：構架樑	b：非構架樑	FG：地樑
TG：構架繫樑	Tb：非構架繫樑	T：桁架
CG：構架懸臂樑	Cb：非構架懸臂樑	P：桁條
CS：懸臂板	BW：承重牆	SW：剪力牆
FS：基礎板	SS：樓梯梯板	WB：牆樑
UU：上弦構材	LL：下弦構材	UL：腹構材

（六）歷屆考古題

CNS 圖例範圍	
一	依據中華民國國家標準 CNS11567-A1042 建築製圖規定 下列設備符號代表為何？（97 年 A 卷）
答：	 （1）測試出水口（2）雙連插座（3）馬桶（4）電信管線暗式（5）平頂出風口
二	依據中華民國國家標準 CNS11567-A1042 建築製圖規定，下列設備符號代表為何？（98 年 A 卷）
答：	 (1) 消防警報發信器（2）T-bar 長型日光燈（3）蒸氣管或排汙管 (4) 電視天線 (5) 冷卻送水管
三	請依據中華民國國家標準 CNS11567-A1042 建築製圖規定回答下列問題：（100 年 A 卷） （一） 右列建築設備符號代表為何？（1）BW（2）SW。 （二） 建築各層結構平面基本切視法，是由各層地板面上多少公尺平切下視？
答：	中華民國國家標準 CNS 建築圖例 （一）(1)承重牆 （2)剪力牆 （二）自 1.5 公尺平切下視
四	依據中華民國國家標準 CNS11567-A1042 建築製圖規定寫出下列各符號所代表名稱。（101 年 A 卷） （一） 建築結構圖符號，構造編號「SRC」係表示？（4 分） （二） 建築圖號中之英文代號「G」代表為何？（4 分） （三） 建築圖符號 CL 表示為何？（4 分） （四） 建築圖符號 FL 表示為何？（4 分） （五） 建築圖符號 GL 表示為何？（4 分）

答：	（一）「SRC」：鋼骨鋼筋混凝土結構 （二）「G」：瓦斯設備圖 （三）CL: 天花板線 （四）FL：地板線 （五）GL：地盤線
五	依據中華民國國家標準 CNS11567-A1042 建築製圖規定，下列給排水衛生設備符號代表為何？請依序作答。（101 年 A 卷）
答：	（1）—G—　（2）⊢CO　（3）— · —　（4）—SW—　（5）⬤FD— (1) 瓦斯管 (2) 清潔口（地板下） (3) 冷水管 (4) 排污管 (5) 地板落水頭（附存水彎）
六	依據中華民國國家標準 CNS11567-A1042 建築製圖規定，下表（1M5）建築圖符號材料、構造圖例之名稱為何？（102 年 A 卷）
答：	(1)　▨　(2)　▬　(3)　▨　(4)　▨ 裝修材　▨ 構材　▨ 補助構材 (5)　▨ (1) 混凝土 (2) 玻璃 (3) 石材 (4) 木材 (5) 實硬之保溫吸音材
七	依據中華民國國家標準 CNS11567-A1042 建築製圖規定，下列消防設備符號代表為何？請依序作答。（102 年 A 卷）
答：	(1)　⋀　(2)　Ⓔ　(3)　S　(4)　—F—　(5)　● （1）消防送水口　（2）緊急照明　（3）偵煙型火警探測器　（4）消防水管 （5）自動灑水送水口
八	依據中華民國國家標準 CNS11567-A1042 建築製圖規定，有關圖號及圖樣編號準則，下列圖號之英文代號之代表為何？（103 年 A 卷）
答：	（一）F：消防設備圖 （二）P：給水、排水及衛生設備圖 （三）I：室內裝修圖 （四）M：空調及機械設備圖 （五）E：電氣設備圖

九	依據中華民國國家標準 CNS11567-A1042 建築製圖規定，下列電氣符號代表為何？請依序作答。（103 年 A 卷）
答：	 （1）　　　（2）　　　（3） （4）　　　（5） （1）電力總配電盤（2）電力分電盤（3）電燈總配電盤（4）電燈分配電盤 （5）接地
十	依據中華民國國家標準 CNS11567-A1042 建築製圖規定，試述右列符號 （104 年 A 卷） 「」分別在： （一）電氣設備符號代表為何？（7 分） （二）空調及機械設備圖例代表為何？（7 分） （三）材料構造圖例代表為何？（6 分）
答：	（一）電力分電盤 （二）風管剖面正壓 （三）構材
十一	依據中華民國國家標準 CNS11567-A1042 建築符號及圖例規定，下列材料、構造圖例各代表為何？（104 年 A 卷）
答：	 （1）　　　（2）　　　（3） （4）　　　（5） （一）鋼筋混凝土　（二）粉刷類　（三）空心磚牆　（四）鬆軟之保溫材疊席類 （五）輕質牆
十二	依據中華民國國家標準 CNS11567-A1042 建築製圖規定，下列建築設備圖之各設備符號分別代表為何？（105 年 A 卷）
答：	 （1）　（2）　（3）　（4）　（5） （一）水霧自動灑水頭　（二）接地型專用單插座　（三）定溫型火警探測器 （四）電熱器　（五）手動報警機
十三	依據中華民國國家標準 CNS11567-41042 建築製圖消防設備符號規定，寫出下列各符號所代表名稱。（106 年 A 卷）

答：	（一）、（二）、（三）Ⓑ、（四）、（五） （一）自動灑水送水口　（二）火警受信總機　（三）火警警鈴　（四）綜合盤 （五）差動型火警探測器
十四	依據 CNS 國家標準 11567-41042 建築製圖消防設備圖符號規定，繪出下列各名稱所代表之符號。（107 年 A 卷）
答：	（一）消防水管：－Ｆ－ （二）消防送水口： （三）自動警報逆止閥： （四）偵煙型火警探測器： （五）泡沫自動灑水頭：⊕
十五	依據中華民國國家標準 CNS11567-A1042 建築製圖「電氣設備符號」規定，寫出下列各符號所代表之名稱。（108 年 A 卷）
答：	（一）●₃：三路開關 （二）：電燈動力混合配電盤 （三）：電力總配電盤 （四）Ｈ：手孔 （五）Ｓ：長型日光燈

 **重點整理**

一、用語定義
建築物無障礙設施設計規範 第 104.1 條

1. 行動不便者	個人身體因先天或後天受損、退化,如肢體障礙、視覺障礙、聽覺障礙等,導致在使用建築環境時受到限制者
2. 暫時性行動不便者	因暫時性原因導致行動受限者,如孕婦及骨折病患等

二、無障礙通路組成
建築物無障礙設施設計規範 第 202.1 條

1. 室外通道	5. 扶手
2. 室內通道走廊	6. 昇降設備
3. 出入口	7. 升降平台
4. 坡道	

三、室外通路設計
建築物無障礙設施設計規範 第 203 條

室外通路適用範圍		建築線(道路或人行道)至建築物主要出入口,或基地內各幢建築物間,設有引導設施,作為無障礙通路之室外通路應符合本節規定
203.2.1	室外通路引導標誌	室外無障礙通路與建築物室外主要通路不同時,必須於室外主要通路入口處標示無障礙通路之方向
203.2.2	室外通路坡度	地面坡度不得大於 1/15
		適用本規範 202.4 者(獨棟或連棟建築物),其地面坡度不得大於 1/10
203.2.3	室外通路寬度	室外通路寬度不得小於 130 公分
		適用本規範 202.4 者(獨棟或連棟建築物),其通路寬度不得小於 90 公分
203.2.4	室外通路排水	室外通路應考慮排水,洩水坡度為 1/100 至 1/50
203.2.5	室外通路開口	室外通路寬度 130 公分範圍內,儘量不設置水溝格柵或其他開口
203.2.6	室外通路突出物限制	室外通路淨高度不得小於 200 公分,於距地面 60 公分至 200 公分範圍內,不得有 10 公分以上之懸空突出物
203.2.7	室外通路警示設施特別規定	室外通路設有坡道,並於側邊設有階梯時,為利視覺障礙者使用,應依本規範 306.1 於階梯終端設置終端警示設施,其寬度不得小於 130 公分或該階梯寬度
203.2.8	室外通路迴轉空間	寬度小於 150 公分之通路,每隔 60 公尺、通路盡頭或距盡頭 350 公分以內,應設置直徑 150 公分以上之迴轉空間。但適用本規範 202.4 者,其迴轉空間直徑不得小於 120 公分

1 建築物室內裝修工程管理相關法規

2 防火避難及消防法相關法規

3 職業安全衛生法規

4 綠建材及相關設備類法規

5 其他與建築物室內裝修相關法規

七、重點整理

四、室內通路走廊設計
建築物無障礙設施設計規範 第 204 條

室內通路走廊適用範圍		無障礙通路之室內通路走廊，應符合本節規定
204.2.1	室內通路走廊坡度	地面坡度不得大於 1/50，超過者應依本規範 206 節規定設置坡道
204.2.2	室內通路走廊寬度	室內通路走廊寬度不得小於 120 公分，走廊中如有開門，則扣除門扇開啟之空間後，其寬度不得小於 120 公分
204.2.3	室內通路走廊突出物限制	室內通路走廊淨高度不得小於 190 公分；兩側之牆壁，於距地板面 60 公分至 190 公分範圍內，不得有 10 公分以上之懸空突出物，如為必要設置之突出物，應設置防護設施
204.2.4	室內通路走廊迴轉空間	寬度小於 150 公分之走廊，每隔 10 公尺、通路走廊盡頭或距盡頭 350 公分以內，應設置直徑 150 公分以上之迴轉空間
204.3.1	室內通路走廊邊緣防護	室內通路走廊與鄰近地板面高差超過 20 公分者，未鄰牆壁側應設置高度 5 公分以上之邊緣防護
204.3.2	室內通路走廊防護設施	室內通路走廊與鄰近地板面高差超過 75 公分者，未鄰牆壁側應設置高度 110 公分以上之防護設施；室內通路走廊位於地面層 10 層以上者，防護設施高度不得小於 120 公分

五、出入口設計
建築物無障礙設施設計規範 第 205 條

出入口適用範圍		無障礙通路上之出入口、驗（收）票口及門之設計應符合本節規定
205.2.1	通則	出入口兩側之地面 120 公分之範圍內應平整、防滑、易於通行，不得有高差，且坡度不得大於 1/50
205.2.2	避難層出入口	出入口前應設置平台，平台淨寬度與出入口同寬，且不得小於 150 公分，淨深度亦不得小於 150 公分，且坡度不得大於 1/50。地面順平避免設置門檻，門外可考慮設置溝槽防水（開口至少有一方向應小於 1.3 公分，如圖 203.2.5），若設門檻時，應為 3 公分以下。門檻高度在 0.5 公分至 3 公分者，應作 1/2 之斜角處理，高度未達 0.5 公分者，得不受限制
205.2.3	室內出入口	門扇打開時，地面應平順不得設置門檻，且門框間之距離不得小於 90 公分（如圖 205.2.3）；另橫向拉門、折疊門開啟後之淨寬度不得小於 80 公分
205.2.4	操作空間	通路走廊與門垂直者，門把側邊之操作空間不得小於 45 公分（如圖 205.2.4.1）；通路走廊與門平行者，門把側邊之操作空間不得小於 60 公分（如圖 205.2.4.2）；設有風除室者，應留設直徑 150 公分以上之迴轉空間

六、門的設計
建築物無障礙設施設計規範 第 205.4 條

205.4.1	開門方式	不得使用旋轉門、彈簧門。如設有自動開關裝置時，其裝置之中心點應距地板面 85 公分至 90 公分，且距柱、牆角 30 公分以上。使用自動門者，應設有當門受到物體或人之阻礙時，可自動停止並重新開啟之裝置
205.4.2	門扇	門扇得設於牆之內、外側。若門扇或牆版為整片透明玻璃，應於距地板面 110 公分至 150 公分範圍內設置告知標誌
205.4.3	門把	門把應採用容易操作之型式，不得使用凹入式或扭轉型式，中心點應設置於距地板面 75 公分至 85 公分、門邊 4 公分至 6 公分之範圍。使用橫向拉門者，門把應留設 4 公分至 6 公分之防夾手空間
205.4.4	門鎖	應設置於距地板面 70 公分至 100 公分之範圍，並採用容易操作之型式，不得使用喇叭鎖、扭轉型式之門鎖

七、坡道的設計
建築物無障礙設施設計規範 第 206 條

坡道適用範圍		在無障礙通路上，上下平台高差超過 3 公分，或坡度超過 1/15 者，應設置符合本節規定之坡道
206.2.1	坡道引導標誌	坡道儘量設置於建築物主要入口處；如未設置於主要入口處者，應於入口處及沿路轉彎處設置引導標誌
206.2.2	坡道寬度	坡道淨寬不得小於 90 公分；如坡道為取代樓梯者（即未另設樓梯），則淨寬度不小於 150 公分
206.2.3	坡道坡度	坡道之坡度不得大於 1/12；高差小於 20 公分者，其坡度得酌予放寬，惟不得超過表 206.2.3 規定
206.2.4	坡道地面	坡道地面應平整、防滑且易於通行
206.3.1	端點平台	坡道起點及終點，應設置長、寬各 150 公分以上，且坡度不得大於 1/50 之平台（如圖 206.3.1）。但端點平台於騎樓者不得大於 1/40
206.3.2	中間平台	坡道每高差 75 公分，應設置長度 150 公分以上且坡度不得大於 1/50 之平台
206.3.3	轉彎平台	坡道轉彎角度大於 45 度處，應設置直徑 150 公分以上且坡度不得大於 1/50 之平台
206.4.1	坡道邊緣防護	坡道與鄰近地面高差超過 20 公分者，未鄰牆壁側應設置高度 5 公分以上之邊緣防護
206.4.2	坡道防護設施	坡道與鄰近地面高差超過 75 公分時，未鄰牆壁側應設置高度 110 公分以上之防護設施；坡道位於地面層 10 層以上者，防護設施高度不得小於 120 公分
206.5	坡道扶手	高差超過 20 公分之坡道，兩側應設置符合本規範 207 節規定之連續性扶手，且得免設水平延伸

八、扶手的設計
建築物無障礙設施設計規範 第 207 條

扶手適用範圍		無障礙設施需設置扶手者,其扶手設計應符合本節規定。
207.2.1	扶手形狀	可為圓形、橢圓形,圓形直徑 2.8 公分至 4 公分,其他形狀者,外緣周邊長 9 公分至 13 公分
207.2.2	表面	扶手表面及靠近之牆壁應平整,不得有突出或勾狀物
207.3.1	堅固	扶手應設置堅固,除廁所特別設計之可動扶手外,扶手皆需穩固不得搖晃,且扶手接頭處應平整,不可有銳利之突出物
207.3.2	與壁面距離	扶手如鄰近牆壁,與壁面保留之間隔不得小於 5 公分,且扶手上緣應留設最少 45 公分之淨空間
207.3.3	高度	設單道扶手者,扶手上緣距地板面應為 75 公分至 85 公分。設雙道扶手者,扶手上緣距地板面應分別為 65 公分、85 公分,若用於小學,高度應各降低 10 公分
207.3.4	端部處理	扶手端部應作防勾撞處理,並視需要設置可供視覺障礙者辨識之資訊或點字

九、樓梯相關的設計
建築物無障礙設施設計規範 第 305-307 條

305.1	扶手設置	高差超過 20 公分之樓梯兩側應設置符合本規範 207 節規定之扶手,高度自梯級鼻端起算。扶手應連續不得中斷,但樓梯中間平台外側扶手得不連續
305.2	水平延伸	樓梯兩端扶手應水平延伸 30 公分以上,水平延伸不得突出於走廊上;另中間連續扶手於平台處得免設置水平延伸
306.1	終端警示	距梯級終端 30 公分處,應設置深度 30 公分至 60 公分,與地板表面顏色且材質不同之警示設施。但中間平台不在此限
307	戶外平台階梯	戶外平台階梯之寬度在 6 公尺以上者,應於中間加裝扶手,級高之設置應符合本規範 304.1 之規定,扶手之設置應符合本規範 305 節之規定

十、廁所盥洗室設計
建築物無障礙設施設計規範 第 5 章

廁所盥洗室適用範圍		建築物依規定應設置無障礙廁所盥洗室者,其設計應符合本章規定
502.1	位置	無障礙廁所盥洗室應設於無障礙通路可到達之處
502.2	地面	無障礙廁所盥洗室之地面應堅硬、平整、防滑,尤其應注意地面潮濕及有肥皂水時之防滑
502.3	高差	由無障礙通路進入無障礙廁所盥洗室不得有高差,止水得採用截水溝,水溝格柵或其他開口應至少有一方向開口小於 1.3 公分

502.4	電燈開關	電燈開關設置高度應於距地板面 70 公分至 100 公分範圍內，設置位置應距柱或牆角 30 公分以上
503.1	入口引導	無障礙廁所盥洗室與一般廁所相同，應於適當處設置廁所位置指示，如無障礙廁所盥洗室未設置於一般廁所附近，應於一般廁所處及沿路轉彎處設置方向指示
503.2	標誌	無障礙廁所盥洗室前牆壁或門上應設置無障礙標誌。如主要通路走廊與廁所盥洗室開門方向平行，則應另設置垂直於牆面之無障礙標誌
504.1	淨空間	無障礙廁所盥洗室應設置直徑 150 公分以上之迴轉空間，其迴轉空間邊緣 20 公分範圍內，如符合膝蓋淨容納空間規定者，得納入迴轉空間計算
504.2	門	應採用橫向拉門，出入口淨寬不得小於 80 公分，且符合本規範 205.4 規定
504.3	鏡子	鏡面底端距地板面不得大於 90 公分，鏡面高度應在 90 公分以上
504.4.1	求助鈴位置	無障礙廁所盥洗室內應設置 2 處求助鈴，1 處按鍵中心點在距離馬桶前緣往後 15 公分、馬桶座墊上 60 公分，另設置 1 處可供跌倒後使用之求助鈴，按鍵中心距地板面高 15 公分至 25 公分範圍內，且應明確標示，易於操控
504.4.2	連接裝置	求助鈴應連至服務台或類似空間，若無服務台，應連接至無障礙廁所盥洗室外之警示燈或聲響
505.2	馬桶及扶手淨空間	馬桶至少有一側邊之淨空間不得小於 70 公分，扶手如設於側牆時，馬桶中心線距側牆之距離不得大於 60 公分，馬桶前緣淨空間不得小於 70 公分
505.3	馬桶高度	應使用一般型式之馬桶，座墊高度為 40 公分至 45 公分，馬桶不可有蓋，且應設置背靠，背靠距離馬桶前緣 42 公分至 50 公分，背靠下緣與馬桶座墊之淨距離為 20 公分（水箱作為背靠需考慮其平整及耐壓性，應距離馬桶前緣 42 公分至 50 公分）
505.4	沖水控制	沖水控制可為手動或自動，手動沖水控制應設置於 L 型扶手之側牆上，中心點距馬桶前緣往前 10 公分及馬桶座墊上 40 公分處；馬桶旁無側面牆壁，手動沖水控制應符合手可觸及範圍之規定
505.5	側邊 L 型扶手	馬桶側面牆壁裝置扶手時，應設置 L 型扶手，扶手外緣與馬桶中心線之距離為 35 公分，扶手水平與垂直長度皆不得小於 70 公分，垂直扶手外緣與馬桶前緣之距離為 27 公分，水平扶手上緣與馬桶座墊距離為 27 公分。L 型扶手中間固定點並不得設於扶手垂直部分
505.6	可動扶手	馬桶至少有一側為可固定之掀起式扶手。使用狀態時，扶手外緣與馬桶中心線之距離為 35 公分，且兩側扶手上緣與馬桶座墊距離為 27 公分，長度不得小於馬桶前端且突出部分不得大於 15 公分

506.1	無障礙小便器設置位置	一般廁所設有小便器者,應設置至少一處無障礙小便器。無障礙小便器應設置於廁所入口便捷之處,且不得設有門檻
506.2	高差	無障礙小便器前方不得有高差
506.3	高度	無障礙小便器之突出端距地板面高度不得大於 38 公分
506.4	沖水控制	沖水控制可為手動或自動,手動沖水控制應符合手可觸及範圍之規定
506.5	淨空間	無障礙小便器與其他小便器間應裝設隔板,且隔板間之淨空間不得小於小便器中心線左右各 50 公分
507.2	洗面盆高差	無障礙洗面盆前方不得有高差
507.3	洗面盆高度	無障礙洗面盆上緣距地板面不得大於 80 公分,下緣應符合膝蓋淨容納空間規定
507.4	水龍頭	水龍頭應有撥桿,或設置自動感應控制設備
507.5	洗面盆深度	洗面盆外緣距離可控制水龍頭操作端、可自動感應處、出水口均不得大於 40 公分,如設有環狀扶手時深度應計算至環狀扶手外緣。洗面盆下方空間,外露管線及器具表面不得有尖銳或易磨蝕之設備
507.6	扶手	洗面盆應設置扶手,型式可為環狀扶手或固定扶手。設置環狀扶手者,扶手上緣應高於洗面盆邊緣 1 公分至 3 公分。設置固定扶手者,使用狀態時,扶手上緣高度應與洗面盆上緣齊平,突出洗面盆邊緣長度為 25 公分,兩側扶手之內緣距離為 70 公分至 75 公分。但設置檯面式洗面盆或設置壁掛式洗面盆已於下方加設安全支撐者,得免設置扶手

12600 學科題庫下載

職類關鍵字搜尋:12600 - 建築物室內裝修工程管理

1 建築物室內裝修工程管理相關法規

2 防火避難及消防法相關法規

3 職業安全衛生法規

4 綠建材及相關設備類法規

5 其他與建築物室內裝修相關法規

七、重點整理

Designer Class22

室內裝修工程管理必學1:證照必勝法規篇【增補修訂版2】

作　　者｜陳鎔、郭珮汝
責任編輯｜許嘉芬
版型設計｜王彥蘋
封面設計｜莊佳芳
美術設計｜莊佳芳、詹淑娟

發 行 人｜何飛鵬
總 經 理｜李淑霞
社　　長｜林孟葦
總 編 輯｜張麗寶
內容總監｜楊宜倩
叢書主編｜許嘉芬
編輯助理｜劉婕柔
行銷企劃｜洪擘

國家圖書館出版品預行編目 (CIP) 資料

室內裝修工程管理必學1:證照必勝法規篇【增補修訂
版2】/ 陳鎔、郭珮汝作 . -- 三版 . -- 臺北市:城邦文化
事業股份有限公司麥浩斯出版:英屬蓋曼群島商家庭傳
媒股份有限公司城邦分公司發行 , 2023.09
　　面;　公分 . -- (Designer class ; 22)
ISBN 978-986-408-978-9(平裝)

1.CST: 營建法規　2.CST: 室內設計　3.CST: 施工管理

441.51　　　　　　　　　　　　　　112013803

出　　版｜城邦文化事業股份有限公司 麥浩斯出版
地　　址｜ 115 台北市南港區昆陽街 16 號 7 樓
電　　話｜ 02-2500-7578
傳　　真｜ 02-2500-1916
E-mail　｜ cs@myhomelife.com.tw
發　　行｜英屬蓋曼群島商家庭傳媒股份有限公司城邦分公司
地　　址｜ 115 台北市南港區昆陽街 16 號 5 樓
讀者服務專線｜ 0800-020-299
讀者服務傳真｜ 02-2517-0999
E-mail　｜ service@cite.com.tw
訂購專線｜ 0800-020-299 (週一至週五上午 09:30 ～ 12:00；下午 13:30 ～ 17:00)
劃撥帳號｜ 1983-3516
劃撥戶名｜英屬蓋曼群島商家庭傳媒股份有限公司城邦分公司

香港發行 城邦 (香港) 出版集團有限公司
地　　址｜香港灣仔駱克道 193 號東超商業中心 1 樓
電　　話｜ 852-2508-6231
傳　　真｜ 852-2578-9337

馬新發行｜城邦 (馬新) 出版集團 Cite (M) Sdn Bhd
地　　址｜ 41, Jalan Radin Anum, Bandar Baru Sri Petaling,
　　　　　 57000 Kuala Lumpur, Malaysia
電　　話｜ 603-9056-3833
傳　　真｜ 603-9057-6622
總 經 銷｜聯合發行股份有限公司
電　　話｜ 02-2917-8022
傳　　真｜ 02-2915-6275

製版印刷｜凱林彩印股份有限公司
版　　次｜ 2024 年 8 月三版 2 刷
定　　價｜新台幣 880 元
Printed in Taiwan 著作權所有‧翻印必究 (缺頁或破損請寄回更換)